현대 협동조합운동사

· 現 代 協 同 組 合 運 動 史 ·

현대 협동조합운동사

| 전성군 · 이득우 지음

한국학술정보

머리말

지금은 경제전쟁시대이다. 생존과 경쟁의 용어는 이미 현대인의 화두에 오른 지 오래이다. 여기에 세계화·정보화는 생활의 필수 요건으로 자리 잡았다. 이런 와중에 기업들은 미래의 비전을 외치고 있다. 목청껏 외친 만큼 내일의 비전을 기약할 수 있을지 의심스럽다. 비전이라 함은 서로가 서로를 들여다보는 것이 아니라, 서로가 함께 같은 방향을 바라보는 것이다. 즉, 서로를 바라만 보는 것이 비전이 아니라, 서로가 어딘가를 함께 바라보는 것, 그 창조와 행진, 함께 걸어가야 될 미래의 발자취다. 이것이 진정 함께 성장하는 조직체의 비전이다. 그런 의미에서 인류는 더 효율적이고 더 윤리적이고 더 인간적인 경제 사회활동을 보장받고자 쉼 없이 노력을 기울여 왔다. 이른바 대안(代案)의 맹아(萌芽)를 만들고자 하는 '협동조합운동'이 바로 그것이다.

보다 더 엄밀히 말하자면 협동은 인류의 근본적 정서이고 공동체는 오랜 삶의 행동양식이라 할 수 있다. 과거 역사를 더듬어 볼 때 매 시대에 인류는 격동의 파고를 헤쳐 오면서도 공동체적 협동의 정신만은 포기하지 않았다. 오히려 인간적인 정서가 파편화되고 공동체적인 삶의 틀이 훼손될수록 귀소본능과 같은 협동조합운동은 더욱 위력을 발휘할 때가 많았다.

이러한 흐름은 이백여 년 전부터 세계 여러 나라에서 많은 사람들에 의해 다양한 형태로 실현되기도 하고 좌절되기도 하였으며 한편으로는 왜곡되기도 하였다. 그렇지만 지금처럼 세계경제를 주도하는 시장경제를 극복할 수 있는 새로운 발상의 전환이 절실히 요구된 적은 드물었다. 일천만 명 이상의 조합원을 가졌다는 우리나라의 경우, 미국, 유럽 등지의 서구 선진국과는 달리 협동조합운동에 대한 관심과 연구는 상대적으로 미흡한 수준이다.

상황이 이렇다 보니 우리나라의 협동조합들조차 그 외형에 걸맞은 역할과 노력을 다하지 못한다는 비판을 받아오고 있다.

이에 협동조합연구소와 관련 단체들은 협동조합의 앞날을 걱정하는 많은 사람들의 기대와 요구에는 만족스럽지 못할지언정 협동조합의 본모습을 찾고 그 지나온 발자취에 대한 필연적 논리를 규명하고자 나름대로 많은 노력을 기울이고 있다. 소금 3퍼센트가 바닷물을 썩지 않게 하듯이 3퍼센트의 노력으로 협동조합의 정체성을 지탱하고 있는지 모른다. 그 덕분에 미흡했던 협동조합의 연구기능을 되살려 내고 각 연구소와 학계에 산재해 있던 문헌과 정보를 폭넓게 수집하여 자료 분석과 도서 출판을 내실 있게 수행하여 좋은 반응을 얻고 있다.

그렇지만 이러한 노력에도 불구하고 아직도 협동조합운동에 대한 국민들의 이해는 턱없이 부족한 실정이다. 심지어 협동조합에 몸담고 있는 사람들조차도 그것의 실체에 대해 더듬거리는 경우가 많다. 이래서는 협동조합운동이 지속 가능한 사회개발을 구축하는 가장 인간적이고 효율적인 도구로서 빛과 소금의 역할을 다할 수 없다.

그런 의미에서 본 저자들은 금번 『현대 협동조합운동사』 연구를 통해 시대정신을 가지고 협동조합운동의 시너지 제고를 위해 한 발짝 더 다가설 수 있도록 연구 과제를 진행시켰다. 이 책에서는 협동조합의 생성과 발전, 한국의 농협운동, 새마을운동과 농협운동, 농촌발전모델과 협동조합운동, 협동조합 흐름과 전망 그리고 한국 농협운동의 방향과 과제 등에 대하여 6개의 모듈로 나누어 설명하고 있다.

모쪼록 본서가 우리 협동조합운동이 발전해 나가기 위한 지침서로 활용되기를 바라면서 협동조합운동의 현재와 미래를 가늠해 보는 길잡이로서 활용되기를 기대해 본다.

2016년 12월 1일(양)
전성군·이득우

C·o·n·t·e·n·t·s

03 CHAPTER

새마을운동과 농협운동

04 CHAPTER

농촌발전과 협동조합운동

Chapter 01

협동조합의
생성과 발전

1. 협동조합의 역사적 발전

협동은 협동조합의 아이콘이다. 협동정신을 기본으로 삼는 협동조합의 역사적 발전은 그 시대의 사회적·경제적 요인들과 분리하여 생각할 수 없다. 현재와 마찬가지로 협동조합은 경제적 어려움과 사회적 변동이 있을 때 만들어졌다. 고대의 기록이나 고고학적 발견을 보면 중국, 이집트, 그리스와 같은 다양한 지역의 초기 문명에서 협동적 조직이 있었음을 알 수 있다.

그러나 근대적 협동조합운동을 출범시킨 것은 19세기 영국의 로치데일 공정개척자조합의 설립자들이었다. 로치데일의 선구자들, 초기 유럽의 협동조합 사상가들 그리고 조직 활동가들이 전 세계 협동조합의 발달을 이끌 원칙들을 만들었다.

1) 영국에서의 혁명적 기원

유럽에서 일어난 최초의 협동조합들은 농업생산과 공업생산의 방식이 변동함에 따라 발생한 엄청난 사회적 격동과 위기의 시대에 발생했다. 대략 1750년부터 1850년 사이의 산업혁명 이전 대부분의 유럽 가정은 자가소비와 소량의 판매를 위한 식량과 물건을 생산하면서 대체로 자급자족적인 생활을 하였다. 산업혁명으로 공장제 생산이 시작되었으며, 산업화를 가속하는 놀라운 발명이 급속하게 이루어졌다. 이 시기 발명품의 예는 석탄을 사용한 철강생산, 조면기계, 방직기계, 증기기관 등이 있다. 당시 경제에 대한 정부의 불간섭을 주장한 아담 스미스(Adam Smith)의 저작들은 산업혁명에 박차를 가하였다.

소규모 생산과 가내수공업적 생산을 산업적 시스템이 점진적으로 대체하였다. 노농자들은 일을 찾아 도시로 이주해야만 하였으며, 노동자의 가족들은 토지와 분리되어 점차적으로 시장경제에 편입되었다. 노동자들은 대부분의 생활필수품, 특히 식량을 스스로 생산하는 대신에 이제는 구매를 하는 수밖에 없게 되었다. 하지만 생산의 발전과 함께 공정한 노동기준이 동반하지는 않았으며, 노동자들은 전형적으로 극도의 저임금과 열악한 작업환경에 놓여 있었다.

농촌지역에 남아 있던 사람들의 상황도 별반 다름이 없었다. 18세기에는 이미 농업혁명이 상당히 진전되어 있었다. 새로운 영농방법과 신품종이 소개되어 토지소유제도에 극적인 변동이 일어났다. 소규모로 나누어져 있던 가족농지들이 주로 양과 다른 가축을 방목할 목적으로 대규모의 울타리를 친 사유지로 집적되어 갔다. 1760년에서 1843년 사이에 영국에서 약 700만 에이커의 농지가 이런 사유지에 편입되었다. 이에 따라 일자리를 잃게 된 수많은 농민들이 농지를 떠나 인근 도시로 내몰리게 되었다.

표현의 자유를 향한 운동이 이와 같은 혁명적 변화의 시기에 또 하나의 특징이었다. 영국인들은 당시 상황에 문제를 제기하고 더 많은 개인의 권리를 요구하면서 정부에 공개적으로 저항하기 시작했다. 이에 따라, 산업혁명과 농업혁명의 과정에서 일어난 광범위한 빈곤, 실업, 사회적 퇴보는 노동과 생활 조건의 개선을 요구하는 대중적인 외침을 만나게 되었다.

2) 초기 협동조합과 선구적 사상가들

공적부조제도가 미비한 상태에서 많은 유럽인들은 다양한 자조 조직을 설립하였다. 런던과 파리에는 1530년에 상호적 화재보험 회사가 있었으나, 처음으로 크게 성공하고 잘 알려진 사례는 1696년에 영국에서 설립된 아미커블 컨트리뷰션십(Amicable Contributionship)이었다. 영국에서는 나중에 우애조합(Friendly Society)으로 불리게 되는 상호부조조합(Mutual Aid Society)이 설립되어 조합원이 질병, 해고, 또는 사망 시에 재정적 지원을 하였다. 18세기 중반에 이미 여러 조합이 사업을 하고 있었다. 1793년 최초의 우애조합법(Friendly Society Act)이 제정되면서 이들 조합이 법적으로 인정되었다. 우애조합이 대중의 부담을 완화시켜 주었기 때문에 19세기에는 우애조합을 지원하기 위한 여러 법안이 소개되었다. 노동자들은 고용주와 노동조건의 개선을 위한 협상을 하고 노동법규의 개선을 위해 정부에 압력을 가하기 위해 노동조합을 결성하였다.

영국에서 1760년에는 협동조합적인 또는 협동조합과 유사한 사업체가 운영되고 있었다. 대부분은 제분산업 또는 제빵산업에 집중되어 있는 소비자가 통제를 하는 조직이었다. 19세기에 들어서면서 협동조합적 옥수수 제분소가 여러 도시에 나타나서 제분업자의 폭리를 견제하였다. 18세기 말에 대부분의 서유럽 국가에는 이미 구매협동조합이 있었다. 스코틀랜드 펜위크(Fenwick)의 직조공 협동조합은 1769년에 집단적으로 생활용품 구매를 시작했다.

상호부조조직과 노동조합의 앞선 형태는 중세시대에 거슬러 올라가는 상인과 수공업자의 길드였다. 길드는 생산과 사업에 관한 구속력 있는 규범을 갖고 있었다. 부분적으로는 길드가 지역 내에서 특정 업종의 독점권을 유지하기 위하여 설립되었지만, 이들은 구성원에 대한 통제, 모든 구성원에 대한 평등한 대우, 구성원이 질병이나 가족의 위기에 처했을 때 재정적 지원을 하는 사회주의적인 관행을 갖고 있었다.

(1) 로버트 오언(Robert Owen, 1771∼1858)

오언은 '협동조합의 아버지'(Father of Cooperation)라고 불린다. 그는 1771년 영국의 뉴타운(New Town) 시에서 철물점 주인의 아들로 태어났다. 조숙하고 독립심이 강했던 그는 10살 때부터 이미 점원생활을 시작하였다. 그리고 점원으로 일하면서 상점 직원들도 공장 노동자들 못지않게 혹사당하는 것을 목격하였으며, 이것이 훗날 노동자의 권익 향상을 위해 일생을 헌신하게 된 계기로 작용하였다. 그는 29세가 되던 해인 1800년에는 뉴 래너크(New Lanark)에 있는 수차방적공장을 인수하여 직접 경영을 맡았다.

오언은 인간의 성격 형성은 환경조건에 의해 커다란 영향을 받는다고 생각하였다. 따라서 노동자들에게 좋은 환경과 교육기회를 제공한다면 노동자들을 훌륭한 시민으로 변화시킬 수 있다고 생각하였다. 이에 따라 그는 뉴 래너크에 학교 교실과 강당, 간호학교 등이 갖추어져 있는 인격형성학원(Institute for the Formation of Character)을 설립하기도 하였다. 그가 운영한 방적공장에는 약 2,000명의 노동자가 있었다.

그는 이들 노동자에게 박애주의적 입장에서 양호한 작업시설과 근로 여건을 제공하였으며, 노동자들을 대상으로 한 교육에도 열성을 다하였다. 그리하여 오언이 운영하는 공장에서는 근로시간이 1일 10시간 이내로 제한되었으며, 교육에 많은 비용을 지출하는 등 노동자들의 복지증진을 위한 다양한 노력이 전개되었다. 그는 또한 뉴 래너크에 일종의 소비자협동조합을 조직하고 각종 생활필수품을 대량으로 구입한 뒤 일반 상인보다 20% 정도 저렴하게 공급하여 노동자들에게 커다란 이익을 제공하였으며, 수익금 중 상당액을 교육비로 충당하였다.

오언의 사상은 빈민으로 전락한 노동자들의 생존권을 어떠한 방식으로 확보할 것인가라는 문제의식에서 출발하였다. 그리고 그가 제시한 해결책은 '협동촌'(village of cooperation)을 건설하는 것이었다. 그는 노동자들이 빈곤으로부터 해방되기 위해서는 자본가에게 종속될 수밖에 없는 자본주의사회에서 벗어나, 노동자 스스로가 주인이 되고 자급자족을 달성할 수 있는 협동촌을 만들어야 한다고 주장하였다. 협동촌에서는 노동자들이 자본가에게 종속되지 않고 필요한 물품을 스스로 만들어 자급자족할 수 있게 된다. 그는 실제로 그의 방적공장이 있는 뉴 래너크의 공장촌을 모범적인 공동사회로 만들고자 하였다. 그리고 몇 년 후에는 어둡고 빈곤했던 이 도시를 집과 도로가 잘 정비되고 노동자들 및 그들의 자녀들에게 훌륭한 교육기회를 제공하는 모범적인 도시로 변화시키는 성과를 거두었다. 그의 이러한 업적은 이후 세상에 알려져 1815~1825년에 걸쳐 해마다 2만 명 이상의 사람들이 이 도시를 견학하였다.

오언은 1824년 그의 아들과 함께 미국으로 건너가 이듬해 사재를 들여 인디애나주에 2만 에이커의 토지를 구입한 뒤 뉴 하모니(New Harmony) 협동촌을 건설하였다. 그는 이 협동촌을 자급자족이 가능한 이상적인 공동사회로 만들고자 하였다. 그러나 그의 계획은 결국 실패로 돌아갔다. 실패의 원인에는 자본부족 문제와 구성원들이 공동체 생활에 적응하지 못한 현실적인 이유도 있었지만, 가장 주된 요인은 그의 이상이 현실과 너무 동떨어져 있었기 때문이었다. 사유재산과 상품생산을 두 축으로 하는 자본주의 체제하에서 격리촌을 건설하여 노동자의 권익을 보호하겠다는 생각은 현실과 상당한 괴리가 있었던 것이다.

그는 이후 다시 런던으로 돌아와 국민공평노동교환소(National Equitable Labor Exchange)를 개설하였다. 그는 노동자들에게 각자 생산한 물품을 이 교환소에 가지고 와서 생산에 투여된 시간에 비례하여 물품의 가치를 측정한 뒤 서로 교환하게 하였다. 그는 이와 같이 시장을 거치지 않고 노동자들끼리 직접 물품을 생산·교환하게 함으로써 자본가들이 상품의 생산과 시장거래를 통해 이윤을 획득하는 행위를 방지할 수 있다고 생각하였다. 그러나 이 계획도 결국은 실패로 끝나고 말았다. 이는 각자가 투입한 노동시간을 계산하는 것이 매우 어려웠을 뿐만 아니라, 화폐와 시장을 매개하지 않고 물물교환 방식으로 일일이 거래를 성사시킨다는 것도 현실적으로 불가능했기 때문이다.

오언은 노동자들의 능력을 신뢰하지 않고 그들을 지도와 교육의 대상으로만 여겼다. 따라서 노동자들의 자력에 의한 방식이 아니라 정부나 부유층의 원조에 기대어 협동조합운동을 실행하고자 하였다. 오언은 또한 모두가 평등하게 어울려 사는 이상적인 공동체 사회를 지향하여 일체의 기성 종교를 부인하는 한편, 가족에 대해서도 비판적이었다. 그는 자본주의사회의 모순을 강하게 비판하였으며, 사회로부터 격리된 협동촌 건설을 통해 자본주의의 모순에서 벗어나고자 하였다. 이와 같이 그는 협동조합을 사회주의적 공동사회 건설의 기초조직으로 인식하였다. 이러한 점에서 그는 공상적 사회주의자로 평가받고 있는데, 실제로 초기 협동조합운동에서는 이러한 오언적 사회주의 사상이 많은 영향을 미쳤다.

(2) 윌리엄 킹(William King, 1786~1865)

윌리엄 킹은 1786년 영국 입스위치(Ipswich)에서 중학교 교장의 아들로 태어나 케임브리지 의대를 졸업 후 의사가 되어 브라이턴(Brighton)에서 의료사업을 전개하면서 실업자와 가난한 노동자들의 비참한 삶을 목격하게 되었으며, 이를 계기로 빈민구제를 위한 사회사업에 깊은 관심을 갖게 되었다. 그리하여 1824년에는 빈민구제를 목적으로 브라이턴 지구협회(Brighton District Society)를 설립하였고, 1827년에는 협동조합자선기금(Cooperative Benevolent Fund Association)을 설립하였다.

그는 기부와 자선에 의지한 협동조합운동은 곧 한계에 직면하게 될 것이라고 믿고 있었고, 따라서 오언과 달리 노동자들이 스스로의 자력과 상부상조를 통해 빈곤에서 벗어나야 함을 역설하였다. 그는 이와 같은 취지에서 1827년 7월 소비조합을 설립하였다. 이 조합은 45인의 노동자 조합원으로 구성되어, 각자 5파운드씩 출자하였으며 1년 후에는 1인당 36파운드까지 출자금액을 인상하였다. 그러나 이 조합은 기독교적 색채가 강한 킹의 사상과 조합원의 현실적 요구가 합치되지 못하여 1년

남짓 운영되다가 해산하고 말았다.

　이러한 실패를 겪은 후 킹은 우선 노동자들을 계몽시키는 것이 선결문제라고 생각하고, 월간지 협농조합인(The Cooperator)을 발간하였다. 이 잡지는 1828년에 창간호를 내기 시작하여 1830년 8월에 28호를 끝으로 폐간되었는데, 이 당시 영국 전역에 걸쳐 협동조합 사상을 보급하는 데 커다란 기여를 하였다. 이 잡지에 나타난 그의 협동조합 사상을 요약하면 다음과 같다. 이 세상에 존재하는 모든 생산물과 가치들은 모두 노동자들에 의해 생산되었는데, 노동자들은 자본가들이 지불하기로 마음먹은 임금만을 지급받게 된다. 또한 노동자들은 현실적으로 자기가 제공한 노동가치의 4분의 1에 해당하는 임금밖에 지급받지 못하고 있다. 그러면 왜 노동자들은 자신이 생산한 모든 노동 가치를 스스로 완전히 획득하지 못하는가, 이는 노동자들이 일을 하는 동안에도 그들의 생계를 유지해야만 하는데, 이를 위해서는 자본가들이 축적한 자본과 그들이 지급하는 임금에 의존할 수밖에 없기 때문이다. 따라서 노동자들이 스스로 자본을 마련할 수 있다면, 그리하여 노동자들이 자본과 노동을 동시에 소유하게 된다면 노동자들은 더 이상 자본가에게 종속되지 않고 모든 생산물에 대한 가치를 완전히 획득할 수 있게 된다. 즉, 노동은 자본을 축적함으로써 비로소 자유를 획득할 수 있다. 그러나 노동자들은 가난하므로 개별적으로는 충분한 자본을 마련할 수 없다. 그러므로 다수가 모여 자본을 형성해야 하며, 협동조합은 이러한 목적을 달성시킬 수 있다.

　킹도 오언과 마찬가지로 최종적으로는 자급자족의 공동체를 구상하고 있었다. 이 공동체에서는 노동자들이 스스로 필요한 물품을 생산한다. 또한 실업 상태에 놓여 있는 노동자에게 일자리를 마련해 주기 위해 토지를 구입하고, 질병을 치료할 수 있는 각종 혜택을 제공한다. 그러나 킹은 오언과 달리 협동의 이익은 협동촌의 건설을 통해서만이 아니라 현존하는 자본주의사회 내에서도 실현될 수 있다고 생각하였다. 그리고 이러한 목표를 실현시키기 위한 수단으로 오늘날 소비조합과 유사한 협동조합 방식의 점포 설립을 주장하였다. 킹은 '노동자들은 식료품과 생활필수품을 구입하기 위해 매일 점포를 이용하지 않을 수 없다. 그렇다면 노동자들 스스로 점포(union shop)를 만들어 이용하는 것이 더 유리하지 않겠는가'라고 말하였다. 킹은 노동자들이 직접 점포를 설립하면 두 가지 점에서 이익이 된다고 생각했다. 첫째는 소매가격을 낮추어 생활비를 절약할 수 있고, 둘째는 노동자들이 직접 만든 물품을 점포에 판매할 수 있다는 점이다.

협동조합에 대한 킹의 구상을 좀 더 상세하게 요약하면 다음과 같다. 먼저 조합원들이 매주 회비를 내서 기금을 조성한다. 그리고 기금이 일정 액수에 달하면 노동자들에게 필요한 생필품을 판매하는 점포를 설립·운영한다. 여기에서 생긴 이익금은 공동의 자본으로 하여 다시 사업을 늘려 가는 데 투자한다. 사업 확장에 필요한 자본금은 출자금과 사업 이익금으로 조성해 나간다. 자본이 늘어나면 토지를 매입하여 협동촌을 건설한다. 조합원들은 협동촌에서 거주하며 스스로 농산물을 경작하고 제품을 생산하여 모든 의식주를 자체적으로 해결한다.

킹이 설립한 협동조합 점포는 1832년에 이르러 500개소로 늘어날 만큼 널리 확대되었다. 그러나 이듬해인 1833년에 이르러 이 운동은 실질적으로 거의 붕괴되었다. 그 이유에는 자본가의 조직적인 방해와 경기침체 등 여러 가지 원인이 있었지만, 가장 중요한 요인은 협동조합을 어떻게 운영할 것인가에 대한 내부적인 구조와 제도가 제대로 정비되지 못했다는 점이다. 예를 들어, 협동조합이 이윤을 창출할 경우 이것을 어떠한 방법으로 조합원에게 분배할 것인가에 대한 방법을 알지 못했다. 그 결과 단적인 예로, 조합원들에게 출자한 금액을 환불하기 위해 협동조합을 아예 해산하는 경우도 있었다.

오언과 킹의 사상을 살펴보면, 이들이 구상한 협동조합운동은 자본주의의 모순에 대한 비판에서부터 비롯되었으며, 자본주의 체제하에서 노동자들이 자본가에게 종속되어 노동력을 착취당할 수밖에 없는 구조적인 문제를 해결하기 위해서는 노동자들이 스스로 소유하고 통제하며, 그 이익을 온전히 향유할 수 있는 생산조직을 확보하는 것이 필요하다고 인식하였다. 그들이 노동자들로만 구성된 격리촌을 건설하거나, 노동자들이 공동으로 자본을 출자하여 소매점을 운영하는 방식을 대안으로 제시한 것은 바로 이러한 이유 때문이다. 이와 같이 협동조합이 유럽에서 처음 등장하게 된 것은 자본가들을 배제시키고 노동자들이 소유권과 통제권, 수익권을 모두 확보할 수 있는 조직구조를 모색하기 위한 것이었다.

오언과 킹의 차이점을 비교해 보면, 오언은 협동촌이나 국민공평노동교환소와 같이 자본주의사회에서 격리된 방식을 줄곧 협동조합의 모습으로 추구하였다. 킹의 경우에는 협동촌을 협동조합의 궁극적 모습으로 인식한 점에서는 오언과 같았지만, 자본주의 체제 내에서도 협동조합 방식의 점포 설립을 통해 노동자의 이익을 지켜 낼 수 있다고 제시한 점에서 차이가 있었다. 킹이 오언에 비해 좀 더 현실적인 대안을 제시하였다는 평가는 이러한 사실에 기인하고 있다.

그러나 오언과 킹이 구상한 협동조합운동은 결국 실패로 돌아갔다. 이들이 구상한 협동조합은 조합원이 소유권·통제권·수익권을 모두 확보하고 있는 체제라는 점에서 오늘날 현존하고 있는 협동조합과 본질적으로 동일하다. 그런데 이들이 구상한 협동조합이 모두 실패한 것은 협동촌과 소매점포를 지속적으로 유지시킬 수 있는 제도와 운영방식을 정립하지 못했기 때문이다. 우리가 이들이 설립한 협동조합이 아니라 뒤이어 나타난 로치데일 공정개척자조합을 최초의 근대적 협동조합으로 인식하는 이유는, 로치데일 조합이 오늘날 협동조합의 근본적인 제도와 운영방침을 처음으로 확립하였기 때문이다.

3) 최초의 근대적 협동조합

초기 협동조합의 실패를 극복하고 최초로 근대적 협동조합의 성립을 보게 된 것은 1844년 영국 랭커셔 주의 로치데일이라는 소도시에서 로치데일 공정개척자 조합(Rochdale Equitable Pioneers Society. 이하 로치데일 협동조합)이 설립되면서부터이다. 로치데일 협동조합의 탄생은 협동조합 역사에서 가장 중요한 사건으로 기록될 만하다. 로치데일 협동조합은 근대적 협동조합운동의 실질적인 출발점이 되었을 뿐만 아니라, 협동조합의 제도 및 운영원칙의 근간을 최초로 확립하였기 때문이다. 즉, 오늘날 협동조합은 로치데일 협동조합에 그 기원을 두고 있다고 말할 수 있다. 유럽과 북아메리카를 포함하여 전 세계적으로 협동조합운동이 크게 확산된 것도 로치데일 협동조합의 성공에 힘입은 바가 크다.

로치데일 협동조합이 설립될 당시 로치데일 시는 인구 65천 명의 조그만 도시였다. 로치데일은 모직과 면직 등 방직공업으로 유명한 도시였으며, 방직공장에서 일하는 노동자들이 주민의 다수를 차지하고 있었다. 그런데 산업혁명이 한창 진행 중이던 1840년대에 로치데일에서 거주하고 있던 노동자들의 삶은 차마 눈 뜨고 보기 어려울 정도로 매우 가난하고 비참하였다. 대부분의 노동자들은 누더기를 걸치고, 감자와 오트밀 죽 등으로 간신히 끼니를 연명하는 경우가 많았다. 도시는 위생상태와 환경, 상하수도 시설이 제대로 갖추어 있지 않은 열악한 상황이었으므로, 1848년 당시 로치데일 시에 거주하고 있던 주민의 평균 수명은 21세에 불과했다.

노동자들의 삶이 이처럼 비참해진 것은 산업혁명의 영향 때문이었다. 로치데일에서는 대대로 가내수공업 형태의 소규모 방직업과 농업이 주로 이루어져 왔었다. 그러나 산업혁명의 결과 기계화가 진전되면서 이러한 생산방식은 공장제 대량생산 체제로 전환되었다. 이에 따라 자영업자들은 공장 노동자로 전락하였다. 더욱이 농촌에서 쫓겨 온 농민들과 실직 군인들, 아일랜드 이민자들이 이 도시로 밀려들면서 노동의 공급 과잉이 발생하여 노동자들의 임금수준과 근로조건이 악화되었다. 로치데일 협동조합이 설립되기 2년 전 이 도시의 60%에 해당하는 노동자들은 실직상태에 있었다.

이러한 시대적 배경하에서 노동자들이 상호협력을 통해 스스로의 힘으로 빈곤한 삶과 열악한 생활수준을 극복하기 위해 최초 28명의 노동자들이 주축이 되어 로치데일 협동조합이 설립되었다. 이들을 직업별로 분류해 보면 방직공장 노동자가 가장 많았으며, 신발수선공, 재단사, 목수 등도 포함되어 있었다. 이들 중 몇 명은 로버트 오언의 영향을 받은 사회주의자들이었고, 일부는 선거권 보장을 위해 투쟁해 온 차티스트(chartist)들이었다. 또한 종교 지도자들과 노동운동에 헌신해 온 사람들도 포함되어 있었다.

28명의 조합원들은 각자 1파운드씩 출자하여 총 28파운드의 자본금을 조성하였다. 조합원들은 이 자본금으로 연간 10파운드의 임대료를 지불하기로 하고 낡은 창고 하나를 인수하였다. 그런데 창고 주인이 협동조합을 신뢰하지 않았으므로, 찰스(Charles)라는 조합원이 임차계약의 당사자가 되었다. 창고는 일부 수리하여 식료품을 판매하는 점포로 개조하였다. 조합원들은 남은 16파운드의 자금으로 버터와 설탕, 밀가루, 오트밀, 양초 등의 물품을 구입한 후 상점을 운영하기 시작하였다.

상점은 처음에는 매주 월요일과 토요일 저녁에만 열렸다. 그러나 3개월이 지나면서부터는 화요일을 제외하고는 매일 열렸으며, 차와 담배 등도 판매 품목에 포함되었다. 상점 운영은 성공적으로 이루어졌다. 사업 첫해에만 710파운드의 매출을 기록하였으며, 22파운드의 이익을 남겼다. 그해 연도 말에는 조합원이 74명으로 늘어났고, 자본금도 181파운드로 증가했다. 이후로도 사업은 계속 번창했다. 특히 1849년에는 로치데일 저축은행(Rochdale Savings Bank)이 파산하자 많은 사람들이 투자 목적으로 로치데일 협동조합에 출자를 늘리기도 하였다. 1880년에는 조합원 수가

1,000명을 넘어섰고, 자본금 30만 파운드, 매출액 30만 파운드, 순이익 5만 파운드 등을 기록했다.

로치데일 협농조합이 이전의 협동조합과 달리 커다란 성공을 거두게 된 것은 협동조합 운영원칙을 정립하고, 이 원칙하에서 점포를 효율적으로 운영하였기 때문이다. 로치데일 협동조합은 8대 운영원칙을 정립하였는데, 이 원칙들은 협동조합 시스템의 지속적인 유지와 점포사업의 상업적 성공이라는 두 가지 목적을 동시에 충족시켜 주는 성과를 가져다주었다.

<표 1-1> 로치데일 협동조합의 8대 운영원칙

제1원칙	• 민주적 운영: 출자 규모에 관계없이 1인1표의 의결권
제2원칙	• 개방된 조합원제도: 소액의 출자금만 납입하면 조합원으로 가입
제3원칙	• 출자에 대한 이자 제한: 출자배당을 5~8% 이내로 제한
제4원칙	• 이용고 배당 실시: 이용 실적에 따라 잉여금을 배당
제5원칙	• 현금거래 원칙: 시가에 의한 현금거래, 외상거래 금지
제6원칙	• 정직한 상품만 공급: 품질을 속이지 않고 정직한 상품만 취급
제7원칙	• 교육의 촉진: 조합원에게 협동조합 운영방식 등을 교육
제8원칙	• 정치적·종교적 중립: 정치와 종교에 대해서 중립

로치데일 협동조합의 8대 운영원칙을 살펴보면 오늘날의 협동조합 제도와 매우 유사함을 알 수 있다. 로치데일 협동조합의 운영원칙은 조합원이 주권을 갖는 협동조합 시스템을 유지시키고, 소매점을 효과적으로 운영할 수 있는 사업전략을 마련하기 위한 두 가지의 필요성 때문에 도입되었다. 먼저 개방된 조합원 제도는 보다 많은 소비자를 조합원으로 끌어들이는 데 적합하였다. 소매점 운영에 있어서 다수의 고객을 확보하는 것이 가장 중요한 과제이므로 이 원칙은 소비자협동조합의 사업전략으로써 적절하였다.

이용고배당 제도는 잉여금의 배당을 물품의 구입량에 비례시킴으로써 오늘날 마일리지 제도와 유사한 효과를 발휘하였다. 정직한 상품만을 취급한다는 원칙은 제품에 이물질을 섞거나 수량을 속이는 행위가 만연했던 당시의 상황에서 협동조합 사업의 신뢰도를 높이는 데 크게 기여하였다. 1인1표 방식의 민주적 운영 원칙과 자본에 대한 이자 제한 원칙은 협동조합이 일부 대주주에 의해 지배되지 않고, 다수의 조합원에 의해 지속적으로 소유·통제될 수 있는 조건을 형성하여 주었다. 현금거래

원칙은 이전의 협동조합들이 과도한 외상판매로 파산한 경험을 교훈 삼아 도입되었다. 교육 촉진의 원칙은 협동조합 운영에 대한 조합원의 이해를 높이는 역할을 하였으며, 정치적·종교적 중립 원칙은 불필요한 사상적 논쟁으로부터 벗어남으로써 조합이 다양한 고객을 조합원으로 유치시키는 데 일조하였다.

이처럼 로치데일 협동조합의 8대 운영원칙은 소비자협동조합의 운영에 적합한 방식으로 제정되었다는 특징이 있다. 이 원칙들은 이후 농업협동조합과 신용협동조합을 비롯한 다양한 협동조합에 적용되었으며, 그 결과 오늘날 협동조합 제도 및 운영원칙의 전형을 형성하게 되었다. 특히 국제협동조합연맹(ICA)의 협동조합 원칙[1]이 로치데일 협동조합 원칙에 근간을 두고 제정됨으로써 그 파급효과는 더욱 커지게 되었다.

로치데일 협동조합이 초기 협동조합 역사에서 눈부신 성공을 거두게 된 데에는 운영원칙의 제정뿐만 아니라, 시대를 앞서간 사업전략도 커다란 요인으로 작용하였다. 로치데일 협동조합은 소매점을 체인화하여 전국적인 판매망을 구축하였다. 당시 대부분의 소매업자들은 판매점을 하나씩밖에 보유하고 있지 않았다. 이에 비해 로치데일 협동조합은 지점 점포를 개설하여 사업규모를 급속히 늘려 나갈 수 있었다. 로치데일 협동조합은 또한 협동조합도매연합회(Cooperative Wholesale Society, 이하

---

1) 협동조합원칙은 1937년 국제협동조합연맹(ICA)이 처음으로 채택한 이후 두 번 개정이 되었다. ICA가 1995년 개정해 지금까지 이어져 오고 있는 7대 원칙은 다음과 같다.
제1원칙은 자발적이고 개방된 조합원 제도이다.
협동조합은 자발적인 조직으로서, 협동조합을 이용할 수 있고 조합원으로서 책임을 다하면 성(性)·사회적 신분·인종·종교·정파에 따른 차별을 두지 않고 모든 사람에게 개방해야 한다는 것이다.
제2원칙은 조합원에 의한 민주적 관리이다.
협동조합은 조합원에 의해서 관리되는 민주적인 조직으로서 조합원은 정책수립과 의사결정 과정에 적극 참여해야 하고, 선출된 임원은 책임을 지고 봉사해야 한다는 것이다. 또한 단위조합의 조합원들은 동등한 투표권(1인1표)을 갖고, 다른 연합단계의 협동조합도 민주적인 방식에 따라 관리해야 한다는 뜻이다.
제3원칙은 조합원의 경제적 참여다.
조합원은 협동조합의 자본조달에 공평하게 기여해야 하며, 출자배당이 있을 경우 조합원은 출자액에 따라 제한된 배당을 받을 권리를 인정한 것이다. 잉여금 배분은 준비금 적립, 사업이용 실적에 비례한 편익제공, 기타 조합원의 동의를 얻은 활동지원으로 제한하고 있다.
제4원칙은 자율과 독립이다.
협동조합이 정부 등 다른 조직과 약정을 맺거나 외부로부터 자본을 조달하고자 할 때는 조합원에 의한 민주적 관리가 보장되고 자율성이 보장돼야 한다는 것이다.
제5원칙은 교육·훈련 및 정보제공이다.
협동조합 발전에 효과적으로 기여하도록 교육과 훈련을 해야 한다는 것으로 특히 젊은 세대와 여론 지도층에 협동의 본질과 장점에 대한 정보를 제공해야 한다는 뜻이다.
제6원칙은 협동조합 간 협동이다.
협동조합은 지역 간 인접국간 및 국제적으로 함께 일함으로써 조합원에게 가장 효과적으로 봉사하고 협동조합운동을 강화해야 한다는 것이다.
제7원칙은 지역사회에 대한 기여이다.
협동조합은 조합원의 의사에 따라 지역사회의 지속 가능한 발전을 위해 노력해야 한다는 것이다.

CWS)의 설립을 통해 도매사업에도 진출하였다. CWS는 가격이 싼 식료품을 해외에서 수입하여 국내에 공급하였으며, 해외의 홍차 재배지를 직접 소유하기도 하였다. 또한 일부 선주가 운송비를 인상하자 CWS는 즉시 독자적인 해운업에도 진출하였다. CWS는 나아가 직접 제조업자가 되기도 하였다. CWS는 신발과 의류, 비누, 가구 등 노동자들의 생필품과 관련된 제품을 주로 생산하였다. CWS는 아울러 일부 생산협동조합을 인수하여 제조업 분야에 대한 진출을 더욱 확대하고 소매부분으로 사업을 확장하였다. CWS는 계속적인 인수합병을 통하여 사업규모를 확대하였으며, 1973년에는 스코틀랜드 도매협동조합(SCWS)을 인수하고, 2007년에는 영국에서 2위 규모인 유나이티드 코아퍼러티브(United Co-operatives)를 인수하였다. CWS는 2007년 말 코아퍼러티브 그룹(The Co-operative Group)으로 명칭을 단순화하고 조합원 450만 명과 임직원 12만 명 그리고 지역 협동조합을 회원으로 하는 세계 최대의 소비자 협동조합이 되었다.

로치데일 협동조합의 성공 배경에는 법률적 지원도 커다란 몫을 차지하였다. 1852년 영국에서는 세계 최초의 협동조합법으로 평가받는 산업 및 공급조합법(The Industrial and Provident Societies Act)이 제정되었다. 이 법이 제정되기 이전 협동조합은 우애조합법(Friendly Societies Act)의 적용을 받고 있었는데 이 법은 사업체가 아닌 상호부조단체를 규정하기 위해 고안된 법이었기 때문에 소비자조합이 조합원이 아닌 다른 사람들에게 물품을 판매하는 것을 금지하는 등 적절한 법적 보호를 받지 못하였었다.

산업 및 공급조합법은 협동조합에 대해 중요한 법적 보호장치를 마련해 주었다. 이 법은 협동조합의 재산권을 보호해 주었고, 협동조합 규범에 법적 구속력을 인정해 주었다. 또한 협동조합 예금에 대한 보호장치를 마련해 주었고, 협동조합이 비조합원에게도 물품을 판매할 수 있도록 허용하였다. 그리고 조합의 법적 지위를 인정하여 관료의 부당한 행위에 대해 대항할 수 있도록 하였다. 조합원들에 대한 출자배당을 5% 이하로 제한하였지만, 구매에 따른 이용고배당은 폭넓게 허용하였다. 아울러 모든 조합원이 조합의 부채에 대해 무한책임을 지도록 규정하고 있었으며, 출자는 조합원당 100파운드 이내로 제한하고 있었다. 그러나 1862년 이 법이 개정됨에 따라 조합원들의 책임은 유한책임으로 바뀌었다. 즉, 조합원들은 법 개정으로 자신의 출자금 범위 내에서만 조합의 채무를 부담하면 되었다. 또한 출자의 제한은

200파운드로 상향되었으며, 협동조합이 다른 협동조합에 투자하는 것이 허용되었다.

2. 신용·농업협동조합의 발생과 ICA

1) 신용협동조합의 발생

(1) 독일 신용협동조합의 발생

1806년 10월, 훗날 독일 통일의 주역이 되는 프로이센은 나폴레옹이 이끄는 프랑스군과의 전쟁에서 참패하였다. 프로이센은 간신히 독립국으로서의 지위는 유지했지만 사실상 나폴레옹의 속국으로 철저한 수탈과 내정간섭을 받게 되었다. 이에 당시 프로이센의 재상이었던 슈타인(Stein)은 국가 부흥을 위해 여러 부문에 걸친 개혁을 단행하였다. 농업 부문에서는 농민을 영주의 속박에서부터 해방시키기 위해 1807년 10월 농노제를 폐지한다는 칙령을 발표하였다. 농노제 폐지의 목적은 농민에게 완전한 토지소유권을 부여하고 부역을 폐지하여 인격적 자유를 확보해 주는데 있었다. 슈타인이 농노제 폐지를 추진한 것은 중산층을 육성하는 것이야말로 국가를 튼튼하게 하는 지름길이라고 생각하였고, 이에 따라 농민을 노예적 속박으로부터 해방시켜 중산층으로 육성하고자 한 때문이었다. 슈타인의 개혁은 10년 뒤 재상에 오른 하르덴베르크(Hardenbergische)에 의해 계승되었다. 슈타인-하르덴베르크 개혁은 비록 만족할 만한 성공을 거두지는 못했지만, 독일에서 독립 자영농이 크게 증가하는 결과를 발생시켰다.

자영농의 등장은 사회 경제적으로 커다란 변화를 가져왔다. 노예적 신분에서 벗어난 자영농들이 점차 시장경제에 의존하는 현상이 나타나게 된 것이 가장 큰 특징이다. 노예적 신분에서는 잉여 농산물에 대한 권리가 농민에게 주어지지 않았기 때문에 시장거래가 활성화되지 못했다. 그러나 농민들이 자영농 신분을 획득하게 되면서부터는 자체 소비하고 남은 농산물을 시장에 내다 파는 것이 가능해졌다. 그리고 생계에 필요한 물품을 구입하기 위해서라도 농민들은 시장거래를 통해 현금을 확보할수밖에 없었다. 이에 따라 현금거래를 목적으로 하는 상업농이 증가하게 되었다. 이와 함께, 이 당시 윤작법과 화학비료의 발명 등 농업기술의 발달로 생산력이 크게 증가하게 된 농업혁명이 발생한 점도 상업농의 발달을 촉진시켰다. 아울러 식량수요의 증가로 곡물가격이 크게 상승하여 농민들의 생산의욕은 계속 증가하였다.

이와 같은 사회적·기술적 변화로 인해 농민들의 생산의욕은 크게 높아졌다. 따라서 많은 농민들이 농업생산을 증대시키고자 하였으며, 이에 따라 농업자금의 조달 필요성도 함께 증가하게 되었다. 농산물 생산을 늘리기 위해서는 비료, 농약, 종자를 더 많이 구입해야 했으므로, 자연 농업자금이 더 많이 필요하게 되었던 것이다. 그런데 농업인들은 자금이 부족했기 때문에 부득이 상인으로부터 고리대금을 빌릴 수밖에 없었다. 이 때문에 생산증대와 높은 곡물가격 덕택에 농민들이 얻은 이익은 고스란히 상인들의 몫으로 돌아갔다. 이에 따라 농민들에게는 저리로 자금을 빌릴 수 있는 농촌 신용조합의 필요성이 간절해지게 되었다. 독일에서 농촌 신용조합이 최초로 발생하게 된 것은 이러한 역사적 배경하에서 비롯되었다.

한편, 도시에서는 영국 등 선진국과 달리 공업화가 늦어졌기 때문에 수공업 형태의 생산방식이 여전히 지배적이었다. 독일의 산업혁명은 영국보다 1세기나 늦은 1850~1870년경에 시작되었다. 또한 봉건주의적 제도가 아직 많이 잔존하고 있는 토대 위에서 영국의 발달된 공업기술이 일부 접목되는 형식으로 진행되었다. 독일의 노동자들은 적어도 1860년대까지 길드제도에 의해 보호받고 있었으며, 이에 따라 수공업적 생산방식이 광범위하게 유지되고 있었다. 도시 신용조합이 독일에서 최초 발생하게 된 것은 바로 이들 중소 수공업자 계층이 광범위하게 존재하고 있었던 것과 깊은 관련이 있다. 영국에서는 노동자들이 생산수단을 잃고 임노동자로 전락하였기 때문에, 생계비 등을 절약할 목적으로 소비조합이 주로 설립되었다. 그러나 독일에서는 독자적으로 사업체를 운영하는 소생산자들이 여전히 존재하고 있었기 때문에, 사업체 경영에 필요한 운영자금 조달 등을 위해 신용조합을 더 필요로 하였다. 소생산자들은 대부분 자본축적이 미진하였고, 따라서 이들에게 자본을 유통해 줄 목적으로 신용조합이 먼저 발달하게 된 것이다.

이러한 역사적 배경하에서 신용조합은 독일에서 최초 발생하였는데, 이 과정에서 두 명의 선구자의 역할이 매우 컸다. 이들이 바로 도시 신용조합을 창설한 슐체 델리치와 농촌 신용조합을 최초 설립한 빌헬름 라이파이젠이다.

(2) 독일 신용협동조합의 선구자

가. 슐체 델리치(1808~1883)

슐체 델리치(Hermann Schulze-Delitzsch)는 독일에서 도시 신용조합을 최초로 창설한 협동조합운동의 선구자이다. 슐체는 출생지인 델리치에서 읍장이자 재판관이었으며, 나중에는 국회의원이 되었다. 그는 국회의원 시절 노동자, 독립수공업자, 소상공인들의 경제상태 조사를 주된 임무로 하는 국회조사위원으로 활동했다. 그는 이 기간 중에 이들 계층이 빈곤에서 허덕이는 주요 원인이 무거운 고리채에 있음을 알게 되었다. 이를 계기로 그는 정계를 떠나 신용조합운동을 전개하게 되었다.

그는 1849년 델리치 시에서 목공과 제화공을 조합원으로 하는 <원료구매조합>을 설립하였다. 이 조합은 조합원의 무한연대보증을 통해 자금을 차입한 후, 이 자금으로 원료를 대도시 도매시장에서 대량 구입하는 것을 목적으로 하였다. 무한책임주의를 채택하게 된 것은 조합원의 자본 출자 여력이 부족해 부득이 보증을 통한 차입에 의존할 수밖에 없었기 때문이며, 대량 구입은 중간 상인의 이윤을 배제하기 위해서였다. 그는 이후 단순히 원료를 공동 구매하는 것만으로는 수공업자의 어려움을 근본적으로 타개할 수 없음을 깨닫고 1850년 <대부조합(loan society)>을 설립하였다. 이 조합은 최초 10명의 수공업자들이 조합원으로 참여하여 설립되었는데, 원료구입 등에 필요한 자금을 조합원에게 대출해 주는 것을 목적으로 하였다. 이 조합이 바로 도시 신용조합의 효시가 되었다.

그런데 슐체가 설립한 신용조합은 초기에는 주로 부자들의 기부금이나 무이자의 외부차입금에 의존하여 운영되었다. 즉, 자선적·구빈적 성격이 강하였던 것이다. 따라서 당연히 경영체로서 오래 지속되기 어려웠으며, 점차 쇠퇴하여 갔다. 이에 슐체는 조합의 지속 가능한 경영을 위해서는 자립기반을 갖추는 것이 필요하다고 생각하여, 조합원에게 출자를 하도록 하였다. 이에 따라 조합원으로 가입하기 위해서는 출자의무를 부담하도록 했으며, 출자 의무와는 별도로 조합 경영에 대해 무한책임을 지도록 했다. 조합의 수익은 20%를 자본금으로 적립한 뒤, 나머지를 출자금에 대한 배당 형식으로 조합원에게 지급하도록 했다. 조합이 조합원에게 자금을 대출해 줄 때는 담보 또는 친지 및 지인에 의한 대인보증을 요구했다. 조합의 경영은 총회에서 선출된 유급 상임이사가 3년간 담당하도록 하는 등 전문 경영을 중시했다.

슐체가 확립한 이러한 운영 시스템은 그 기능을 충분히 발휘했다. 1905년까지 1

천 개 이상의 신용협동조합이 설립되고, 약 60만 명에 달하는 조합원을 보유하게 되었다. 나치 정권하에서는 예금과 공채 인수를 주축으로 하는 제도금융을 담당하였다. 제2차 세계대전 후에도 많은 발전을 하였으나, 점차 슐체의 이념이 약화되고 신용조합보다는 중소기업협동조합으로서의 성격이 더 강해졌다.

나. 빌헬름 라이파이젠(1818~1888)

빌헬름 라이파이젠(Wilhelm Raiffeisen)은 독일 농촌 신용조합의 창설자이자, 농업협동조합의 사실상 원조로 평가받고 있다. 농민의 아들로 태어난 라이파이젠은 독실한 기독교 신자로 성장했다. 그는 일선 행정기관의 서기를 거쳐 읍장을 역임했다. 그는 읍장으로 재직하던 시절 주민의 대부분을 차지하고 있던 농민들이 심각한 빈곤 상태에 처해 있음을 목격하였다. 당시 농민들은 대부분 자금이 없어 농사철에 비료·농약·종자를 외상으로 구입한 뒤 이를 수확 후에 고율의 이자로 변제하는 악순환을 반복하였다. 악성 부채에 시달리다 못해 수확이 채 끝나기도 전에 농산물을 상인들에게 저가로 인도하는 경우도 다반사였다. 특히 '배고픈 40년대'라고 불릴 정도로 1840년대는 극심한 기근이 전 유럽을 휩쓸고 있었다. 1845~1847년 동안 유럽의 많은 나라에서는 감자가 말라 죽는 병이 퍼져 감자 수확량이 크게 줄어들었다. 감자의 부족은 다른 식품의 가격상승을 가져왔다. 결국 수백만 명이 굶어 죽고, 높은 실업률과 정치 불안이 야기되었다.

라이파이젠은 이러한 시대적 상황에서 가난한 농업인들에게 감자와 빵을 배급하는 조직을 설립함과 동시에, 부유한 계층의 원조에 의지해 농민을 원조하기 위한 대부조합을 설립하였다. 1849년에는 농촌고리채 해소 운동의 일환으로 푸람멜스펠드 구제조합을 만들어 자금 대부사업을 개시하였고, 1854년 헷데스돌프로 전임한 뒤에는 헷데스돌프 자선조합을 설립하여 농업인 구제에 많은 힘을 기울였다. 그런데 이러한 신용조합은 부자들의 기부에 의해 유지되어 다분히 자선적 성격이 강하였다. 부자들의 기부행위는 일정한 한계를 가질 수밖에 없으므로 조합은 당연히 지속 운영되기 어려웠다. 라이파이젠도 이러한 문제의식을 갖고 있었으며, 이때 슐체가 조합원의 상호부조 원칙에 기초하여 대부조합을 설립했다는 소식을 듣고 그와 의견을 교환하며 자립 가능한 협동조합 모델을 강구하기 시작했다. 그래서 1862년 이러한 모델에 입각하여 안하우겐을 비롯한 4군데에 신용조합을 설립하였는데, 이것이 세계 최초의 농촌 신용조합으로서 근대적 농업협동조합의 시초가 되었다.

라이파이젠이 설립한 농촌 신용조합의 운영원리를 살펴보면 다음과 같다. 라이파이젠의 모델은 기본적으로 출자금이 없다는 점에서 슐체의 모델과 달랐다. 라이파이젠이 조합원에게 출자나 가입금을 요구하지 않은 것은 농민 조합원 대부분이 출자할 여력이 부족했기 때문이다. 조합원 출자를 대신하여, 조합 운영에 필요한 자금은 조합원의 무한 연대보증 책임으로 자금을 차입하여 충당하였다. 조합원은 자신의 농장과 가축, 농기구 등을 무한책임을 위한 담보물로 제공하였다. 무한연대책임제가 적용되었기 때문에 조합원들은 공동운명체적인 관계에 있었고, 따라서 조합은 부락이라는 지역 단위를 기준으로 소규모 지역조합 형식으로 조직되었다. 조합의 재산은 조합원의 총유(總有)로 하여 조합원 간 지분 분할을 인정하지 않았고, 조합의 잉여금은 조합원에게 배분하지 않고 전액 조합에 적립하였다. 조합은 조합원의 저축과 조합에 유보된 적립금을 통해 운영자금을 조달했으며, 이를 통해 조합원의 무한연대책임을 점차 완화시켜 주었다. 이러한 라이파이젠 협동조합의 운영원칙은 로치데일 협동조합의 운영원칙과 더불어 오늘날 협동조합 제도를 수립하는 근간이 되었다.

라이파이젠 신용조합은 최초 설립 이후 커다란 발전을 거듭했다. 신용조합 수는 1905년에 이르러 1만 3천 개 이상으로 늘어났다. 독일 농민의 절반가량이 조합원으로 가입하였다. 라이파이젠계의 농촌 신용조합 수는 슐체계의 도시 신용조합의 10배에 달했고, 조합원 수도 2배 이상이었다. 그러나 예금 규모에서는 도시 신용조합의 6분의 1 수준이었다. 라이파이젠 신용조합은 신용사업이 주된 사업이었지만, 점차 구매, 판매, 보험, 이용사업 등 농업경영과 관련된 각종 사업을 겸영하는 종합농협으로 발전하여 농업협동조합의 원조가 되었다. 라이파이젠계 조합들은 또한 조합 사업의 신용도를 제고시키기 위해 전국 단위 연합회를 설립하였다. 전국을 사업 범위로 하는 연합회의 설립은 조합 사업에 신용도를 높임으로써 라이파이젠 신용조합이 크게 발전하는 밑거름이 되었다.

라이파이젠과 슐체계 협동조합은 도시의 소상공인과 농촌의 자영 농업인이 지속 생존할 수 있는 기반을 제공해 주었다. 소상공인과 자영 농민들은 신용조합을 이용함으로써 고리대금업자의 횡포에서 벗어날 수 있었으며, 원활한 자금융통이 가능해져 독자 경영의 유지가 가능해졌다. 많은 농민이 토지를 잃고 도시의 임노동자로 전락한 영국과 달리 독일에서 자영농과 독립 수공업자들이 오래도록 지속될 수 있었던 것은 이러한 협동조합 은행의 역할이 매우 컸다. 즉, 독립 수공업자와 자영농의 존재가 협동조합 은행의 발생 기반이었지만, 동시에 협동조합 은행은 이들의 생존 가능성을 높여 주는 선순환 기능을 하였던 것이다.

2) 농업협동조합의 발생

(1) 농업협동조합의 태동

산업혁명이 소비자협동조합을 발생시키는 계기가 되었다면, 농업혁명은 구매·판매·가공 등의 분야에서 농업계 협동조합이 나타나게 된 원인으로 작용하였다. 농업혁명은 농업기술의 발달로 농업생산을 크게 증가시켰으며, 노예적 신분에서 벗어난 자영농들은 점차 시장거래를 위해 농산물을 생산하기 시작하였다. 농업 생산 과정은 보다 자본 집약적으로 변화되어 갔으며, 농산물의 품질관리가 점점 중요하게 되었다. 더욱이 철도의 발달에 힘입어 시장에서 부패하기 쉬운 농산물을 판매할 수 있게 되었고, 공업화된 가공기술의 발달로 농산물의 부가가치를 높이는 것이 가능하게 되었다. 이러한 농업 분야의 변화는 농업인들에게 상호협력의 필요성을 높이게 되었고, 이에 따라 구매·판매·가공 등의 분야에서 협동조합의 설립이 증가하게 되었다. 과거 자급자족을 위한 농업이 아니라 판매를 목적으로 한 상업농이 확대됨에 따라 구매와 판매, 가공 등의 분야에서 보다 조직적으로 시장에 대응해야 할 필요성이 높아지게 된 것이다.

농업 분야에서의 협동조합 설립은 크게 세 가지 형태로 나타났다. 첫째는 구매협동조합이다. 이것은 종자와 화학비료, 농약의 구입을 조직화하려는 목적에서 나타났다. 둘째는 판매협동조합이다. 이것은 농산물의 유통과 판매를 조직화하기 위한 목적에서였다. 셋째는 가공협동조합이다. 이것은 농산물을 보다 높은 가치의 제품으로 만드는 것을 목적으로 하였다.

이 협동조합들 중에서 최초로 조직된 협동조합은 가공협동조합이었다. 근대적 의미에서의 최초의 가공협동조합은 미국에서 처음으로 설립되었는데, 1867년에 약 4백여 개의 협동조합 치즈공장과 크림제조공장이 처음 설립되었다. 1878년 크림 분리기가 발명된 이후에는, 버터가공협동조합이 유럽에서 급속히 확대되었다. 농업협동조합운동에서 커다란 업적을 쌓은 호레이스 플란켓(Horace Plunkett)은 버터가공

협동조합이 아일랜드에서 급속히 증가하게 된 이유를 다음과 같이 말하였다. "버터 제조에 종사하는 자본가 기업들은 처음에는 우유를 생산하는 농가들에 그들이 요구하는 수준보다 높은 가격을 지불한다. 그리하여 농업인들이 자본가에게 점점 의존하게 만듦으로써 우유 판매망을 독점하게 된다. 이후 자본가들은 우유의 구입 가격을 크게 인하하여 초과 이윤을 착복하기 시작한다. 농민들은 대체 공급처가 없기 때문에 형편없는 가격에 자본가 기업에 우유를 제공할 수밖에 없다. 농민들이 공동으로 버터가공협동조합을 설립하기 시작한 것은 자본가들의 이러한 횡포에 대응하기 위한 필요성 때문이었다."

농산물의 공동판매를 목적으로 하는 판매협동조합의 설립도 미국에서 가장 먼저 시작되었다. 미국은 국토가 넓어 생산지와 시장 간의 거리가 멀리 떨어져 있었다. 농업인들은 그들이 생산한 농산물을 개별적으로 운송하는 것이 불가능하거나 크게 비효율적이었으므로, 원거리 시장에서의 조직적인 판매를 목적으로 협동조합을 설립하기 시작하였다. 1820년 뉴욕의 그란빌에서 식용돼지판매협동조합이 설립되었고, 1844년에는 포키푸시에서 양모판매협동조합이 설립되었다.

독일에서는 신용협동조합에 이어 구매협동조합이 가장 발전했다. 처음에는 개별 라이파이젠 신용조합이 조합원에게 자재를 염가로 공급할 목적으로 도매업자와의 교섭을 담당하였다. 그러나 하스(W. Hass, 1839~1913) 박사에 의해 최초로 독립적인 구매협동조합이 헤센 주의 프리드베르크에서 설립되었다. 1873년에는 그 수가 15개로 늘어났다. 하스는 1895년 전국적인 구매연합조직을 설립하였다. 이 구매연합조직은 물품 공급 상인들이 전국적으로 구축한 카르텔 조직에 맞서 구매교섭력을 발휘함으로써 농민 조합원의 이익을 보호하는 데 많은 기여를 하였다.

(2) 덴마크의 농업협동조합

미국이나 독일에서 구판매 및 가공협동조합이 최초 등장하였지만, 이러한 종류의 협동조합이 크게 성공한 나라는 덴마크이다. 19세기 중반 덴마크의 경제적 상황은 이러한 협동조합이 등장하기에 매우 적합한 조건이 갖추어져 있었다. 덴마크에서는 1788년부터 농노해방이 이루어져 자영농이 광범위하게 분포하고 있었다. 유럽에서는 노르웨이에 이어 자유토지 보유자가 가장 많았다. 또한 농장의 분포와 면적이 법률로 보호되었기 때문에, 19세기 중엽에 농민들은 평균 40에이커의 농지를 소유하여 상대적으로 부유하게 되었다. 사회적 측면에서도 협동조합의 설립에 유리한 조건이 갖추어져 있었다. 국민들은 균질적이었고 종교는 동일했으며, 마을을 기반으로 한 공동체 생활도 충분히 발전했다. 평등주의의 전통으로 사회계급 간 첨예한 대립과 차별도 크지 않았다. 영국에서는 1870년부터 시행되었던 의무교육이 덴마크에서는 1814년에 시작되었고, 1849년에는 자유주의적 민주주의와 선거권이 확립되었다. 그리고 정치적으로는 소규모 농업경영자 정당이 실질적으로 정권을 장악했다.

이와 같이 협동조합에 우호적인 경제·사회적 조건하에서 19세기 중엽 이후 협동조합의 설립이 이루어지게 되었다. 크리스천 소네(Hans Christian Sonne)는 영국을 방문하여 로치데일 원칙을 배워 온 다음에 1866년 최초로 소비자협동조합을 설립하였다. 이 협동조합은 농민들 사이에 확산되어 유럽의 다른 나라와는 대조적으로 농촌지역의 소비자운동으로 성장했다. 1882년에는 닐센(Neilsen)에 의해 최초의 낙농협동조합이 설립되었다. 이 협동조합은 1인1표의 의결권과 이용고배당을 실시하는 등 로치데일 원칙과 유사하게 운영되었다. 그러나 크림 제조공장의 건설에 필요한 자금을 대출받을 때 조합원의 재산을 담보로 무한책임을 지도록 한 점은 로치데일 방식과 차이가 있었다. 이 협동조합은 급속히 성장하여 1900년까지 1천 개 이상의 조합이 설립되어, 덴마크 우유 생산량의 약 80%를 취급했다. 1887년에는 베이컨 가공협동조합이 설립되었다. 이 협동조합은 민간 베이컨 공장으로부터 많은 견제를 받았지만 1913년에 생산점유율이 85%에 달할 정도로 성장했다. 1895년에는 계란판매협동조합이, 1906년에는 청과물판매협동조합이 조직되었다. 그리고 1906년부터는 구매협동조합이 설립되기 시작하였다. 구매협동조합은 상인들이 납품하는 사료의 품질이 매우 나쁘다는 사실을 농가들이 인식하게 되면서부터 나타나게 되었다. 구매협동조합이 시장 점유율을 늘려 나가자 민간 공급업자들은 협동조합을 견제하기 위한 다양한 시도를 하였다. 예를 들어 일부 공급업자들은 대량의 사료를 협동조합 가격보다 큰 폭으로 낮게 덤핑 판매하는 경우가 자주 있었다. 그러나 민간 공급업자들의 이러한 견제에도 불구하고 1907년경에는 8백여 개의 구매협동조합이 설립되었다.

덴마크에서는 제1차 세계대전 시기에 전체 농가의 절반 이상이 소비자협동조합의 조합원이었고, 전 가축두수의 86%가 낙농협동조합에 소속되어 있었으며, 사육돈의 약 50%가 베이컨가공협동조합과 계약을 맺고 있었다. 이렇게 덴마크는 사실상 '농업인에 의한 협동조합공화국'이 되었다. 마니키(Manniche)는 1960년대에 저술한 책에서 다음과 같이 말했다. 시간이 지남에 따라 덴마크의 농업인들은 철저하게 조직되어 그들은 언제 어디서나 협동조합과 함께했다. 농업인들은 그들이 원하면 담보대출을 신용협동조합에서 받았고, 전력공급협동조합을 통해 자신의 농장에 전력을 공급받았으며, 낙농협동조합이나 판매협동조합을 통해 우유, 돼지, 계란 등을 판매했다. 그리고 마을의 구매협동조합에서 종자, 사료, 비료뿐만 아니라 생활용품을 구매하였다. 농업인들은 보건협동조합과 협동조합보험회사를 통해 질병과 사망에 대비할 수 있었고, 농장에서 얻은 수익을 신용협동조합에 예치하였다.

3) 국제협동조합운동연맹(ICA)

(1) 국제협동조합연맹 설립

국제협동조합연맹(ICA: International Cooperative Alliance)은 약 8억 명에 달하는 전 세계 협동조합 조합원을 대표하는 세계 최대의 비정부조직(NGO)이다. 현재 90개 국가에서 각국 협동조합을 대표하는 222개 조직이 회원으로 가입되어 있다.

국제협동조합연맹은 1880년대, 주로 영국과 프랑스의 협동조합 관계자들이 상대 국가의 협동조합 실태를 파악하기 위해 상호교류하기 시작하면서부터 설립이 추진되었다. 프랑스의 협동조합 관계자들은 1884년 영국에서 개최된 제16회 협동조합대회에 참석하여 영국 협동조합과의 상호교류를 제안하였다. 이듬해인 1885년 협동조합대회에서도 프랑스의 협동조합 관계자들이 참석하였는데, 이 대회에서 영국의 협동조합 관계자들이 프랑스의 협동조합대회에 참석할 것을 결정하였다. 이와 더불어, 해외 협동조합운동에 대한 정보를 수집하기 위하여 해외조사위원회 설치를 결의함으로써, 양국 간 협동조합운동의 교류를 위한 기초를 닦게 되었다.

1886년에 개최된 영국의 협동조합대회에 프랑스의 협동조합 지도자인 보아브(E. D. Boyve)가 참석하였는데, 이 대회에서 그는 프랑스 협동조합대회의 결의에 따라 3년 이내에 맨체스터나 런던에 국제협동조합 지도위원회를 설치하고, 동 위원회에서 협동조합 원칙을 제정할 것을 제안하였다. 보아브의 이러한 제안에 따라 영국의 협동조합도매연합회(CWS)의 해외조사위원회가 본격적으로 활동을 개시하였다.

보아브는 국제협동조합기구를 설립하는 데 중추적 역할을 담당하였다. 그는 국제협동조합기구 설립을 위해 종합센터를 파리에, 특별센터를 맨체스터와 파리, 밀라노

등지에 설치하는 것을 주요 내용으로 하는 국제협동조합기구 설립계획을 프랑스 및 이탈리아의 협동조합대회에서 승인받았다. 이후 1887년에 영국의 칼라일 협동조합 대회에서 협동조합 간 협력과 국제평화의 촉진을 위해 국제협동소합기구 창설을 공식적으로 제안하여 동의를 받았다.

이와 같은 보아브의 노력에도 불구하고, 영국 협동조합 내부에서 이윤분배를 둘러싸고 노동연합(1884년에 창설된 노동자 생산조합운동의 지도기관)과 도매연합회 간에 노선 대립이 벌어져 ICA의 창립에 많은 장애가 되었다. 노동연합은 투입된 노동에 대한 공정한 분배를 주장한 반면, 도매연합회는 이용고에 따른 배당을 주장하며 서로 양보하지 않았다. 이에 닐(E. V. Neal)은 원칙과 운영원리가 상이한 조직끼리 어떻게 동맹을 맺을 수 있겠는가라는 원천적인 문제를 제기하였다. 사실 이 문제는 ICA가 창립되고 난 이후에도 주요 쟁점사항이 되었다.

한편, 1893년 8월 프랑스와 벨기에, 이탈리아, 독일, 네덜란드 등 각국의 협동조합 대표가 참여한 회의에서 아일랜드 대표인 플란켓(H. C. Plunkett)은 생산자협동조합 외에 소비자협동조합, 농업협동조합, 신용조합 등 다양한 형태의 협동조합의 참여를 제안하여 동의를 받았다. 이 때 홀리요크(G. J. Holyyoke)는 새로 설립될 국제협동조합 기구의 정식 명칭을 ICA로 할 것을 제안하였다. 이 회의에서의 합의에 따라 이듬해인 1894년에 제1회 ICA대회를 개최하기로 하였으나, 회장 선출 등에 관한 주도권 싸움으로 또다시 연기되는 등 우여곡절 끝에 마침내 1895년 제1회 ICA대회를 런던에서 개최하게 되었다.

(2) 국제협동조합연맹의 조직과 활동

ICA의 회원과 집행부 구성은 전통적으로 유럽의 소비조합이 중심이었으나, 1960년 이후 아시아, 아프리카, 중남미 지역에서의 가입이 늘어나면서 세계적인 조직으로 발전하였다. ICA는 전 회원 조직이 참여하는 전체총회와 지역총회(아시아·태평양, 아프리카, 아메리카, 유럽)를 매년 서로 번갈아 가면서 2년마다 개최하고 있다. ICA 이사회는 전체 총회에서 선출하는 회장 1명, 각 지역총회에서 추천하는 부회장 4명, 임기 4년의 이사 15명 등 총 20명으로 구성된다. 현재 한국에서는 농협중앙회장이 ICA 이사로 활동하고 있다.

ICA는 사업수행의 전문성을 높이기 위해 산하에 9개의 분과기구를 두고 있다. 9

개의 분과기구는 소비자협동조합, 농업, 어업, 금융, 보험공제, 주택, 보건, 여행, 전문서비스 등으로 구성되어 있다. 이 밖에 홍보, 연구, 여성, 교육연수 등 4개의 기능별 전문위원회도 구성되어 있다. 이들 분과기구와 위원회는 대부분 자체 재원으로 사무국을 두고 운영하고 있다. 이와 같은 분과기구로 농업 분야에는 국제협동조합농업기구(ICAO: International Cooperative Agricultural Organization)가 설치되어 있다. ICAO는 전 세계 농업협동조합을 대표하는 공식기구로서 2005년 말 현재 39개국에서 49개의 전국단위 농업협동조합연합회가 회원으로 가입되어 있다

1998년 마닐라에서 개최된 ICAO 총회에서 한국의 농협중앙회장이 ICAO 회장으로 선출된 이후 농협중앙회 내에 ICAO 사무국을 설치·운영하고 있다. ICAO의 주요 활동은 세계 농업부문 및 농협 기관 간의 상호교류와 협력을 도모하며, 각국의 농업과 농협의 발전을 위해 조사사업을 수행하는 것이다.

회원조직			
지역총회(전체 총회와 번갈아 격년 개최)			
아시아·태평양	아프리카	남북아메리카	유럽
전체 총회(격년 개최)			
이사회(20명)		감사 관리 위원회	
회 장			
분과기구(9개)		부 회 장	
회장, 부회장, 이사의 임기는 4년			

<그림 1-1> ICA 기구도

ICA는 1922년 협동조합 간 교류·협력을 증진하고 협동조합의 존재를 일반 국민에게 알리기 위하여 매년 7월 첫째 토요일을 <세계협동조합의 날>로 정하고 있다. 우리나라는 1996년부터 <세계협동조합의 날> 기념행사를 개최하고 있는데, 1996년에는 처음으로 8개 국내 협동조합이 참여한 가운데 기념행사를 개최하였으며, 1997년 제75회부터는 한국협동조합협의회의 주최로 농협, 수협, 임협, 엽연초조합, 생협, 신협, 새마을금고, 중소기업협동조합 등 국내 협동조합이 모두 참여한 가운데 <세계협동조합의 날> 기념식을 개최하고 있다.

한편, 한국 농협은 1961년 종합농협이 탄생하면서부터 ICA에 가입하려 노력하였으나, 당시 농협중앙회장을 대통령이 임명하는 체제하에서는 ICA 원칙 중 정치적

중립원칙을 지키지 못한다는 이유로 정회원 자격을 얻지 못하다가 1963년에 준회원 자격을 획득하게 되었다. 한국 농협은 이후 계속 준회원 자격으로 ICA에 참여하여 오다가, 1972년 폴란드 바르샤바에서 개최된 제25회 ICA 총회에서 준회원제도를 폐지하자 자동적으로 정회원이 되었다. 이어서 1979년 수협중앙회, 1992년 신협중앙회, 1994년 새마을금고연합회, 1996년 임협중앙회 등이 ICA의 정회원으로 가입하였다.

Chapter 02

한국의
농협운동

한국의 농협운동2)을 살펴볼 때, 농협의 조직과 운영을 특징짓는 주요 사건을 전후하여 그 시대를 구분하는 것이 중요하다. 조선시대와 일제하의 민간 자율적인 협동조합의 움직임과 관 주도의 협동조합운동을 각각 나누어 먼저 살펴본 후, 1961년의 농업은행과 (구)농협이 통합하여 종합농협체제로 재편한 농협법 제정, 1988년의 농업협동조합의 민주화를 내용으로 한 농협법 제정, 1999년 농·축·인삼협 중앙회의 통합을 내용으로 한 농협법 제정 등을 중심으로 시대를 구분하여 살펴본다.

---

2) 한국 농협은 외국의 협동조합에 비해 두드러지는 몇 가지 독자적인 특성을 갖고 있다. 무엇보다 가장 큰 특징은 대다수 회원조합이 영세소농을 기반으로 하여 조직되었고 경제·신용·지도사업을 함께 하는 종합농협 형태를 취하고 있다는 점이다. 서구의 농협은 이해관계를 같이하는 농민을 중심으로 업종별로 조직되어 금융·보험구매·판매·가공 등 기능별로 전문화되어 있다. 하지만 우리의 경우 품목별로 전업농가를 중심으로 한 품목조합이 일부 조직되어 있긴 하지만, 품목별·업종별 구분 없이 관할 구역 내 전 농업인을 대상으로 한 종합농협이 주류를 이루고 있다. 이러한 한국 농협의 특수성은 농업생산 및 농촌사회의 구조적 특성에서 비롯된 것이다. 서구 농협의 경우 생산 규모가 호당 평균 유럽은 20ha, 미국은 200ha에 달하고, 축산·원예·과수·특작 등으로 전문화되어 있다. 더 나아가 축산은 육우·낙농·양돈·양계 등으로, 원예 역시 품목별로 나뉘어 있어 농업인들 간에도 이해와 요구를 달리하기 때문에 협동조합도 품목 또는 기능 중심으로 발전하게 된 것이다. 이에 비해 한국의 농업생산 구조는 경지규모가 1.3ha 안팎으로 적고, 복합영농을 하는 소농 구조로 이루어진 데다 가계와 경영의 분리도 명확하지 않다. 이에 따라 한국 농협은 일정 지역 내의 전 농민을 대상으로 종합적인 서비스를 하는 종합농협으로 발전해 오게 된 것이다. 또 다른 특징은 중앙회도 종합농협 체제를 갖추고 있다는 점이다. 해방 직후 농협은 농업은행과 경제 사업을 하는 (구)농협이 별도로 있었으나 (구)농협이 자본금 부족 등으로 사업이 활성화되지 않자 1961년 양 기관을 통합해 지금의 종합농협을 설립하게 된 것이다. 한국과 비슷한 소농 구조를 갖고 있는 일본과 대만의 농협을 보면 회원조합 단계에서는 종합농협 체제를 갖추고 있으나 연합회 단계에서는 기능별·품목별로 분리되어 있다. 그러나 우리의 경우는 중앙회도 종합농협 체제로 발전을 거듭해 왔으며 이러한 특성은 2000년 농축인삼협의 통합에 의해 더욱 강화되었다. 농협중앙회가 회원농협의 상호금융 연합회로서의 기능을 수행하는 동시에 직접 사업을 한다는 점도 특징이다. 외국의 경우 연합회는 주로 회원조합을 통해 조달된 자금을 운용하거나 지도업무를 주 임무로 하는 데 비해 한국 농협중앙회는 금융사업의 경우 소비자를 대상으로 직접 금융까지 담당하고 있다.

1. 근대적 협동조합운동

1) 개관

우리나라에서 근대적 협동조합의 시초는 대한제국 시절 정부에 의해 1907년 3월에 설립된 지방금융조합이라 할 수 있다. 금융조합 설립 이전에도 두레, 계, 향약과 같은 전통적인 협동조직과 농사조합, 토지조합, 농업조합 등 각종 지방농사단체가 있었다. 그러나 이들은 협동조합과는 성격이 다른 조직이었다.

우선 두레, 계, 향약 등의 전통적인 협동조직은 상부상조의 원칙하에 결합된 인적 조직이라는 점에서 협동조합과 유사한 성질을 가지나 그 조직의 목적이 단순히 상부상조에 머물고, 경제적인 공동이익을 추구한 것이 아니라 상호친목 또는 부락사회의 공동발전 등을 주요 사업으로 하였다는 점에서 근대적인 협동조합과는 구분된다. 이로 인해 두레, 계, 향약 등은 자본주의로의 진행과정에서 근대적인 협동조합운동으로 진화되지 못하였다.

그리고 군산농업조합(1905년), 강경토지조합(1905년), 부산농업조합(1905년), 대구농회(1906년) 등의 지방농사단체는 일본인 이주민들이 조직한 단체였다. 이들 농사단체는 농사에 관한 강습 및 품평회 개최, 신규자에 대한 제반편의 제공, 농경지의 구입 및 대여, 농업용 자재의 구입 및 농산물의 공동판매 등을 실시하기도 하였다. 하지만 주목적은 일본인 동업[3]자 간의 연락기관 또는 관청의 대행기관으로서 토지대장의 관리 및 열람이나 농사에 관한 조사연구 및 관청에 대한 자문과 건의 등을 하는 데 있었기 때문에 일반적인 협동조합과는 거리가 먼 단체였다.

---

3) '동업'이란 두 사람 이상이 함께 사업을 하는 것을 말한다. 보통 시장 상인들이 함께 하는 사업을 가리키지만, 훨씬 더 큰 동업도 있다. 삼성이나 현대 같은 주식회사도 많은 주주가 모여 동업을 하는 것이고, 지금은 나뉘었지만 LG와 GS처럼 동업경영을 통해 대그룹을 만든 경우도 있다. 동업하면 망한다는 말이 떠도는 가장 큰 이유는 동업을 할 때 제대로 규칙을 정하지 않아 사업이 잘되지 않거나, 잘되더라도 수익을 분배할 때 관계가 틀어지기 때문이다. 잘나가는 동업은 언제나 충분하게 규칙을 합의하여 확정한다. 기업의 사규나 상법 등이 그런 것이다. 협동조합도 동일한 수준의 규칙을 만들고 협의하고 있다. 다만 협동조합은 일반기업과 달리 조합원이 출자자이면서 이용자인 특징을 감안하여 훨씬 민주적인 규칙을 정하고 있다. 예를 들어 출자금과 상관없는 1인1표의 민주적 의사결정, 이용하는 만큼 수익을 배분받는 '이용과 배당' 등이 그것이다. 이런 규칙은 매우 중요하여 농협의 정관은 물론 농협법으로도 정해 두었다. 이렇게 정한 정관과 규칙을 당사자들이 충분히 이해하고 숙지해야 한다. 그래야 불필요한 갈등을 막을 수 있다. 농협의 조합원도 이런 의미에서 정관과 규정에 대해 공부할 필요가 있다. 잘 모르면 그만큼 농협에 대한 애정도 적을 수밖에 없다. 농협도 조합원과 대의원, 임원에게 충분한 교육을 제공해야 한다. 협동조합 교육을 장려하고 조합원들이 궁금해하는 사항부터 충분히 이해할 수 있도록 교육을 진행해야 한다. 교육이 없으면 협동조합을 제대로 알지 못하고, 사랑하고 자랑스러워할 수 없다. 협동조합이 자랑스럽지 않으면 조합원들은 '동업'과 '협동조합'을 구분하지 못하며, '협동조합사업'과 '장사꾼의 장사'를 구분하지 않고 당장의 조그마한 이익을 주는 쪽을 따라가고 만다. 조합원들의 교육은 협동조합의 시작이자, 마지막이다.

한일합방 이후 1910년 7월에 '조선물산동업조합령'(朝鮮物産同業組合令)이 제정되고 면작(綿作)조합, 양잠조합, 축산조합, 지주회(地主會) 등 각종 산업단체가 설립되었다. 그러나 이들 산업단체도 일본인들이 결성한 조직으로 근대적 의미의 협동조합이라고는 볼 수 없다.

금융조합은 비록 일본인 재정고문의 건의에 따라 한국 정부에 의해서 하향식으로 설립된 것이기는 하나 그 조직이나 운영은 대체로 독일의 라이파이젠 협동조합의 원리에 따른 신용조합의 성격을 지니고 있었다. 금융조합은 농업인의 금융 사정 완화를 목적으로 하였고, 구역 내의 농업인으로 조직되었으며, 농사자금의 대부, 생산자재의 구입, 농산물의 위탁판매 등을 실시하였다. 설립 초기에는 조합원의 출자의무와 의결권 등은 없었으나 1914년부터는 종래의 가입금 제도가 폐지되고 출자금 제도가 채택되었으며, 조합원에 대하여 총회의 구성권 및 의결권이 부여되어 협동조합 원리가 가미되었다.

금융조합은 그 후 비약적인 발전을 보여 사업량이 크게 증대되었을 뿐만 아니라 1918년에는 도시금융조합과 도연합회가 설치되었고, 1933년에는 전국조직인 조선금융조합연합회가 조직되었다. 이와 같은 조직의 확대와 사업량의 급증으로 금융조합이 가장 큰 농촌조직으로 발전하였다. 그러나 금융조합은 관권에 의한 통제가 강하여 협동조합적 성격이 제약받았다. 조합업무를 총괄하는 이사가 관선제로 되었고 화폐정리사업, 납세독려, 농사지도 등의 관청업무까지 대행하였으며, 제2차 세계대전 발발 이후에는 전비조달을 위한 국채인수기관의 역할까지 하였다.

한편 금융조합이 어느 정도 발전하기 시작한 1926년 1월에 '조선농회령'이 제정되고 기존의 각종 산업단체를 정리 흡수하여 계통농회가 조직되었다. 계통농회는 부·군·도(府·郡·島)농회, 도(道)농회, 조선농회의 3단계로 조직되었으며 구역 내에 거주하는 농업인으로 구성되었는데 농업에 관한 지도, 장려 및 여론조사, 논의의 조정과 중재, 행정관청에의 건의 등이 주요 사업이었다. 그러나 농회는 경제적 업무를 주목적으로 하지 않는 동업자단체에 불과하고 협동조합적 성격은 미약하였다. 더구나 회장 및 부회장은 조선총독이나 도지사가 임명하였고, 의사결정 기관도 각각 행정기관의 장이 임명한 위원으로 구성되어 있었다. 따라서 농회는 농업정책의 하청기관 성격을 띠고, 후기에는 점차 경제사업 업무에 치중하게 되면서 산업조합과의 경합이 나타나게 되었다.

산업조합은 1926년 1월에 제정된 '조선산업조합령'에 의하여 조직되었다. 금융조합이 신용사업을 중심으로 하는 라이파이젠식 협동조합이었던 데 반해 산업조합은 신용사업을 제외한 판매, 구매, 이용사업 등 세 가지 겸영의 기능만을 가졌다. '조선산업조합령'은 '일본산업조합령'을 모방한 것으로서 정부의 통제가 심하였으나 순수한 협동조합의 조직 원리에 따른 것이었다. 그 조직에 있어서 조합원의 유한책임제를 채택하는 한편, 의결기관으로서 총회를 두며, 조합장과 이사 및 감사는 총회에서 선출하고 도지사의 인가를 받게 되어 있었다. 그리고 조합원의 가입 탈퇴는 임의로 되어 있었고, 1인1표의 원칙에 따라 의결권이 행사되었다. 산업조합은 조합원이 생산한 농산물의 공동판매, 농업용 자재의 공동구입, 농업용 설비의 공동이용 등이 주요 업무였다.

산업조합은 무엇보다도 한국인만으로 구성되었다는 데 가장 큰 특징이 있었으며, 그 후 조합원 수나 사업량이 크게 증대되었다. 그러나 산업조합의 업무 확대에 따라 금융조합과의 마찰로 인한 자금조달의 어려움으로 경영부진에 따른 손실이 늘어났으며, 중일전쟁으로 전시통제가 강화되자 존립근거가 약화되어 1940년 산업조합의 해산이 결정되어 결국 1942년에 산업조합은 완전 해체되었다.

2) 민간 주도의 협동조합운동

일제하 우리나라 협동조합운동은 크게 두 갈래 흐름이 있었다. 하나는 금융조합이나 산업조합 및 농회와 같은 관제조직이었고, 다른 하나는 일본 유학생과 천도교 및 기독교계가 중심이 되어 전개하였던 자생적 민간협동조합운동이었다. 민간협동조합운동은 관제 조합에 대항하면서 농업인이 자주적으로 전개한 전형적인 근대 협동조합운동의 출발이었다. 또한 일제의 제국주의 아래에서 경제적 약자들이 스스로 최소한의 경제적 자조를 이루고자 하였던 경제운동의 하나였다.

민간협동조합운동의 대표적인 것으로는 동경유학생 중심의 협동조합운동사, 천도교 중심의 조선농민사, 그리고 기독교청년회(YMCA) 중심의 농촌협동조합 등을 들 수 있다. 그러나 이들 협동조합은 자생적 협동조합이 조직되는 것을 두려워한 총독부의 탄압 때문에 꽃을 피우지 못하고 소멸되었다.

(1) 협동조합운동사(協同組合運動史)

일본에 유학하던 학생들은 한국 경제가 어려움에 빠지자 협동조합운동에 의해 이를 구제함과 동시에 자신들의 운동기반을 확보하고자 1926년 6월에 협동조합운동사(協同組合運動社)를 결성하고 기관지 '조선경제지'를 발간하였다. 그리고 같은 해 여름에 간부 여러 사람이 귀국하여 경상북도에서 협동조합에 관한 순회강연을 가졌으며, 그다음 해인 1927년 1월에 경북 상주군 함창면에 함창협동조합을 처음으로 설립하였고, 이어 상주, 김천, 군위, 안동 지방으로 협동조합운동이 확산되었다. 1928년에는 동경에 있던 협동조합운동사의 본부를 서울로 옮기고 본격적인 활동을 전개한 결과 충남, 경남 지역에도 협동조합이 설립되어 1930년대에는 조합 수가 100여 개에 이르렀다.

협동조합운동사는 지도이념으로 중간이윤의 철폐, 고리대의 추방, 경제적 단결, 자주적 훈련 등을 표방한 일종의 소비조합으로서 민중생활의 궁핍을 타개하고 농촌을 진흥시키려는 데 그 목적을 두었다. 그러나 협동조합운동사의 중심인물이 대부분 민족주의자이고 사회주의 사상을 가졌기 때문에 일제의 많은 탄압을 받았고 일부 조합은 강제 해산되었으며, 나머지 조합들도 자금부족과 운영미숙 등으로 인해 1933년에는 거의가 소멸되고 말았다.

(2) 조선농민사(朝鮮農民社)

조선농민사(朝鮮農民社)는 1925년 10월 천도교계가 중심이 되어 농업인의 지위향상과 복리증진을 표방하고 설립되었다. 조선농민사는 '조선농민'이라는 월간지를 발간하여 농업인계몽에 힘쓰는 한편, 농업인생활에 필요한 생활물자의 구매알선과 생산물의 판매알선 등 농업인생활과 직결되는 각종 사업을 전개하였다. 그 결과 농업인의 신뢰와 호응을 얻어 많은 발전을 보게 되었다.

1928년 3월 조선농민사는 조직체계를 중앙에 조선농민사, 군에 군농민사, 면에 면농민사, 이·동(里·洞)에는 이·동농민사를 두도록 정비하고, 각급 농민사에 사원대회 또는 대표대회를 의결기관으로 그리고 이사회를 집행기관으로 두었다. 이 조직은 계속 발전하여 1931년에는 종래의 생활물자 구매와 농산물판매 알선사업을 별도의 조직인 농민공생조합으로 조직화하여 구판사업의 합리적 체계를 확립하였다.

농민공생조합은 중앙에 농민공생조합중앙회를 두고 지방에는 농민공생조합을 설치·운용하였는데 1932년 6월에는 전국 181개 조합, 3만 8천 명의 조합원을 보유하게 되었다. 농민공생조합은 함남과 평북 지방에서 특히 활발하게 활동하였고 평양과 함흥에 농민공생조합중앙회의 지부를 두었다. 그리고 평양에 설치한 농민고무공장은 하나의 기업으로 성장하여 공영농장과 함께 협동조합이 생산활동에 참여하는 모델을 제시해 주었다.

조선농민사는 경제사업과 더불어 농업인계몽사업도 추진하였는데 월간지 '조선농민'과 신문인 '농민세상'의 발행, 농업인교육교재 '농민독본' 발간, 야간학교 운영 등 다양한 활동을 전개하였다. 그러나 조선농민사의 이러한 운동은 일제의 억압으로 좌절되고 말았다.

(3) 기독교계의 농촌협동조합

기독교계 협동조합운동은 서울 YMCA가 1923년부터 시작한 농촌사업의 일환으로 전개되었다. 이 사업은 기본강령을 농업인들의 경제적 향상, 사회적 단결, 정신적 소생의 도모에 두었다. 1926년에 YMCA는 농촌운동을 전담할 농촌부를 설치하고 서울 부근에 8개의 농촌협동조합을 조직하였다. 이에 호응하여 지방 YMCA도 농촌에 협동조합을 조직하는 등 부락단위의 협동조합운동이 전국에 보급되어 전성기에는 조합 수가 720개에 달하였다.

그러나 1930년대 초에 총독부는 한국 농촌의 불황을 타개한다는 명분으로 농촌진흥운동을 전개하면서 부락 단위로 부락진흥회를 만들었는데, 그 과정에서 민간협동조합은 강제로 해산되거나 부락진흥회에 통합되었다. 이로써 기독교계가 운영하던 협동조합 역시 총독부의 폐쇄명령에 의해 소멸되었다.

3) 관 주도의 협동조합운동

(1) 금융조합

금융조합은 1906년에 이미 설립되었던 농공은행(農工銀行)이 농촌개발 등에서 제 기능을 발휘하지 못함에 따라 1907년 5월 30일 '지방금융조합규칙'이 공포되고, 그해 6월 28일 전남 광주지방금융조합이 설립되면서 시작되었다. 지방금융조합은 외형적으로는 라이파이젠의 농촌신용조합을 표방하고 있었지만 실제로는 일제식민정책의 수행을 위해 설립된 관제조합으로 그 운영에 있어서도 총독부의 철저한 감독을 받았다.

지방금융조합은 정부의 지원과 구역의 세분에 따라 그 조직이 급격히 확대되어 1913년에는 조합 수가 209개, 조합원 수가 8만 1,000명에 이르렀다. 이렇게 조직을 확대할 수 있었던 것은 지방금융조합이 당초에는 농공은행의 보조기관으로 설치되었으나, 그 후 정부의 지원과 감독이 농공은행과는 관계없이 좀 더 직접적이고 긴밀하게 이루어졌기 때문이다. 그뿐만 아니라 지방금융조합은 화폐정리사업, 납세에 관한 선전, 농사의 지도·장려 등 정부사업까지도 대행함으로써 빠른 속도로 성장할 수 있었으나 일반 농업인들에게는 정부기관과 같은 것으로 인식되는 계기가 되었다.

총독부는 한일합방 이후 식민지 한국의 정세가 점차 안정을 보임에 따라 지방금융조합에 대한 감독을 일부 완화하여 민간운영체제로 바꾸고자 하였다. 이에 따라 1914년 새로이 지방금융조합령을 제정하였는데 주요 내용은 가입금제의 폐지와 출자금제의 도입, 조합원의 의결권 등 제 권리 인정, 조합원의 예금취급 허용 등이다. 그러나 이 법령에서는 실제 금융조합의 일상업무를 집행하는 이사의 임명권을 총독에게 줌으로써 관치의 굴레에서 벗어날 수는 없었다.

제1차 세계대전은 식민지 조선 경제가 성장하는 계기가 되었다. 조선의 금융산업은 1910년부터 1918년까지 불과 9년 동안에 예금이 4배, 대출금이 6배로 성장하였다. 그러나 금융기관의 이러한 성장과 더불어 조직·운영 면에서 많은 문제점이 나타나자 총독부는 농공은행을 해체하여 조선식산은행을 설립함과 동시에 지방금융조합에 대해서도 개편을 단행하였다. 당시 지방금융조합은 조합원이 농업인으로 한정되어 있어 점차 늘어나는 도시 중소상공업자의 금융수요를 충족하지 못하고 발전에도 많은 지장이 있었다. 이러한 문제점을 해소하고자 총독부는 1918년 6월 지방금융조합령을 금융조합령으로 개정하였고, 이에 따라 금융조합은 농촌신용뿐만 아니라 중소상공인과 서민의 신용업무까지 겸영하는 전국 규모의 금융조직으로 확대되었다.

우선 지방금융조합이라는 명칭을 금융조합으로 변경하고 도시 지역에도 금융조합을 설립할 수 있도록 하였다. 그리고 조합원의 자격을 농업을 경영하는 자 외에 지역 내에 주소를 가진 자로 확대하였고, 대출금을 종래의 농업상 필요한 자금에서 경제상 필요한 자금으로 확대하였다. 이와 함께 도(道)금융조합연합회도 신설하였다.

금융조합령의 개정으로 금융조합은 그나마 남아 있던 협동조합적 기능이 더욱 축소되고 그 대신 전국 규모의 금융기관으로 변모하였다. 예를 들면 1926년에는 구판매사업을 겸영하는 금융조합은 거의 없어졌으나, 도시조합은 1918년의 12개에서 1939년에는 64개로 크게 늘어났다.

금융조합의 급속한 사업 확대와 재무구조의 안정화 추세에 따라 금융조합 측은 조선식산은행을 모계은행으로 하여 거래하는 데 따르는 문제점, 그리고 조선식산은행과 금융조합이 자금거래 면에서 거의 실적이 없는 점 등을 들어 자체의 전국 단위 연합조직 설치를 계속 요구하여 왔다.

이에 따라 1933년 8월 조선총독부는 조선금융조합연합회령을 공포하고 기존의 재단법인 금융조합협회(1928. 1. 설립) 및 도연합회를 해산, 이를 모체로 조선금융조합연합회를 설립하였다. 이에 따라 조선금융조합연합회는 723개의 금융조합, 63개의 산업조합을 회원으로 하여 7,800여 명의 직원으로 구성된 거대한 조직체로 탄생하게 되었다.

일제강점기에 가장 중심적인 농민단체였던 금융조합은 해방 이후 예금인출로 자금사정이 악화되었고, 1946년에 이후에는 각종 정부대행사업을 담당하였다. 1946년 4월에 미군정(청)의 요청에 의해 생활필수품의 구매·보관·배급 등의 업무를 대행하였고, 1949년 7월에는 종래 대한농회에서 취급하던 비료조작업무를 대행하였다. 이어 1949년 10월에는 대한식량공사에서 담당하던 정부양곡조작업무를 이관받았다.

그러나 금융조합의 중심업무를 이루던 정부대행사업의 취급이 불과 수년 만에 정부로 이관되거나 폐지되어 금융조합의 업무는 급격히 위축되었으며, 그 결과 경영이 극도로 악화되었다. 결국 금융조합과 금융조합연합회의 재산과 업무는 1956년 주식회사 농업은행이 설립되면서 그대로 인수되었다. 주식회사 농업은행장이 금융조합연합회장과 업무 및 재산 인수도 기본협정서 및 각서를 작성하고 각 금융조합의 조합장 및 전무와 사무인계인수에 관한 기본협정을 체결함으로써 농업은행이 금융조합을 인수한 것이다. 금융조합령과 조선금융조합연합회령은 1957년 2월 농업은행법과 농업협동조합법의 제정과 더불어 폐지되었다.

(2) 산업조합

산업조합은 금융조합보다 20여 년 뒤늦은 1926년에 설립되었다. 산업조합의 발안은 1912년에 되었으나 금융조합과의 업무경합으로 인하여 많은 논란이 있었다. 1915년부터 총독부 식산국에서 농업인의 교환경제 합리화를 위해 신용, 판매, 구매,

이용 등 4가지 사업을 겸영하는 산업조합을 만들고 금융조합은 폐지하자는 주장이 나왔다. 그러나 이러한 주장은 재무국과 금융조합 측의 반대로 무산되고 말았는데, 이후 1925년에 재무국이 금융조합을 순수한 금융기관으로 바꾸기 위한 의도를 관철하고자 산업조합의 설립을 묵인하게 되었다. 이에 따라 1926년 1월 신용사업을 제외한 판매, 구매, 이용사업만을 담당하도록 하는 '조선산업조합령'이 공포되었다. 조선산업조합령의 주요내용은 다음과 같았다.

① 조합의 구역에는 제한을 두지 않으며 조합원의 책임은 유한책임제로 하였다.
② 업무의 범위는 조합원의 생산물의 가공 및 판매, 조합원에게 필요한 물자의 가공 및 구매, 필요한 설비의 이용 등으로 하였다.
③ 조합원의 출자좌수에는 제한을 두지 않으며, 출자 1좌당 금액은 50圓 이내로 하였다.
④ 조합장, 이사, 감사 등의 임원은 총회에서 선임하되 도지사의 인가를 받아야 하고 결의기관으로서 총회 외에 평의원회를 두며, 총회의 의결에 서는 1인1표제를 채택하였다.
⑤ 조합원의 가입은 평의원회의 의결에 의하고 탈퇴는 임의로 하였다.
⑥ 산업조합의 설립과 해산, 예산과 규정의 제정 등은 도지사의 인가를 받아야 했다.
⑦ 전국연합조직은 인정하지 않았고, 도연합회의 설치만을 허용하였다.

산업조합은 금융조합과는 달리 정부의 간섭이 적었고 조합원에 의한 조합관리 원칙이 비교적 많이 허용되었다. 그러나 산업조합의 설립을 허용한 배경에는 당시 민간에 왕성하였던 협동조합운동을 제도권으로 흡수하기 위한 것으로서 민간협동조합운동은 이를 계기로 둔화되었다.

산업조합은 초기 특산품(한지, 직물 등) 생산 장려에 중점을 두어 특산품조합으로 설립되어 대부분이 설립 초기부터 적자를 기록하였고, 계속적인 경영악화로 적자조합의 정리문제가 야기되었다. 산업조합의 경영부진은 정부에 의해 임명된 관선이사들의 경영미숙에도 원인이 있었지만, 당초 취지와는 달리 금융조합연합회에의 가입이 거부되어 자금융통이 어려웠다는 점도 그 원인이 되었다.

초기 특산품 위주의 산업조합이 부진하자 일반농산품을 취급하는 산업조합으로의 방향전환이 이루어져 1933년 이후 산업조합의 설립은 다시 활발해졌으며, 기존 특산품취급 산업조합도 대부분 일반농산품 취급 산업조합으로 전환하였다. 이로 인해 산업조합의 설립이 크게 늘어나고 사업량도 신장되었지만 판매선도금, 구매미수금 등의 업무가 사실상 금융조합의 신용사업과 경합하게 되었다. 산업조합의 경영부진은 계속되었는데, 그 원인에는 국가보조금 지원이 없는 상태에서 금융조합과의 마찰로 금융조합연합회가 산업조합에 대한 융자를 기피하여 산업조합은 동양척식회사나 식산은행으로부터 자금을 차입하는 등 자금조달에 어려움이 있었기 때문이었다.

게다가 1935년 3월 '식산계령이 공포되고 식산계가 설립되자 식산계가 금융조합의 회원으로 가입하였다. 식산계는 부락 내에 거주하는 자로 구성된 일종의 소조합(小組合)으로 '식산계령'이 공포되면서 금융조합은 1개 금융조합당 평균 4~5개 부락을 선정하여 식산계를 설치하였다. 이후 식산계의 수와 그에 가입한 조합원 수가 계속 늘어나 1944년에는 각각 484개소 281만 명이 되었다. 그러나 식산계는 원래 의도와는 달리 금융조합의 대행기관 역할밖에 하지 못했으며 전쟁 시에는 양곡의 공출과 일용품의 배급사무를 매개하는 기능 정도를 담당하는 데 그쳤다.

이렇듯 구판매사업 부문에서 산업조합과 금융조합의 업무경합 문제가 심각해져 농촌3단체(산업조합, 금융조합, 농회)의 기구개혁안이 1940년 1월에 발표되기도 하였으나 전쟁 발발로 백지화되고 우선 경영부진조합의 정리가 진행되었다. 그리고 마침내 1941년 산업조합의 손실금 전액(150만 圓)을 국고에서 보조해 주는 조건으로 산업조합을 해산하는 방침이 결정되어 1942년 말까지 모든 산업조합이 해산되었다. '산업조합령'은 1957년 2월 '농업협동조합법'의 제정과 더불어 폐지되었다.

(3) 계통농회

농회는 농업인을 구성원으로 하는 농민단체로서 조합원을 위한 구판사업 등을 취급하여 금융조합이나 산업조합과 유사한 점이 많았으나 협동조합적 성격은 없었고 행정기관의 보조기관 역할을 하였다. 1900년대 초 일본인 중심으로 설립된 농사조합, 축산조합, 양잠조합, 지주회 등의 각종 임의단체가 범람하여 단체 상호 간 업무상 마찰이 생기고, 한 농업인에 대하여 여러 단체로부터 단체비가 부과되는 등 폐단이 발생하자 정부는 이를 시정하기 위해 1920년 훈시(訓示)를 통해 각 지역에 농회를 임의단체로 설치하여 각종 산업단체를 통합·정리하였다. 그러나 농회 역시 부과

금 징수에만 몰두하고 자체의 임무를 다하지 못하자, 정부는 1926년 1월 조선농회령을 공포하고 행정기관의 보조기관으로 농회를 정비하였다. 농회의 조직은 행정구역에 준하여 부·군·도(府·郡·島)농회, 도(道)농회, 조선농회의 3단계로 하고 회원은 구역 내의 농업인 또는 농지 소유자로 하였다. 농회의 사업은 농업의 지도 장려, 농업인의 복리증진, 기타 농업 관련 사항의 행정기관 건의 등으로 정하였다.

계통농회는 당초 공공단체로 출발하여 농사의 지도장려 업무에 주력하였으나 점차 행정기관의 하청기관이 되어 비료구매, 미곡판매, 양곡창고사업 등에 치중하여 구판매사업 단체로 변모하였다. 이 밖에 일본에서 한국으로 유치한 공장에 대해 원료농산물을 안정적으로 공급해 주는 역할도 하였는데 면화, 잠견, 대마 등의 생산독려와 수집·공출업무 등이 그것이었다.

중일(中日)전쟁 이후 전시에는 농회가 행정기관을 등에 업고 미곡, 소, 놋그릇 등의 공출 독려기관으로 전락하여 농업인과는 완전히 동떨어진 농업인의 수탈기구가 되었다.

일제강점기에 일본인 중심의 행정 하부기관으로 운영되어 온 농회는 해방 후 미군(해군 중령)이 농회 회장으로 임명되어 생활필수품 배급과 미국산 비료수입 등의 사업을 대행하여 사업이 일시적으로 활성화되기도 하였다. 그러나 1948년 정부수립 이후 농촌단체의 기구개편이 착수되자 금융조합과 농회는 서로 새로이 발족할 농업협동조합의 모체가 되고자 노력하였으나 한미합동경제위원회의 결정에 따라 농회의 의견이 묵살되고 1949년에 비료·고공품·기타 일체의 업무를 금융조합에 넘겨주었다. 이어 1951년 농회는 대통령의 명령에 의해 해산되고 그 재산 및 업무 일체는 청산위원회가 인수하였으며, 1957년에 발족한 농업협동조합(구농협)에서 다시 인수하였다. '조선농회령'은 1957년 2월 '농업협동조합법'의 제정과 더불어 폐지되었다.

2. 해방 이후 협동조합운동

1) 농촌실행협동조합

해방 후 농림부는 농협법의 제정이 늦어지자 농업인 스스로 자조적 협동조직을 만들도록 추진하였다. 이를 위해 농림부는 1952년부터 전국의 읍면 단위에서 한 사람씩의 지도요원을 선발하여 농협이론 및 영농기술에 관한 교육을 실시한 후 이들이 자기 고장으로 돌아가 자연발생적인 협동조합운농을 전개하도록 하였다. 이렇게 해서 설립된 것이 농촌실행협동조합이었다.

농촌실행협동조합은 공동구판장의 설치와 운영, 일부 농산물의 일용품과의 물물 교환 등을 실시하였다. 농촌실행협동조합은 1955년을 전후하여 이동조합(里洞組合)이 13만 628개, 시군조합(市郡組合)이 146개에 이를 정도로 세력이 커졌으나 1957년 농협법이 제정되면서 이들 조합은 합법적인 협동조합으로 인정받지 못하고 모두 해산되고 말았다.

2) 농업은행과 구농협

해방 후 협동조합의 조직화를 위한 논의 과정에서 그 설립이 자생적이어야 하는가, 아니면 협동조합법의 입법을 전제로 한 법적 조직이어야 하는가가 주요한 쟁점이 되어 왔다. 이러한 논쟁은 결국 우리나라의 정치·사회적 여건에 따라 협동조합법안의 제정을 주장하는 쪽으로 대세가 결정되었는데, 당시 우후죽순 격으로 속출하였던 농협법안을 살펴보면 다음과 같다.

1948년 8월 정부 수립 후 수년간에 걸쳐 농림부, 기획처, 재무부 등이 경쟁적으로 농업협동조합의 입법화를 추진하였으나, 그 때마다 부처 간의 의견 대립만 발생할 뿐 입법화에는 성공하지 못하였다.

이에 따라 1955년에는 국회 내에 '농업협동조합법' 기초위원회를 구성하여 여기서 작성된 법안을 가지고 농림위·재경위 연석회의에서 법안 기초에 착수하였다. 그러나 여기에서도 농림위는 중앙금고제를 포함하는 '농업협동조합법안'을, 재경위는 농업협동조합과는 별도의 '농업은행법안'을 주장함으로써 합의를 보지 못한 채 농림위와 재경위가 각각 작성한 2개의 법안이 법사위에 회부되었다.

한편 1955년 8월에 주한경제조정관실(OEC)의 초청으로 미국의 농업금융 전문가인 존슨(E. C. Johnson) 박사가 내한하여 1개월간의 조사를 마친 후 '한국농업신용의 발전을 위한 건의'라는 제목의 보고서를 작성·제출하였다. 그 주요내용은 다음과 같았다.

① 금융조합을 농업조합으로 개편한다.

② 금융조합의 중앙 및 도연합회는 농업은행으로 개편한다.

③ 농업조합은 도단위로 도연합회를 조직하고 도연합회에 의해 농업조합연합회를 설립한다.

④ 농업조합은 신용·구매·판매·이용사업을 겸영하는 다목적 농협으로 한다.

⑤ 농업은행은 농업조합을 통하여 농업자금을 공급한다.

이상의 건의 내용에 대해 또다시 논란이 거듭되다가 우리나라의 농촌경제 여건에 비추어 볼 때 농업은행과 농업조합의 유기적 연결이 힘들 것이라는 의견이 지배적이어서 결국 존슨안은 채택되지 못하였다.

그 후 1956년 2월 협동조합 전문가이며 일본의 농협법 입안에도 참여했던 미국의 쿠퍼(J. Cooper)가 내한, 존슨(안)을 재검토하여 '한국의 협동조합금융법에 관한 건의안'을 제출하였다. 쿠퍼의 건의안은 농업조합, 농업신용조합, 농업은행으로 조직의 골격을 짜는 것으로 되어 있는데, 기존의 금융조합 조직을 활용한다는 점에 있어서는 존슨안과 유사하였으나 다음과 같은 점에서 차이가 있었다.

① 금융조합은 신용조합으로 개편하고 금융조합연합회는 농업은행으로 개편한다.

② 농업조합은 부락조합, 농업조합과 특수조합, 시군농업연합회, 중앙회의 4단계로 새로 조직한다.

③ 부락조합, 농업조합, 특수조합은 신용업무를 포함한 종합농협으로 하고, 시군연합회와 중앙회는 신용업무를 제외한 사업만을 행한다.

④ 신용조합은 농업조합, 특수조합 및 부락조합에 대하여 농업자금을 공급한다.

⑤ 농업은행은 원칙적으로 신용조합에 대하여 대출한다.

이 쿠퍼(안)이 제출되면서 농협법의 입법 활동은 다시 활발해지기 시작했다. 먼저 농림부에서는 쿠퍼(안)을 토대로 '농업협동조합법안'을 기초하였고, 재무부 또한 쿠퍼(안)을 기초로 '농업은행법안'과 '신용조합법안'을 별도로 작성하였다. 그러나 이들 3개 법안은 국무회의에서 합의점을 찾지 못해 심의가 지연되었다. 그러다가 1956년 3월 이승만 대통령이 농업자금의 공급을 원활하게 한다는 명목 아래 국회의 동의가 없더라도 설립이 가능한 농업은행을 조속한 시일 내에 발족시키라는 지시를 하자 농업은행의 설립문제는 급진전되어 새로운 양상을 띠게 되었다. 이에 따라 1956년 5월 그동안 심의되어 온 정부안과는 별도로 국회의 심의를 거지지 않고 '한국은행법' 및 일반 '은행법'에 의한 주식회사 농업은행이 설립되기에 이르렀다.

(1) 농업은행 설립

정부는 1956년 3월 '은행법'에 의거, 주식회사 농업은행을 설립할 것을 결정하고 '농업은행설립요강'을 제정하여 1956년 5월 1일을 기해 금융조합과 동 연합회를 모체로 하는 주식회사 농업은행을 설립하였다. 주식회사 농업은행은 본점 1개소, 도지부 및 군지점 162개소, 출장소 551개소로 운영되었으며 금융조합과 금융조합연합회의 재산과 업무를 그대로 인수하였다. 주식회사 농업은행은 그 업무가 농업금융에 국한된 것을 제외하면 일반은행과 별 차이가 없었다.

그런데 주식회사 농업은행은 특별법에 의하지 아니한 일반은행이었기 때문에 설립 초기부터 많은 문제점을 안고 있었다. 즉, 자기자본의 부족을 비롯해서 '은행법'과 '한국은행법'의 제약으로 기한 1년 이상의 중장기자금의 차입과 대출에 제약을 받았다. 또한 주식회사 조직이었기 때문에 이윤 확보와 경영안정화의 원칙상 농업인을 위한 대출 금리의 인하, 무담보 신용대출, 융자조건의 완화 등과 같은 시책을 수행할 수 없었다.

이에 따라 1957년에 다시 국회 등에서 농업은행 문제가 제기되었다. 그런데 국회에서 농협의 신용사업 취급은 시기상조이므로 별도의 농업금융기관이 설립되어야 한다는 재경위 안이 채택되어 '농업협동조합법'과는 별도로 '농업은행법'이 1957년 2월 2일에 국회를 통과하게 된 것이다. 그러나 '농업은행법'은 통과 후에도 몇 가지 시행상의 문제점으로 인해 실시가 보류되어 오다가 문제조항을 수정한 '농업은행법' 개정안이 다시 국회를 통과한 후 1958년 4월 1일을 기해 정식으로 발족하게 되었다. 이때 수정된 내용은 출자자에서 정부를 삭제하였고, 시군지점에 융자위원회(지점장, 군수, 시군조합장, 조합에서 선출한 4인 등 총 7명으로 구성) 설치 조항을 삭제했다. 이에 따라 오랫동안 논의되어 오던 농협의 신용사업은 이를 분리·운영하는 것으로 귀결되었다.

특별법에 의한 농업은행은 주식회사 농업은행을 모체로 하여 발족하였고, 총회와 운영위원회를 설치하였다. 총회는 정관의 변경, 일부 운영위원의 선출, 감사의 선임, 결산승인, 기타 중요사항의 건의 등을 의결사항으로 하였다. 운영위원회는 은행의 업무·운영·관리에 관한 기본방침을 수립하고 이를 지시·감독하는 최고의결기관으로서 재무부장관, 농림부장관, 한국은행총재, 농업은행총재, 농업협동조합중앙회장, 그리고 총회에서 선출된 4인의 위원으로 구성되었다. 또한 농업은행은 법에 의하여 총재, 부총재, 5인 이내의 이사, 감사 1인을 두었다. 총재는 운영위원회의 추천에 의하여 대통령이 임명하고, 부총재와 이사는 운영위원회의 의결을 얻어 총재가 임명하였으며, 감사는 총회에서 선출하되 초대감사는 총회에서 감사를 선출할 때까지 운영위원회에서 선출하도록 하였다.

특별법에 의한 농업은행의 업무는 농업금융을 중심으로 한 포괄적인 신용업무를 대상으로 하였고, 농업자금의 차입은 농업은행만이 할 수 있도록 하였다. 이처럼 농업은행은 정책금융기관의 성격을 가지면서도 경영은 기업적인 독립채산 원칙에 의하도록 하여 정부의 출자나 정부로부터의 손실보전제도 등이 전혀 고려되지 않는 등 여러 가지 문제점을 내포하고 있었다.

(2) 농업협동조합(구농협) 설립

주식회사 농업은행의 설립으로 '농업협동조합법' 제정 문제는 잠시 정체상태에 빠졌다가 1956년 말부터 국회에서 다시 논의되기 시작했다. 국회 농림위에서는 신용사업을 겸영하도록 하는 '농업협동조합법안'을 국회에 상정하였다. 그러나 재경위에서 이를 수정하여 이동조합은 신용업무 중 여신업무만 취급하는 종합농협으로 하되 시군농협과 기타 원예·축산계 특수조합은 경제 사업만을 행하도록 하는 '농업협동조합법안'을 다시 상정하여 다음 해인 1957년 2월 1일 마침내 국회를 통과하였다. '농업협동조합법'의 주요 내용은 다음과 같았다.

① 농협조직은 이동농협, 시군농협, 축산·원예·특수농협, 농협중앙회의 3단계 체제로 구성하였다.
② 농협의 종류는 일반농협, 원예협동조합, 축산협동조합, 특수농협의 4종류로 하였다.
③ 설립요건에서 특수농협과 중앙회는 인가주의를 채택하고, 기타조합은 준칙주

의에 의한 등록제를 택하였다.

④ 사업에서 이동조합은 신용사업 중 여신업무만을 포함하는 종합농협으로 하되, 시군농협은 신용사업 이외의 경제사업만 행하도록 하고, 중앙회는 회원을 위한 경제사업과 지도·교육사업[4]을 행하도록 하였다.

한편 2월 2일에는 재경위에서 제안한 '농업은행법'도 국회에서 통과되었다. 이로써 광복 후 10여 년간 담당부처 간의 의견불일치로 논의만을 거듭하던 협동조합법안 문제는 신용업무를 전담하는 농업은행과 경제사업을 담당하는 농업협동조합의 이원적인 조직으로 그 체계를 확립하게 되었다.

농림부에서도 이미 공포한 농협법 정관례를 개정하여 농협사업 중에서 신용사업에 관한 조항을 삭제함으로써 신용사업의 겸영을 배제하였다. 이후 1958년 5월 7일 농협중앙회가 창립되고, 동년 10월 20일을 기해 업무가 개시됨으로써 우리나라 최초의 농협이 발족하게 되었다.

농협이 발족됨으로써 종전의 농업단체 업무 중 식산계는 이동조합이, 금융조합과 시군농회의 일반 업무와 재산은 시군조합이, 금융조합연합회와 대한농회, 서울시 및 도농회는 농협중앙회가 각각 인수 청산하였다. 이처럼 농협은 점차 그 조직을 확대해 나갔으나 중추적인 업무가 되어야 할 신용사업이 배제되었기 때문에 자금력이 취약하여 사업 활동의 기반을 마련할 수 없었으며, 더욱이 농업은행과의 유기적인 협조가 이루어지지 않아 사업의 정상적인 수행이 어려웠다.

1960년 말 농협의 조직상황을 보면 전국적으로 1만 8,706개의 이동조합, 168개의 시군조합, 그리고 80개의 원예조합, 152개의 축산조합, 27개의 특수조합이 각각 등

---

4) 교육지원사업이 중심이어야 한다는데 왜 그럴까요. 농협이 조합원의 경제적·사회적 욕구의 충족이라는 본연의 목적을 달성하자면 신용과 경제, 교육지도사업이 상호 유기적으로 연관되어야 한다. 이 때문에 ICA(국제협동조합연맹)뿐만 아니라 우리나라 협동조합법 제60조에도 조합원에 대한 교육을 실시하여야 한다고 규정하고 있다.
특히 우리나라와 같은 지역종합농협 체제하에서는 전문조합과는 다르게 조합원의 동질성이 떨어지고 때로는 조합원 상호 간의 이해관계가 충돌하는 현상이 나타날 수 있기 때문에 이런 문제를 효과적으로 해결하기 위해서는 협동조합의 운영원칙과 방법에 대한 교육을 지속적으로 실시하여야 한다. 교육 사업은 '농협의 목적과 사업에 대해 충분히 이해하도록 함으로써 조합원 스스로 협동의 필요성을 자각하고 민주적으로 조합을 운영할 수 있는 능력을 배양하는 사업'이다. 영농지도사업은 '농가의 영농활동과 생활활동에 대한 방향을 제시하고 조합원들이 주체적으로 행동하게끔 유도하는 협동적 실천활동'이다. 농협의 모든 사업은 교육지원사업과 튼튼하게 연계가 되어야 그 효과가 높아진다. 예를 들어 판매 사업을 잘하려면 농가의 영농기술 수준이 높아져야 한다. 이는 영농지도 사업 영역이다. 판매사업을 잘하려면 조합원이 농협을 더 많이 신뢰해야 한다. 이는 교육사업 영역이다. 또 교육을 꾸준히 실시하여 농가의 영농계획이 잘 수립되어야 구매사업도 체계적으로 추진할 수 있다. 고삼농협은 1994년 조합원 전수조사를 통해 모든 조합원의 현황을 파악하고, 그에 따라 농협의 장기발전계획을 수립하였다. 이후 4년마다 조합원 현황을 조사하여 조합원과 농협의 상생방안을 만들어 왔다. 신규조합원에 대한 협동조합교육, 농촌형 사회적 기업을 설립하여 지역사회의 일자리 만들기를 전국 최초로 진행하는 등 다양한 교육원사업의 모범사례를 만들고 있다.

기를 마쳤다.

3) 종합농협 설립 배경

통합 이전 농촌조직이 농업은행과 농업협동조합(구농협)으로 이원화되어, 농업인을 위한 경제 사업은 농업협동조합에서, 신용사업은 농업은행에서 분담하였다. 다같이 농업생산력의 증진과 농업인의 경제적·사회적 지위 향상을 도모함으로써 국민경제의 균형 있는 발전을 기한다는 설립목적 아래 출범한 양 기구는 실제 운영 면에서 많은 문제점을 드러내게 되었다. 농업인과 농협 및 중앙회, 농업단체에 대한 융자업무를 담당키로 한 농업은행은 농업신용제도를 확립하여 농협의 발전에 기여케 한다는 당초의 설립목적과는 달리 대부분의 자금을 농업인에게 직접 융자하고 농협에 대해서는 경영여건 불비 등 수용태세의 미비를 이유로 적극적인 자금지원을 꺼렸다.

한편 경제 사업만을 담당한 농업협동조합은 전국에 걸쳐 방대한 조직망을 갖추고 출발하였으나 조직기반이 취약하였고 정치적인 영향마저 받고 있어서 그 역할을 다하지 못하였다. 더구나 신용사업의 제약으로 자체 자금조달능력이 부족한데도 정부나 농업은행으로부터 자금지원을 제대로 받지 못하게 되자 사업 활동이 극히 부진할 수밖에 없었으며 이에 따라 경영 면에서도 고전을 면치 못하였다.

이처럼 양 기관이 똑같이 농업인의 경제적·사회적 지위를 향상시킨다는 공동목적 아래 출범하였으면서도 실제 운영과정에서는 서로 유기적인 협조가 이루어지지 않았던 것은 신용사업과 경제사업에 대한 정책 당국의 이해와 판단이 부족했기 때문이었다. 즉, 농업인을 대상으로 한 경제사업과 신용사업이 본질적으로 불가분의 관계에 있었음에도 불구하고 실제로는 담당기관이 분리되었고 또한 그 운영상의 특징에 있어서도 현격한 차이가 있었기 때문에 상호 유기적인 연계가 이루어지지 못하였던 것이다. 결국 농업신용제도의 확립을 통해 농업협동조합의 발전과 농촌경제의 진흥을 도모한다는 당초 정부의 의도는 소기의 성과를 거두지 못하게 되었다. 이에 따라 농업은행과 농협의 이원화 문제는 재검토되어야 한다는 논의가 강력히 대두되기 시작하였다.

1960년 4·19혁명이 일어나고 민주당 정권이 들어서자 농업협동조합(구농협)과 농업은행을 통합·개편하는 문제가 공식적으로 논의되기 시작하였다. 1960년 6월에 농림시책자문위원회에서는 '농업협동조합법'과 '농업은행법'의 개정 문제를 검토하기 위한 소위원회를 구성하기로 결정하였다. 이후 1961년 1월에는 민주당 정책위원회에서 농업은행을 개편하여 농업협동조합중앙금고를 설치한다는 방침을 세우고 농림부에서 개편작업에 착수하였다. 그러나 이 작업은 농업은행과 재무부의 강력한 반대에 부딪혀 진전을 보지 못하였다.

그러다가 5·16혁명이 일어나자 농업협동조합(구농협)과 농업은행의 통합문제는 급속한 진전을 보게 되었다. 중농정책을 표방한 군사정부는 1961년 5월 31일에 발표한 혁명정부 기본경제정책에서, '협동조합을 재편성하여 농촌경제를 향상시킨다'는 방침을 천명하였다. 이어 1961년 6월 16일에 국가재건최고회의는 농업협동조합(구농협)과 농업은행 두 기구의 통합을 의결하고, 6월 16일에는 의장명의로 농림부장관에게 통합처리 방안을 지시함에 따라 통합처리위원회가 구성되었다. 통합처리위원회는 농림부장관을 위원장으로 하고 재무부차관을 부위원장으로 하여 구농협, 농업은행, 한국은행 및 학계 등에서 위촉된 12명으로 구성되었다. 통합처리위원회는 여덟 차례의 회의를 거듭한 후 새로운 농업협동조합법안을 작성하여 7월 3일 국가재건최고회의에 제출하였으며, 1961년 7월 29일에 기존의 '농업협동조합법'과 '농업은행법'이 폐기되고 새로운 '농업협동조합법'이 법률 제670호로 공포되었다.

새로운 '농업협동조합법'이 공포됨에 따라 농업협동조합·농업은행 통합준비위원회가 설립되었고, 1961년 8월 4일에 초대 농협중앙회장과 2인의 감사, 5인의 운영위원이 임명되었다. 8월 7일에는 농협중앙회 제1차 운영위원회를 개최하여 부회장 2인, 이사 5인을 임명하고 중앙회 정관을 원안대로 가결하는 한편, 직제와 간부직원의 임명을 승인하였다. 그리고 8월 11일에는 '농협중앙회정관'에 대한 농림부장관의 승인을 얻었고 조직을 정비하여 중앙회에 총무부, 조사부, 계리부, 관리부, 지도부, 감사부, 구매부, 판매부, 금융부, 영업부의 10개 부와 문서과를 비롯한 20개 과를 두는 외에 8개소의 도지부를 설치하였다. 또한 140개소의 군조합, 383개소의 군조합지소, 101개소의 특수조합, 2만 1,042개소의 이동조합에 대한 조직을 완료함으로써 3단계 계통조직을 갖추고 8월 15일에 새로운 출발을 하였다.

한편 종합농협이 발족하면서 중소기업금융 전담기구로 중소기업은행이 농업은행에서 분리되어 설립되었다. 중소기업은행의 분리는 1957년 2월 2일 국회의 '농업은행법' 통과 시에 전국 10개 도시에 산재하고 있는 농업은행의 도시점포는 '농업은행법'이 실시된 후 1년 이내에 도시의 중소기업자를 위한 은행으로 분리·설립할 것이라고 부대 의결한 데 따른 것이었다. 1961년 7월 1일에 '중소기업은행법'이 공포되어 중소기업은행이 설립되었는데, 농업은행 점포 중 도시지역의 점포(31개)가 중소기업은행으로 이관되었다.

한편 '농업협동조합법'에 의하면 조합임원의 선임에 있어서는 이동조합의 경우 조합장은 이사회에서 호선하고, 이사 및 감사는 총회에서 조합원 중에서 선출하도록 하였다. 그리고 군조합의 경우 조합장 및 감사는 총회에서 이동조합의 조합원 중에서 선임하고, 이사는 총회에서 이동조합의 조합장이 모여 읍면별로 1인을 호선하되 15인 이내로 하였다. 특수조합의 경우에는 조합장, 이사, 감사를 총회에서 조합원 중에서 선출하도록 하였다. 중앙회의 경우 회장은 운영위원회의 추천에 의하여 농림부장관이 재무부장관과 합의하여 제청하면 대통령이 임명하고, 부회장과 이사는 운영위원회의 승인을 얻어 회장이 임명하며, 감사는 총회에서 선출하도록 하였다.

그런데 1962년 2월 12일 '농업협동조합 임원 임면에 관한 임시조치법'이 제정되었다. 제정이유와 골자는 농협의 건전한 육성을 기하기 위하여 조합장을 중앙회장이 농림부장관의 승인을 얻어 임명토록 한다는 것이었다. 그리고 이동조합장의 임명에 있어서는 중앙회장이 그 권한을 도지부장에게 위임할 수 있다는 것이었다. 이 법은 1972년 12월과 1980년 12월 두 차례에 걸쳐 개정된 이후 1988년 12월에 폐지되었다.

3. 종합농협 이후 한국의 농협운동

1) 종합농협의 설립과 성장

(1) 종합농협의 설립과 계통조직의 정비

가. 이동조합 육성

구농협과 농업은행이 통합되어 새로 발족한 종합농협은 마을단위의 이동(里洞)조합, 이동조합의 시군단위 연합조직인 시군조합, 전국단위의 연합조직으로서 중앙회 등 3단계 계통조직 체계를 갖추었다. 새로운 농협법에 의해 설립된 이동조합은 구농협의 이동조합을 그대로 인수·개편한 것으로서 조합원 규모가 조합당 평균 100명

정도로 매우 적은 데다 협동조합에 대한 조합원의 인식이 매우 낮았기 때문에 거의 제 기능을 발휘하지 못하였다. 따라서 당시에는 조합원을 대상으로 한 사업의 대부분을 시군조합이 직접 담당하였는데, 농협은 시군조합을 중심으로 사업을 확대해 나가는 한편 이동조합을 육성하기 위해 많은 노력을 기울였다.

이를 위해 1961년에는 농촌지도원제를 도입하고 이동조합 경영지도와 영농·생활지도 활동을 전개하였다. 그리고 이동조합과 시군조합 간의 유대를 강화하고 이동조합의 지도사업을 내실화하기 위해 700여 명의 개척원을 채용하여 시군조합에 배치하였다. 또한 이동조합의 수를 3분의 1 정도 줄여 조합당 평균 조합원 수를 200명 이상으로 확대한다는 것을 목표로 1964년부터 1967년까지 이동조합 합병 4개년 계획을 추진하는 한편, 이동조합 자기자금 조성 10개년 계획(1964~1973)을 수립하여 자기자금을 확충토록 하였다. 이와 함께 1965년부터는 자립조합을 대상으로 시군조합에서 취급하던 농사자금 및 비료공급 업무를 이동조합에 이관하기 시작하였다.

그 결과 1963년에 2만 1,239개에 달했던 이동조합이 1968년에는 1만 6,089개로 감소했으며, 조합당 평균조합원 수가 103명에서 139명으로 늘어났다. 이동조합의 사업규모도 현저히 증가했는데 경제사업 실적이 1963년의 조합당 평균 8만 원 수준에서 1968년에는 271만 원으로 늘어났다.

나. 시군조합의 기반정비

구농협과 농업은행 통합 이전의 시·군·구조합은 시·군 및 특별시의 구를 업무구역으로 하였으나 종합농협 발족 이후 시군조합은 서울특별시, 군 및 군에 인접된 시를 포함한 군단위로 업무구역을 정하였다. 이에 따라 통합 전 168개였던 시·군·구조합이 종합농협 발족과 더불어 139개의 시군조합으로 정비되었다. 종합농협 발족 초기에는 시군조합에서 조합원 관련 업무를 직접 취급하였을 뿐만 아니라 주요 정책사업을 담당했기 때문에 시군조합은 농업은행의 조직 기반과 합쳐져 비교적 빠른 기간에 사업기반을 구축할 수 있었다.

당시 시군조합의 사업 내용을 보면, 판매사업은 초창기에는 잠견·고구마·유채·맥주맥·옥수수 등 가공원료 농산물과 고공품 등의 정책사업 품목이 주종을 이루었으나 1960년대 중반부터는 공판사업을 중심으로 판매사업을 추진하였다. 구매사업에 있어서는 정부위촉사업으로 취급한 비료가 80% 이상의 비중을 차지하였고,

1962년부터 농약공급이 농협으로 일원화됨에 따라 시군조합을 통해 농약을 공급하였다. 농기구의 경우 정책사업 품목을 포함한 주요 농기구는 중앙회의 매취사업으로, 기타 농기구는 시군조합의 수탁사업으로 취급하였다.

신용사업에 있어서 종합농협 발족 초기에는 예수금 규모가 적어 외부차입금에 크게 의존하였으나, 1964년부터 군금고 및 교육금고 업무를 농협이 전담하게 되고 또한 1965년에 저축증강 5개년 계획을 추진함에 따라 예수금이 점차 신장되었다. 자금조달 규모가 확대됨에 따라 대출금도 늘어났는데 특히 1968년부터는 이차보상에 의해 농협 예수금을 중장기 농업개발자금으로 지원할 수 있는 제도가 마련되었다. 이 밖에 공제사업의 경우 초기에는 농업은행에서 취급하던 가축공제와 화재공제 등 손해공제만을 취급하였으나, 1965년에 생활안정공제와 어린이희망공제 등 생명공제를 개발, 도입하였고 1966년에는 공제업무를 특별회계로 독립시켰다.

다. 농협운동의 기반조성

농협은 농업인 계몽을 위한 교육활동을 체계적으로 전개하기 위하여 1963년 3월에 농협중앙회 교육원을 설치하였으며, l966년 2월에는 당시 건국대학교에서 운영하던 농협초급대학을 농협중앙회가 인수하여 '농협대학'을 설립하였다. 이와 함께 농협은 농업인 조합원에게 영농 및 일상생활에 필요한 정보를 제공해 주기 위해 1961년부터 농민신문을 발간하였다. 농민신문은 처음에는 '농협소식'이라는 명칭으로 발행하였으나 1964년 8월 15일을 기해 '농협신문'으로 이름을 바꾸었고 1976년부터는 '농민신문'으로 제호를 변경하였다. 그리고 1961년 10월부터는 월간지 '새농민'을 발간하여 농업인 문화 창달에 기여하였다.

이 밖에 농협은 1961년 9월 11일에 포괄적인 농협의 이미지를 시각적으로 표현한 농협의 대표적 상징인 '농협 마크'를 제정하였으며, 같은 해 9월 29일에는 직원 및 조합원 간의 화합과 협동의식을 높이기 위해 '농협의 노래'를 제정하였다.

(2) 단위조합의 합병과 사업기반의 확립

1961년 종합농협이 발족한 이래 1960년대 말까지 농협은 이동조합의 합병 및 자기자금조성운동을 추진하는 한편 새농민운동을 전개하는 등 단위조합의 조직기반을 정비하는 데 총력을 기울였다. 그러나 당시 추진되었던 합병운동은 조합원 200호를 기준으로 소규모로 추진되었기 때문에 대부분의 조합은 사업량의 확보나 자기자금 조성에 있어서 규모의 경제에 미달하였다. 그 결과 대부분의 사업이 시군조합을 중심으로 운영되었으며 조합원과 농협의 밀착화가 제대로 이루어지지 못해 농협운동은 새로운 방향 모색이 불가피하였다.

이에 따라 농협은 1970년부터 1973년까지 모든 이동조합을 읍면단위 조합으로 통합할 계획을 세우고 1969년부터 합병운동을 대대적으로 추진하였다. 그 결과 1968년에 1만 6,089개였던 조합이 1973년에는 1,545개로 감소하였으며, 조합당 평균 조합원 수도 1968년의 139명에서 1973년에는 1,300명 수준으로 대폭 늘어났다. 그리고 이때부터 이동조합 대신 단위조합이라는 명칭이 공식적으로 사용되기 시작하였다.

이와 함께 합병된 조합을 중심으로 단위조합의 기간사업으로써 1969년에 상호금융제도를 도입하고, 1970년부터는 생활물자사업을 실시하기 시작했다. 농협은 상호금융을 통해 농촌의 유휴자금을 저축으로 흡수하여 이를 조합원에게 영농 및 가계자금으로 공급해 줌으로써 농가를 고리채에서 벗어나게 하고 농촌의 사채금리를 떨어뜨리는 데 크게 기여하였다. 또한 생활물자사업 실시에 따라 설치된 농협 연쇄점은 농촌주민에게 양질의 생활용품을 저렴한 가격으로 공급해 줌으로써 조합원의 소비생활을 안정시키는 데 이바지하였다.

위에서 살펴본 단위조합의 면단위 합병이 '외형적 조합 만들기'에 목적을 둔 것이라 한다면, 상호금융과 생활물자사업의 도입은 '사업체로서 조합 만들기'에 그 목적이 있었다고 평가할 수 있다. 이러한 신규사업 도입과 함께 시군조합에서 취급하던 영농자금 공급 업무와 정책구판사업 및 공제업무 등을 1974년까지 단위조합에 모두 이관하였는데 이를 계기로 단위조합은 비로소 기초적인 경영기반을 갖추게 되었으며, 단위조합-시군조합-중앙회를 연결하는 계통사업 추진체계가 확립되었다. 단위조합의 경영기반이 어느 정도 갖추어지고 사업규모가 커짐에 따라 단위조합의 경영관리를 강화하기 위해 1977년에는 상무제도를, 1979년에는 전무제도를 도입하였다.

(3) 2단계 조직개편과 자립경영기반의 구축

단위조합의 경영기반이 구축되고 기능이 강화됨에 따라 단위조합의 시군단위 연합체적 기능을 수행하던 시군조합의 위치가 상대적으로 약화되었으며, 단위조합과 시군조합 간의 기능이 중복되고 업무 경합이 발생하여 계통사업 추진상의 비능률이 나타나게 되었다. 이에 농협은 1977년 4월에 7명으로 구성된 평가교수단에게 농협 운영제도 개선에 관한 연구용역을 의뢰하였다. 동 교수단은 11월에 제출한 농협제도개선 연구보고서를 통해 농협의 계통조직을 3단계에서 중앙회와 단위조합을 직결하는 2단계로 개편하는 것이 바람직하다는 방안을 제시하였다. 그러나 이와 같은 개편 방안은 여러 가지 이유로 실시되지 못하고 다만 사업추진 면에서 그 때까지 시군조합에 남아 있던 농업인 지원업무를 단위조합에 이관하는 데 그쳤다.

그 후 1980년에 들어와 제5공화국이 출범하면서 우리나라는 사회 전반에 걸쳐 큰 변화를 겪게 되었으며, 농협 또한 예외가 될 수 없었다. 즉, 농협의 계통조직을 2단계로 개편하고 농협이 담당해 온 축산지원업무를 새로 설립되는 축협중앙회에 이관하는 것 등을 골자로 한 농협법의 개정이 이루어져 1981년 1월부터 시행되었다.

개정된 농협법에 의해 시군조합의 법인격이 소멸되어 시군조합이 중앙회의 지사무소로 개편됨에 따라 1981년부터 농협의 계통조직은 단위조합-시군조합-중앙회의 3단계에서 단위조합이 직접 중앙회의 회원이 되는 단위조합-중앙회의 2단계로 축소되었으며, 도지부와 시군조합의 명칭도 각각 도지회와 시군지부로 바뀌었다. 그리고 축협중앙회의 설립과 함께 축산계 특수조합이 축협으로 분리되었으며, 그동안 농협이 운영해 온 축산물공판장, 배합사료공장, 시범목장 등이 축협으로 이관되었다.

한편 시군조합의 법인격이 없어짐에 따라 시군조합장과 특수조합장으로 구성되었던 중앙회의 대의원회가 없어지고 단위조합장과 특수조합장으로 구성된 총대회가 구성되었다. 또한 단위조합이 농협사업 추진의 중심체가 되도록 하기 위하여 시군조합이 보유하고 있던 농기구 서비스센터, 농산물 판매시설 등 각종 사업시설을 단위조합으로 이관하였으며, 시군지부는 농업자금 조달을 위한 신용업무 중심의 운영체제로 전환되었다.

이와 같은 조직개편과 더불어 조합장 선임제도도 개선되었다. 농업협동조합 임원 임면에 관한 임시조치법이 개정되어 중앙회장이 조합장을 임명토록 되었으며 농림수산부장관의 승인 제도는 폐지되었다. 농협은 개정된 임시조치법의 테두리 내에서 조합원의 의사를 반영하기 위해 조합장 임면규칙을 개정하였는데, 그 내용은 조합원이 총대를 선출하고 총대들이 9명의 조합장 추천위원을 선출한 후, 이들이 연기명 투표에 의해 조합장 후보자를 복수 추천하면 중앙회장은 특별한 결격사유가 없는 한 최다득표자를 조합장으로 임명하는 것이었다. 그러나 이 제도는 선임절차가 복잡할 뿐만 아니라 조합장 추천위원회에서 조합원의 의사가 굴절되기 쉽다는 문제점이 있었다. 따라서 1984년부터는 총대회에서 직접 투표를 통해 과반수의 최고득표사를 주후보자로 선출하고, 중앙회장은 특별한 결격사유가 없는 한 주후보자를 조합장으로 임명하는 제도로 바뀌었다.

한편 농협은 2단계 조직개편과 함께 경영기반이 취약한 단위조합을 지원하기 위해 중앙회와 회원조합이 공동 출연하는 상호지원기금 제도를 1980년에 마련하였다. 그리고 1983년 12월에는 현재의 농협회관을 구입하여 농협의 위상을 높였으며, 1987년에는 농업박물관을 개관하여 도시민에게 농업 및 농업인 문화에 대한 이해를 증진시켰다.

농협은 조합원의 참여 의식을 고취시키고 작목반·부녀회 등 협동조직의 기능을 강화하는 한편, 조합원의 영농기술 습득 욕구를 충족시켜 주기 위해 과거 회원조합 임직원에 대한 교육을 주로 담당하던 경기연수원과 전북연수원을 1983년과 1984년에 각각 안성지도자교육원과 전주지도자교육원으로 개편하여 조합원에 대한 교육을 체계적으로 실시하기 시작하였다. 그리고 1984년 농협대학 내에 새농민기술대학을 개설하여 성장작목을 중심으로 전업농 교육을 실시하였다.

2) 민주농협의 출범과 발전

(1) 조합장 및 중앙회장의 직선제 선출

1987년의 6·29선언 이후 정치·경제·사회 전반에 걸친 민주화·자율화의 열기 속에서 농협운영에 있어서도 민주화를 요구하는 농업인 조합원의 기대와 욕구가 커졌다. 농협은 1987년 하반기부터 농업인 조합원, 계통임직원, 학계 전문가 등으로부터 의견을 폭넓게 수렴하고 토론회와 공청회 등을 개최하여 농협법 개정에 대한 합의를 형성하였다. 법 개정 과정에서 정부의 사업계획 승인권 존치 여부 등 일부 조항에 대해서는 논란이 적지 않았지만 농협의 의견이 대부분 반영된 가운데 1988년 말에 농협법이 개정되었다.

그 결과 농협임원 임면에 관한 임시조치법이 폐지되고 농업인 조합원이 그들의 대표자를 투표에 의해 조합장으로 직접 선출하게 되었다. 또한 종전에는 중앙회장을 농림수산부장관의 제청으로 대통령이 임명하였으나 농협법 개정에 따라 회원조합장이 직접 투표로 선거하게 되었다. 농협법의 개정으로 농협사상 처음으로 농업인 조합원이 직접 조합장을 뽑게 됨에 따라 농협은 조합원의 높은 관심 속에 1989년 3월부터 1990년 3월까지 조합장 선거를 모두 마쳤으며, 뒤이어 1990년 4월 18일에는 회원조합장의 직접 투표에 의해 초대 직선 회장이 선출되어 민주농협이 출범하게 되었다.

중앙회장을 직선제로 선거하는 것과 함께 기타 중앙회 임원의 선거 방법도 민주적으로 개선되었다. 상임감사의 경우 종전에는 농림수산부장관이 임명하였으나 회장 선거 방법과 같이 회원조합장이 직접 선거토록 하여 독립된 감사기능을 발휘토록 하였다. 또한 부회장과 상임이사는 종전에는 농림수산부장관의 승인을 얻어 회장이 임명하였던 것을 대의원회의 동의를 얻어 회장이 임명하도록 하였고, 비상임 이사와 비상임 감사도 대의원회에서 회원조합장 중에서 선거하도록 하였다.

중앙회의 비상임 이사 제도는 개정 농협법에 따라 운영위원회 제도를 폐지하면서 새로이 도입되었는데, 종전의 운영위원회는 그 기능이 중앙회 이사회와 중복될 뿐만 아니라 감독기관인 농림수산부와 재무부의 공무원이 구성원으로 참여함으로써 농협 운영의 자율성을 제약한다는 비판이 있었다. 개정 농협법에서는 운영위원회의 기능을 이사회에 흡수시키고, 회원조합장인 비상임 이사가 중앙회 이사회의 구성원이 되도록 함으로써 농업인 조합원의 의사를 중앙회 운영에 반영할 수 있게 되었다.

(2) 자율경영체제의 확립

1988년에 개정된 농협법에서는 그동안 농협의 자율성을 제약해 온 조항들이 크게 수정·완화되어 농협은 자율경영체제를 확립할 수 있게 되었다. 즉, 사업계획 및 수지예산에 대한 주무부장관의 사전 승인제도가 폐지되고 사후보고만 하도록 되었으며, 중앙회가 정부로부터 사업비를 보조 또는 융자받아 시행하는 정책사업의 사업계획서에 한해서만 주무부장관의 사전 승인을 받도록 하였다. 이와 함께 회원조합에 대한 지방행정기관의 감독권도 폐지되었다.

개정 농협법에서는 중앙회와 회원조합의 사업범위도 크게 확대되었는데 주요내용을 보면 농지 중개업무 취급, 농협소유 화물자동차의 유상 운송 허용, 전문조합의 신용사업 취급, 관련기업에 대한 외부 출자 허용, 중앙회의 여유자금 운용 방법 확대,

중앙회의 지급보증·어음할인 취급제한 완화 등이다.

농협법 개정과 더불어 농협은 중앙회의 회원조합에 대한 승인·규제사항을 대폭 완화하여 회원조합 운영의 자율성을 제고시켰다. 아울러 단위소합의 육성 목표를 문화, 복지사업을 활발히 전개할 수 있는 복지조합을 구현하는 데 두고 단위조합의 발전 형태를 종전의 지원조합-성장조합-봉사조합에서 성장조합-봉사조합-복지조합으로 변경하였다.

(3) 농업인 본위 농협으로의 개혁

1993년 2월 문민정부 출범과 더불어 정부는 정치, 경제, 사회 등 전 분야에 걸쳐 광범위한 개혁을 추진하였다. 농업 분야에 있어서도 우루과이라운드 농산물협상이 타결되고 세계무역기구(WTO) 체제가 출범함에 따라 정부는 새로운 차원에서 농업정책을 수립하기 위해 1994년 2월 대통령 직속으로 농어촌발전위원회를 설치하고 농정개혁 방안을 마련하기로 하였다. 농어촌발전위원회는 농·수·축협 중앙회장을 비롯해 학계, 언론계, 비제도권 농민단체 대표 등 각계 인사 30명으로 구성되었다.

당시 사회 전반에 걸쳐 개혁 작업이 대대적으로 추진되는 과정에서 농협에 대한 외부의 시각은 '돈장사에만 치중하고 경제사업은 소홀히 한다', '직원을 위한 기관이다'라는 등 비판과 비난이 컸다. 그뿐만 아니라 그동안의 농업·농촌의 어려움이 마치 모두 농협 때문에 비롯된 것처럼 매도되는 분위기였다.

이와 같은 상황에서 농어촌발전위원회의 일부 위원들이 제시한 협동조합 개혁안은 중앙회장의 자격을 조합원으로 제한하고, 중앙회 이사회의 과반수를 조합장으로 구성하며, 전문조합의 설립 요건을 완화해 전문조합별 광역연합회의 설립을 자유화하자는 것이었다. 특히 농·수·축협 중앙회의 신용사업을 분리·통합해 별도의 특수은행을 설립해야 한다는 주장이 강력히 제기되었는데, 이는 마지막까지 논란의 대상이었다.

1994년 3월 23일부터는 제2대 직선 회장이 선출됨으로써 제2기 민주농협이 출범하였다. 새 회장선출을 계기로 농협은 농어촌발전위원회의 위원들에게 농협의 입장을 설명하고 이해를 구하는 데 혼신의 노력을 기울였다. 그 결과 농·수·축협 중앙회의 신용사업을 분리, 별도의 은행을 설립하자는 당초의 농발위안은 독립사업부제를 도입하고 그 성과를 평가하여 다시 검토하기로 의견을 모았다. 그리고 농어촌발전위원회의 요구 가운데 협동조합 운영에 있어서 농업인의 대표성을 강화하는 문제는 수용하였으며, 전문조합 육성과 관련해서도 다소의 논란은 있었으나 지역별·업종별 연합회의 설립을 자유롭게 하였다.

농어촌발전위원회의 최종 보고를 토대로 1994년 말에 개정된 농협법과 1995년 6월 22일에 개정된 농협법 시행령에 따라 중앙회장의 자격이 조합원으로 제한되고 중앙회 이사 중 회원조합장의 비율이 종전의 2분의 1에서 3분의 2로 확대되었다. 그리고 단위조합은 지역조합으로, 특수조합은 전문조합으로 명칭이 변경되었으며, 복수조합원제가 도입되었다. 특히 전문조합의 경우 설립 요건이 완화되고, 신설되는 전문조합은 신용사업을 취급하지 못하도록 했으며, 전국단위 이외의 연합회 설립이 가능하게 되었다. 이와 함께 중앙회의 신용사업과 경제사업을 회계·인사·예산·조직 등에서 엄격히 분리하여 운용토록 하였다.

농협은 제2기 민주농협 출범과 함께 농어촌발전위원회 등에서 제기된 농협에 대한 비판을 수용하여 개혁에 박차를 가했다. 이를 위해 농협 운영방침을 "농민본위(農民本位), 항재농장(恒在農場), 실사구시(實事求是)"로 새로이 정하고, 임직원 정신개혁 운동으로서 농업인과 하나 되고 고객과 하나 되며 계통 간에 하나 되기 위한 '하나로 거듭나기 운동'을 전개하였다.

3) 통합농협의 출범

(1) 통합 추진경과

'국민의 정부'는 출범과 함께 농·축협 등 협동조합개혁을 100대 국정과제의 하나로 선정하고 개혁 작업에 착수하였다. 1998년 4월 13일 농민단체 대표와 각계 전문가 20명으로 구성된 '협동조합개혁위원회'가 설치되었다. 동 위원회는 3개월에 걸친 토론 끝에 중앙회 통합 등 3개 안을 제시하고, 일선조합에 대해서는 광역합병 및 책임경영제 강화 등 50여 개의 협동조합 구조조정 방안을 7월 31일 정부에 건의하였다.

농림부는 1998년 7월 28일 농·축·임·인삼협 4개 협동조합중앙회장에게 협동조합별 자체구조조정계획과 중앙회 통합을 포함한 공동개혁안을 9월 말까지 마련토록 요청하였다. 4개 협동조합중앙회장은 8월 5일 공동개혁위원회를 구성하고 개혁

방안에 대부분 합의하였으나, 중앙회 조직체제에 대한 단일안을 마련하지 못하고 9월 30일 각기 다른 의견을 제시하였다. 농림부에서는 4개 중앙회가 공동개혁안을 마련할 수 있도록 1999년 2월 말까지로 기한을 연장하였다. 4개 협동조합중앙회는 1999년 2월 23일까지 12차례의 회의를 개최하는 등 공동개혁안 마련을 위한 협의를 진행하였으나 2월 23일 공동개혁안 마련 결렬을 공식 선언하였다.

1999년 2월 말까지 4개 중앙회 자율의 단일개혁안 마련이 더 이상 기대할 수 없게 됨에 따라 농림부는 3월 8일 협동조합개혁위원회의 건의안과 각 협동조합이 제출한 개혁방안을 중심으로 그동안 준비해 온 개혁시안을 발표하였다. 농림부는 개혁방안에 대한 각계각층의 의견수렴과 6월 8일 국무회의의 심의·확정을 거쳐 6월 14일 농업협동조합법(안)을 국회에 제출하였다.

농업협동조합법(안)은 7월 9일 농림해양수산위원회에 상정되었으며, 7월 13일 상임위원회 주관으로 공청회가 개최되었다. 공청회에서 중앙회 통합의 필요성이 인정되어 8월 10일 상임위 법안심사소위로 회부되고, 8월 12일 상임위에서 소위의 만장일치로 수정안이 의결되었으며 8월 13일 국회 본회의를 통과하였다.

9월 7일 새로운 농업협동조합법이 공포된 이후 농·축·인삼협대표, 학계, 농민단체, 언론인 등 중립적 인사와 전문가 등 총 15명으로 구성된 협동조합중앙회설립위원회가 발족되었다. 그리고 9월 20일 농·인삼협 직원, 농림부 직원 등 20명으로 설립사무국이 구성되어 통합실무작업이 추진되었다. 이와 더불어 11월 1일에는 협동조합 공동의 설립추진기구인 실무작업단을 구성하여 실무작업을 자체적으로 추진하였다. 설립위원회는 16차례의 회의를 개최하여, 심도 있는 논의를 통해 통합중앙회 설립에 필요한 사항을 협의·확정하였다. 그리하여 새 농협법 시행령이 2000년 3월 24일, 시행규칙은 3월 27일 각각 제정·공포되었고 새 중앙회의 정관과 임원선거규약 등은 4월 17일 창립총회에서 농·축·인삼협조합장 1,383명 중 1,142명이 참석한 가운데 만장일치로 의결되었다. 그리고 5월 2일 임시총회에서 통합중앙회장 및 상임감사가 선출되었고, 5월 12일 대의원회에서 새 중앙회의 비상임이사(27명) 및 비상임감사(1명)가 선출되었다. 6월 2일 대의원회에서는 농업경제대표이사·신용대표이사 임명동의안이 처리되고, 축산경제대표이사도 축협경제조합장대표자 회의에서 추천되었다. 한편 5월 17일부터 회장당선자, 대표이사(3), 농·축·인삼협조합장 이사(3)로 구성된 통합중앙회 인수위원회를 구성하고, 통합중앙회 출범 실무작업을 추진할 인수단(300여 명)을 운영하였다.

축협 측이 제기한 통합농협에 관한 헌법소원 청구사건에 대해 6월 1일 헌법재판소가 재판관 전원일치 합헌결정을 내려 협동조합중앙회 통합을 두고 둘러싼 논쟁이 마무리되자, 축협 측은 헌법소원 합헌결정에 승복하고 통합중앙회 설립작업에 참여하였다. 6월 8일 설립위원회는 최종회의에서 새 중앙회의 조직편성 방향과 인사·보수제도 조정방안 등을 심의·확정하여 인수위원회에 권고안을 통보하였다. 이러한 과정을 거쳐 2000년 7월 1일 마침내 농·축·인삼협중앙회가 하나로 통합된 새로운 농협중앙회가 발족하였다.

(2) 2단계 개혁 추진

2000년 7월 1일 통합농협 출범 이후 농협은 통합의 효과가 농업인과 회원조합에 돌아가도록 노력하였다. 먼저 중복되는 조직과 인력을 감축하고, 점포 및 일부 사업장을 조정·폐쇄하였다. 농협은 이러한 개혁작업을 좀 더 구체적이고 체계적으로 실천해 나가기 위해 통합농협 발족 100일을 맞아 농림부와 공동으로 2000년 9월 10일에 2단계 협동조합개혁 추진계획을 발표하였다.

2단계 협동조합개혁 추진계획에서는 중앙회의 효율적 운영을 위해 대표이사 중심의 책임경영 체제를 구축하고, 조직·인력 재정비 등 구조조정을 지속적으로 추진하기로 하였다. 그리고 중앙회의 경제사업장은 경쟁력과 전문성을 높이고, 일선조합 육성을 위해 자회사·분사 중심으로 통합·정비하거나 회원조합에 이관하기로 하였다. 또한 일선조합의 체질을 강화하고 조합원에게 실익을 주는 유통·경제사업 중심으로 기능을 개편하며, 경영공시 등 경영의 투명성을 제고하고 주기적인 감사를 통해 부실조합을 정리해 나가기로 하였다.

(3) 조합구조개선법 제정

중앙회 통합 후 부실 회원조합의 경영정상화가 시급한 과제로 대두되었다. 농협은 우선 농림부, 금융감독원과 합동으로 209개 부실조합에 대해 경영실태조사를 실시하였다. 조사결과 총부채가 총자산을 초과한 169개 조합을 경영지도 대상 조합으로 선정하였다. 이들 조합 중 자체적으로 정상화가 가능한 조합은 적기 시정조치에 의거 우선 합병을 추진하며, 정상화가 불가능한 조합 중 합병도 어려운 조합은 적기 시정조치에 의거 사업양도 및 계약이전을 실시하여 정리하기로 하였다.

이를 추진하기 위해 필요한 법적 근거가 2001년 9월 12일 '농업협동조합의 구조개선에 관한 법률'이 제정·공포됨으로써 마련되었다. 농업협동소합의 구조개선에 관한 법률은 2001년 6월 임시국회에서 여·야가 각각 법안을 제출하여 국회 주관의 공청회, 상임위 등을 거쳐 농림해양수산위원회를 통과하였고, 8월 28일 법사위의 심사를 거쳐 9월 1일 본 회의에서 통과되었다. 농업협동조합의 구조개선에 관한 법률 제정의 가장 큰 의미는 조합 부실에 대한 사전예방 시스템을 구축했다는 것이다. 기존의 농업협동조합법이나 합병촉진법은 이미 발생한 부실에 대한 처리만을 규정하고 있어 부실을 예방하거나 부실조합에 대한 경영개선권고 등 적절한 조기시정조치를 할 수 없는 문제점이 있었다.

Chapter 03

새마을운동과
농협운동

1. 새마을운동과 농협

1) 새마을운동의 추진배경

(1) 시대적 상황

1960년대 사회·경제적 상황이 1962년부터 시작된 경제개발 5개년 계획의 추진에 따라 국가 전체의 경제규모는 커지고 국민 1인당 소득도 평균적으로 상승하고 있었으나, 농공 간 및 도농 간 경제적 격차는 점차 벌어지기 시작했다. 1969년 국민총생산은 전년 대비 15.9%의 실질성장을 기록하였으며 1인당 GNP도 65,741원으로 전년 대비 27.6% 증가했다. 그러나 1960년대 말 농촌의 세대원 1인당 가처분소득은 도시의 60% 내외 수준으로 큰 격차를 보였다.

<표 3-1> 도시와 농촌의 소득수준 비교

(단위: 원)

구분	세대원 1인당 가처분소득		
	농가(A)	근로자(B)	A/B
1965	17,094	20,953	81.6%
1966	20,043	27,404	73.1%
1967	23,635	39,680	59.6%
1968	28,831	46,134	62.5%
1969	35,134	57,871	60.7%

자료: 경제기획원 도시가계연보.

경제성장 과정에서 이촌향도 현상이 급진전되었는데, 이는 비농업 부문의 취업기회 확대에 따른 인력유출과 더불어 열악한 생활환경을 탈피하려는 욕구에 기인한 현상이었기 때문에 농촌 생활환경의 개선이 시급한 상황이었다. 1968년부터 농가호수 및 농가인구의 절대적 감소추세가 나타나기 시작했으며 이후 해당 추세는 점차 가속화되었다. 농가인구의 감소로 총인구에서 농가인구가 차지하는 비중도 1965년 55.1%에서 1970년 44.7%로 급감하였으며, 농가인구의 고령화도 점차적으로 확대되고 있었다.

<표 3-2> 농가호수 및 농가인구 추이

(단위: 천)

구분	농가호수	농가인구
1966	2,540	15,781
1967	2,587 (△47)	16,078 (△297)
1968	2,579 (▽ 8)	15,908 (▽170)
1969	2,546 (▽33)	15,589 (▽319)
1970	2,487 (▽59)	14,422 (▽1,167)

자료: 농협연감.

6·25전쟁 및 이후 연속된 급격한 정치사회 변화를 겪으면서 국민의 의식과 행동이 체념, 좌절, 무질서, 부정부패 등 부정적인 면으로 점철되어 왔기 때문에 선진국으로 도약하기 위해서는 이러한 의식과 행동을 혁신해야 할 필요가 있었다. 합리적인 사고를 위해서는 미신을 믿는 등 비과학적인 인습에서도 벗어나야 했다.

(2) 새마을운동의 추진동기 및 목표

1970년 4월 22일 박정희 대통령이 지방장관회의 석상에서 '새마을가꾸기'를 처음으로 언급.

<박정희 대통령의 새마을운동 방향 제시 내용>

「가장 의욕적이고 가장 효과가 좋은 사업 몇 개만 골라서 지원 육성하고 도지사가 상금을 한 100만 원씩 주는 방법도 좋겠다. 그러면 그 부락은 그 돈을 가지고 또 다른 사업을 하도록 해서 이런 부락을 점차 늘려 가는 운동을 우리가 앞으로 추진해 볼 필요가 있지 않느냐 생각한다. 그 운동을 새마을 가꾸기 운동이라고 해도 좋고 알뜰한 마을 만들기라고 해도 좋을 것이다.」

박대통령의 새마을운동 방향 제시 이후, 마을의 생활환경 개선을 위한 실험적 사업으로써 전국적으로 추진된 '새마을 가꾸기 사업'이 새마을운동의 실질적인 출발점이라고 볼 수 있다.

정부는 1970년 10월부터 1971년 5월까지 전국 33,267개 마을에 시멘트 336포를 공급했다.

해당 마을에서는 정부지원을 기반으로 마을진입로, 농로, 지붕개량, 하수구보수, 국도변 가꾸기, 소도읍 가꾸기, 관광지 가꾸기, 소하천 가꾸기, 마을회관건립, 공동목욕장 등 '10대 새마을가꾸기사업'을 추진했다.

정부는 사업성과가 우수한 마을 16,600개를 선정하여 시멘트 500포와 철근 1톤을 추가 지급함으로써 마을의 등급화와 차등 지원이라는 새마을운동의 추진원리를 수립하는 계기를 마련하였다. 새마을 가꾸기 사업은 외부(정부)의 지원으로 촉발되었지만, 결과적으로는 정부지원을 활용하는 과정에서 지역주민들의 주체적인 의사결정과 자발적 참여를 유도할 수 있었던 것이 주요한 성공요인이었다. 즉, "할 수 있다"는 믿음이 현실로 이루어지는 것을 보면서 주민 스스로가 변화의 주체가 되었다고 할 수 있다. 새마을가꾸기사업 추진과정에서 새마을운동의 이념과 정신이 잉태되었다고 할 수 있다.

○ 새마을운동의 이념: 더불어 사는 공동체 건설
○ 새마을운동의 정신: 근면·자조·협동

정부는 새마을가꾸기사업의 성공을 계기로 농촌소득증대사업을 포함한 농촌개발계획을 새롭게 구상하는 등 본격적인 농촌새마을운동에 착수했다. 새마을가꾸기사업의 미비점을 보완하여 소득증대를 포괄하는 농촌새마을운동의 구체적인 계획을 수립했다. 새마을가꾸기사업의 핵심 성공요인이 능력 있는 농촌지도자의 리더십이었다고 판단하여, 농촌지도자 육성을 위한 새마을교육계획도 수립하였다.

1971년에 10대 새마을가꾸기사업의 집행을 거쳐 1972년부터는 새마을운동이 본격적으로 추진되었다. 새마을운동의 장기목표를 1981년까지 농가소득 140만 원으로 설정하고, 각 마을을 발전수준에 따라 '기초마을→자조마을→자립마을'로 계층화하여 마을수준에 맞는 사업을 전개하도록 하였다. 각 사업을 기능과 파급효과에 따라 기본사업→지원사업→소득사업으로 구분하여 마을의 여건과 수용능력에 맞게 지원하였다. 1981년까지 모든 마을을 자립마을로 조성하는 것이 목표였다.

<표 3-3> 마을 수준별 계층화

구 분	마을 수	추진방법	지원형태	기준
기초마을	18,415	환경개혁+정신계발→자조의 육점화	기본지원	마을기금 5만 원 미만
자조마을	13,943	환경사업+노임사업→농외소득증대	가열지원	마을기금 50만 원 이상
자립마을	2,307	소득사업+문화복지사업→복지 및 소득향상	우선지원	마을기금 100만 원 이상

자료: 내무부.

2) 새마을운동과 농협의 역할

(1) 새마을운동과 농협의 연관성

새마을운동은 당초 농촌개발 전략으로 추진되어 공장과 도시로 확산되었기 때문에 좁은 의미로는 농촌새마을운동이라 할 수 있다. 당초 정부는 새마을운동의 장기목표를 1981년까지 전 마을의 표준농촌화(자립마을)와 농가소득 140만 원으로 설정하였다. 농촌새마을운동에 대한 관심이 증대됨에 따라 도시사회의 병리현상 제어를 위한 새마을정신 확산 필요성이 인식되면서 공장과 도시로 새마을운동이 확산된 것이다. 국제사회도 새마을운동을 농촌사회의 근대화전략으로 평가하고 있다.

새마을운동은 농협활동의 기본정신, 목표, 추진주체, 추진방법 등과 동일하여 농협운동이라 할 수 있다. 농협활동이 자조·자립·협동을 기본이념으로 하고 있는 것과 같이 새마을운동은 근면·자조·협동을 기본정신으로 하고 있다. 새마을운동이나 농협활동 모두 농촌개발이라는 동일한 목표를 갖고 있었다. 새마을운동이 부락마다 '잘사는 마을'을 만드는 데 목표를 두고 있는 것과 같이 농협활동도 '고소득복지농촌건설'에 목표를 두고 있었다. 새마을운동이나 농협활동이 다 같이 농민이 추진주체가 되는데, 농협활동은 농업생산력의 증진 및 생활의 합리화를 통하여, 그리고 새마을운동은 생활환경의 개선, 정신계발 및 소득증대를 통하여 다 같이 잘사는 마을을 만들려는 것이다. 따라서 경제사업, 신용사업, 지도사업 등 농협이 추진하고 있는 모든 사업은 새마을운동과 직결된 것이라 할 수 있다.

농협은 농촌새마을운동에 주도적인 역할을 담당했다. 농촌새마을운동은 크게 새마을교육과 농촌개발로 구분될 수 있다. 정부는 농촌지도자 육성이 농촌 인적자원 활용에 효과적이라는 인식하에 새마을운동 초기에 새마을지도자교육에 집중했다. 농촌개발은 1970년대 전반기에는 생산기반 구축 및 생활환경 정비를 통한 농업생산성 제고와 후반기에는 새마을소득종합개발 사업을 통한 농가소득향상에 중점을 두고 추진하였다. 새마을교육에 농협의 인적자원과 재무 역량이 적극 활용되었고 농협중앙회와 지역농협은 농촌개발의 추진체가 되었다. 독농가 연수원 의 교수요원이 농협 직원이었으며 1979년 말 새마을지도자연수원이 법인단체로 되기까지 새마을교육과 관련한 예산의 절반 이상을 농협이 부담했다. 농촌개발 후반기에는 지역농협이 주체가 되어 읍·면 단위의 지역새마을사업인 소득증대사업을 주도했다. 새마을운동 기간 동안 정부의 조직체계변화에 따라 농협의 조직체계도 변화하였다.

1981년부터 새마을운동이 민간주도체제로 전환된 이후에도 농촌새마을운동은 농협이 주도하였다. 새마을운동의 지속적인 추진과 향상을 도모하고자 1980년 12월 1일에 사단법인 새마을운동중앙본부가 창립되었다. 산하조직으로 새마을지도자중앙협의회, 새마을부녀회중앙회, 직장새마을운동중앙협의회, 공장새마을운동추진본부, 직능새마을운동중앙협의회 등을 두었다.

민간주도의 체제로 전환되었어도 정부의 직제인 새마을운동중앙협의회가 그대로 유지되었기 때문에 1981~1988년까지는 민관공조운동으로 보는 것이 타당하다. 1981년부터 새마을운동이 민간주체로 점진 이양되기 시작했다. 1988년 12월 말 새마을이란 명칭이 중앙정부 직제에서 사라짐으로써 민관협력체제는 사실상 종결되었다고 할 수 있다. 1980년대 이후 새마을운동이 민간주도의 체제로 전환되면서 농촌새마을운동은 농협이 주도하게 되었다. 1981년 새마을운동의 민간주체인 새마을운동중앙본부는 실질적으로 도시, 직장, 공장 등에 대한 새마을운동에만 관여했다.

따라서 새마을운동의 전개과정은 1971~1998년까지 농협의 농촌새마을운동, 1970년대 공장 및 도시 새마을운동, 1981~1998년까지 민간주도의 새마을운동 등으로 구분지어 살펴보는 것이 타당하다. 1998년 국민의 정부 출범으로 정부 차원의 새마을운동 예산은 중단했다.

(2) 농협의 농촌새마을운동

농협의 농촌새마을운동 전개과정을 보면 1970년대 초반에는 새마을 정신계발교육, 식량증산 지원, 마을단위 지역개발에, 1970년대 중반 이후에는 읍·면 단위 지역농업종합개발사업과 생활 개선에, 1980년대에는 시·군단위 지역농업종합개발사업 및 복합영농에 주력했다. 농협은 1976년 새마을소득종합개발사업을 수립할 당시 농촌새마을운동 전개과정을 새마을소득종합개발사업이 시작된 1977년과 정부의 농촌새마을운동 장기목표 달성시점인 1981년을 기준으로 아래와 같이 단계별 구분하여 추진하여 왔다.

---

① 1971~1973: 기반조성단계
② 1974~1976: 자조발전단계
③ 1977~1980: 자립구축단계
④ 1981~1998: 복지정착단계
○ 참고로 새마을운동중앙본부의 새마을운동 전개과정은 아래와 같이 단계별로 구분함.
① 1970~1973: 기반조성단계
② 1974~1976: 사업확산단계
③ 1977~1979: 효과심화단계
④ 1980~1989: 체제정비단계
⑤ 1990~1998: 자율확대단계
○ 이하에서는 농협의 농촌새마을운동 전개과정을 각 단계별로 시작된 주요사업들을 중심으로 기술하고자 한다.

가. 기반조성단계(1971~1973)

㉠ 새마을교육의 지원

소득증대특별사업이 실시된 1968년을 전후하여 정부, 농업관련기관, 농촌운동가들 사이에서 모범농민(독농가), 모범마을을 이용하여 농촌개발을 시도해야 한다는 주장이 제기되었다. 이에 정부는 식량증산 7개년 계획(1965~1971)하에서 1968년 농어민소득증대특별사업을 실시했다. 농어민소득증대특별사업은 기업화된 상업적 영농체제를 통하여 농가소득을 향상시키려는 데 목적이 있었다. 소득증대특별사업을 위해 국무총리, 경제기획원, 농림부, 내무부, 상공부, 재무부장관이 참여하는 농어촌소득증대지원협의회도 구성하였다. 당시 소득증대특별사업의 분석결과, 농민들의 영농자세가 성과에 큰 영향을 미친 것으로 나타났다. 소득증대특별사업에 성공한 농민들은 통상적인 영농생활에서 얻는 농가수입의 평균수준보다 25~300%의 높은 소득을 얻었다.

정부는 1968년 소득증대특별사업 및 1970년 새마을가꾸기사업의 성공에 고무되었으며, 동 사업의 성공핵심요인이 능력 있는 지도자의 존재였기에 새마을운동을 전국적으로 확산시키기 위해서는 농촌지도자 육성이 최우선과제라고 인식했다. 실질적으로도 농촌새마을운동의 성공 여부는 마을단위 새마을지도자 및 부녀자지도자의 지도역량에 따라 크게 좌우되었다. 당시 새마을지도자는 정부에 의해 선정된 것이 아닌 주민들에 의해 선출되었으며 무급으로 일하였기 때문에 주민들의 호응도가 높았다.

농림부는 새마을지도자 양성을 위해 1972년 농협대학 내 '독농가 연수원'을 설립하였고, 교관요원은 대부분 농협직원(농협대학 교수 포함) 중에서 선발하였다. 당시 농림부가 교관요원을 농협에서 선발한 이유는 새마을운동을 농협과 연결시키기 위함이었다. 초대원장은 농협대학 교수였던 김준 씨가 선정되었으며, 교관요원은 일정기간의 파견근무를 마친 후 다시 농협직원으로 복귀하였다. 교관들은 연수생의 담임역할도 하고 연수생들과 숙식을 같이하면서 매우 희생적인 활동모습을 보였다. 농림부가 주관한 독농가연수반(1972년 1~3월)의 교육은 소득증대사업의 연장선상에서 새마을운동을 추진하려 했으며, 새마을운동을 지역농협육성 운동과도 연결하려 했다. 독농가연수반의 교육내용은 크게 영농지식, 새마을사업, 농협(협동조합)운동, 교양 및 정신교육, 성공사례 등 5개 과목으로 구성되었다. 독농가들의 주된 관심은 새로운 영농기술의 습득에 있었기 때문에 영농지식은 비교적 세분화되어 있으나,

<표 3-4> 독농가연수원의 교과목 분류(1972년 1~3월)

교과분류	세부내용
새마을사업(38)	애국애향관 확립(2), 국민교육헌장과 국민윤리(2), 자립정신과 자립경제(2), 새 역사의 창조(4), 이렇게 살 때가 아닌가(4), 농촌의 문제점과 해결책(2), 협동정신의 발양(1), 농업근대화를 위한 정신적 기초(2), 특강(3), 새마을영화(3), 공공사회질서(2), 새마을농촌건설(2), 농촌지역개발계획(2), 농촌지도방법(1), 리더십(2), 선진지 견학(5)
영농지식(25)	벼 집단재배 성공사례(3), 생각하는 농업경제(6), 계산하는 농업경제(2), 협동하는 농업경제(2), 통일벼 집단재배(4), 경제작목재배(8)
농협운동(10)	농민의 협동조직(4), 협동사업의 전개(3), 영농과 자금조달(3)
성공사례(14)	벼 집단재배(2), 고등채소(2), 잠업단지(2), 한우단지(2), 감귤재배(2), 문성마을(2), 신우리(강원 양구) 단협(2)
야간 분임토의(20)	
예비시간(12)	입교식(1), 수료식(1), 소양시험(1), 종합시험(1), 농촌음악(4), 친선경기(4)

자료: 새마을지도자연수원 10년사, ( )안은 시간.

1972년 초까지도 새마을사업의 세부 추진방안이 정해지지 않았기 때문에 새마을사업의 교육내용은 다소 구체적이지 못했다. 농협운동 과목 외에도 영농지식과 성공사례도 농협과 관련된 내용인 점을 감안하면 농협 관련 학습시간은 적지 않았다.

1972년 7월부터는 독농가연수반교육이 새마을지도자반교육으로 변경되어 새마을지도자 교육을 실시했다. 독농가연수반 1～3기 교육이 끝난 후 새마을교육에 대한 주관부서가 청와대와 내무부로 변경되었으며, 교육명칭도 새마을지도자반교육으로 변경되어 1972년 7월부터 재개했다. 농협에서 교육요원의 선발과 지원업무는 계속 담당했다. 연수요원의 봉급이 농협에서 지급되었기 때문에 새마을지도자연수원예산의 절반 이상을 1979년(새마을지도자연수원 법인단체 출범시기)까지는 농협에서 부담하였다. 교육내용에 있어서는 독농가연수반에 비해 영농교육이 축소되고 새마을사업의 구체적 추진을 위한 정신교육이 강화되었다.

독농가연수원은 새마을교육을 보다 효율적으로 수행하기 위해 전국농촌지도자중앙회가 건립 중이던 수원 농민회관으로 1973년 4월 8일에 이전하게 되었으며 7월 2일에는 명칭도 새마을 지도자연수원으로 개칭하였다.

1979년 12월 28일에 새마을지도자연수원 설치법이 공표되어 1980년 4월 22일에 새마을지도자 연수원이 독립법인으로 농협중앙회로부터 분리될 때까지 농협은 새마을지도자교육의 중요한 역할을 담당했다. 1980년 이후 농협은 농협대학과 도임직원 연수원에서 임직원 및 조합원 교육에 주력했다. 농협대학 내에 새마을특별교육반이 운영되었으며, 지역농협에서는 마을영농회장, 작목반장, 새마을부녀회장, 새마을1조금고장 등 새마을운동 실천조직장을 대상으로 영농 및 생활개선교육을 실시하였다.

기반조성단계에서 새마을지도자교육사업은 농협의 축적된 협동조합운동경험, 교육요원 확보, 농협의 재정적 뒷받침 등으로 큰 성공을 거두어 새마을운동의 초석이 되었다고 할 수 있다.

ⓒ 농협새마을운동의 추진체계 정비

1973년 정부는 내무부 지방국에 새마을지도과와 새마을담당관 및 새마을계획분석관을, 농수산부 농업개발국에 새마을소득과를 설치하는 등 새마을운동을 전담하는 추진체계를 처음으로 출범시켰다. 지방단위에 있어서도 1973년 시·도는 새마을지도과를, 시·군·구는 새마을과를 신설했다. 1974년 12월에 이르러 내무부 지방국에 새마을기획과 새마을지도과를 비롯하여 도시지도과, 새마을교육과, 새마을담당관을 둠으로써 역사상 가장 방대한 새마을운동 담당조직을 갖추었다.

1973년 농협은 지역농협을 새마을운동의 추진주체로 하여 실천조직의 육성과 사업개발을 담당하게 하고, 시군조합과 중앙회는 사업의 기획조정 및 지도지원의 역할을 담당하는 추진체계 방향을 설정하였다.

정부의 새마을운동 추진체계 정비에 맞추어 새마을사업종합계획의 수립 및 조정과 중요방침의 결정을 효율적으로 수행하기 위해 농협중앙회에 새마을 사업추진위원회와 새마을사업부를 설치했다. 도지부 및 군조합에도 새마을사업담당직원을 배치하여 새마을사업을 효과적으로 추진할 수 있도록 그 체계를 확립하였다. 지역농협은 협동회, 작목반, 부녀회, 1조금고(저축반) 등의 내부조직을 새마을운동의 실천조직으로, 협력조직으로는 4-H를 적극 활용하였다. 협동회는 마을단위의 농협행정조직이며, 내부조직의 정점조직으로서 내부조직의 사업계획과 부락개발사업의 조정을 담당토록 하는 한편, 종합사업에 대한 이용 여건의 조성과 조합원농민의 정신계발을 위한 교육·홍보활동을 주관하였다. 작목반은 마을단위의 생산조직으로 협동영농에 역점을 두고 공동판매를 추진하였고, 부녀회는 생활개선사업을, 1조금고는 저축증강사업을 주관하였으며, 4-H는 영농후계자육성을 주관하였다.

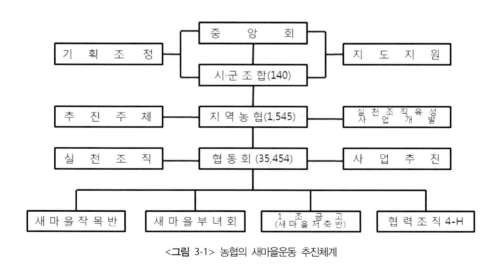

<그림 3-1> 농협의 새마을운동 추진체계

1977년에는 새마을소득종합사업의 효율적 추진을 위해 협동회를 새마을영농회로

개편하고, 작목반, 부녀회, 1조금고 등의 내부조직을 적극 육성하는 기능도 추가했다.

결국 농협새마을운동의 추진주체인 지역농협은 마을단위 내부조직의 육성과 이들 조직체의 사업개발을 적극 지도·지원하는 한편, 생산·가공 또는 유통시설을 설치·운영함으로써 마을단위 생산·소득사업의 개발을 촉진했다. 1968~1974년 이동조합의 합병을 통해 지역농협의 사업기반을 강화한 것 또한 농촌새마을운동이 성공할 수 있는 기틀로 작용하였다.

ⓒ 식량증산지원

1973년 정부의 식량증산운동전개에 호응하여 중앙회·도지부 및 각급 조합에서는 벼농사 150일 작전상황실을 설치·운영하여 모내기작업부터 추수까지 벼농사 150일 작전을 전개하였다.

영농자재 및 영농자금의 적기공급, 병충해공동방제, 풍수해대책 등 식량증산을 효과적으로 지원했다. 쌀 작목반과 쌀 단지를 확대 조직하여 이를 중심으로 신 영농기술의 보급, 품종통일, 공동작업 및 병충해공동방제 등을 통하여 10% 증산운동을 전개하였다. 고구마 등 성장작물에 대해서는 그 판매를 보장함으로써 농가가 안심하고 생산할 수 있도록 하는 계약재배사업도 실시하였다. 이후 농협은 각급 계통기관에 식량증산상황실을 설치·운영하여 영농자금과 영농자재를 적기에 공급하였으며, 병충해 방제, 양수기 지원, 전임직원의 모심기 등 노력봉사로 식량증산을 적극 지원했다.

1970년대 초에는 지역농협에 경운기·방제기 및 탈곡기 등 공동이용농기계를 보급하여 지역농협이 직영하거나, 작목반에 임대·운영하도록 함으로써 농업기계화에 기여했다. 1970년대 후반에는 농기계센터 및 농기구서비스센터를 설치·운영함으로써 농기계공동이용 및 사후봉사를 통해 농업기계화를 촉진시켰다.

기반조성단계에서 농협의 식량증산지원은 1975년 주곡의 자급을 달성(쌀 자급률: 100.5%, 보리 자급률: 100.8%)하는 데에도 결정적으로 기여했다.

나. 자조발전단계(1974~1976)
㉠ 협동새마을 육성

농협은 농협사업과 새마을운동의 유기적인 연계추진을 위해 1974년부터 시·군조합당 1개 마을을 기준으로 전국에 138개 마을을 선정하여 지원하였다. 특히 '협동새마을'로 육성은 ① 영농의 과학화로 고소득·고능률 농업의 개발을 촉진하고, ② 저축 및 생활개선으로 농촌생활의 합리화와 과학화를 이룩하는 한편, ③ 전 조합원이 농협사업을 전부 이용케 하고, ④ 농가소득 140만 원을 앞당겨 달성하는 시범마을을 육성함으로써 전국의 모든 마을을 이들 마을수준으로 유도하는 데도 목적이 있었다.

협동새마을에 단기 및 중기자금을 집중 투입하여 생산소득사업, 공동이용시설, 생활개선 및 문화복지사업 등을 추진하였다. 영농의 협동화 및 과학화를 촉진하기 위해 농협은 작목별로 협동화의 방향을 초기단계(단기자금 활용)와 발전단계(중기자금 활용)로 구분하여 추진하였다. 식량작물의 경우, 초기단계에는 품종통일, 공동방제, 공동작업 등에 주력하고 이의 추진을 바탕으로 점차 농기계공동이용, 가공처리시설 공동이용, 공동출하 등의 단계로 추진했다. 축산의 경우에는 사료공동구입, 농기계 공동이용, 초지공동조성 등 단순협업단계에서 출발하여 공동사육, 시설공동이용, 공동출하 등 보다 고차적인 협동화의 단계로 추진했다. 협동새마을의 자금 지원현황은 다음과 같다.

〈표 3-5〉 협동새마을 자금 지원현황

(단위: 백만 원)

구 분		1974	1975	1976	1977	1978	합계
농협 지원	중기자금	346	357	210	200	262	1,375
	단기자금	485	595	845	1,233	1,425	4,583
	소계	831	952	1,055	1,433	1,687	5,958
농민부담		554	663	785	1,289	1,311	4,602
합계		1,385	1,615	1,840	2,722	2,998	10,560

자료: 농협연감.

농협의 협동새마을 육성은 조합사업 참여와 이용을 높이고 새마을운동을 확산시키는 데 크게 기여하였다. 1976년 조합원의 종합사업이용실적을 분석해 보면, 협동새마을 조합원이 전국 평균에 비해 조합원당 출자금은 2배, 상호금융은 1.1배, 공제는 5.4배, 판매는 3.2배가 높은 것으로 나타났다.

ⓒ 새마을운동 교육 및 홍보활동 강화

새마을사업의 본격적인 추진과 더불어 새마을운동의 자발적인 생활화와 새마을운동의 가속화를 기하기 위해 새마을정신계발교육을 강화했다. 새마을지도자연수원에서 새마을지도자뿐만 아니라 사회지도층의 인사들까지 새마을정신교육을 확대했다. 1970년대 10년간만 해도 67여만 명의 지도급 인사들이 합숙교육을 받았으며, 6,953만 명의 교육을 포함하면 당시 한국 성인들은 평균 2회 이상의 새마을교육 기회를 가졌다고 할 수 있다. 또한 계통임직원 및 농민조합원 교육도 농민 주도적 새마을정신의 계발에 주안점을 두어 추진하였다.

새마을정신의 고취와 새마을성공사례의 보급을 위하여 농민신문 등 농협 자체의 홍보매체를 더욱 확충하고, TV에 '새마을종합소식' 프로를 개설하여 전국에 방송하는 등 새마을 홍보활동도 적극 전개하였다.

1976년 농협은 지역농협의 자립기반을 바탕으로 새마을소득증대종합사업의 본격적 추진을 위한 대대적인 계획을 수립하였다. 새마을소득증대사업은 1977년부터 1981년까지 생산기반정비, 생산 및 유통 시설, 농업기계화, 소득증대작목입식 등에 집중 투자하여 농가소득을 실질적으로 증대시키는 데 목적이 있었다.

다. 자립구축단계(1977~1980)
㉠ 새마을소득종합개발

새마을소득종합개발사업은 마을단위의 협동생산기능과 읍·면 단위의 생산 유통 지원기능을 합리적으로 결합시켜 개발효과를 극대화하려는 사업이었다. 따라서 새마을운동의 영속화를 통한 복지농촌건설이라는 장기목표 아래 지역종합개발사업인 새마을소득종합개발사업을 1977년 지역농협 주관하에 착수했다.

새마을소득종합개발사업 추진 배경은 다음과 같다. 소득증대는 증산과 판매가격의 제고가 함께 이루어져야 가능한데 생산은 마을단위에서 이루어질 수 있으나 가공·유통 부문이 규모의 경제를 누리려면 일정 규모(면단위 이상의 지역) 이상이 되어야 했다. 환경개선 단계에서는 새마을운동이 성공적이었으나 소득증대 단계로의 전환은 부진함에 따라 새마을운동이 침체될 가능성이 있었다. 인구증가에 따라 주곡의 지속적인 자급달성과 더불어 경제작물 및 축산물을 중심으로 한 성장산업의 중점개발도 중요했다. 생산·판매의 일관화를 통한 농산물유통의 혁신으로 증산을 촉진함과 아울러 유통소득을 증대시킬 필요가 있다. 정부가 새마을운동의 장기목표인 농가소득 140만 원을 1981년 이전에 조기 달성할 것을 독려했다.

당시 새마을소득종합개발사업을 추진할 수 있는 경제단체는 농협뿐이었으며 농협은 이에 적합한 제반여건도 갖추고 있었다. 농협은 지역농협을 면 단위로 합병하여 연쇄점 및 상호금융 등 경제 및 신용사업을 수행하고 있었으며, 경제사업종합시설설치, 출자증좌 등을 중점적으로 추진한 결과 자립기반도 갖추고 있었다. 또한 지역농협은 1970년대 전반기에 새마을운동의 추진주체로서 협동회, 작목반, 부녀회, 1조금고 등의 실천조직을 지속적으로 육성하여 새마을소득종합개발사업 수행을 위한 기반을 조성하여 왔다.

　새마을소득종합개발사업을 지역농협 주관하에 추진하기로 하고 제1차 연도인 1977년에는 30개 지역농협을 대상으로 본 사업을 추진하였다. 제1차 연도 사업추진 실적을 보면 생산기반 정비 사업을 비롯한 생산·유통시설, 농업기계화, 소득증대작목입식, 문화복지 부문 등 6개 부문의 61개 사업 종목에 5,445백만 원(융자지원 3,604 백만 원, 국고 및 지방비보조 327백만 원, 주민부담 1,514백만 원)을 투입하였다.

　사업 부문별 구체적인 사업내용은 아래와 같다. 생산기반정비(경지정리, 양수 및 저수시설 등), 생산시설(비닐하우스, 축사, 건조기 등), 유통시설(창고, 차륜, 도정공장 등), 농업기계화(경운기, 트랙터, 농기계센터 등), 작목입식(축산, 사과·복숭아·포도 등 과수), 문화복지(전화, 주택, 회관 등), 1978년에는 우수조합 우선실시 원칙하에 71개 조합을 추가 선정하여 착수함으로써 총 101개 조합이 본 사업을 추진하였다. 1977년부터 1987년까지 새마을소득종합개발사업 추진실적을 정리하면 다음과 같다.

<표 3-6> 새마을소득종합개발사업 추진실적

(단위: 개, 백만 원)

구분		공동지원	농협자체지원						합계
		77~82	83	84	85	86	87	소계	
사업실시구역		421	100	100	50	50	100	400	821
부문별투자실적	생산기반	17,264							17,264
	생산시설	48,101	6,673	8.709	9.613	12,349	12,349	49,713	97,814
	유통시설	11,812	577	818	1,129	2,125	1,645	6,294	18,106
	농업기계화	23,900							23,900
	작목입식	108,463	11,174	17,219	20,104	20,347	20,005	88,899	197,362
	문화복지	121							121

자료: 농협연감. 주> 공동지원: 농림수산부, 농협 등.

새마을소득종합개발사업은 농협의 각종 사업이 농업인의 영농활동지원에 종합적
으로 조정·투입하게 되는 계기를 마련하였으며, 새마을운동의 궁극적 목표인 소득
증대를 통한 복지농촌 건설에도 크게 기여하였다.

ⓛ 농촌 주택개량사업 지원

새마을운동과 더불어 시작된 마을환경개선사업으로 농촌의 기초적인 환경은 정비
되었으나 취락구조개선 및 농촌주택개량의 필요성이 대두되었다.

농협은 정부에서 추진하는 농촌 주거환경개선사업에 적극 호응하여 1978년부터
농촌주택개량을 위한 주택부금가입 확대운동과 자금의 융자·공급을 전담함으로써
농촌의 주택개량사업을 적극 지원하였다. 계통조합에 주택개량사업지원센터를 설치
함과 아울러 주택자금 830억 원 상당을 융자 지원함으로써 1978년 한 해에만 총 5
만여 동의 농촌주택을 개량하였다.

1978년부터 1980년까지의 농촌 주택개량사업실적은 다음과 같다.

<표 3-7> 농촌 주택개량사업실적

(단위: 동, 백만 원)

구 분	1978년	1979년	1980년
주택개량	49,736	37,765	19,972
융자실적	82,416	103,892	83,154

자료: 농협연감.

농협이 주택개량사업 지원을 가능하게 할 수 있었던 것은 1972~1978년 기간 동
안 출자금증대운동과 농협1조원저축운동을 적극 추진하여 지역농협의 자립기반이
확충되었기 때문이다.

1972~1978년 기간 동안 연평균 출자금 증가율 81%이다.

<표 3-8> 1972~1978년 출자금 현황

(단위: 백만 원, %)

구분	1972년	1973년	1974년	1975년	1976년	1978년	1979년
출자금 (증가율)	11,460 (76.9)	15,936 (81.4)	24,116 (86.1)	31,422 (81.8)	40,584 (81.5)	55,971 (80.6)	74,821 (79.7)

자료: 농협연감.

저축운동으로 중앙회 및 상호금융 예금이 1969년 각각 759억 원 및 32억 원에서 1979년 1조 36억 원 및 5,902억 원으로 급신장하였다.

라. 복지정착단계(1981~1998)

㉠ 1980년대 새마을운동 추진체계의 변화

1980년대 새마을운동은 1979년 박정희 대통령 사망과 제5공화국의 출범을 맞이하여 '새마을운동중앙본부'를 중심으로 민간주도운동으로 전환되면서 정부 부문의 추진체계가 변화되었다.

새마을운동의 주무부서인 내무부의 경우 1981년 11월에 지방행정국 내에 새마을기획과와 새마을지도과 및 새마을담당관을 두도록 하였으나, 1984년 1월에는 지방개발국의 신설과 함께 여기에 새마을기획과와 새마을지도과의 2개 과를 두는 체제로 전환하였다.

제6공화국이 출범한 1988년 12월에는 새마을이란 이름이 사라지고 지방행정국에 국민운동지원과라는 새로운 과를 설치하는 직제로 변경하였다.

그러나 농촌새마을운동이나 농협활동 모두 농촌개발이라는 동일한 목표를 갖고 있었기 때문에 1981년 이후에도 농협은 농촌새마을운동을 계승 발전시켜 나갔다.

정부 부문의 지원체계 축소와 더불어 정부의 지원도 점차 축소되었지만, 농협은 자체자금을 투입하여 농촌새마을운동을 지속적으로 수행하였다. 다만, 제6공화국이 출범한 1988년부터는 사업 및 부서 명칭에 새마을이란 단어를 사용하지 않았다.

㉡ 1980년대 이후 농협의 농촌새마을운동

정부는 새마을운동의 추진단위가 점차 광역화되자 마을단위사업에서 새마을광역권사업으로 전환하여 대단위생산시설기반 및 문화복지시설 확충, 도로포장사업 등을 추진하였다. 또한 정부는 그동안 새마을운동을 통해 꾸준히 육성해 온 자립마을 육성계획을 1981년도에 마무리 짓고, 1980년대에는 모든 마을을 자영마을단계를 거쳐 복지 마을로 육성한다는 계획을 수립하고 적극 추진하였다. 1986년 36,803개 마을 중에서 4.4%인 1,617개 마을이 복지마을로 승급되었으며, 1988년 제6공화국 출범 이후 복지마을 육성정책은 중단되었다.

농협은 1980년대 새마을운동 추진체계 변화에 상관없이 농촌의 복지정착을 위한 농촌새마을운동을 지속적으로 전개하였다. 1981년 농협은 지역농협의 급성장에 따른 지역농협·시군조합 기능중복 및 사업효율성 증진을 위해 지역농협과 중앙회로 직결되는 2단계 체제로의 개편도 추진하였다.

1983년 농업자원을 최대로 활용하여 농업생산과 소득을 동시에 증대시키기 위한 복합영농사업을 추진하였다. 종래의 쌀·보리 중심 농사에 축산·경제작물 등 수익성이 높은 성장작목을 결합한 복합영농유형을 지역특성에 맞게 개발·정착시키고 생산이 소득과 연결되도록 생산·경영·유통을 종합적으로 지원하여 생산 및 출하 조정 체제를 확립하려는 사업이다. 1983~1986년까지는 시범사업으로, 1987년부터는 본 사업으로 추진하였다. 국내생산기반이 약한 참깨, 땅콩, 옥수수 등이 새로운 영농기술의 보급과 함께 지역특화작목으로 도입되어 관련 생산기반이 조성됐으며, 자원의 활용도 및 기술 수준 향상에 따라 소득도 증가하였다.

1985년 지역농업종합개발계획의 필요성이 대두되면서 1989년부터는 기존의 다원화된 각종 농업개발사업(복합영농사업, 새마을소득증대사업 등)을 지역농업 종합개발사업으로 일원화하여 추진하였다. 농업인구 감소에 따른 농업자원의 이용률 저하, 농산물의 소비패턴 변화, 농산물 과잉·과소 생산에 따른 농가소득 불안정 심화 등 농업여건변화에 대응하기 위해서는 개별농가의 영농이나 전체 농업의 차원에서 접근하기보다는 지역 농업의 차원에서 접근할 필요성이 증대되었다. 따라서 지역농업 종합개발사업은 지역별·입지별 특성을 감안한 농업생산의 특화, 농업생산 및 유통의 조직화·협동화, 지역 내 부존자원의 유기적·보완적 개발, 농민의 자유의사를 수렴한 사업추진 등을 통해 궁극적으로 농민들의 삶의 질을 높이기 위한 사업이다. 즉, 개별농가나 전국 농업의 차원에서 해결하기 어려운 문제를 지역 농업의 차원에서 지역 농협이 주도하여 해결코자 하였다. 1차(1985~1987) 및 2차(1988~1991)로 나누어 추진하였으며, 선정된 지역 농협에 대해 자금을 지원하였다. 동 계획을 추진하고 있는 지역 농협은 정기총회, 협동조직장회의, 마을좌담회 등을 통하여 추진상황을 보고함으로써 조합원의 참여를 적극 유도하였다.

1980년 후반부터 1990년대 전반까지 UR 등 농산물 수입개방 요구가 거세지면서 농업인의 피해가 우려되자, 농협은 농업인의 권익대변을 위해서 "쌀 수입개방 반대 1,000만 명 서명운동" 등 조직적인 대외활동을 전개하였다.

1990년 이후 시장개방시기에 대응하여 농협은 1990년대 전반 미곡종합리장(RPC)

도입에 따른 양곡유통체계 혁신, 1990년대 후반 하나로클럽 등 신유통시스템 구축 등을 통해 판매사업의 경쟁력을 강화하였다.

(3) 1970년대 공장 및 도시 새마을운동

1970년대 새마을운동은 초기 농촌새마을운동의 성공에 힘입어 중후반 공장새마을운동과 도시새마을운동으로 확산되었다. 공장과 도시 모두에서 새마을운동 전개를 위한 다양한 조직이 만들어졌으며, 공장에서는 생산성 향상을 위한 다양한 사업이, 도시에서는 도농교류와 자연보호 활동 등을 통한 공동체의식을 높이기 위한 사업이 추진되었다.

가. 공장새마을운동

공장새마을운동은 1973년 박정희 대통령이 신년사에서 기업의 경영합리화와 노동자의 동참을 제기하면서 시작되었다. 공장새마을운동은 수출증대라는 당시의 국가 목표를 달성하기 위하여 우선적으로 요구되었던 산업현장의 안정과 생산성의 효율화라는 목적에 따라 실시된 측면이 강하다.

공장새마을운동은 1974년 500개의 공장에서 시범적으로 실시한 이후 1976년부터 본격화되었으며, 1977년에는 대한상공회의소 내에 '공장새마을운동추진본부'를 설치하여 민간중심의 운동으로 전환되었다. 공장새마을운동의 가장 핵심적인 조직은 '새마을분임조'로 새마을분임조는 생산 공정의 개선, 품질관리, 무결점운동, 에너지 절약, 기술혁신 등의 역할을 담당하였다. 여기서 분임조란 어떤 공정에 근무하는 10명 내외의 노동자로 구성되는 소규모의 작업반을 의미한다. 공장새마을운동을 통해서 식당, 휴게실, 기숙사, 공장부설 학교 설립 등 노동자들의 후생복지환경이 일정 정도 개선되는 효과도 있었다. 정부는 매년 사업실적을 평가하여 우수 공장에 대해서는 행정지원, 금융 지원 등 다양한 인센티브를 제공하여 기업체의 적극적인 참여를 유도하였다.

공장새마을운동은 한국적 노사관계의 형성을 목표로 삼았던 정부가 노동자계층을 국가정책에 적극 동참하도록 유도하는 정신적이며 의식적인 운동의 성격이 강했다.

나. 도시새마을운동

도시새마을운동은 1974년 박정희 대통령의 연두기자회견을 통해 도시주민들의 새마을운동 참여를 언급한 이후 저축운동이나 매월 1일 자기 집 앞 청소하기 등을 통해 산발적으로 실시되다가, 1976년 정부 유관부서 연합체인 새마을운동중앙 협의회의 창립을 계기로 전국적인 규모로 확대하였다.

도시새마을운동은 지역새마을운동, 학교새마을운동, 직장새마을운동을 3대 거점으로 하여 전개되었다. 지역새마을운동은 1976년 전국적으로 일제히 개최된 '반상회'를 중심으로 이웃돕기, 환경정비, 저축 및 폐품수집, 식생활개선, 가족계획, 소비자보호, 봉사활동 등을 중점적으로 실시하였다. 학교새마을운동은 각급 학교를 중심으로 학교환경 개선, 노력봉사, 저축운동 등을 주로 시행하였다. 초등학교의 경우 예절교육과 근검절약운동이 중심사업이었고, 중고등학교의 경우 독서활동, 지역새마을운동 지원 등을 수행하였으며, 대학교의 경우는 농촌봉사활동 등을 통해 새마을정신과 국가안보정신 강화에 초점을 맞추어 추진하였다. 직장새마을운동은 공공기관, 금융기관 등 직능단체별로 추진 기구를 구성하여 근검절약, 불우동료 돕기, 생산성 향상, 품질 향상, 서비스 향상, 각종 사회운동 참여와 같은 사업들을 전개하였다.

결과적으로 도시새마을운동은 초·중·고 학생에서부터 가정주부, 직장인 및 일반인 등 세대와 계층을 뛰어넘어 국민적 동참을 요구한 운동이었다.

(4) 1980년 이후 민간주도의 새마을운동

가. 1980년대

1980년 12월에 새마을운동 조직육성법이 제정됨에 따라 새마을운동중앙본부가 창립되어 새마을운동은 민간주도운동으로 전환하였다. 창립 초기에 회원단체로 새마을지도자중앙협의회, 새마을부녀회중앙협의회, 직장새마을운동중앙협의회, 공장새마을운동추진본부 등을 두었으며, 이후 새마을문고중앙회, 새마을청소년중앙연합회, 새마을조기체육회, 새마을금고연합회 등이 가입하였다. 새마을지도자를 교육하기 위한 새마을연수원이 본부와 성남에 설립 또는 통합됨으로써 2개의 연수원을 운영하였다. 그간 새마을운동을 담당했던 행정기구의 축소·폐지되는 과정에서 새마을운동 관련업무가 새마을운동중앙본부로 점진적으로 이관된 점을 감안할 때, 1980년대는 민관공조운동이라 할 수 있다.

그러나 1980년대 새마을운동은 제5공화국의 정권적 목표를 뒷받침하는 기능을 수행함으로써 '관변운동'이라는 사회적 비판에 직면하였다. 특히 1988년 '5공 청문회'에서는 새마을운동중앙본부의 문제점이 드러나면서 새마을운동이 침체되었다. 1988년 12월 31일자로 새마을운동의 정부 주관부서인 내무부 새마을과가 국민운동지원과로 개칭되면서 민관협력체제가 사실상 종결되었다. 새마을운동백서도 1987년까지 발간되고 중단되었다.

1980년대 새마을운동은 건전한 사회풍토조성, 경제발전, 환경정비 등을 중점과제로 선정하여 범국민적 동참을 이끌어내고자 했다. 1986년 아시안게임과 1988년 올림픽을 통해 질서·친절·청결 등 3대 시민운동을 대대적으로 펼쳐 대회의 성공적인 개최에 기여하였다.

나. 1990년대

1990년대 새마을운동은 1989년 4월 새마을운동중앙본부를 새마을운동중앙협의회로 명칭 변경 이후 순수한 민간단체운동으로 전환하였다.

1990년대 새마을운동은 국민의 무관심과 부정적 이미지를 해소하기 위하여 조직을 정비하고 사회공헌활동을 강화하는 등 새로운 운동 방향을 모색하였다. 1991년 '새마을지도자 윤리 강령' 제정, 1996년 지방조직을 법인화하였으며 정치적 중립도 명문화하였다.

1997년 IMF 외환위기로 인한 경제위기 속에서 새마을운동은 '경제 살리기 국민저축운동', '경제 살리기 1천만 명 서명운동', '금모으기 운동' 등 '경제 살리기 새마을운동'을 추진하여 경제 위기 극복 및 경제 활성화에 기여하였다.

1998년 국민의 정부 출범 이후 행정자치부 민간협력과에서 새마을운동을 담당토록 하였으며 정부 차원의 새마을운동 예산이 중단되었다.

1998년 12월 새마을운동중앙협의회는 '제2의 새마을운동'을 선언하고 더불어 사는 공동체 구현이라는 새로운 이념적 지향을 모색하기 시작하였다.

다. 2000년 이후

2000년 이후 새마을운동은 2000년 2월 새마을운동중앙협의회에서 '새마을운동중앙회'로 명칭을 변경하여 1998년에 선언했던 '제2의 새마을운동'을 본격적으로 추진하였다. 2004년 '새마을, 새정신, 새나라 만들기'의 구호를 제시하고 다양한 봉사활동을 전개하여 새마을운동의 공공성을 홍보하고 사회적 동참을 이끌어 내기 위해 노력하였다. 이 과정에서 새마을운동이 사회적 재조명을 받는 계기를 마련하였다.

한편, 2000년 이후 새마을운동은 UN을 비롯한 국제기구 및 개도국 등 국제사회로부터 지역사회개발운동의 성공적인 모델로 인정받음으로써 새로운 위상을 정립하였다. 새마을운동중앙회가 2000년 UN의 NGO로 가입되었으며 2003년 필리핀을 시작으로 2005년 콩고, 스리랑카, 몽골 등 아프리카와 아시아 저개발국가와 러시아, 베트남, 중국 등 사회주의국가에 대한 새마을운동의 보급이 본격적으로 추진되었다.

2000년 이후 경상북도 등 지방자치단체에서도 새마을운동을 자체적으로 전개하였다. 2007년 7월 경상북도가 새마을운동의 종주도를 자처하여 <21C 새마을운동> 선포식을 갖고 FTA를 뛰어넘는 경쟁력 강화를 위한 농어촌새마을운동, 사회적 비용절감과 기업 경쟁력 제고에 역점을 둔 도시새마을운동, 선진 도민의식 함양과 새마을운동의 국제화 등을 추진하였다. 2011년 경상남도 창녕군은 귀농인 육성 5개년 계획을 수립하면서 귀농인과 주민의 화합과 상생을 도모하고자 '마을가꾸기사업'을 추진하였다. 14개 마을에 500만 원씩 지원하여 1단계 행복마을, 2단계 명품마을, 3단계 휴양마을로 조성하는 사업이다.

3) 농촌새마을운동의 성과 및 성공요인

(1) 농촌새마을운동의 성과

가. 농촌의 근대화와 경제 발전

농촌새마을운동은 농가소득을 유사 이래 처음으로 도시가구 소득보다 상회시키는 등 농촌가계를 비약적으로 발전시켰다. 산업화 초기인 1965년 농가가구 월평균 소득은 도시근로자 가구의 월평균 소득의 99.7%였으나 산업화가 정착되던 1960년대 후반에 동 비율은 60% 수준이었다. 그러나 새마을운동이 확산되면서 1974~1977년 4년간 오히려 농가소득이 도시가구소득을 추월하였다.

<표 3-9> 도시·농촌가구의 평균소득추이

(단위: 원, %)

연도	도시근로자가구 월소득(A)	농가가구 월소득(B)	B/A
1965	9,380	9,350	99.7
1966	13,460	10,848	80.6
1967	20,720	12,456	60.1
1968	23,830	14,913	62.6
1969	27,800	18,156	653
1970	31,770	21,317	67.1
1971	37,660	29,699	78.9
1972	43,120	35,783	83.0
1973	45,850	40,059	87.4
1974	53,710	56,204	104.6
1975	71,610	72,744	101.6
1976	95,980	96,355	100.4
1977	117,090	119,401	102.0
1978	159,690	157,016	98.3
1979	219,096	185,624	84.7
1980	267,096	224,425	84.0

자료: 경제기획원(1982), 한국의 사회지표.

물론 당시 고미가정책이나 신품종 보급에 따른 증산효과도 영향을 미쳤으나 농촌 새마을운동을 통해 각종 소득증대사업을 추진해 왔던 점을 감안할 때 농촌 새마을 운동은 농촌경제 발전에 크게 기여하였다. 1978년의 경우 새마을운동이 잘 되었다 고 상을 받은 마을의 평균 호당 소득이 208만 원으로 일반마을의 175만 원보다 더 높았다.

농촌새마을운동은 생산기반조성, 농업기계화 촉진, 경영구조 변화 등 농업의 생산 구조를 변화시켜 농업생산성 증대에도 크게 기여하였다. 농촌이 활력을 지속하기 위 해서는 정신계발만으로 부족한데 대규모 자금이 투입된 농촌의 생산기반시설 조성 사업으로 농촌의 새로운 동력을 제공하였다. 농업기계화의 경우 1970년에 농가 100 호당 경운기 1.4대, 탈곡기 1.6대, 양수기 1.6대 꼴로 보급되어 있었는데 1978년에는 각각 11.3대, 8.6대, 8.8대로 크게 증가되었다. 경영구조의 경우 답전작 위주의 식량 작물 경영으로부터 탈피하여 채소, 과수, 특용, 축산 등을 포함한 새로운 작목 혼합 체계로 전환하였다.

농촌새마을운동으로 주곡 자급달성이 가능해졌으며, 이러한 주곡의 자급달성은 국가경제발전 초기단계에서 수출주도형 공업화 성공에 기여하였다. 1975년 주곡의 자급자족 목표량을 초과 달성(쌀 자급률: 100.5%, 보리 자급률: 100.8%)하였다. 식량부족으로 농산물가격이 올랐다면 도시민 생활비 상승에 따른 노임상승으로 노동집약적 공업화 성공이 어려웠을 것이며, 식량수입을 위한 외화사용에 따른 무역수지 악화로 공산품 수출경쟁력도 상실되었을 것이다.

농촌새마을운동은 문화생활수준, 교육수준 등 농촌의 삶의 질 향상에 크게 기여하였다. 주택개량, 마을통신, 전기 공급, 급수위생관리 등 환경개선사업으로 문화생활수준이 향상되었다. 취학연령인구(6~24세) 중 취학인구비율이 도시의 경우 1970년에 56.4%이던 것이 1975년에는 57.5%로 경미하게 증가하였으나, 농촌은 같은 기간에 59.0%에서 71.5%로 급격히 증가하여 농촌지역이 성장 잠재력을 갖추게 되었다.

나. 사회계발 및 정신계발

새마을운동은 민주역량 향상과 여성지위 향상에 기여하였다. 농촌주민들이 공통 문제에 관심을 갖고 스스로 해결하려는 등 민주주의 생활화에 기여하였다. 농촌새마을운동은 여성이 생활환경개선 및 저축운동에 주도적으로 참여하게 함으로써 여성의 사회·경제적 지위가 대폭 개선되는 전환점을 마련하였다.

새마을운동은 의식구조를 진취적이고 과학적으로 변화시켰다. 미신을 믿는 등 비합리적이고 비과학적인 인습에서 벗어났다. 허례허식에서 실리적인 쪽으로 변화하였다. 또 새마을운동은 국민들로 하여금 이웃을 돕는 인보정신을 배양시켰다. 농촌 마을 주민들은 원래부터 이웃을 돕는 정신과 전통을 가지고 있었으나, 새마을운동은 이를 조직화하였다.

다. 새마을운동의 해외전파

개발도상국에서 1990년대 후반부터 간헐적으로 활용되기 시작한 새마을운동은 2000년 국제연합(UN)의 새천년개발목표(MDGs)의 선언을 계기로 수요가 증가하였다. 새마을운동중앙회는 1997년 3월 러시아 연해주와 새마을협력사업 협정서를 체결하였으며, 1999년에는 베트남 하따이성의 3개 시범마을육성사업에 참여하였다.

2003년 국제연합 아시아·태평양 경제·사회 이사회는 인간발전지수(HDI)를 기준으로 아시아 최빈국에 속하는 네팔, 캄보디아, 라오스 3개국에 대해 새마을운동

경험을 시범 실시하였다. 2005년 시범사업이 종료되고 그 결과가 전 세계에 전파되면서 해외 농촌개발 사업이 급격히 증가하였다.

새마을운동의 보급 사업은 2000년대 중반까지는 방문 및 현장 교육 형태로 수행되었으나, 중반 이후에는 원조기구 형태가 주류를 형성하였다. 새마을운동이 시작된 이후 2007년 말까지 새마을운동을 배우기 위해 다녀간 외국인은 13개국 45,375명으로 집계되었다.

2000년대 중반 이후 한국의 원조기구는 중앙정부조직, 지방정부조직, 민간단체 등으로 다양화되었으며, 중앙정부조직은 원조사업에 대해 '새마을운동'이란 명칭을 사용하지 않고 있으나, 지방정부조직이나 민간단체 등은 '새마을운동'이란 명칭을 사용하고 있다. 중앙정부 조직으로는 한국국제협력단(KOICA)을 통한 무상원조가 가장 많고, 이어 농수산식품부 등 정부부처가 공적개발원조사업을 실시하였다. 농수산식품부가 해외에서 가장 많은 해외농촌개발사업을 실시하고 있으며 동 사업은 일반사업과 기획사업으로 구분하였다. 일반사업은 주로 농업기술의 전수와 관련되어 있고, 기획사업은 마을단위의 종합개발계획 수립 및 추진과 관련되어 있다. 따라서 기획사업이 주로 공간 단위의 지역발전을 대상으로 하고 있어서 한국의 새마을운동 경험을 활용하여 개발도상국 농촌발전을 도모할 수 있는 성격을 띠고 있다. 경상북도 등 지방정부도 개발도상국을 상대로 한 공적개발원조(ODA)사업을 실시하였다.

농식품부가 농촌의 종합개발을 지원한 사례는 다음과 같으나, 이들 사업 모두 '새마을운동'이란 명칭을 사용하고 있지 않다. 2009∼2012년의 경우, 부탄의 Samcholing에서 실시하고 있는 농촌개발 모델마을 조성사업과 2009∼2011년의 경우, 라오스 Vientiane 주의 Phonhung District에서 실시하고 있는 농촌개발 시범사업 컨설팅 그리고 2010∼2013년의 경우, DR 콩고 Tshuenge 마을에서 실시하고 있는 DR 콩고 및 Tshuenge 농촌종합개발사업, 2010∼2013년의 경우, 필리핀 이사벨라 주에서 실시하고 있는 필리핀 농촌개발사업 등이 그 사례이다.

경상북도는 2005년부터 주로 동남아시아(베트남, 인도네시아 등)에 새마을운동을 전파하기 위한 공적개발 원조사업에 참여하기 시작하였다. 2009년 UN과의 협력관계 구축 및 아프리카로 지원대상국 확대, 2010년 새마을리더 해외봉사단 파견사업 전개 등 새마을운동이란 명칭을 사용하여 새마을세계화사업을 전개하고 있다. 2015년에는 해외 최초로 인도네시아 가자마다 대학교와 공동으로 새마을운동 연구소를 오픈하였다. 인도네시아 대표정신운동인 트리삭티(Tri Sakti, 3개의 축)를 공동 연구함으로써 현장에 맞는 새마을운동을 통해 지역개발의 발전모델을 조성한다는 계획을 세웠다.

새마을운동중앙회는 1997년 러시아 연해주, 1999년 필리핀에 이어 2000 이후에는 동티모르, 아프가니스탄, 네팔, 스리랑카, 우즈베키스탄, 콩고, 중국, 몽골, 캄보디아 등과 새마을사업을 전개하였다. 중국은 2006~2011년간 시행될 '11.5규획'의 수립을 앞두고 당 중앙 차원에서 2005년 5월에 한국에 사찰단을 파견한 바 있다. 2008년에는 몽골 8곳에 1억 3,500만 원을 지원하여 마을 단위사업을, 캄보디아 11곳에 5,500만 원을 지원하여 새마을운동을 실시하였다.

라. 농촌새마을운동의 성공요인과 농협의 기여

농촌새마을운동의 추진과정을 요약하면 아래와 같다. 첫째, 농촌새마을운동은 외부로부터의 지원(정부로부터 받은 시멘트)으로 촉발되었지만, 이를 사용하기 위한 주민들의 의사결정을 통해 공동의 문제가 확인되고 공동의 목표가 정립되었다. 둘째, 공동의 목표를 실현하기 위해 필요한 추가적 재원과 자원을 동원하기 위해 주민 각자의 책임을 분담하는 과정에서 주민역량이 강화되었다. 셋째, 주민역량의 강화는 마을단위의 지역사회발전을 지속하는 데 기여하였다.

농촌새마을운동의 성공요인을 아래와 같이 3가지로 집약할 수 있다. ① 경쟁적 선별 방식에 의한 동기부여 등 정부의 적극적인 관여가 ② 주민의 자발적인 참여를 이끌어냈으며, ③ 정부에 의해 촉발된 공동체의식과 주민들의 자발적인 참여를 연계하는 추진체계가 효과적으로 작동함으로써 농촌새마을운동은 성공할 수 있었다.

① 경쟁적 선별 방식에 의한 동기부여 등 정부의 적극적인 관여 부문: 국책사업에 대해 실적을 확인하고 독려한 정부의 강력한 추진력을 들 수 있다. 새마을운동이 발족한 직후인 1971년 6월부터는 그 보고회에서 농촌개발의 성공사례를 해당 농민이 대통령 앞에서 직접 발표하도록 하였다. 1970년대 및 1980년 각각 마을유형을 달리 분류하여 각각 자립마을 및 복지마을로의 발전을 유도하기 위한 정부의 경쟁과 유인정책이 선수환구조로 작용하였다.

② 주민의 자발적인 참여 부문: 농업적 직접생산이 소득증대 효과를 낳는 데에는

상당한 시일이 소요되는 점을 고려해서 가시적인 성과를 보여줄 수 있는 생활환경개선 작업부터 시작함으로써 주민의 참여를 용이하게 하였다. 새마을교육은 주민의 자발적 참여를 유도하는 데 크게 기여하였다. 농협과 정부의 체계적인 프로그램을 통해 새마을지도자를 양성했고 이들이 변화의 촉매자가 되어 주민의 자발적 참여를 이끌어 냈다.

③ 정부에 의해 촉발된 공동체의식과 주민들의 자발적인 참여를 연계하는 추진체계: 마을단위의 실천조직이라 할 수 있는 지역농협과 그 하부조직인 협동회(영농회), 부녀회, 작목반, 저축반 등의 추진체계가 농촌새마을운동의 성공적인 역할을 수행하였다. 민관협력체계가 성공하기 위해서는 공동의 목표를 갖고 있어야 하는데 당시 농협과 정부는 농촌개발이라는 동일한 목표를 갖고 있었다. 특히 실질적인 추진체계가 농협이었기 때문에 1980년대 새마을운동이 관주도 형태에서 민간자율추진으로 전환되었어도 농촌새마을운동이 장기간에 걸쳐 지속적으로 추진될 수 있었다.

결국 농협은 농촌새마을운동의 주도적인 역할을 수행함으로써 농촌 및 국가경제 발전에 크게 기여하였다. 1973년 정부가 새마을운동을 전담하는 조직을 출범시킴과 동시에, 농협은 지역농협을 새마을운동의 추진체계로 설정하는 등 민관의 확고한 추진체계가 새마을운동 초기에 확립되었다. 이후 농촌개발이라는 공동 목표하에 정부의 추진체계 등의 변화에 따라 농협의 추진체계도 신속하고 유연하게 대처하였다. 농협은 새마을운동의 핵심성공요인이라 할 수 있는 지역사회에 헌신하고 투철한 사명감이 있는 새마을지도자교육에 크게 기여하였다. 농협의 협동조합운동의 경험, 교육요원 확보, 재정적 뒷받침 등으로 이루어진 새마을지도자교육사업은 새마을운동의 초석이 되었다. 1960년대 후반부터 1970년대 초반까지 합병 등을 통한 지역농협의 사업기반 구축으로 새마을운동의 실천조직인 협동회, 작목반, 부녀회, 1조금고 등의 추진체계를 구성할 수 있었다. 이후 지역농협은 각각의 실천조직을 육성·발전시킴으로써 조합의 성장과 더불어 새마을운동 목표를 달성하였다. 경제사업과 신용사업을 겸하는 종합농협 체제였기 때문에 1970년 후반 융자자금이 많이 소요되는 새마을소득종합개발사업 및 주택개량사업이 가능했다. 1970년대 초부터 지역농협들이 출자금증대운동과 농협1조원저축운동을 적극 추진하여 자립기반을 확충하였기 때문에 가능하였다.

(2) 시사점

가. 농촌경제 활성화 필요성

농업기반 악화와 농산물시장 개방 확대에 따라 농업·농촌의 지속 가능성이 위협받고 있다. 경지면적과 농가인구의 감소 및 농업인의 고령화 추세에 따라 농업기반이 지속적으로 악화되고 있다. 경지면적은 2005년 1,824천 ha에서 2014년 1,691천 ha로 감소하였고, 농가고령화율은 2005년 29.1%에서 2014년 39.1%로 증가하였다. FTA 발효 등에 따른 값싼 해외 농산물 공급 확대 및 농업 경영비 상승 등으로 농업의 채산성이 악화되었다. 농산물 수입액은 1994년 6조 원, 2004년 10조 2,000억 원, 2014년 27조 7,000억 원 등으로 지속적으로 증가하였다. 1996년부터 2010년까지 농산물 가격이 27.6% 상승한 데 반해 농자재와 같은 중간투입재 가격은 126.4%나 상승하였다.

아울러 도·농 간 소득격차도 심화되었다. 도시가구 대비 농가소득은 1994년 99.5%, 2004년 77.6%, 2014년 61.5% 등으로 지속적으로 감소하였다. 2015년 농림축산식품부의 『개방시대의 농업의 미래성장산업화 대책』 보고서에 따르면 2024년에는 농산물 수입액이 35조 3,000억 원, 도·농 간 소득격차는 더욱 심화될 것으로 전망된다.

현재의 농촌·농업 문제는 개별 주체 차원의 관점과 수단으로 해결하기에는 너무나 복잡하고 구조적인 난점들을 가지고 있기 때문에, 과거 새마을운동의 성공요인을 다시금 반추하는 것은 기본에 입각하여 원점에서 농업·농촌 문제를 인식하며, 과거 성공경험에서 현재 문제의 해결방안을 도출하기 위한 기본적인 접근법이 될 수 있다.

나. 최근 제2의 새마을운동 추진 분위기 및 정책적 시사점
㉠ 최근 제2의 새마을운동 추진 분위기

2013년 새마을운동중앙회는 선진 국민정신 함양을 위한 제2의 새마을운동을 결의하고 <함께해요 국민행복, 제2의 새마을운동>이란 슬로건으로 희망의 새 시대 구현을 위한 <제2의 새마을운동>을 추진하였다. 구체적인 실천 프로그램으로 문화공동체(삶의 질 향상)운동과 이웃공동체(인보활동 활성화)운동, 경제공동체(창조경제

기여)운동, 지구촌공동체(새마을운동 해외전수)운동 등 4대 중점과제를 전개하였다.

2015년 2월 농림축산식품부와 농협중앙회는 농촌의 환경을 개선해 건강한 주거환경을 만들고 궁극적으로는 유럽 농촌과 같은 귀농귀촌·농촌관광 인프라를 조성한다는 내용의 <함께 가꾸는 농촌운동>을 추진하였다. 발대식에서 농림축산식품부 장관은 "함께 가꾸는 농촌운동을 제2의 새마을운동으로 만들어 귀농귀촌과 농촌관광을 활성화하겠다"고 밝혔다.

2015년 9월 박근혜 대통령은 우리 정부와 유엔개발계획(UNDP), 경제협력개발기구(OECD)가 유엔본부에서 공동으로 개최한 '새마을운동 고위급특별행사'에 참석하여 새마을운동의 글로벌 비전인 '21세기형 신 농촌개발 패러다임'을 제시하였다. 정부는 우선 OECD와 공동연구를 통해 새마을운동 성공요인을 중심으로 개도국의 농촌개발 사례를 분석한 뒤 2015년 12월에 '21세기 신 농촌개발 패러다임' 보고서를 발간할 계획이다. 신 농촌개발 패러다임은 ① 경제, ② 거버넌스와 제도, ③ 빈곤 및 불평등과 복지, ④ 환경 등 4가지 주제로 구성된다. 경제 분야에서는 개별국가의 지원 및 경제·사회·제도적 특성과 도·농 간 관계를 고려해 국가발전전략 내에서 농촌개발을 추진하되, 농업뿐만 아니라, 서비스·관광·정보통신기술 등 다른 산업까지 포괄하여 농촌개발을 추진하였다.

ⓒ 정책적 시사점

제2의 새마을운동을 추진한다면 도·농 교류를 포함한 농촌경제의 활성화에 초점이 맞추어져야 하며, 그 발전방향을 구상하기 위해서는 무엇보다도 과거 새마을운동의 성공요인을 오늘의 농촌현실에 적합한 형태로 적용하는 것이 그 출발점이 되어야 한다.

따라서 제2의 새마을운동의 올바른 발전방향을 수립하기 위해서는 아래와 같이 과거 새마을운동의 성공요인들에 대한 현재 시점에서의 적용가능 여부 검토가 전제되어야 할 것이다. 과거 새마을운동은 이념과 비전에 입각한 전 국가적인 국민정신 개조운동으로 성공하였으나, 현재 상황에서 난점이 있다. 과거 낙후된 경제 환경에서 농업중심의 산업구조를 가졌기 때문에 젊은 노동력 수급이 용이했고, 이에 '할 수 있다'라는 슬로건이 강하게 효과를 발휘할 수 있었으나 고령화된 인적구조하에서는 기존과 동일한 접근법이 효과를 거두기가 어려울 수 있다.

농촌뿐만 아니라 사회 각 영역에 걸친 범국가적 캠페인이었으나, 현재는 교육수준이 높아지고 다원화된 사회가 되어 범국가적인 캠페인이 어려운 상황이다. 더불어 농업이 국가경제에서 차지하는 비중이 낮아 농촌개발에 대한 사회적인 관심이 과거보다 약화된 상황이다. 불균형 발전전략을 통해 성장모델을 제시한 이후에 해당 성장모델을 확산시켜 성공하였으나, 현재 농촌개발형 모델이 제시되지 않고 있다는 것이다. 과거 특정 지역이나 산업에 집중적인 투자를 진행하여 조기에 현격한 성과를 가시화하고 이를 성장모델로 제시하여 전파하였다.

오늘날에는 농업경제 비중이 높은 지역, 3차 산업 비중이 높은 지역 등 농촌지역의 발전양상이 다원화되어 있어, 동일한 전략을 전국적으로 전개하기는 어렵기 때문에 지역특성에 맞도록 발전모델을 다양화해야 한다. 우수한 리더십을 확보하기 위해 인적자원 제고에 주력하고 해당 리더십을 전략적으로 활용한 것은 오늘날 농업·농촌의 발전을 위해서도 필요하다. 과거에는 '새마을지도자'를 집중적으로 육성하여 정부정책이 조직적으로 전파되고 실행될 수 있도록 한다. 현 상황에서 우수한 리더십의 확보방안으로 지역 토착적 육성방안, 외부인력 유인방안 등 모든 방안이 실행 가능할 것으로 판단된다. 사실상 과거 농협조직은 정부와 농촌 등 현장의 연결 고리 역할을 성공적으로 수행하여 민관협력이 원활하게 이루어질 수 있었으나, 현재의 농협은 시장 환경 변화에 따라 정부정책을 현장에서 조직적으로 수행할 수 있는 컨트롤타워 기능이 현실적으로 다소 약화된 상황이다. 상대적으로 단순한 사회 환경과 강력한 통치 권력이 존재하여 국가정책이 일사불란하고 조직적으로 추진될 수 있었으나, 현재의 다원화된 사회상에서 과거와 같은 국가주도의 일사불란한 정책수행 방식을 적용하기는 어렵다. 그렇다고 올바른 정책방향에 대해서는 민간이 여전이 예민하게 반응하고 호응하고 있으므로 정책적 추진력이 약화되었다고 볼 필요는 없다. 과거에는 경제사회적 기반이 낙후되었기 때문에 집중적인 투자에 따른 한계생산성의 제고가 상대적으로 용이하여 가시적인 성과가 나타난다. 현재는 전체 산업 분야에서 한계생산성이 낮은 상황이기 때문에 가시적인 성과가 나타나기 어렵지만, 상대적으로 농업 분야는 6차 산업화 등을 통한 한계생산성 제고 여지는 큰 상황이다.

2. 농협대학과 농협운동

1) 농업협동조합초급대학 설립

농협대학교는 개교 이래 지금까지 새 농촌 새 농협을 선도하는 농협인재 양성의 요람으로서 그 역할을 다하며 반세기 역사를 걸어왔다. 설립 초기 농협대학교는 고난의 가시밭길을 걸어야 했다. 그러나 시련은 협동 이념과 정신으로 극복할 수 있었고, 개척자의 사명으로 희망의 역사를 쓸 수 있었다.

농협대학교는 1962년 12월 28일 문교부로부터 설립인가를 받음으로써 50년 역사의 첫걸음을 내디뎠다. 학교를 설립하기 위한 논의는 1962년 벽두부터 시작되었다.

1962년 2월 농협중앙회 오덕준 회장(제2대)은 당시 박정희 국가재건최고회의 의장에게 농협대학교의 설립을 건의하였다. 1961년 8월 농업협동조합(구농협)과 농업은행이 통합되어 발족한 종합농협은 농민 조합원의 교육사업을 통해 조직과 사업을 확충하는 것이 당면과제였다. 이를 위해서는 농촌에 정착하여 살아갈 유능한 농협인재를 양성하는 것이 급선무였는데, 농협대학교 설립은 이러한 배경에서 추진되었다. 농협대학교를 설립하자는 건의에 대해 박정희 의장은 건국대학교와 협의할 것을 지시했다. 이는 당시 건국대학교가 농촌의 경제적 자립과 부흥을 도모하기 위한 목적으로 축산대학을 운영하고 있었기 때문이다.

학교 설립은 박정희 의장의 지시와 함께 본격적으로 추진되었다. 이후 농협중앙회와 건국대학교는 학교를 설립하기 위한 협의에 들어갔는데, 이 과정에서 양측은 의견 차이로 적지 않은 진통을 겪어야 했다.

학교 설립에 대해 농협중앙회는 교명을 '농업협동조합대학'으로 하여 건국대학교 재단과는 별도로 운영하기를 원했다. 그러나 건국대학교는 대학 시설은 건국대학교 재단에서 전담하고, 학장 이하 교수 및 강사의 추천, 교과과정, 학교 행정은 농협중앙회에서 전담하기를 원했다. 교과과정은 두 가지 의견이 있었다. 첫째는 고교 출신을 입학 자격으로 하는 2년제 대학, 둘째는 대학 출신을 입학 자격으로 하는 2년제 대학원으로 설립한다는 것이었다. 그리고 졸업 후에는 농협 직원으로 채용하는 것을 원칙으로 하였다.

양측의 의견 차이는 협의를 통해 원만하게 해결할 수 있었다. 협의결과는 실습과 훈련에 중점을 둔 교육으로 농촌 지도 실무 인재를 양성하는 초급대학을 건국대학교 재단이 설립한다는 것이었다. 학교 시설과 운영비 또한 건국대학교 재단에서 전담하고, 학생은 모두 교비생으로 선발하여 기숙사에 수용하며, 졸업 후에는 전원 농협 직원으로 채용하기로 하였다.

그러나 이 합의는 오덕준 회장이 물러나고 이정환 회장(제3대)이 취임하면서 파기되고 말았다. 신임 회장 취임과 함께 농협중앙회는 수정된 의견을 내놓았는데, 그것은 농협대학교 설립과 운영에 농협중앙회가 개입하지 않는다는 것과 졸업생의 3분의 1 정도만 지도사업 요원으로 특채한다는 것이었다.

농협중앙회의 농협대학교 운영 불개입 선언과 졸업생의 농협 채용문제는 학교 설립에 걸림돌이 되었다. 그러자 건국대학교는 학교 설립을 독자적으로 추진하는 등 양측의 갈등은 분쟁으로까지 치달았다. 사태가 이에 이르자 농림부는 농협중앙회장, 건국대학교 재단이사장, 농림부장관이 참여하는 3자 회담을 통해 해결책을 모색했다.

3자 회담은 1962년 11월부터 12월까지 몇 차례에 걸쳐 진행되었다. 그 결과 농협중앙회와 건국대학교는 서로가 만족할 만한 합의점을 찾을 수 있었고, 최종 4가지 사항에 대해 합의하였다. 그 내용은 다음과 같다.

① 2년제의 농협대학교를 건국대학교 재단과 별도로 설립한다.
② 학교는 농촌에서 활동할 농협지도자 양성을 목적으로 한다.
③ 학생은 전원 급비생으로 한다.
④ 경비는 3자가 협조하여 조달한다.

이 합의에 따라 학교법인 건국학원은 1962년 12월 23일 문교부에 '농업협동조합초급대학' 설립신청서를 제출하였다. 이어 12월 28일 설립인가를 받았고, 1963년 마침내 제1회 신입생을 모집할 수 있었다.

설립 당시 농협대학교는 2년제 농업협동조합과 특수대학이었다. 교명은 '농업협동조합초급대학'이었다. 임원은 장경순(설립 당시 농림부 장관) 씨를 초대 이사장으로 하여 김영실, 김기봉, 박태원, 이원호, 안성조 씨가 이사를, 조수하, 손경환 씨가 감사를 맡았다.

농협대학교의 건학이념은 '낙후된 농촌의 근대화를 위하여 농촌에 정착할 유능한 지도자를 양성하고, 새로 발족된 일선농협의 간부요원으로 봉사할 인재를 양성하여 농협에 공급한다'는 것이었다. 이는 학교 설립을 구상하고 추진했던 당시의 건립 의도에서 확장된 것이었다.

도적준 회장이 학교 설립을 구상할 당시는 농협 직원을 양성한다는 것이 가장 큰 목적이었다. 이러한 목적은 학교를 설립하는 과정에서 농협을 위해 활동할 인재뿐만 아니라 농촌의 근대화를 주도할 지도자를 양성한다는 것으로 확장되었다. 그래서 교육목적도 '농촌의 경제적 자립과 부흥을 도모하기 위한 민주 농업협동조합의 기반을 공고히 하는 이론과 기술, 그 응용방법을 연마하여 신념과 용기, 봉사적 정신을 가진 농촌의 개척자적 인재를 양성한다'고 명시하였다.

◎ 농협대합교 건학이념

낙후된 농촌의 근대화를 위하여 농촌에 정착할 유능한 지도자를 양성하고, 새로 발족된 일선농협의 간부요원으로 봉사할 인재를 양성하여 농협에 공급한다.

◎ 교육목적

농촌의 경제적 자립과 부흥을 도모하기 위한 민주 농업협동조합의 기반을 공고히 하는 이론과 기술, 그 응용방법을 연마하여 신념과 용기, 봉사적 정신을 가진 농촌의 개척자적 인재를 양성한다.

문교부의 설립인가와 함께 공식 출범한 농협대학교는 1963년 1월 31일 교학과장에 안삼현 씨를 임명한 데 이어 2월 1일 '농협학원' 임시사무소를 건국대학교 낙원동 교사에 설치하고 업무를 개시하였다. 그리고 3월 1일 농협중앙회 부회장을 역임한 최응상 씨를 초대 학장으로 선임하면서 본격적인 개척의 역사를 걷기 시작했다.

1963년 3월 12일 농협대학교는 개교기념식과 함께 제1회 신입생 입학식을 거행하였다. 개교기념식은 건국대학교 장안동 캠퍼스에서 열렸는데, 이는 당시 캠퍼스와 강의실을 서울 성동구 장안동에 자리한 건국대학교 축산대학 교사 일부를 사용하였기 때문이다. 그래서 농협대학교는 개교기념식에 앞서 3월 3일 사무소를 장안동 교사(문리과대학)로 이전하였고, 신입생 입학식 하루 전날인 3월 11일에는 제1회 신입생들을 장안동의 제2생활관에 입사하도록 하였다.

개교 당시 농협대학교는 농촌 근대화를 이끌어 갈 지도자를 양성한다는 건학이념에 따라 신입생은 등록금 전액을 면제하고 의무적으로 모두 생활관에 입사하도록 하였다. 입학정원은 '농업협동조합과' 100명이었고, 제1회 신입생은 1963년 3월 5일 최종 100명을 선발하여 발표하였다.

신입생을 모집할 당시 농협대학교는 신문지면에 공고문을 내었다. 이 공고문에는 농협의 기간요원을 양성한다고 명시되어 있다. 그래서 응모자격을 군복무를 마치고 농촌에 투신할 젊은이들에 한하였는데, 구체적으로는 민주 농협 건설을 위해 헌신할 자, 졸업 후 영농을 할 수 있는 자, 거주지의 군수 또는 군 농협 조합장의 추천을 받은 자로 하였다. 이러한 자격조건은 1회부터 6회 입학생까지 적용되었다. 이런 이유로 개교 초기 신입생들 중에는 농협의 간부직원이 되기 위해 이미 농협에 근무하던 직원들이 입학하는 경우도 많았다.

개교 이후 신입생 입학과 더불어 개척의 역사를 써 가던 농협대학교는 1963년 5월 27일 농협중앙회가 제6차 운영위원회에서 다음과 같은 내용을 의결함으로써 새로운 국면을 맞았다.

첫째, 농협대학교 운영보조금 100만 원을 건국대학교 재단에 출연한다.
둘째, 농협대학교의 운영에 개입하지 않는다.
셋째, 향후 농협에 대하여 졸업생의 직원채용 요구와 보조금을 신청하지 않겠다는 각서를 징구한다.

이는 곧 농협중앙회가 학교 운영에서 손을 떼겠다는 것이었는데, 이러한 결정은 학생들과 교직원들의 사기를 일시에 꺾어 놓았다. 그리고 이 의결에 따라 학교 운영에 상당한 역할을 하리라 기대했던 농협이 한발 뒤로 물러서고 졸업생의 진로가 불투명해지면서 교직원들은 심적으로 큰 부담을 안게 되었다. 또한 제2회 입학생부터는 자비 부담을 조건으로 신입생을 모집할 수밖에 없었고, 학생들의 등록금 면제와 기숙사 수용 등 경제적인 부담을 떠안아야 했다. 이러한 가운데 1964년 3월 제2회 입학식이 거행되었다. 입학생은 모두 103명이었는데, 자비생이 74명 장학생은 29명이었다.

농협중앙회의 결정은 학교 운영에 큰 영향을 주었다. 무엇보다 재정적인 문제가

심각하게 떠올랐다. 학교 운영에 필요한 경비를 농림부와 건국대학교, 농협중앙회 3
자가 협조하여 조달하기로 한 협의가 깨지면서 학교 운영이 어려워졌던 것이다. 그
러자 건국대학교는 이를 해결하기 위해 관계요로에 농협대학교에 대한 지원을 호소
하기에 이르렀고, 급기야는 학교를 인수할 대상을 찾아야 하는 상황에 놓이고 말았
다. 사태가 이렇게 되자 정부는 농협중앙회에서 학교를 인수할 것을 종용하고 나섰다.
또한 학교를 인수할 가장 유력한 곳으로 농협중앙회가 부상하였는데, 농촌 지도자를
양성하는 학교인 만큼 농협중앙회가 인수처로 떠오른 것은 자연스러운 일이었다.

　1964년 3월 농협중앙회는 마침내 농협대학교를 인수하여 운영하기로 방침을 정
하였다. 당시 농협중앙회는 문방흠 회장(제4대)이 취임하면서 농협대학교에 대한 시
각이 변하고 있었다. 1962년 1월 취임한 문방흠 회장은 1965년 '자립 과학 협동'을
기반으로 농업 근대화를 이루자는 '새농민운동'을 주창한 인물로, 피폐한 농촌을 새
롭게 건설하기 위해서는 농업 분야의 인재를 길러 내야 한다는 강력한 의지를 가지
고 있었다. 그리고 이러한 의지를 실현하기 위해선 농협대학교를 인수하여 새농민운
동의 발판으로 삼을 필요성이 있었다. 농협중앙회의 농협대학교 인수는 이러한 배경
에서 이루어졌다.

　농협대학교 인수를 결정한 농협중앙회는 1964년 3월 16일 '협동조합대학(가칭)
설립추진위원회'를 구성하고 당시 국회부의장인 장경순 씨를 위원장으로 하여 본격
적인 인수 절차에 들어갔다. 설립추진위원회의 위원과 주요 임무는 다음과 같다.

◎ 협동조합대학(가칭) 설립추진위원회
　　위원장: 장경순 / 국회부의장, 농협대학교 설립 당시 농림부장관
　　위원: 박동묘 / 농협중앙회 운영위원, 경제과학심의위원회 위원
　　　　　구재서 / 농협중앙회 운영위원, 고려대학교 교수
　　　　　이희성 / 농협중앙회 운영위원, 서울시 농협조합장
　　　　　권병호 / 한전 감사, 전 농협중앙회 부회장
　　　　　김기석 / 건국대학교 교수
　　　　　이은상 / 청구대학교 교수
　　　　　박기혁 / 연세대학교 교수
　　　　　이원호 / 서울대학교 농과대학 교수

최응상 / 농협대학교 초대 학장, 전 농협중앙회 부회장

◎ 주요임무
　　① 1년 6개월 이내(1965년 9월 시한)에 농협대학교를 건국대학교에서 분리한다.
　　② 별도의 재단을 설립한다.

　1967년 초, 박정희 대통령은 농협대학교 인근을 지나다 삼송리와 솔개마을, 대학 정문에 크게 세워 놓은 농협대학교 간판을 보게 되었다. 이를 본 박정희 대통령은 농협중앙회와 농협대학교가 제 기능을 수행하지 못하고 있다며 질책을 했다. 농협중앙회의 농촌지도사업이 원활하게 이루어지지 않고 있다는 문책이었다. 이에 청와대와 농림부, 농협중앙회는 농협대학교의 폐교를 검토하기에 이르렀다.
　1967년 4월, 폐교 검토설은 박정희 대통령이 농협대학교 폐지문서에 사인을 했다는 것으로 확대되었다. 이 사실은 농협중앙회 대의원 조합장들에게 전해졌고, 조합장 대표가 당시 총리로 있던 김종필 씨를 찾아가 폐교 방침을 철회해 달라고 요청을 하였다. 이 무렵은 마침 5월로 예정된 대통령 선거를 앞두고 있던 때였다. 그래서 김종필 총리는 정치적으로 민감한 시기에 농협대학교를 없애는 것은 좋지 않다고 박정희 대통령에게 건의하여 폐교 위기에서 벗어날 수 있었다.
　그러나 폐교 위기는 이후에도 그치지 않았다. 그것은 박정희 대통령이 농협대학교를 없애는 것이 좋을 것 같다는 생각을 바꾸지 않았기 때문인데, 당시 청와대의 박명근 특보가 농협대학교의 존립 이유를 설명할 수 있는 자료를 요구하여 후에 '독농가연수원'의 초대 원장을 역임한 김준 교수가 농협대학교의 현황과 비전을 차트로 만들어 청와대를 일곱 차례나 방문하기도 하였다. 또한 김준 교수는 박정희 대통령에게 농협대학교의 모습을 보여 주기 위해 매주 토요일 학생들을 인솔하여 학교 앞 농장에서 일을 하기도 하였다. 이런 노력은 박정희 대통령의 마음을 움직였고, 대통령이 직접 농협대학교의 발전을 위해 세 가지 지시사항을 내려 격려하기에 이르렀는데 지금은 전하지 않고 있다.
　학교 폐교 위기와 관련하여 제3대 학장을 역임한 원영희 씨는 다음과 같이 회고한다.

"그때는 집권당인 공화당이 농업정책 문제에 대해 굉장히 많은 신경을 썼습니다. 농협대학교 설립 당시 이사장이었던 장경순 선생이 농림부장관으로 있었는데, 그때만 해도 농림부 파워가 대단했지요. 농촌이 일어나야 잘사는 나라가 되니까요. 아무튼 장경순 선생이 농협대학교를 설립할 때부터 많은 관여를 하면서 큰 역할을 하셨습니다. 학교가 설립되고 나서는 국회부의장으로 활동하면서 학교에 대한 지원도 많이 했고, 농협대학교를 없애려고 할 때도 장경순 선생을 필두로 해서 막았습니다. 건국대학교 캠퍼스 시절에는 천호동까지 아침 구보를 할 때 장경순 선생이 나와서 학생들과 같이 뛰기도 했습니다."

이러한 회고는 개교 초기에 학교를 다녔던 졸업생들을 통해 확인할 수 있다. 장경순 씨는 농협대학교 설립과 발전에 지대한 관심을 가지고 있었고, 학생들과 함께 구보를 하는 등 많은 애정을 보였다. 그리고 설립 초기 학교의 발전을 위해 물심양면 기여를 하였다.

2) 농협학원(도약을 위한 준비단계)

농협대학교는 학교를 분리하는 과정에서도 1965년 2월 제1회 졸업생 72명을 배출한 데 이어 1966년 2월 제2회 졸업생 53명을 배출하는 등 농촌에 새바람을 불러일으킬 유능한 인재들을 양성하여 배출하였다. 그러나 졸업생 대부분이 기대했던 농협 취업은 이루어지지 않았다.

당시 농협중앙회는 명문대학 출신의 인재를 확보할 수 있는 사회적 위치에 있었다. 따라서 농협대학교 출신을 채용할 필요성이 없었다. 이는 농협 취업을 바랐던 재학생들에게 큰 충격과 절망이었다. 이로 인해 일부 학생들은 거세게 반발을 하기도 하였고, 일부는 중도에 자퇴를 하는 경우도 있었다. 또한 등록금의 자비 부담도 학생들에게는 적지 않은 고통이었다.

그러나 설립추진위원회는 학교 운영을 본격적으로 수행하면서 1965년 입학생부터는 정원 장학생으로 교육을 하기로 결정하였다. 취업에 대한 꿈이 사라진 현실에서 그나마 위안이 되는 조치였다.

1966년 3월, 농협대학교는 신명순 농협중앙회장이 재단이사장으로 취임하면서 새로운 발전의 전기를 맞았다. 신명순 회장은 1966년 5월 학교를 인수한 이후 처음으로 임익두 학장을 임명하는 한편, 7월에는 농협 임직원 교육훈련을 담당하던 기존의 농협교육원을 해체하고 대학부설 임직원연수반을 설치하는 등 농협대학교가 대학교육과 농협 임직원 양성 교육의 기능을 동시에 담당할 수 있도록 농협중앙회의 기구를 개편하였는데, 이는 학교 발전에 큰 영향을 끼쳤다. 그리고 1966년 9월에는 캠퍼스를 현재의 원당 캠퍼스로 옮겨 새로운 도약의 발판을 마련하였다.

농협대학교는 설립 이후 원당 캠퍼스로 이전할 때까지 건국대학교 축산대학 일부를 사용해 왔다. 그리고 학교에 입학하는 학생들은 모두 생활관에 입사하여 교육을 받았다. 당시 건국대학교 축산대학은 소를 비롯해 돼지, 염소, 닭 등 각종 가축을 사육하는 드넓은 실습장을 갖추고 있었다. 이런 환경은 실습위주의 교육을 실시한 농협대학교에 안성맞춤이었다. 그러나 건국대학교는 농협중앙회가 농협대학교를 인수하는 절차에 들어가자 1965년 5월 학생들이 사용하던 생활관을 비우게 하고 실습장의 양계장을 임시 생활관으로 개조하여 옮기도록 하였다. 이후 학생들은 생활관 문제로 적지 않은 고통을 겪었는데, 이 때문에 가장 시급한 문제는 학교 부지를 새로이 구하는 것이었다. 이 문제는 1966년 9월 11일 캠퍼스를 원당으로 옮기면서 해결되었다.

원당 캠퍼스는 농협중앙회가 임직원들의 교육훈련을 목적으로 한 '농협교육원' 부지였다. 농협중앙회는 종합농협으로 새롭게 발족한 이후 서울 성동구 화양동에 자리한 농협교육원을 신축 이전하기 위해 부지를 물색하고 있었다. 그 결과 새로운 부지를 경기도 고양군 원당리에 마련하고 1966년 1월 17일 신축 기공식을 가졌는데, 농협대학교는 캠퍼스를 이전하기 위해 많은 노력을 기울인 끝에 농협중앙회의 승인을 얻어 이곳으로 학교를 옮길 수 있었다.

학교 이전 당시 원당 지역에는 대중교통 수단도 없었을 뿐만 아니라 전기통신 시설도 가설되지 않은 상태였다. 농협교육원을 신축하는 공사 또한 진행 중이어서 약 20% 정도만 진척되고 있었는데, 건물은 본관과 대강당이 벽체만 세워진 채 내부공사를 진행하고 있었다. 이런 상황에서 농협대학교는 1966학년도 2학기 개강을 하였다.

사방이 울창한 숲으로 둘러싸인 적막한 터전에서 농협대학교는 모든 교직원과 학생들이 새로운 학교를 일구기 위해 새벽부터 깊은 밤까지 한마음이 되어 열정을 바쳤다. 학생들과 교직원들은 본관 2층에 자리한 강의실에 다다미를 깔고 기숙사로 이용했고, 야간에는 전기가 들어오지 않아서 석유램프로 켜고 생활했다. 건물은 내부 시설이 완성되지 않은 본관과 대강당뿐이었고, 건물 주위로는 소나무와 오리나무를 비롯해 온갖 잡목들이 뽑힌 채 누워 있었다. 식당은 본관 뒤편의 체력 단련실을 사용했는데, 이를 5회 입학생이 졸업하기 전까지 학생자치로 운영하였다.

농협대학교는 개교 이래 지금까지 여느 학교와는 다른 개척의 역사를 써 왔다. 이러한 역사는 농협대학교에서만 볼 수 있는 협동 이념이 있었기에 가능했다.

농협대학교는 입학과 동시에 모두 기숙사에 입사하여 공동체 생활을 하는 전통을 가지고 있었다. 공동체 생활은 아침 일찍부터 밤늦게 취침을 할 때까지 빈틈없는 일과표에 따라 이루어졌다. 생활관은 일반대학의 기숙사처럼 학생에게 숙식의 편의를 제공하는 것에서 끝나는 것이 아니라, 자치적인 단체생활을 통해 협동 이념을 생활화하는 훈련장이었다.

하루의 시작은 조회와 함께 심신단련을 위한 구보로 시작되었다. 왕복 4km를 뛰는 구보는 곤궁한 농민들과 함께한다는 정신력과 더불어 농촌 근대화의 기수가 되겠다는 신념을 배양시켰고, 함께 나누는 공동체 정신과 의식을 함양시켰다. 그리고 오전 이론 교육과 오후 실습 교육을 통해 농촌 지도자가 되기 위한 실력을 길렀고, 저녁에는 사회 저명인사들의 초빙 특강을 통해 자질과 소양을 쌓았다. 이러한 공동체 생활은 제1회 신입생부터 적용되었고, 농협대생이라면 자연스러운 것으로 받아들였다.

당시의 상황과 협동생활을 들어보면 학교생활을 어떻게 하였고, 벌판이나 다름없는 곳으로 이전한 학교를 어떻게 새로운 터전으로 만들어 왔는지 선명하게 그려 볼 수 있다.

캠퍼스 이전 초기부터 학교다운 모습을 갖추어 가기 전까지 농협대학교는 학교 정비에 심혈을 기울였다. 그리고 교육과 실습 등 교육훈련을 통해 농촌의 미래를 책임질 인재를 양성하는 데 전력을 쏟았다. 이론 교육을 주로 했던 오전 교육은 교과목 수업과 함께 토의중심으로 이루어졌다. 실습을 주로 했던 오후 교육은 2,750평의 밭을 대여해 영농 실습과 함께 양축 교육을 실시했다. 또한 생활관에 입사하면 병석에 눕기 전에는 결강을 해서는 안 되었고, 규율과 절제의 협동생활을 통해 자치적인 협동정신을 함양하며 인관관계를 순화하는 데 열과 성을 다했다.

이처럼 일과가 끝나면 저녁식사 후 7시부터 9시까지 두 시간에 걸쳐 초빙 특강을 들었다. 이 특강에는 사회 저명인사들이 대거 참여하였는데, 농림수산 분야의 대가들뿐만 아니라 철학과 사회 등 각 분야의 인사들을 초청하였고, 이는 1970년대까지 이어졌다.

학교 이전 초기의 열악한 환경은 학생들과 교직원들의 노력으로 점차 개선되면서 정비되어 갔다. 이런 가운데 예기치 않은 또 다른 문제가 발생하였다. 그것은 학교 주변의 분위기를 해치는 치안 문제였다. 당시만 해도 원당리 일대는 개발이 되지 않은 곳이어서 치안 상태가 좋지 않아 불량 청소년들이 많았나. 그래서 학생들은 인근의 환경에 각별히 주의를 기울여야 했는데, 신입생 오리엔테이션 시간에는 으레 몇 가지 주의사항을 숙지시키곤 했다. 그것은 첫째, 삼송리에서 학교까지 혼자서 다니지 말 것, 둘째, 언행에 각별히 조심을 할 것, 셋째, 괴롭히는 불량배는 학교에 신고할 것 등이었다. 또한 농협대학교는 이와 같은 요소들을 지혜롭게 극복하기 위한 방편의 하나로 정규시간에 태권도를 편성하여 모든 학생이 의무적으로 수련하게 하였는데, 이때부터 배출된 유단자만 해도 250여 명이나 되었다.

이처럼 농협대학교는 협동 이념을 생활화하고 농업 농촌에 맞춘 교육과정을 정립하며 열악한 환경에서도 학생들의 실력 배양에 전력을 다하였다. 그리고 학교는 학생들과 교직원들의 노력으로 점차 정비되어 갔다. 그 결과 오늘날 농협대학교를 일구어 내는 토대를 마련하며 농협을 비롯해 농림행정과 교육, 사회사업, 농장경영, 농촌지도 등 다방면의 분야에 인재를 배출해 냈다.

3) 농군사관학교(도약단계)

농협대학교를 인수한 농협중앙회는 당초의 건학이념을 계승하여 협동정신에 투철한 영농후계자를 양성, 농촌에 정착시킴으로써 농협운동의 핵심요원으로 키워 갈 것을 교육목표로 삼았다. 구체적으로는 첫째, 투철한 농협정신을 함양시킨다. 둘째, 농업의 시야를 넓히고 영농과 조합운영에 필요한 고도의 기술을 습득하게 한다. 셋째, 기업농에 대한 자신과 방법을 탐구하게 한다. 넷째, 민주 농협 건설에 헌신할 수 있는 소질을 배양시킨다는 것이었다.

입학조건과 생활관 입사, 교육과정도 그대로 계승하였다. 교과목 편성은 교양과목 20%, 농업과목 60%, 농협과목 20%의 비중으로 하여 농협운동자적 영농후계자로서의 자질 향상에 중점을 두었다. 그러나 이때까지도 학생들의 졸업 후 농협 취업은 보장되지 않았다. 다만 1968년부터 공채시험에 초급대학 출신으로서 응시할 자격을 얻게 되어 1969년 6명, 1970년 10명의 합격자를 배출하였다. 교직원과 학생들의 노력으로 학교는 비교적 안정적으로 교육기반을 구축할 수 있었다. 특히 제3대 원영희 학장이 부임하면서부터는 발전기로 접어들었는데, 1968년 12월 서봉균 회장이 이사장으로 취임하면서부터는 획기적인 전환기를 맞이하였다.

1969년 농협중앙회는 그해 입학생(1971년 졸업, 7회생)부터 졸업생 전원을 시·군 농협직원으로 채용하기로 결정하였다. 이때부터 농협대학교는 '농군사관학교'라는 명성을 얻으며 도약의 나래를 폈다.

농협대학교는 신입생 모집 광고에 농협채용을 특전으로 명시하였다. 당시 신문지면에 낸 광고를 보면 모두 네 가지 특전이 명시되어 있는데, 첫째, 입학금 및 수업료를 전액 면제한다. 둘째, 졸업 후 희망자는 농협 시·군조합 직원으로 채용한다. 셋째, 귀농 희망자는 영농자금 및 자재를 우선적으로 알선한다. 넷째, 학생 전원 생활관에 입사한다는 내용이었다.

7회생의 농협 취업 문제가 해결되면서 학교는 새로운 희망에 넘쳤다. 교직원들은 학생모집 포스터를 만들어 역전 등지에 붙이는 등 각 도별로 학생모집 홍보에 적극적으로 나섰고, 그 결과 우수한 학생들이 대거 지원하여 이전까지는 100명의 정원을 채우지 못하던 것을 1969년 5 대 1, 1970년 6.8 대 1에 이어 1972년에는 10.7 대 1의 높은 경쟁률을 기록하기도 했다.

농협대학교의 입학 경쟁률은 당시로서는 기록적인 현상이었다. 1969년 정부는 대학입학제도를 정비하여 예비고사제도를 전면적으로 실시하였다. 이에 따라 대도시의 대학 경쟁률이 더욱 치열해졌는데, 상대적으로 지방 군소 대학은 신입생 응시율이 크게 떨어져 정원미달사태가 속출하였다. 그러나 농협대학교는 학교 제도의 정비와 교육체계를 확립함으로써 해마다 경쟁률이 상승하였고, 이러한 현상은 언론에 보도되기도 하였다.

이처럼 발전의 역사를 써 가던 1971년, 7회 입학생들은 졸업과 함께 시·군농협에 배치되었다. 이들 졸업생은 비록 입사 초기에 현장적응 면에서 시련을 겪기도 하였지만 중견직원으로서의 능력을 발휘하며 맡은바 책무를 훌륭하게 소화해 냈다. 농협 채용 보장과 함께 전국에서 우수한 학생들이 몰려들면서 농협대학교는 1969년 기존의 교육목적과 방침을 새롭게 설정하였다.

◎ 교육목적
　　① 지역농업 발전의 선도적 지도자를 양성한다.

② 조합원의 영농지도를 담당할 수 있는 일선조합 직원을 양성한다.

③ 임직원의 체질개선을 위한 보수교육을 실시한다.

◎ 교육방침

① 강의는 실습주의와 실용주의를 병행한다.

② 실습은 학교 협동조합체제로 학생일치의 현장교육을 실시한다.

③ 농협인으로서의 새로운 감각과 전문기술 지도능력을 가진 협동인간 교육을 실시한다.

새롭게 설정한 교육 목적과 방침은 본래의 설립 취지를 살린 것이었다. 학교 설립을 추진하던 당시 농협대학교의 목적은 농협인재의 양성이었다. 그러나 이 목적은 학교 설립 과정에서 확대되어 농촌 지도자 양성으로 수정되었고, 졸업생 농협 채용 문제도 해결되지 않은 채 교육을 수행하였다. 이러한 상황에서 졸업생의 농협 채용 문제가 해결되자 교육목적을 농협인재 양성으로 되돌릴 필요성이 있었던 것이다. 즉, 지역농업 발전에 선도적인 역할을 담당할 지도자를 양성한다는 포괄적인 목적보다는 일선조합에서 활약할 인재를 양성하는 것에 더 큰 목적을 두었던 것이다.

교육목적을 새롭게 설정한 농협대학교는 교육체계를 실습 위주의 현장교육으로 강화하였다. 특히 실습을 학교 협동조합 체제로 강화함으로써 학교에서부터 농협인을 양성하는 체제로 전환하였다. 이에 따라 교과 체계도 정비하였는데, 교과목은 1학년은 교양과목과 기초이론과목, 2학년은 농협실무과목에 중점을 두고 겨울방학에는 1개월씩 일선농협에서 현지 실습을 이수하는 것으로 개편하였다. 그 내용은 다음과 같다.

◎ 강좌교육(60%)

① 농협 이념을 확립하기 위한 교양강좌 및 각계의 권위자를 초빙하여 주 1회 특강을 실시한다.

② 농민소득 증대를 위한 농업강좌 및 고소득 모범농가 초빙에 의한 경험담 발표 등으로 실용성과 경제성 중심의 강좌를 한다.

③ 농협 실무지식 습득을 위한 농협강좌 및 실무에 대한 실제 강의를 실시하고, 실무학습은 학교협동조합 운영을 통하여 습득게 한다.

◎ 실습교육(40%)

① 학교협동조합 조직으로 자립경영을 원칙으로 하며, 영농비는 실습비에서 대여하여(신용사업) 농장 수입금으로 상환토록 한다.

② 농장은 학생의 교육도장이자 경제농장이고, 가족경영(5인조) 단위조합이며, 동시에 협동경영의 광장으로서 합리적 경영을 연구, 실천하게 한다.

③ 5인조 1단위로 단위조합을 구성하여 농협경영 및 조합경영의 합리적 방안을 연구하게 한다.

④ 1학년은 복합경영 체제를 각 부문에 걸쳐 순차적으로 실습시키고, 2학년은 단일 경영(전문별)으로 조합을 조직하여 협동적 기업농교육을 시킨다.

⑤ 학생은 조합원으로, 지도교수는 조합경영자의 입장에서 공동운명체로서의 신뢰와 책임을 가지고 경영합리화 방안을 학습한다.

⑥ 실습점수는 100점으로 하고, 60점 미만인 자는 제적한다.

⑦ 서삼릉목장과 가축인공수정소를 실습장으로 활용하여 이론과 임상체험을 교육한다.

◎ 생활교육

① 생활관은 협동인 양성의 도장이므로, 인격적 강화와 엄격한 규율로 협동인간 교육을 지도교수와 훈련감이 전담 지도한다.

② 생활관 생활을 수련점 100점으로 하고, 60점 미만인 자는 제적한다.

③ 학생식당과 매점을 자치적으로 운영케 하고(경제사업), 식생활개선을 꾀하며, 농촌보건위생과 생산유통 과정의 경제원리에 관한 소양을 교육한다.

④ 예능교육을 통한 건전한 농촌오락의 보급으로 정서를 함양시킨다.

⑤ 조합 활동을 통해 회의진행법, 토론, 발표 등 지도능력을 배양한다.

⑥ 군사훈련을 강화하고, 회원을 당 수도부에 참여시켜 심신을 연마케 한다.

새로이 개편한 교육방법 중 눈에 띄는 것은 특별강좌교육을 강화한다는 것이었다. 농협대학교는 설립 초기부터 특별강좌를 실시하여 학생들의 자질과 소양을 계발하는 데 노력을 아끼지 않았다. 농협 이념을 확립하기 위한 교양강좌는 이러한 강좌를 발전시킨 것으로, 사회각계의 권위자를 초빙하여 실시한 특강은 학생들의 심신수양에 큰 도움을 주었다.

다음은 1975년과 1976년 매주 1회 실시된 특별교육강좌 내용이다. 초빙 강연자들을 보면 일선조합장과 농협 전문가 등 농협과 관련한 인사들 외에도 학자와 예술가, 기업인 등 당대 최고의 저명인사들이 다수를 차지하고 있는데, 이를 보면 학생들의 심신수양을 위해 얼마나 많은 노력을 하였는지 알 수 있다.

◎ 1975~1976년 각계 저명인사 초빙 특별교육강좌(매주 1회)
- 1975년
  · 서경보(동국대학교 불교대학장, 철학박사): 종교와 인생
  · 이어령(이화여자대학교 교수, 문학사상 주간): 언어와 생활
  · 신중목(전 농림부장관, 농협중앙회 고문): 농민이 사는 길
  · 한갑수(한글학자): 바람직한 젊은이상
  · 김정섭(산악인, 마나슬루원정대 총대장): 인내와 승리
  · 김삼만(대동공업 사장): 나의 체험기
  · 예용해(한국일보 논설위원, 문화재관리위원): 농촌과 농촌문화생활
  · 김동진(경희대학교 음악대학장): 예술과 인생
  · 이가원(연세대학교 교수): 문학과 해학
  · 모기윤(서울대학교 교수): 문학작품 속에 비쳐진 청년상
  · 박종안(전남 고흥군 금산단위농협조합장): 단위농협 성공사례
  · 이범선(작가, 한국외국어대학교 교수): 문학과 생활

- 1976년
  · 양주동(국문학자, 동국대학교 교수): 올바른 인생관과 가치관
  · 안병욱(숭실대학교 교수): 정신자세 확립
  · 한승호(국제대학교 교학처장): 생의 찬미
  · 박목월(시인, 한양대학교 문리대학장): 시와 생활
  · 송방용(경제과학심의회 위원, 장기자원대책위원회 위원장): 존경받는 사람
  · 김형석(연세대학교 교수): 새 사회를 위한 가치관
  · 이승윤(임업시험장장): 우리나라의 산림 사정

- 신건식(농촌진흥청 지도국 지도기획과장): 한국의 지도사업
- 강인희(농수산부 농업개발국장): 제4차 5개년 계획
- 최병욱(이화여자대학교 교수): 농민과 법률
- 김강식(농수산부 축산국장): 한국의 축산 현황
- 변갑선(가톨릭신학대학교 교수): 대학생의 이상과 현실
- 박종남(농협중앙회 중앙임직원연수원 부원장): 단협의 현황과 육성방안
- 김찬삼(수도여자사범대학교 교수): 세계의 젊은이들
- 이희승(국어학자, 단국대학교 교수): 한국 문화의 특질

또한 학교협동조합 체재로 전환한 실습교육은 공동운명체로서의 농협의 양성에 밑거름이 되었다. 인조씩 단위조합 형태로 운영한 협동조합 조직은 자립경영을 원칙으로 하였으며, 학생들은 협동경영의 교육도장인 실습농장에서 합리적인 농협을 배우고 익힘으로써 졸업 후 일선조합에 진출해서도 농협을 선도할 수 있는 지도자적 자세를 체득할 수 있었다. 학교협동조합과 더불어 농협대학교는 다른 학교에서는 볼 수 없는 독특한 전통이 몇 가지 있었다. 그 대표적인 것이 '무감독시험'이다. 1969년부터 전통으로 자리 잡은 무감독시험은 1970년대까지 10여 년 동안 이어졌다. 무감독시험은 학생들 스스로 결정하여 실시하였는데, 시험기간 중 부정행위를 저지른 학생이 적발되면서 발단이 되었다. 당시 학생들은 부정행위자를 성토하기보다는 함께 마음을 나누며 공부하는 학우로서 부정행위자가 나온 것에 대해 부끄러움을 가졌다. 그래서 학생들은 모든 수업을 마치고 잠도 잊은 채 밤 12시까지 반성과 토론의 시간을 가졌는데, 이 자리에서 스스로의 양심을 건 무감독시험을 실시하자는 결정을 하였다. 이러한 결정을 학교는 존중하고 받아들였다.

무감독시험과 함께 매점도 무인판매로 운영하였다. 당시 생활관에는 매점이 있었는데 이 역시 운영을 학생들 자율에 맡겨서 무인판매를 실시한 것이다. 무감독시험과 무인판매는 엄격한 도덕성과 명예를 중시하는 학풍에서 비롯되었다. 학교는 학생들을 믿었고, 학생들은 철저한 도덕관념으로 무장하고서 생활을 했다. 그리고 생활 교육을 철저히 하여 기숙사 생활도 엄격히 평가를 하였다. 그래서 신입생들은 처음에는 엄격한 분위기에 긴장하기도 했지만 공동체 생활을 하면서 농군사관생도라는 자긍심을 가질 수 있었고, 학생들은 윤리와 도덕, 협동에 입각한 단체생활과 학습으

로 협동조합 이념에 따른 정신무장을 스스로 다져 나갔다.

(1) 신체제교육

1966년 농협대학교는 미래를 내다보는 발전계획을 수립하여 실행하였다. 1976년을 목표 연도로 하여 대학 10년 장기발전계획을 수립한 것이다. 농협대학교는 개교이래 수차례에 걸쳐 발전계획을 수립한 바 있다. 그러나 이전까지는 계획대로 실행을 하지 못하여 실적이 미미했다. 이에 비해 1966년 수립한 장기발전계획은 성공적으로 수행되었다. 장기발전계획의 주요 목표는 2년제 학교를 4년제 일반대학으로 전환한다는 것이었다. 기존의 단일 학과였던 농협협동조합과를 농업협동조합과, 수산업협동조합과, 중소기업협동조합과, 농산물가공과, 축산과, 원예과로 확대하고 대학원 과정도 설치한다는 것이었다. 그리고 통신대학, 단기대학, 농협문제연구소, 농산물가공연구소 등 부설기관을 설치하여 협동조합 종합대학을 만든다는 목표였다. 또한 도서관과 실습농장을 확충하고, 농장 수익사업으로는 학생이 부담하는 식대를 전액 자급자족하며, 최소 각 과에서 1명씩 해외로 유학을 보낸다는 계획도 세웠다. 장기발전계획의 주요 목표였던 4년제 일반대학 전환은 이루어지지 않았다. 그러나 장기발전계획을 수행하면서 학교는 발전의 토대를 더욱 굳건하게 다질 수 있었고, 이를 바탕으로 1980년대부터 비약적으로 도약할 수 있었다. 또한 부설기관을 포함해 도서관과 실습농장 등의 목표를 순차적으로 수행 완료하여 농협인재를 양성하는 전문대학으로서의 모습을 갖출 수 있었다.

장기발전계획을 수행하면서 농협대학교는 새로운 시대를 대비한 '신체제 교육'을 확립하였다. 1970년대에 들어서부터 수행한 신체제 교육은 1969년 수립한 교육방침을 보다 명확하게 정립한 것이었다. 신체제 교육은 농협대학교 교육이념의 특색이기도 했다. 그 특징은 다음과 같다.

- 학교 운영(학생조직 포함)은 학교협동조합 체제로 일원화하고, 학생과 교수가 일과를 시종 같이한다.
- 학생 5인조 단위조합 6개 조합(군 조합)마다 전임교수 1명을 배속하고, 그 책임 하에 협동조합적 영농과 사업을 실시한다.
- 생활관 교육을 쇄신하고, 과외 교육을 강화하기 위해 학교협동조합 회의, 사례

연구 등 그룹별 토의, 저명인사 및 선도농가 초빙 특강, 시청각교육 등을 실시한다.

· 교외 교육으로 방학기간 중 모범농가, 시·군농협, 기타 선진지에 체류케 하여 농업경영 기술과 농협 실무를 체득게 한다.

신체제 교육을 확립할 당시 학교에는 군데군데 정신무장을 독려하는 입간판이 세워져 있었다. '우리는 1,500만 농민의 불침번이다!', '농업근대화는 농협인의 양성으로!', '협동의 깃발 아래 한데 뭉치자!' 등의 구호가 적힌 입간판은 새 시대 농민의 일꾼이 되어 농촌 근대화의 기수가 되겠다는 의지를 보여 주는 것이었다. 또한 학생들과 교직원은 매일 아침 점호 때마다 다음과 같은 신조를 복창했다.

'협동사회 건설을 위하여 학생과 교직원이 공동운명체가 되어 사랑과 신의와 봉사로서 모든 과업에 임한다.'

신체제 교육은 이러한 의지와 정신을 결집한 것이었다. 특히 신체제 교육의 핵심인 학교협동조합 체제를 통해 학생들은 농촌을 이끌어 갈 선진 리더로 거듭날 수 있었다. 새롭게 확립하여 실시한 학교협동조합은 학생과 교수의 활동을 비롯해 모든 학교 운영을 일원화된 협동조합 체제로 한다는 것이었다. 학생 단위조합 6개를 군조합으로 하여 전임교수 1명을 배속해 그 책임하에 협동조합적 영농과 사업을 실시한 것은 실제적인 협동조합 교육을 통해 농협은 물론 농촌 사회의 리더를 양성하겠다는 의지의 표현이었다.

학교협동조합은 기본적인 정관을 비롯해 지도위원회, 규약사업(구판) 규정, 영농규약, 영농자금대출 규정, 상호금융 취급 규정, 생활관 규정, 명예위원회 규정, 임원 선거관리 규정 등을 토대로 조직적으로 운영되었다. 특히 정기적으로 학교협동조합 종합심사를 실시하였는데, 이는 실습포장에서 이루어졌다. 종합심사는 모든 교수가 심사위원으로 참여하여 실시하였다. 각 단위조합별로 사업 계획부터 결과까지의 상황을 차트에 의거 설명하면 우수 조합에 대해 시상을 하였는데, 별도의 종합평가회도 가졌다. 또한 모든 교직원과 학생들이 북한산과 서삼릉 등 야외로 나가 학교협동조합 경연대회를 실시하였고, 이를 통해 교직원과 학생들의 학론 통일을 도모하였다.

신체제 교육에 앞서 농협대학교는 실습교육의 하나로 유축양잠 교육을 추진하였다. 이 교육은 1968년부터 1972년까지 5개년 계획으로 수행되었다. 유축양잠 교육을 위해 농협대학교는 1968년 뽕나무밭 6,000평을 조성하고 9,000주의 뽕나무를 심었다. 그리고 1969년 추잠을 시작하여 첫해에 8상자, 1970년 46상자, 마지막 해인 1972년에는 70상자를 쳐서 누에고지에서만 60만 원의 수익을 올린다는 복표를 세웠다. 당시 조성한 뽕나무밭은 6,000평 외에도 운동장 주변 등 1,000여 평이 더 있었다. 이는 유휴지를 활용하여 교육을 하기 위한 것이었는데, 장잠실과 치잠실, 옥외사육장 등을 순차적으로 세우며 교육을 실시하였다. 유축양잠 교육을 실시했던 무렵은 양잠에서 나오는 부산물인 잠사(누에똥)를 퇴비로 쓰고 있던 때였다. 그런데 잠사 속에는 각종 성분이 많이 포함되어 있고 영양가가 높아서 가축사료로도 쓸 수 있었다. 유축양잠 교육을 실시한 것은 이 때문이었다. 잠사를 거름으로 쓰지 않고 이를 사료로 활용하여 수익사업과 동시에 영농실습을 한다는 것이었다. 농협대학교는 양잠이 본격적인 궤도에 오르는 1970년부터 한우비육사업도 추진했다. 첫해에 한우 10두로 시작하여 1971년 20두까지 사육한다는 계획이었는데 1972년에는 양잠에서 나오는 약 10,000kg의 사료를 한우 사육에 활용하여 수익을 올렸다. 유축양잠 교육과 한우비육 교육의 목적은 학생들에게 농가소득을 올릴 수 있는 영농방법을 지도한다는 것이었다. 이를 통해 학생들은 졸업 후 고향에 돌아가 스스로의 영농은 물론, 대학을 나온 지도자로서 농민을 지도하여 소득을 높이고 마을을 부촌으로 이끄는 선진적인 리더가 될 수 있었다.

(2) 교육환경 개선

교육체계의 정립과 더불어 농협대학교는 교육환경 개선에도 힘을 기울였다. 1966년 원당으로 옮겨 올 당시만 해도 교육시설은 본관(2,881평) 1동과 200명 정도를 수용할 수 있는 대강당이 황량한 터에 우뚝 서 있을 뿐이었다. 이처럼 시설이 미비한 가운데 농협대학교는 궁여지책으로 본관 건물을 강의실과 사무실 생활관으로 사용할 수밖에 없었다. 교육환경은 1968년 식당과 협우관 신축을 시작으로 개선해 나갔다. 본관 강의실과 생활관을 분리하여 면학 분위기를 조성하였고, 그 사이에는 길을 내었다. 또한 1968년 10월부터 약 한 달 동안 본관과 식당을 가로막고 있는 산을 군장비를 이용해 길을 내었고, 굴토한 흙은 매립하여 현재의 운동장 기반을 조성하였다. 학교 환경을 정비할 당시 정문에서 본관까지는 굴곡진 좁은 길이었는데 이 역시 직선으로 확장하였다. 그리고 학교를 둘러싸고 있는 산의 나무를 바꾸어 심어서 숲

속 분위기를 조성하였고, 본관과 강당, 실습농장에 대한 환경미화를 실시하였다. 또한 캠퍼스에 있던 늪지대도 정리하고 소류지를 만드는 등 환경을 차례로 정비하였다.

환경 정리를 하여 면학 분위기를 조성하는 데에는 학생들뿐만 아니라 교직원들까지 모두 나섰다. 학생들과 교직원들은 오직 학교를 가꾸고 일군다는 마음으로 하나가 되어 구슬땀을 흘렸는데, 푸른 숲 속에 말끔히 단장된 오늘의 캠퍼스는 선배들의 열정으로 만들어진 것이다.

1968년, 농협중앙회는 농협대학교 캠퍼스에 농협교육원 연수생 생활관 4동을 신축 건립하였다. 이어 1972년에는 다시 3동을 추가로 증설하는 한편, 정구장을 개장하였다. 1975년 9월, 농협대학교는 신관 건물 기공식과 함께 도서관을 준공하였다. 도서관은 농협중앙회가 농협대학교를 인수하던 해인 1966년 2월 1일 학장직속 부설기관으로 설립되었다. 이후 농협대학교는 학생 간의 공사 끝에 1975년 9월 25일 도서관을 준공(3,666평)하였는데, 당시 서울대학교 농과대학에 교환교수로 와 있던 펜실베이니아 대학의 사우스월스(H. M Southworth) 교수의 주선으로 미국 ADC(농협개발이사회)로부터 수백 권에 달하는 농업 관련 도서를 기증받기도 하였다. 현재의 도서관은 1998년 3월 2일 기존에 강당으로 사용하던 자리에 2층 건물을 신축하여 옮긴 것이다. 건물 신축 당시 1층은 강당과 세미나실로 사용하고 2층은 도서관으로 배정하였는데, 장서실 66평, 정기간행물실 14평, 사무실 16평, 90석 좌석의 열람실 57평 등 모두 153평 규모였다. 그리고 학생들의 면학 분위기를 종성하기 위해 원당사를 증축할 때 학생 기숙사에 52석 규모의 열람실을 별도로 만들었는데, 도서관은 이후 청운관 1층으로 옮겼다. 도서관은 2001년 6월 전산화 작업에 들어갔다. 1999년 전국 대학의 도서관 전산화율은 83%에 이를 정도로 당시는 거의 모든 대학이 전산화를 완료한 시점이었는데, 이용자에 대한 서비스 강화와 업무처리 효율성을 올리기 위해서라도 수작업이었던 업무를 하루속히 전산화할 필요성이 있었다.

도서관 전산화 작업은 2002년 3월 1일 완료되었다. 농협대학교는 도서관 전산화를 위해 도서관리 전문 패키지(제품명: SOLARS)를 선정하여 구매하는 한편, 서지정보 입력을 위해 MARC(Machine Readable Cataloging: 기계가독형 목록)에 대한 전문지식을 갖춘 문헌정보과 대학생(5명)을 확보하여 보유 장서의 서지정보 전산입력, 바코드 부착작업, 도서정보시스템 메인화면 및 학교 홈페이지 추가설계, 이미 구축된 학사 데이터베이스와 도서 데이터베이스의 연동처리, 보유 도서에 대한 도서대장과 실물과의 일치 여부 대사 등의 작업을 수행하였다.

도서관 전산화는 언제 어디서나 인터넷으로 도서 검색은 물론 도서구입 신청을 가능하게 하였다. 신간도서 안내, 이용자 관리, 재고 관리, 각종 통계자료 출력 등 업무처리의 자동화 또한 이룰 수 있었다. 농협대학교 도서관이 보유한 장서는 2002년 2월까지 약 30,000여 권이었다. 이후 농협대학교는 2002년 6월부터 국내 유일의 협동조합대학답게 협동조합 관련 문헌 확충 작업을 본격적으로 시작하였다. 국내의 도서관이 소장하고 있는 협동조합, 금융조합, 농회, 산업조합 등과 관련한 논문 및 도서, 국내 협동조합 관련 일본어 도서 및 영문도서, 논문에 대한 목록을 모두 수집하여 학교 홈페이지에 등재해 누구나 볼 수 있도록 한 것이다. 그리고 협동조합 관련 자료를 질적·양적으로 가장 많이 보유하는 도서관을 목표로 국내뿐 아니라 국외의 협동조합 관련 도서와 각종 간행물, 논문 확보 작업을 지속적으로 추진하였다.

1978년 10월 25일 농협대학교는 원당사를 신축하였다. 이는 생활관시설을 확충하기 위해서였다. 1978년 초 농협대학교는 대학 부설로 단위농협 기간요원 단기양성소를 설치하였다. 이에 따라 단기양성소에 입소하는 연수생을 받아야 했는데, 재학생과 연수생을 모두 수용하기에는 생활관 시설이 부족했다. 원당사는 이를 해결하기 위해 신축되었다. 이후 원당사는 1989년 8월 31일 개축되었다. 농협대학교에는 학교를 상징하는 조형물들이 몇 작품 설치되어 있다. 그중 대표적인 것이 '새농민상'과 '학훈탑'이다.

새농민상은 1974년 8월 14일 세워졌다. 새농민상은 1972년 6월 국립현대미술관에서 열렸던 '목우회' 공모전 전시회에 출품된 '여명'이라는 작품으로, 홍익대학교 민복진 교수의 조각품이다. 이 작품은 막 일터에 나서고 있는 농민 부부를 형상화하고 있다. 정다운 부부의 모습을 통해 믿음직스럽고 부지런한 새로운 농민의 모습을 제시하고 있는데, 삽을 잡고 있는 남편과 씨앗 골망태를 안은 아내의 모습에서 건강한 기상과 향긋한 흙 내음을 느낄 수 있다.

농협중앙회는 1965년 '새농민운동'을 선언하고서 이를 적극 전개해 나갔다. 이 운동은 세 가지를 목표로 전개되었다. 그것은 첫째, 인습적인 타성에서 벗어나 진취적이고 희망에 찬 자립하는 농민이 되자. 둘째, 부지런히 배우고 꾸준히 연구하고 영농과 생활을 개선하여 과학하는 농민이 되자. 셋째, 공공의 이익을 위하여 서로 돕고 힘을 뭉쳐 살기 좋은 내 고장을 만드는 협동하는 농민이 되자는 것이었다. 즉, '자립

과학 협동'을 기반으로 농업 근대화를 이루자는 것이었다. 즉, '자민상'에는 이러한 이념과 정신이 투영되어 있는데, 전시회를 참관한 박정희 대통령은 이 작품을 농협대학교에 하사하였다. 그것은 당시 농협대학교가 새로운 농촌 건설의 젊은 역군을 길러 내고 있을 뿐 아니라 '독농가연수원'을 부설하여 독농가와 새마을지도자 교육을 담당하고 있었기 때문이다.

새농민상을 안치하는 데는 몇 가지 어려움이 있었다. 시멘트로 된 원상을 동상으로 다시 제작하는 일이 무엇보다 어려운 일이었고, 좌대를 어떤 모양으로 설치할 것인가 하는 것도 문제였다. 거기에 예산을 조달하기도 쉽지 않았다. 이러한 어려움은 1973년 9월 27일 새농민상 수상자들이 앞장서서 기금(93,000원)을 모음으로써 풀어갈 수 있었다. 또한 그해 12월에는 농협대학교 10회생들이 졸업기념으로 동상 좌대를 건립하기로 하고 900,000원의 기금을 마련하였고, 학교는 학생예치금(잡좌) 107,000원으로 좌대공사비를 마련하였다. 그리고 동상으로 다시 제작하는 예산은 농협중앙회 임직원들이 모금한 성금(3,700,000원)으로 충당하였는데, 공사비로 모두 4,800,000원을 들여서 동상을 세울 수 있었다.

새농민상을 동상으로 다시 제작하는 일과 좌대 설계는 원작가인 민복진 씨가 맡았다. 동상의 제자와 부대글씨는 박병원 동문(제4회)이 썼고, 좌대공사는 의정부에 있는 석제공장에서 담당하였다. 민복진 씨는 제작 당시를 이렇게 회상한다.

> "저는 농민은 아니지만 농본지국인 우리나라가 해마다 보릿고개를 겪으면서 농민들이 상상할 수 없는 어려움과 가난 속에 살고 있는 현실이 안타까웠습니다. 다행히 농촌에서부터 일기 시작한 새마을운동에 희망을 걸고 동참하는 뜻에서 새 농민의 기상을 희구한 작품을 제작하게 되었습니다."

동상의 규모는 좌대 건평이 4평 4홉, 좌대 높이 2.55m, 동상 높이는 남동 2.3m 여동 2.1m 전체 높이 4.85m이며, 1972년 6월 14일에 착공하여 그해 8월 14일 만 2개월 만에 준공을 하였다.

준공식은 농협 창립 14주년 기념식에 참석한 새농민상 수상자들과 임직원, 관계 기관장들과 200여 농협대생들이 참석하여 성대히 거행되었고, 식이 끝난 뒤에는 막걸리 잔치를 열어 새농민운동의 열기를 불어넣었다. 새로운 농민의 기상을 담고 서 있는 이 뜻깊은 예술품은 농촌을 사랑하는 이들과 함께 영원할 것인데, 이 일을 담당한 '새농민상건립추진위원'은 다음과 같다.

  · 새농민상건립추진위원
    위원장: 강계원(학장)
    위원: 노성호(교학처장), 박병화(사무처장), 유상열(연수원 참사), 김시환(교학주임)
    간사장: 황회현(과장)
    간사: 최라대

  새농민상과 더불어 농협대학교를 상징하는 학훈탑은 1973년 3월 3일 세워졌다. 학훈탑은 9회 동기들의 노력으로 빛을 보았다.

  1972년 농협대학교는 학교협동조합 사업을 성공적으로 수행하여 큰 수익을 올렸다. 새마을지도자들의 교육 수용으로 구매사업, 영농, 판매사업의 취급량이 급격히 신장하면서 수익이 증가하였던 것이다. 학훈탑은 이 수익을 활용하여 세웠다.

  당시 학장은 고 권태헌 선생이었다. 권태헌 학장은 학교 설립 10주년을 맞아 학교를 상징하는 학훈탑을 세우고 싶었다. 그래서 학교협동조합 조합장인 진기용(제9회) 학생과 함께 학훈탑 건립에 대해 논의를 하였고, 학교협동조합 간부들과 상의하여 여러 동기와 방학기간에 학훈탑 건립에 관한 의견을 모았다. 그러나 막상 착수단계에 들어가서는 설계 시점부터 난관에 봉착하고 말았다. 제한된 예산으로 공사를 하려니 설계를 외부에 의뢰하기가 힘들었던 것이다. 결국 설계는 학생들이 맡기로 하였다.

  설계 아이디어를 얻기 위해 진기용 학생은 박의현 교수, 이창순 동문(제1회), 박병원 동문(제4회)과 함께 육군사관학교 교정을 답사하기로 하였다. 그리고 육군사관학교 교정에 세워진 탑들을 관찰하고 돌아와 아이디어를 냈고, 마침내 조감도를 그릴 수 있었다.

  조감도는 박병원 동문이 그렸다. 이를 기초로 설계도면을 만들 수 있었는데, 전문가가 아니다보니 엉성하기 그지없었다. 그래서 서울 종로구 신문로에 있는 여러 석건 회사들을 찾아다니며 자문을 받았고, 이런 노력으로 설계도면을 보완할 수 있었다.

  어려움은 여기서 끝나지 않았다. 설계도면을 어렵게 만든 뒤 또 다른 걱정은 기초 공사였다. 학훈탑을 오랫동안 보존하기 위해서는 기초가 튼튼해야 하는데, 공사에 대한 지식이 없어 매우 불안했던 것이다. 이 문제는 여러 교수와 선배들의 조언을 들어가며 동분서주한 결과 1973년 1월 '동신석건'이라는 전문업체와 계약을 맺고 공사에 들어갈 수 있었다. 그리고 공사비는 학교협동조합 수익금으로 충당하였다.

학훈탑은 여러 선배 동문과 제9회 동기들의 한결같은 모교사랑을 새긴 증표와도 같다. 탑신은 화강석의 네 기둥으로 이루어져 있는데, 9회 졸업생들의 졸업횟수를 뜻하는 아홉 마디로 되어 있다. 그리고 네 기둥의 결합은 학교의 이념인 협동을 뜻하며, 네 기둥의 끝이 하늘을 향하여 뻗어 있음은 학교의 무궁한 발전을 비는 뜻을 담은 것이다. 설립 당시 농협대학교의 학훈은 '협동 인간', '근면', '성실'이었다. 이 학훈은 1969년 '서로 사랑하자', '서로 믿자', '서로 돕자'로 변경되었다. 또한 농협대학교는 학교를 상징하는 배지도 교체하였는데, 설립 당시 사용하던 배지가 일본 농협중앙학원의 배지와 비슷하다 하여 농협 배지를 기본 형태로 하여 현재의 배지로 바꾼 것이다. 학훈이 새겨져 있는 탑의 3면과 후면을 포함한 4면의 오석에 음각한 글씨는 박병원 동문이 썼다. 그리고 후면에는 다음과 같은 글귀가 새겨져 있는데, 이는 권태헌 학장이 인도의 시성 타고르(Rabindranath Tagore)의 글에서 가려낸 것이다.

"경제적 악의 뿌리를 끊는 일은 폭력에 의한 혁명에는 없다. 서로 신뢰해 가며 공동으로 일하는 것이 경제의 기초가 되지 않으면 안 될 것이기 때문에 사람마다 그 도덕적 임무-공동으로 일하는 것이 우리들의 임무임을 자각하고, 타인을 희생시켜 자기만의 이로움을 얻고자 하거나 만인이 만인에 대한 싸움으로 결국 되고 마는 법을 수치스럽게 여겨야 한다. 협동조합주의는 그 의미에서 인간의 최고 진리이며, 모든 인간은 나눌 수 없이 결합되어 있는 것이다."

학훈탑과 함께 의미 있는 탑은 바로 시계탑이다. 원당사로 들어가는 길목과 식당, 그리고 대운동장을 내려다보는 곳에 우뚝 서 있는 시계탑은 12회 동문들과 13회 동문들의 정성으로 세워졌다. 이들 졸업생은 꿈과 낭만, 젊은 기상을 펼치던 마음의 고향 원당 캠퍼스를 떠나면서 단순한 졸업기념물보다는 영원을 상징하는 기념물을 남기기로 하였다. 그 결과물이 시계탑이었는데, 영원히 이어질 협동의 성지 원당골을 찾을 협동인들에게 화살과 같이 빠르게 지나가는 시간의 소중함을 일깨워 주자는 뜻에서 시계탑을 세웠다.

시계탑을 세울 당시 처음에는 시계탑 모형을 벽돌로 탑을 쌓아 올려서 세우는 것과 본관 현관 위에 원형의 시계를 만들자는 의견이 있었다. 그러나 당시 모금한 예산으로는 구상한 작품을 만들기가 어려워 현재와 같은 철골구조의 시계탑을 세우게 되었다.

농협대학교는 개교 이래 농업 분야의 각계 인사들을 초빙하여 농협 문제 심포지엄과 더불어 사회교육 및 협동조합 교육과 관련한 세미나와 대토론회를 해마다 개최하였다. 세미나는 전국 학교협동조합 세미나, 전국대학 농업문제 세미나, 전국 농협문제 세미나 등 다양하게 개최하였다. 이를 통해 학생들은 한국의 농업, 농촌, 농협 관계자들과 교류하며 지식을 쌓았다.

전국 대학생 농업문제 세미나는 1968년 6월 26일 '농업근대화에 따른 인력개발의 실천방안'을 주제로 처음 실시한 이래 정기적으로 개최하였는데, 농업근대화의 의의와 과제, 농촌개발과 농업협동조합의 역할, 경제발전과 농가경제, 농업 발전을 위한 농촌후계자 양성 등 주제도 다양하였다. 이러한 세미나에는 전국의 농업 관련 대학생들이 참여하여 열린 토론과 함께 미래 한국 농업과 농촌이 나아가야 할 길을 제시하였다. 특히 1977년 11월 10일 개최한 '제10회 전국 대학생 농촌문제 토론대회'는 문교부, 농수산부, 농협중앙회, 농촌진흥청이 후원하는 등 갈수록 규모가 커져 갔고, 이를 통해 학생들은 폭넓은 교양과 새로운 지식을 습득하며 농촌의 변화를 주도하는 인재로 거듭났다.

농협대학교는 농업 문제 심포지엄과 세미나, 대토론회 등 활발한 대내 활동과 더불어 1970년대에는 일본과 교류하며 국제적인 학술교류를 수행하였다. 대표적으로 일본 '중앙협동조합학원'과 교환교수제도를 실시하여 농협대학교 교수 5명이 각각 1개월씩 일본을 방문하였고, 국제협동조합연맹(ICA) 동남아지역 사무소 주최로 개최한 협동조합연수 과정에 참가하기도 하였다. 또한 1972년에는 제9회 학생 20명을 10일 일정으로 일본에 파견하여 농촌 및 농협 수학 실습을 실시하였다. 그리고 1973년에도 제10회 학생 20명을 일본에 파견하여 급변하고 있는 선진 농업과 농협에 대한 견문을 넓히도록 하였다. 이러한 실습과 교류를 통해 학생들은 새로운 지식을 쌓으며 세계를 보는 시야를 넓힐 수 있었고, 학습효과 또한 크게 배가되었다.

1975년 농협대학교는 입학금 및 등록금 징수제를 실시하였다. 이와 함께 학도호국단을 창단하였고, 1977년 2월 25일에는 교지 '협대' 창간호를 발행하였다. 1975년 6월 30일 결단식과 함께 출범한 학도호국단은 강계원 학장을 단장으로 하여 교수

및 교직원 등 26명의 지도위원과 1, 2학년 195명의 학생제대로 편성되었다. 학생제
대는 대대장과 부대대장 지휘 아래 1학년을 제1중대, 2학년을 제2중대로 편성하였
다. 결단식 당시 학도호국단 편제는 다음과 같다.

　・지도위원
　　단장: 강계원 학장
　　부단장: 노선호 교학처장
　　위원: 박병화 사무처장 외 23명

　・학생연대
　　대대장: 김형완(2학년)
　　부대대장: 강호진(2학년)
　　제1중대장: 김공석(1학년)
　　제2중대장: 안형섭(2학년)

　학도호국단 결단식에는 김윤환 농협중앙회장 등 많은 내외빈이 참석하였다. 이날
결단식에서 김윤환 회장은 "싸우면서 영농하는 농협인의 후계로서 우리가 처한 비
상시국을 인식하고 자주국방의 학도전사가 될 것"을 당부하였다. 또한 강계원 학장
은 "농협대생으로서의 올바른 국가관과 참된 애국관을 정립하여 모두가 일심동체가
되어 호국학도로서의 시대적 소명에 충실할 것"을 당부하였다.

　1979년 1월 1일 농협대학교는 학제를 변경하고 초급대학에서 전문대학으로 승격
하였다. 이에 따라 교명을 '농업협동조합초급대학'에서 '농업협동조합전문대학'으로
개명하고 전문직업인 양성교육기관으로 발돋움하였다. 당시 농협중앙회는 대농민 사
업을 단위농협에 이관하여 단위농협에 필요한 유능한 기간요원을 확보하는 것이 시
급한 과제였다. 이는 시군조합에 배치해 왔던 농협대학교 졸업생들을 단위농협에 배
치하여 해결하기로 하였는데, 학제 변경과 교명 개명은 이러한 배경에서 이루어졌다.
　학제 변경에 따라 농협대학교는 그해 신입생부터 농고 출신 50명, 비농업계 출신
50명으로 구분하여 모집하였다. 교육내용과 현지실습도 회원농협 업무 중심으로 전

환하여 단위농협 기간요원을 양성하는 데 주력하였는데, 졸업생의 취업제도를 변경한 첫해인 1979학년도 신입생 경쟁률이 7.3 대 1을 기록할 정도로 높은 경쟁률을 보였다. 당시 표방한 교육목적은 다음과 같다.

• 교육목적

　농촌의 경제적 자립과 부흥을 도모하기 위한 민주 농협의 기반을 공고히 하는 이론과 기술, 그 응용방법을 연마하여 신념과 용기와 봉사적 정신을 가진 농촌의 개척자적 인재를 양성한다.

이러한 교육목적에 따라 농협대학교는 1980년대부터 2002년까지 23년간 643개의 회원농협에 1,927명의 졸업생을 배출하였다. 또한 농협대학교는 1984년 '새농민기술대학'과 '농업협동조합 전수과정', '농협특별과정'을 잇따라 설치해 농업인 조합원의 과학영농 실현에도 힘을 기울였다. 특히 1984년 3월부터 실시한 농업협동조합 전수과정은 농업 전문지식을 갖춘 농전 출신자들에게 농협운동에 참여할 수 있는 기회를 넓혀 주기 위한 목적으로 설치하여 운영하였는데, 매년 50명을 뽑아 6개월간에 걸쳐 전문교육을 실시하여 연고지 단위농협에 배치하는 성과를 올렸다.

전문대학으로 전환한 이후 농협대학교는 단위농협에 필요한 인재를 양성하는 체제를 지속적으로 확립해 갔다. 특히 1990년대에 들어서는 농촌 발전을 위한 전문 교육기관으로서 그 고유의 기능과 역할을 더욱 증대한다는 목적으로 학사제도를 대폭 개편하였다.

1991년 농협대학교는 기존의 농업협동조합과를 '협동조합경영과'로 개편하고 기술계 학과인 '농공기술과'와 '식품제조과'를 신설하였다. 이어 이듬해에는 '전자계산과'를 신설하여 4개 학과 체제를 확립하였다. 1개의 단일학과에서 4개 학과로 개편한 것은 1962년 개교 이래 30년 만에 단행한 대변혁이었다. 이러한 변혁은 농촌 경제 환경의 급속한 변화를 능동적으로 수용하고 단위농협의 요구를 반영한 것이었는데, 특히 4개 학과 체제를 확립하며 농협대학교는 일정 기간 받아들이지 않았던 여학생을 신입생으로 받아들였다.

개교 초기 농협대학교는 여학생의 입학을 허용하였다. 그러나 입학을 제한적으로 허용하여 5회까지 여학생 졸업생이 27명(2회 6명, 3회 9명, 5회 12명)에 불과하였고,

7회 졸업생 이후부터 학사 개편을 단행한 1991년까지 약 20년 동안 여학생의 입학을 허용하지 않았다.

여학생의 입학을 허용하였던 초기에는 졸업생의 농협 직원 채용이 이루어지지 않을 때였다. 일반 대학처럼 자유취업을 해야만 하는 시기였던 것이다. 그래서 농협 직원으로 채용이 보장된 여건에서 여학생의 입학을 허용한 것은 매우 의미 있는 변화였고, 시대의 흐름을 반영한 것이기도 하였다. 즉, 여성의 점유 비율이 증가하고 있던 당시의 농촌과, 여성의 경제적 역할이 증대하고 있는 현대사회에서 여성 농촌지도자를 육성하는 것이야말로 농협대학교가 풀어야 할 시대적 소명이었던 것이다.

1991년 학과 개편에 따라 농협대학교는 협동조합경영과 50명, 농공기술과 30명, 식품제조과 20명 등 100명의 신입생을 선발하였다. 이 중 여학생은 협동조합경영과 5명, 식품제조과 2명 등 모두 7명이었다. 이때까지 신입생 지원자는 단위농협 조합장의 추천을 받아야 했다. 그러나 전자계산과를 신설해 4개 학과 체제를 확립한 1993년에는 농업계 고교 출신자에 대한 특별전형을 폐지하고 고교 졸업자 또는 고교 졸업예정자라면 누구나 지원할 수 있도록 하였다. 이 당시 신입생은 협동조합경영과 30명, 농공기술과 30명, 식품제조과 20명, 전자계산과 20명 등 모두 100명으로 하였는데, 여학생은 협동조합경영과 3명, 식품제조과 2명, 전자계산과 2명 등 7명을 선발하였다. 새롭게 개편한 4개 학과의 신설 배경과 내용은 다음과 같다.

· 협동조합경영과

기존의 농업협동조합과는 전산화시대를 맞이하여 회원조합의 전산업무와 대농민 전산지도 요원을 육성하는 차원에서 교수요목을 쇄신할 필요가 있었다. 또한 협동조합 전문 교육기관으로서의 특수성과 전통성을 유지하면서 전문화시대에 맞는 교육을 수행할 필요가 있었다. 학과 명칭을 협동조합경영과로 변경한 것은 이런 배경에서였다. 협동조합경영과는 농촌의 경제적 자립과 부흥을 도모하며 민주 농협의 기반을 공고히 하는 전문적 지식을 연마하는 데 목적을 두고 교육을 실시하였다.

· 농공기술과

농업노동력은 1970년대에 들어서부터 농업인구의 감소로 인해 양적으로 부족한 상태였다. 또한 농촌의 고령화 부녀화와 더불어 노임도 크게 상승해 농가경영은 어려움에 직면해 있었다. 농민의 이농 증가와 노동력 품귀 현상은 농산물 손질개방과 함께 당시 농촌의 가장 큰 문제였다. 이러한 문제들을 해결하기 위해서는 농작업의 기계화가 절실한 현실이었다. 이에 농협중앙회는 '농업기계화사업난'을 발족하여 중앙 및 시도에 농기계부품센터와 농기구서비스센터를 설치해 농업기계화를 추진하고 있었다. 농협대학교 또한 수리기사들을 대상으로 4주간의 단기훈련 과정을 개설하여 교육을 실시하고 있었는데, 농공기술과는 이러한 배경에서 신설되었다. 농공기술과는 농업기계는 물론 기계화와 그 기반조성에 관련된 학문을 연구하고, 회원조합의 농기구서비스센터 운영부터 농업기계화 기술지도 등의 관련 업무를 수행할 전문기술인을 양성하는 것을 목적으로 하였다. 교과목도 농업기계화 기술과 관련된 과목을 비롯해 농업기계 기술자격 취득을 위한 과목, 농협 실무와 관련된 과목들로 구성하였고, 300평 규모의 연구실 겸 실습실과 200평 규모의 농기계 격납고를 신축해 교육을 하였다. 전문적인 기술인력의 확보가 시급한 상황에서 신설한 농공기술과는 조합의 일반 업무뿐만 아니라 농업기계화와 관련된 전문기술 업무를 수행할 수 있는 기술자를 배출함으로써 조합에서 필요로 하는 인재를 양성하였다는 데 의의가 있다.

· 식품제조과

식품제조과는 우루과이라운드 협상으로 인한 농산물 손질개방에 대응해 농산물의 부가가치를 높이는 가공사업의 필요성이 증대하고 있는 상황에서 농산물 가공사업에 필요한 요원을 확보하기 위해 신설하였다. 학과 신설 당시 농협중앙회는 우리 농산물을 생산자인 농민과 농민단체가 직접 가공하여 부가가치가 높은 식품으로 만들어 판매함으로써 생산, 가공, 유통을 일체화하고, 이를 통해 농가소득을 향상시킨다는 목적으로 농산물가공사업 5개년 계획을 추진하고 있었다. 당시 선진국은 식품가공사업에 참여하는 농민과 농민단체 비율이 50%에 달하고 있었는데, 반면에 우리나라는 그 비율이 2%에 불과한 실정이었다. 따라서 식품가공사업은 농협 차원에서 시급히 개척해야 할 사업이었고, 식품가공에 필요한 기술과 지식을 교육하여 현장에 배치하는 것은 기초적인 과제였다.

이러한 배경에서 신설한 식품제조과는 2명의 교수진과 학생 20명을 선발하여 교육을 실시하였다. 교육목표는 식품제조에 필요한 지식과 기술을 갖춘 인격체를 양성하는 데 있었고, 이를 위해 재학 중에 식품제조기사 자격증을 취득할 수 있는 교과

과정을 비롯해 농협의 이론과 실무 과목을 동시에 편성하였다. 특히 마지막 학기에는 학생들로 하여금 졸업 후에 근무할 식품가공공장의 품목에 대해 집중적인 연구를 수행하게 함으로써 중추적인 현장요원이 될 수 있도록 하였다. 식품제조과는 신설 첫해 전국에서 우수한 학생들이 지원하였으나 경쟁률은 그다지 높지 않았다. 이는 홍보부족 때문이었는데, 농협대학교는 교수 충원과 함께 한 건물 안에 강의실과 실험실, 실험공장을 갖춘 식품제조과 전용 건물을 건립하는 등 적극적으로 대책을 마련하여 이후 신입생들은 지속적으로 늘어갔다.

· 전자계산과

전자계산과는 농촌 정보화시대에 부응하는 유통 및 정보 분야의 기간요원을 양성할 목적으로 신설하였다. 교육목표는 농업 정보산업 현장의 업무를 효율적으로 수행할 수 있는 전문 정보처리 인력을 양성하는 것이었고, 교과과정은 컴퓨터 시스템 전반의 지식을 습득하는 과목을 기본으로 하여 업무전산화를 위한 소프트웨어 개발, 정보처리 기사 자격 취득, 농협 업무의 이론과 실무에 관련된 과목들로 구성하였다. 전자계산과는 일선조합의 전산화와 더불어 농민조합원을 위한 전산 서비스망 확충에 필요한 전문 인력을 공급하는 데 기여하였다. 졸업생들은 농협 업무의 전산화와 낙후된 농업 정보 시스템의 개발요원으로서, 대농민 전산지도 요원으로서 농업 정보화 시대를 이끌어 나가는 데 중추적인 역할을 하였다.

학사제도 개편과 더불어 농협대학교는 교수 채용을 신문 공고를 통해 실시함으로써 학교 운영 면에서도 새로운 바람을 불러일으켰다. 그동안 농협대학교는 교수 충원을 농협의 임직원 중에서 적성에 맞는 희망자를 선임하여 충원하고 있었다. 외부에서 교수를 채용하는 경우에도 추천 절차를 거쳐 학원 이사장이 발령하는 체제였다. 그러나 4개 학과로 개편한 이후 처음으로 신문 공고를 내고 4명의 교수를 초빙하였다. 이는 변화와 쇄신을 통해 학교를 일신하여 더욱 발전시킨다는 의지의 표현이었다.

학사제도를 개편하여 성공적으로 정착시킨 농협대학교는 이후 지속적으로 교과과정을 개편하여 농협 인재를 양성한다는 건학이념을 더욱 포괄적으로 확대 정립하였다. 1995년 농협대학교는 농업, 농촌, 농협 발전의 주역을 양성한다는 목표로 교과과정 개편의 기본방향을 새롭게 확립하였다. 그 세부내용은 다음과 같다.

· 유능한 농업, 농촌, 농협 발전의 주역으로서 기본소양을 갖추는 데 우선을 둔다.
· 한국 농업, 농촌, 농협의 특수성과 현실에 대한 폭넓은 이해와 사명감을 고취시킨다.
· 지식함양(이론강의)에 그치지 않고 영농체험, 생활교육, 현장교육을 대폭 확충하여 인격, 지식, 현장적응 능력의 삼위일체를 추구한다.

교과목 개편 방향은 학과에 관계없이 모든 졸업생이 기본적으로 갖추어야 할 필수 기본능력을 함양하는 데 목표를 두었다. 그리고 이를 달성하기 위해 다음과 같은 기준을 정하였는데, 이는 '농협대학교 졸업생이 갖추어야 할 7대 기본능력'이라 하였다.

· 농협대학교 졸업생이 갖추어야 할 7대 기본능력
  - 최소 2~3개 작목의 영농체험
  - 모든 농기계의 운전 조작 능력
  - PC 활용 2급 수준(DOS, WP, SS, DB)
  - 온라인 단말기 조작 능력의 최일류 수준
  - 주산(가감산) 4급
  - 강종 문서, 안내문, 초청장 작성 능력 및 기초한자
  - 농업, 농촌, 농협 현장에 대한 폭넓은 이해와 현실감각 체득

또한 농협대학교는 교과목 편성 원칙을 새롭게 정하고 공통교과 비율을 기존의 40%에서 60%로 확대하는 한편, 학과별 공통과목을 개설하였다. 이와 함께 졸업취득학점을 80학점에서 88학점으로 상향 조정하여 공통과목 이수학점 53학점(필수 38+선택 15), 전공과목 이수학점 35학점(과별로 편성)으로 하고, 이렇게 편성된 교과과정을 1995학년도 신입생부터 적용하였다. 당시의 세부적인 교과 내용은 다음과 같다.

· 협동정신 함양 및 현장체험 확대를 위한 방법
  - 영농실습 교과를 개설하며, 학교 소유 농장을 활용하여 소그룹별 자율 영농체험을 하도록 하여 2~3개 품목에 대하여는 영농 계획부터 판매까지 경험토록 한다.

- 농기계실습 교과목을 개설하여 전원 농기계 운전 조작 능력을 보유토록 한다.
- 농협 발전 세미나를 수시로 개설하여 조합장, 전무, 상무, 중앙회 사업장 책임자 등을 강사로 초청, 교과서에 없는 현장체험을 전수한다.

· 농협 실무능력 제고를 위한 교과목 확대
- 농협 사업 관련 필수 교과인 채권관리 및 농협세무를 전 학과 공통 필수로 한다.
- 이론과 실무를 통합한 교과로서 농산물 유통론+판매사업 실무→농산물 유통론으로 자재사업론+구매, 생활물자 실무→농용 자재론, 신용사업(여수신)+공제보험론→농업금융론으로 통합 개설한다.

· 한국 농업 발전 및 유통가공 분야의 교과목 확대
- 농산가공학을 전학과 공통 필수로 한다.
- 환경 및 시설농업, 식품학개론, 농산물 가공유통시설, 투자분석 등을 공통 선택으로 개설한다.

· 세계화에 부응한 과목 개설
· 농산물무역론 과목 신설
· 외국어를 학과별 선택에서 공동 선택으로 조정

공통교과는 농업, 농촌, 농협에 관한 기초교과를 학과의 구분 없이 전교생에게 공통적으로 개설하여 '공통필수'와 '공통선택'으로 구분하였다. 전공교과는 학과별로 35학점을 기준으로 편성하였고, 학과별로 전공필수와 전공선택으로 구분 편성하여 그 비율은 6:4를 원칙으로 하였다.

전문대학 승격 이후 획기적인 학사개편과 교육 기본방향 확립 등 미래 지향적인 학풍을 정립하기 위해 지속적인 노력을 기울인 농협대학교는 1995년 9월 학생교육비를 자부담제로 전환하고서 이듬해인 1996년 교육의 기본방향을 '현장실천력을 바탕으로 한 우수 농협 인재 양성'으로 수립하였다. 기본방향은 '트리플 A등급제'라고 명하였는데, 그 내용은 다음과 같다.

- 농협 이해와 사명감 A등급
- 전문지시과 업무처리 능력 A등급
- 컴퓨터 조작 및 외국어 구사능력 A등급

트리플 A등급제는 모든 학생을 대상으로 하였다. 이 제도는 명실상부한 한국 농협의 최고 인재에 걸맞은 자질과 소양, 능력을 함양하기 위해 실시되었는데, 재학생은 이를 갖추어야만 졸업할 수 있었다.

농협대학교는 교과과정 개편과 더불어 학풍을 쇄신하는 가운데 학교 운영 또한 과감하게 개혁을 추진하였다. 1994년 7월 농협대학교 이사회는 학교를 회원농협을 중심으로 한 상향식으로 운영하기로 결정하고 이사들 중 4명(정원 9명)을 단위농협 조합장으로 선임하여 이사진을 대폭 개편하였다. 그동안 이사회는 농협중앙회의 상임임원을 중심으로 구성되어 있었다. 그런데 농협 개혁 차원에서 농협중앙회 상임임원 4명, 농협 조합장 4명, 당연직인 농협대학교장 등 9명으로 이사회를 구성한 것이다. 일선조합의 조합장이 이사로 참여한 것은 개교 이래 처음으로, 이는 농협대학교를 21세기 선진 대학으로 발전시킨다는 의지를 보여 준 것이었다. 당시 개편된 이사진은 다음과 같다.

- 이사장: 원철희(농협중앙회장)
- 이사: 항성희(농협중앙회 부회장)
    심문섭(농협중앙회 부회장)
    윤동기(농협중앙회 상임이사)
    조응래(경기 양주군 남면농협 조합장)
    박수근(강원 양구군 방산농협 조합장)
    권영달(충북 청원군 청주농협 조합장)
    소형철(전북 전주농협 조합장)
    김교은(농협대학교 학장)

- 학교를 일군 사람들
지속적인 교과과정 개편과 학교 운영체제의 혁신 등 끊임없이 발전을 추구한 농협대학교는 학교 시설 정비와 면학 환경 조성에도 많은 노력을 기울였다. 특히 1970년대와 1980년대에는 해마다 조림녹화로 교육 분위기를 조성하였고, 1980년대에는 교사 신축과 함께 노후 시설을 정비하며 캠퍼스를 가꾸어 나갔다.

1970년대에 들어서부터 대대적으로 실시한 조림녹화는 주로 식목일과 육림의 날을 통해 이루어졌다. 대표적으로 1972년 4월 5일 농협대학교 수종갱신 사업의 첫 단계로 향나무 등 397그루를 식수한 것을 비롯해 1973년 밤나무 500그루, 1974년 족제비싸리 15,000그루와 잣나무 1,000그루, 1975년 은사시나무 2,000그루, 1979년과 1980년 각각 잣나무 2,000여 그루 등을 식수하여 치산녹화의 백년대계를 다졌다. 조림녹화는 1980년대에 들어서도 계속되었다.

1980년대에 들어서는 학교 노후 시설을 정비하는 데 힘을 기울이는 한편 1988년 협동관을 신축하였다. 면학 분위기 조성에는 졸업생들도 동참하였는데, 해마다 졸업 기념품을 학교에 남겨 협동 정신을 고취하였다. 1981년 10월 6일 원릉제 개막과 함께 세운 협동탑은 그 대표적인 기념물이다. 원당사 앞 정원에 자리한 협동탑은 원당 골에 협동의 얼을 길이길이 이어 가고자 16회와 17회 졸업생들이 마음을 모아 세웠다. 두 기수의 졸업생들이 모금한 200만 원을 들여 학교를 상징할 수 있는 협동의 석탑을 세운 것이다.

협동탑은 건립 당시 3가지 안을 놓고 의견을 모았다. 첫째는 화강암의 좌대 위에 큰 백연석을 올려놓고 그 돌에 '협동'이라는 글자를 새기는 것이었고, 둘째는 자연석을 구할 수 없을 경우 자연석 대신에 둥글게 화강암을 깎아 세우는 것, 셋째는 석탑을 3단계로 하여 상단은 정방형의 오석을 올려놓는 것이었다. 이 중 학생들과 교수들의 의견을 모아 첫째 안을 선택하였고, 탑의 건립 장소를 원당사 앞 정원으로 결정하였다. 그리고 몸, 목, 머리의 3단으로 하여 그 위에 백연석을 올려놓은 형태로 탑을 만들기로 하였다.

협동탑 건립은 순조롭게 진행되었다. 그러나 설계를 마치고 백연석을 구하는 것이 문제였다. 백연석의 크기를 높이 60cm, 길이 180cm 돌을 채취하는 것이 금지되어 있었던 것이다. 이런 이유로 백연석을 구하는 데에는 10개월이라는 기간이 소요되었다.

백연석에는 한문으로 '協同'을 새겼다. 후세에는 한문을 쓰지 않을지도 모르나 현세에는 한문을 쓰고 있으니 한문으로 하자고 하여 결정한 것이었다. 또한 협동을 상징하는 문구는 1979년 8월 4일 타계한 고 권태헌 학장(4대)의 유고집 『위대한 한 알의 밀알이』에 수록된 훈화(1974년 3월 입학식)에서 가져왔다.

> "인간의 공동생활은 인간의 본능에서 발생하며, 이를 발전시켜 가는 길은 협동
> 을 통하여 이룩된다."

탑의 후면에는 '협동의 얼을 길이길이 이어 가고자 여기에 협동탑을 세운다. 1981
년 10월 6일, 17회 졸업생 일동'이라고 새겨 넣었다. 탑에 새기는 모든 글씨는 동양
화가인 이귀임(당시 박진환 학장의 부인) 씨가 썼다. 협동탑 건립공사는 1981년 9월
초에 시작하여 9월 30일에 완료하였다. 준공일에는 탑의 상단에 1.5톤 무게의 백연
석을 올려놓는 것이 문제였는데, 이는 어둠이 내릴 때까지 재학생들이 힘을 모아 완
료할 수 있었다. 이처럼 협동탑은 졸업생과 재학생, 임직원들이 합심하여 하늘 높은
가을날 원릉축전이 개막되는 10월 6일 제막식을 가질 수 있었다.

농협대학교가 걸어온 50년 역사의 뒤편에는 학교 발전을 위해 헌신한 많은 사람
들이 있었다. 권태헌 학장은 그 대표적인 인물이다.

1971년에 취임한 권태헌 학장은 현재의 학교 부지를 확보하는 데 지대한 공헌을
하였다. 학교 설립 초기 건국대학교에서 농협대학교를 인수한 농협중앙회는 캠퍼스
를 지금의 원당골이 아닌 다른 곳으로 이전하려고 계획하고 있었다. 그러나 몇 군데
후보지를 물색했으나 부지를 확보하는 것은 쉽지 않았다. 이때 권태헌 학장은 농협
중앙회 이사로 재임하고 있었다. 이사 재임 당시 권태헌 학장은 '협동조합운동은 교
육에서 비롯된다'는 신념으로 교육사업에 대한 열정을 불태웠는데, 다방면으로 학교
부지를 물색하고 다녔다. 그 결과 지금의 학교 부지를 확보할 수 있었다. 지금의 학
교 부지는 구황실의 재산이었다. 그런데 당시 구황실 재산관리국은 부지를 팔지 않
으면 안 될 처지에 있었고, 인근에 위치한 서울컨트리클럽에서 이를 사들이려고 하
고 있었다. 또한 서울컨트리클럽 외에도 보이스카우트 총재를 맡고 있던 김종필 중
앙정보부장이 터가 좋다는 이유로 보이스카우트 연수원을 만들려는 계획을 세우고
있었다. 이 사실을 알게 된 권태헌 학장은 구황실 재산관리국과 접촉을 하여 부지를
골프장보다는 농협에 팔면 두고두고 농민들에게 칭송을 들을 것이라고 설득을 하였
고, 정부의 담당 국장과 김종필 중앙정보부장까지 설득하여 마침내 부지를 확보할
수 있었다. 이처럼 학교부지는 농협의 발전은 교육기관을 통해 인재를 양성해야 이

룰 수 있다는 권태헌 학장의 신념이 아니었다면 확보할 수 없었을 것이다. 1915년 대구에서 태어난 권태헌 학장은 1932년 대구공립농림학교를 졸업하면서부터 농촌 교육사업에 투신하였다. 일제강점기인 1934년 일본의 조도전대학을 중퇴하고 만주로 건너가 만주국 농업합작사(농업협동조합) 운동을 전개한 것을 시작으로 광복 후에는 고국으로 돌아와 사단법인 신생활사와 동경학원, 신생공민학교(1946), 신생고등공민학교(1947), 대구기술학교(1951), 대구고등기술학교(1954)를 사재를 털어 설립하여 교육운동을 펼쳤다. 1952년부터는 농림부에서 근무하며 임시농업지도요원양성소(부산 동래)를 설치하여 협동조합 교육으로 농촌의 중견지도자를 양성하였고, 사단법인 실행협동조합(1953)과 농업지도요원양성소(1954, 서울 휘경동)를 설립하는 데 주도적인 역할을 하였다. 또한 1956년에는 농업협동조합법을 기초하여 우리나라 최초의 농협법을 공포하는 데 기여하였고, 1959년부터는 농협중앙회에 몸담고서 구농협과 농업은행 통합(1961), 월간『새농민』창간(1961), 농민운동 전개(1965) 등 농협의 기반을 다지는 데 헌신하였다. 그리고 1971년 농협대학교에 부임하여서는 일본협동조합 중앙학원과의 교수교환제, 일본의 농촌과 농협에 우수 학생 파견 등을 실시하여 교수는 물론 학생들의 시야와 사고를 확장하는 데 노력하였고, 학훈탑과 새농민상 건립, 교과목 정립, 대학부설 협동문제연구소(현재의 협동조합경영연구소)를 설립하여 학교 발전에 많은 공적을 남겼다. 이후 권태헌 학장은 서울특별시 농협조합장(1974, 제6대)에 이어 농협중앙회 임직원중앙연수원 초빙교수(1977)로 활동하다가 1979년 타계하였다.

농협대학교는 한국 농협의 기반을 조성한 농협운동가 권태헌 학장의 장례를 농협대학교장으로 엄수하여 고인을 추모하였다. 그리고 농협 운동을 함께한 동료와 후배들은 1980년 권태헌 학장의 유고를 모아『위대한 한 알의 밀알이』를 펴냈고, 이를 계기로 '권태헌선생추모기념사업회'를 조직하여 1981년 '태헌장학회'를 설립하였다. 태헌장학회는 농협 운동에 헌신할 참다운 일꾼을 길러 내야 한다는 권태헌 학장의 유지를 받들어 장학기금을 조성하여 농업, 농촌, 농협 발전에 초석이 될 후학들에게 매년 장학금을 지급하고 있다. 또한 농협대학교는 1997년 5월 27일 교정에 권태헌 학장의 흉상을 세우고 한국 농협 운동의 선구자인 권태헌 학장의 정신을 기리고 있다.

권태헌 학장과 더불어 역대 학장들은 설립부터 오늘에 이르기까지 학교 발전에 남다른 열정을 쏟았다. 특히 설립 초기 최응상 초대 학장과 임익두 학장(2대), 정남규 학장서리는 대학 본연의 운영체제를 정립하고 학교의 기틀을 세우는 데 공헌하였고, 원영희 학장(3대)은 행정가로서의 탁월한 능력을 발휘하며 본관과 생활관 사이에 가로놓여 있던 산을 깎아 길을 내고 운동상을 만드는 등 대역사를 진두진휘하였다. 그리고 강계원 학장(6대)은 농협중앙회 이사를 겸임하며 학원재단과 대학의 협력체제를 굳건히 하였다. 또한 배봉식 학장(7대)은 운동장 확충, 각종 수목의 수종 개선과 잔디밭 조성, 도로포장 등 캠퍼스의 환경을 정비하고 개선하는 데 심혈을 기울였다.

1980년 농협대학교는 박진환 학장(8~11대)의 취임과 더불어 학교의 위상을 새롭게 정립할 수 있었다. 서울대학교 농과대학 교수와 대통령 경제담당 특별보좌관을 역임한 박진환 학장은 새마을운동의 정신적 지주로 불리는 김준 전 새마을운동중앙회장과 함께 '한국 농업의 태두'로 추앙받는 인물로, 새마을운동과 녹색혁명, 식량증산 등의 이론적 기초를 제공하여 일가기념재단의 '일가상'(1998)과 상허문화재단의 '상허대상'(2002)을 수상하기도 하였는데 학장에 취임한 이래 4대에 걸쳐 14년간 재임하며 50여 편의 논문을 집필하는 등 학교를 공부하는 분위기로 만들었고, 교육과정을 일신하여 단일 학과를 4개 학과로 개편해 농협대학교를 대학다운 대학으로 만들었다. 또한 새농민기술대학, 농업협동조합 전수과정, 농기계교육과정, 협동조합 최고경영자과정 등을 만들어 학교를 안정적인 반석 위에 올려놓았다.

박진환 학장은 자율을 근간으로 하여 학교를 운영하였다. 그러나 학교 발전을 위한 일이라면 그 어떤 외압에도 흔들리지 않았고, 단호하고도 과감한 추진력을 발휘해 교직원들에게 신망이 높았다. 한 예로 1985년 농협대학교는 생활관과 농협 연수원을 짓기 위해 공사를 시작했는데, 당시 공사 부지는 그린벨트에 묶여 있는데다가 군사시설보호구역이라 건축허가를 받기 힘들었다. 그러나 박진환 학장은 국무총리와 농림부장관의 반대에도 불구하고 대통령의 허락을 받아 수도권정비계획법까지 바꿔 가며 공사를 추진하였다. 박진환 학장이 재임했던 1980년대는 농협대학교의 전환기이자 성장기였다. 이 시기 농협대학교는 학교 운영부터 학풍에 이르기까지 모든 것을 새롭게 일신하며 발전을 거듭하였다. 이를 발판으로 진흥복 학장(12대)은 협동조합론의 교육적 기초를 세웠고, 김교은 학장(13~14대)은 산학교육의 활성화에 매진하여 미곡종합처리장 교육과정, 국제협동조합과정, 유통대학과정, 최고농업경영자과정, 여성대학과정 등의 특별교육에 힘을 기울이며 농산물가공기술연구소 설립과 함께 대강당과 도서관을 신축하는 등 오늘날 농협대학교의 모습을 일구는 데 기여하였다.

협동조합경영대학원을 개원한 심규보 학장(15대)은 학생들에게 '항재농장'의 정신을 심어 주었다. 현장체험을 바탕으로 한 실습교육을 강조하여 교내의 유휴지를 개간해 학생들이 직접 농사를 짓게 하였고, 경운기와 이앙기, 트랙터 등 농기구도 직접 다루고 수리도 하게 하는 등 땀 흘려 일하는 보람을 느끼는 면학 분위기를 조성하였다. 또한 학생은 물론 교직원들과 함께 교정에 꽃나무를 대대적으로 심어 아름다운 캠퍼스를 만드는 데 노력하였다.

1999년에 취임하여 21세기 농협대학교의 위상을 확립한 박해진 학장(16대)은 교육과정을 혁신하여 학교의 면모를 새롭게 정비하는 데 기여하였다. 이전까지의 4개학과 체제를 '협동조합계열'로 단일화하고 '유통경제전공'과 '금융보험전공'으로 나누는 전공코스제를 도입하여 교육을 실리적으로 전환하였고, 취업제도를 '재량채용제도'로 바꾸어 면학 분위기를 조성하는 데 많은 공을 들였다. 또한 농업인교육을 강화하여 농협중앙회의 직원을 대상으로 하는 MBA 과정을 신설해 학교의 역량을 키워 나갔는데, 이러한 공로로 2011년 농협중앙회의 '제1회 자랑스러운 농협인상'을 수상하였다. 그리고 김용택 학장(17대)은 연구의 활성화를 이끌며 농협대학교가 협동조합 연구의 메카로 자리매김하는 데 기여하였고, 이건호 학장(18대)은 재단의 반대에도 굽히지 않고 2부 대학을 설치해 성공적으로 운영하였으며, 고영곤 학장(19대)은 2년제 학제를 3년제로 개편하여 학교의 역사를 새롭게 썼다. 또한 박해상 총장(20～21대)은 교육역량강화사업을 추진하여 농협대학교가 3년 연속 교육역량 우수대학으로 선정되는 쾌거를 이루었다.

1998년 농민신문사는 건국 50년을 맞이하여 농업계에 가장 큰 업적과 영향력을 끼친 인물 50인을 선정하여 발표하였다. 사회 각계의 추천을 받아 정관계, 학계, 업계, 농민단체에 이르기까지 각 분야의 전문가로 구성된 선정위원들이 뽑은 50인 중에는 농협대학교와 관련한 인물이 6명이나 있었다. 그 인물들은 김준 초대 새마을지도자연수원장(농협대학교 교수), 권태헌 학장, 박진환 학장, 원철희, 한호선 농협중앙회 회장(농협대학교 이사장), 장경순 전 농림부장관(농협대학교 설립추진위원회 위원장) 등이었다. 특히 김준 초대 새마을지도자연수원장은 전체 50인 중 9위에 선정되었다.

농민신문사는 2004년에도 '한국 농업에 영향을 미친 100인'을 선정하여 발표하였다. 대한민국 정부 수립 이후 우리 농업에 영향을 끼친 인물 100인을 각 분야별로 선정하였는데, 새마을운동을 주도한 박진환 학장과 김준 초대 새마을지도자연수원장, 농협 운농의 초석을 다진 권태헌 학장, 농협 교육사업에 헌신한 진흥복 학장 등 4명의 농협대학교 학장과 더불어 서봉균, 원철희, 정대근, 한호선 등 4명의 농협중앙회 회장(농협대학교 이사장)이 선정되었다.

농업계에 가장 큰 업적과 영향력을 끼친 인물 50인과 '한국 농업에 영향을 미친 100인'에 선정된 김준 교수는 1972년 농협대학교에 설립된 '독농가연수원'의 초대 원장을 비롯해 새마을운동중앙회장(1, 2, 6대)을 역임하며 대한민국의 근대화에 혁혁한 공을 세운 새마을운동의 상징적인 인물이다. 특히 김준 교수는 학교 설립 초기 폐교론이 거론될 때 청와대를 찾아가 농협대학교의 존립 이유를 설명하며 학교를 지켰고, 학생들의 이론 교육은 물론 실습 교육에도 열정을 다하여 진정한 농촌 일꾼을 길러내는 데 혼실의 힘을 쏟았다. 그리고 새마을운동중앙회장으로 활동할 때는 전국의 새마을지도자는 물론 사회 각계의 인사들에게 새마을정신을 불어넣고 새마을교육의 방식을 체계적으로 정립하는 데 전력을 기울였다. 이러한 공로로 1976년 새마을훈장 최고 훈장인 '자립장'을 수훈하였고, 2012년 타계하였을 때에는 정부가 국민훈장 무궁화장을 수여해 고인의 공적을 기리기도 하였다.

1993년 12월 농협대학교는 지하철 3호선 구간의 '삼송역' 명칭을 '농협대 앞'과 함께 병기하는 운동을 전개하여 1995년 10월 마침내 결실을 이루어 내는 기쁨을 맛보았다. 당시 호선은 1996년 완공을 목표로 지축에서 일산까지 구간을 연장하는 공사를 하고 있었다. 지하철 역명에 그 지역의 대학을 병기하는 것은 사회 전반적인 추세이기도 하였다. 이에 농협대학교는 1993년 12월 15일 총학생회 주관으로 역명 병기 운동을 추진하기로 하고 이듬해인 1994년 7월까지 오로지 모교를 위하는 일념으로 혼연일체가 되어 뛰어다녔다.

역명 병기를 추진한 배경은 첫째, 대학의 대외적 홍보와 지역사회에서의 역할 증대, 둘째, 학생들의 애교심과 주인의식 함양, 셋째, 농협대학교 학생과 연수생들의 이용편익 증진 등 3가지였다. 3호선 연장 공사 당시 고양시 삼송동은 인지도가 매우 낮았다. 따라서 지하철 건설은 지역사회 발전에 기여하는 바가 컸는데, 대학 이름을 병기함으로써 지역의 홍보는 물론 인지도를 높일 수 있는 좋은 기회였다. 그리고 지역을 통과하는 지하철의 '역'의 명칭은 마땅히 지역 특성에 부합되어야 한다는 당위성도 있었다. 이러한 배경에서 학생들은 1993년 12월 18일 지역주민들을 대상으로 홍보 전단을 배포하는 것을 시작으로 역명 병기 운동을 추진하여 3,276명의 동참 서명을 받아 내는 성과를 올렸고, 1994년 7월 18일 운동을 전개한 지 7개월 만에 서울지방철도청으로부터 삼송역에 학교 이름을 병기한다는 문서를 공식적으로 접수하는 결실을 보았다. 다음은 역명 병기 운동을 전개한 과정이다.

1993. 12. 24~1994. 01: 지역주민 동참 서명작업 추진

1994. 03~04: 철도청, 고양시청 등 관련기관 방문, 역명 병기에 대한 당위성을 알리고 지속적인 관심과 협조 당부

1994. 05~10: 지역민 동참 서명운동 고양시 전체로 확대 실시, 언론 매체 등을 통해 긍정적인 여론 형성

1994. 07. 04: 지하철 일산선 연장구간 통과 일부 지역에서 역명을 둘러싼 과열 유치경쟁이 발생하여 1994년 7월 중 철도청과 각 지역 대표로 구성된 지명위원회에서 역명을 결정할 것이라는 정보에 따라 당초 계획(1994. 12)보다 앞당겨 철도청에 역명 병기 요청 문서와 지역주민 서명 원부(3,276명) 전달, 단순히 대학의 홍보 차원이 아니라 농협대학교를 이용하는 전국 농업인의 이용편의 증진과 농업을 지켜 나가는 사람들의 사기와 직결된 문제임을 강조하여 긍정적인 반응을 얻음.

1994. 07. 07: 역명 병기 결정권, 철도청에서 서울지방철도청으로 이관

1994. 07. 08: 총학생회장, 역명 병기 당위성과 취지를 알리는 글을 일간지(한국일보)에 투고

1994. 07. 12: 총학생회장, 서울지방철도청 방문 취지 설명과 함께 협조 당부

1994. 07. 15: 서울지방철도청, 총학생회에 역명 병기 확정 사실 전화 통보(아울러 대학 영문표기 문안 및 안내방송, 옥외안내표지판 설치 등 세부사항을 논의하자는 제안 접수)

1994. 07. 18: 역명 병기 확정 문서 공식 접수[역명: 삼송역(농협대 앞), 영문 Arigi. Coop. College]

1995. 10: 삼송역(농협대 앞) 개통

역명 병기는 고양시 삼송동을 교육의 도시로 널리 알리며 인지도를 높이는 데 기여하였다. 이후 농협대학교는 지속적인 성장을 통해 새롭게 면모를 일신하며 지역경제의 활성화에 일익을 담당하였고, 사회 경제 문화 등 지역사회 선반에 걸쳐 구심체로서의 역할을 수행하였다.

4) 새로운 도약(성숙단계)

(1) 농협대학 개편

21세기를 목전에 둔 1998년 5월 1일, 농협대학교는 교명을 '농업협동조합전문대학'에서 '농협대학'으로 변경하고 새로운 발전의 전기를 맞았다. 그리고 1999년 8월에는 세계 유일의 협동조합대학이라는 명성에 걸맞게 기존의 4개 학과를 협동조합계열로 단일화하여 전공코스제를 도입한 데 이어 10월에는 입시제도와 취업제도를 대폭 정비하여 의무채용제도에서 재량채용제도로 전환하였다.

학과 통폐합은 기존의 학과 편제로는 일선조합과 학생들의 요구에 탄력적으로 대응하기가 어려울 뿐만 아니라 현장과 연계한 교육이 미흡하다는 판단에서 이루어졌다. 또한 당시는 일선농협과 학생들의 기존 학과에 대한 만족도가 갈수록 낮아지고 있었는데,1 이를 해결하기 위해서라도 시대적 흐름에 맞추어 학과를 개편할 필요성이 있었다. 농협대학교는 학과 통폐합을 추진하면서 기존 학과에 대한 일선농협과 학생들의 희망을 조사하였다. 그 결과는 다음과 같다.

◎ 학과별 학생추천 농협 및 학생의 이수 희망
 · 농협의 요구(협동조합경영과 55 / 농공기술과 5 / 식품제조과 4 / 전자계산과 38)
 · 학생 희망(협동조합경영과 66 / 농공기술과 3 / 식품제조관 2 / 전자계산과 31)

조사 결과 일선농협과 학생들은 협동조합경영과와 전자계산과를 선호하는 반면 농공기술과와 식품제조과는 모두가 기피하는 것으로 나타났다. 특히 농협 현장에서 가공 및 농기계 분야의 종사인원이 거의 없는 것으로 나타났는데, 이는 현장과의 연계교육이 이루어지지 않고 있음을 드러낸 것이었다. 따라서 현장의 변화에 대해 현실적으로 대응할 필요가 있었고, 이에 따라 기존의 4개 학과를 폐지하고 학과를 통폐합하여 전공코스제를 도입한 것이다.

전공코스제는 '유통경제'와 '금융보험' 전공으로 나누어 실시하였다. 교과 체계도 대폭 수정하여 실리적인 교육으로 전환하였다. 교과는 크게 '공통교과'와 '전공교과'로 나누었는데, 공통교과는 농협 직원으로서 갖추어야 할 필수적인 기본능력을 함양하는 데 주안점을 두었고 전공교과는 현장 적응력을 중심으로 하는 심화교과 및 현장실습으로 하였다. 교과의 체계를 요약하면 다음과 같다.

◎ 공통교과
  · 협동조합의 본질에 관한 교과
  · 협동조합의 인간에 관한 교과
  · 협동조합 관련 분야로서 사회과학에 관한 교과
  · 농협의 기반으로서 농업에 관한 교과
  · 농협의 실천 활동으로서 농협 사업에 관한 교과

◎ 전공교과(금융보험, 유통경제)
  · 금융공제 분야의 현장 적응 심화 교과
  · 유통경제 분야의 현장 적응 심화 교과
  · 금융공제, 유통경제 현장 실습

농협대학교는 개교 이래 끊임없이 교과과정을 개편하며 인재를 양성해 왔다. 교과과정 개편사를 살펴보면 먼저 학교 설립 초기인 1963년부터 1970년까지는 4년제 농과대학 각 과의 교과목 중 일부를 혼합하여 편성하였다. 즉, 임업, 농산가공, 농공학, 농화학, 농업정책, 가축인공수정 등 농업 교과목을 우선하여 교육을 하였는데, 이는 학교 설립 당시 졸업생의 농협 채용이 불안정하여 농협에 초점을 맞춘 교과목보다는 농업 전반에 대한 교육이 더 필요했기 때문이다.

그러나 졸업생의 농협 채용이 제도화된 1971년부터는 농업 교과목을 대폭 감축하고 농협의 이론과 실무를 동시에 익힐 수 있는 과목을 중심으로 교과목을 편성하였다. 농협의 각종 사업과 채권관리, 경영분석, 농협경영 등 현장 적응 능력을 우선으로 하는 교육을 중점적으로 수행한 것이다. 그리고 1976년부터는 전문대학으로 개편되어 농업계의 기본과목을 다시 편성하는 한편, 농업개론, 작물학, 원예학, 축산학, 농협의 각종 사업 등을 농협 실무과목으로 하여 전문 분야별로 정선하여 교육하였다. 이후 농협대학교는 1980년대에 늘어 심리학을 비롯해 철학, 영어 등 기초교양과 외국어를 보강하였고, 1990년대에 들어서는 협동조합경영과, 농공기술과, 식품제조과, 전자계산과 등 4개 학과로 분리하여 보다 현실적인 교육을 세분화하여 실시하였다. 또한 전공과목과 기초교양과목, 농협실무과목 등 3월 교육체제에서 외국어 교육을 더욱 강화하였는데, 전공코스제는 이러한 변천을 거친 끝에 도입하였다.

전공코스제는 일선농협을 중심으로 교육을 유지하면서 조합원 자녀에게는 가점을 부여하였다. 그러나 신입생 선발과정을 더욱 투명하게 하여 전국의 인재들을 고루 선발할 수 있는 제도를 만들어 나갔다. 취업제도를 '재량채용제도'로 전환한 것은 획기적인 조치였다. 입학만 하면 무조건 채용을 보장해 주는 의무채용제도는 농협의 인재를 양성하여 새로운 인재상을 확립한다는 농협대학교의 교육이념에도 부합하지 않았다. 경쟁력을 갖춘 21세기 미래 지향적 인재는 회원농협의 직원이 아닌 선진농협이 요구하는 요건을 충족해야 하는데, 이러한 면에서 재량채용제도로 전환한 것은 혁신적인 것이었다.

전공코스제와 재량채용제도는 새천년이 시작되는 2000년부터 시행하였다. 그리고 2001년부터는 등록금을 사립전문대 수준으로 현실화하여 학교의 자립도를 높여 나갔다. 이는 회원농협 직원 양성 교육기관에서 벗어나 우리 농업 발전에 필요한 광범위한 인재를 양성하기 위해서였다. 이처럼 학교의 운영 틀을 혁신한 결과는 만족스러웠다. 농협대학교는 취업률 100%를 기록하며 해마다 발표하는 취업률 상위 대학에서 당당히 1위를 차지하였고, 농촌에 필요한 우수한 농업 인재를 양성하는 산실로서 더욱 확고한 명성을 이어 갈 수 있었다. 이런 성과에 힘입어 농협대학교는 재학생 교육과 더불어 농업인 교육도 점차 강화해 나갔다. 이미 개설되어 있는 '협동조합경영대학원'과 '최고농업경영자과정'을 강화하여 으뜸농업인을 배출하는 한편, 농협중앙회의 직원을 대상으로 하는 MBA 과정을 신설하여 학교의 역량을 키워 나갔다. 이를 바탕으로 농협대학교는 변화하는 시대의 조류에 맞추어 세계 유일의 협동조합대학이라는 명성에 걸맞은 학교를 만들어 나갔다.

(2) 2부대학 설치

2002년 농협대학교는 재량채용제를 적용한 첫 졸업생을 배출하였다. 이는 과감한 혁신으로 현장에서 바라는 교육을 수행하여 농업 발전에 필요한 인재를 배출하였다는 점에서 그 의의가 크다. 농협대학교는 여기에 머무르지 않고 2002년 5월 대학운영의 기본방향을 다시 한번 정비하였다. 그 내용은 다음과 같다.

첫째, 시대 요구에 부응하는 미래 지향적 대학교육체제 정착
둘째, 연구기능 확충으로 농협사업 혁신 지원
셋째, 농협 혁신을 선도할 핵심요원을 위한 중장기 교육 수행

새롭게 정립한 기본방향에 따라 농협대학교는 학생들의 경쟁력을 더욱 높이 끌어올리기 위해 다음과 같은 교육방침 아래 교육을 수행하였다.

·국제화·정보화 추진
·창의력·창조력 증진
·인성 및 소양 함양
·전공코스제 개선 및 취업진로 다양화 방안 강구

이와 함께 농협대학교는 학교의 재정 자립 기반을 확충하기 위해 대학발전기금 모금을 비롯해 각종 수익사업을 확대해 나갔다. 또한 보다 진일보한 교육을 수행하기 위해 학교 전산화를 착수하여 완료하였다. 농협대학교는 1998년 10Mbps급(UTP cable) 통신망을 구축한 뒤 서버 1대(SUSNSOARC5)를 도입하여 인터넷 시대를 열었다. 이를 기반으로 2000년에 들어 교육부에서 지원한 국고보조금과 자체 예산을 들여 본격적으로 정보화를 추진하였다.

당시 추진한 교내 정보화는 청운관 2층에 10kw급의 UPS 설비를 갖춘 전산실을 구축한 것이었다. 데이터베이스 서버(SUNE3500)와 방화벽 서버(SUN Ultra), 웹 서버(ML570T01) 등 3대의 서버를 설치하고 교내를 광케이블로 연결하여 100Mbps급의 통신 기반시설을 구축한 것이다. 이를 바탕으로 농협대학교는 원당사와 협우관 건물을 포함해 모든 강의실에 통신회선을 배치하여 통신망 문제를 해결하고, 원당사

와 협우관, 도서관 등 3개소에 인터넷플라자를 설치해 1차적인 정보화 시스템을 구축하였다. 그리고 2000년 10월부터는 그동안 수작업으로 처리하던 학사 및 행정 업무의 전산화에 착수하였다. 이 작업은 소프트웨어 선문개발업체를 선정하여 학교의 모든 부서가 참여한 가운데 진행하였다. 업무 전산화는 입시 등록 학생 수업 물품 취업 관리 등의 학사관리 업무와 예산 회계 기자재 관리 등의 행정 업무, 수강신청 학점조회 등의 웹서비스 업무를 대상으로 하였고, 약 9개월에 걸쳐 진행을 하여 2001년 6월 20일 모든 업무의 전산화를 완료하였다.

업무 전산화를 성공적으로 완료한 농협대학교는 2001년 입시부터 원서접수의 전산화에 들어갔다. 이전까지 원서접수는 수작업으로 진행하고 있었다. 이를 개선하기 위해 농협대학교는 접수창구에 PC를 배치하여 원서접수와 동시에 데이터를 데이터베이스에 수록하는 방식으로 변경하였다. 이와 더불어 수강신청은 물론 성적조회도 인터넷을 통해 할 수 있도록 하였고, 보다 효율적인 수업을 위해 연구실에서 교수들이 작성한 성적과 강의계획서 등을 학생들이 인터넷을 이용해 열람할 수 있도록 하였다. 또한 농협대학교는 2001년 청운관에 디지털 어학기와 실물화상기, 프로젝터, DCD, 학습관리 프로그램 Q-Conductor 등의 장비를 갖춘 '멀티미디어 실습실'을 구축하였다. 멀티미디어 실습실에는 영어 교육용 콘텐츠와 어학교육 서버를 설치하여 전산실습뿐만 아니라 교내 어디에서도 사용자 PC로 영역별·수준별로 원하는 메뉴를 선택하여 공부를 할 수 있게 하였고, 교수가 학생의 PC 화면을 원격으로 제어할 수 있는 설비를 갖추어 수업집중도를 높였다. 그리고 생활관에 무선 LAN을 설치하여 학생들이 인터넷을 자유롭고 편안하게 이용할 수 있도록 하였고, 2001년 6월부터는 수서업무, 편목업무, 간행물관리, 장서관리 등의 도서관 업무 전산화를 착수하여 2002년 3월부터 적용하였다.

2005년 3월 농협대학교는 2부 대학(산업체위탁교육과정)을 개설한 데 이어 2008년 3월에는 전공심화과정을 개설해 특성화 대학으로서의 위상을 굳건히 다졌다.

산업체위탁교육과정은 급변하는 시대적 환경에 유연하게 대처할 수 있는 실천적이고 창의적인 협동조합 경영인을 양성할 목적으로 설치하였다. 설치 당시 입학자격은 고등하교 졸업(예정)자 또는 동등한 자격이 있는 자로서 농협중앙회 회원조합이나 산업체에서 6개월 이상 근무 중인 직원으로 하였고, 서울 경기 일원의 조합장 추천을 받은 지원자까지 포함하였다. 수업은 협동조합 계열의 지도복지, 유통경제, 금융보험 등 3가지 전공 분야에 100명을 정원으로 하여 주중 사이버 수업과 토요일 전일제 수업을 병행하여 하였고, 2년 과정의 교육을 이수하면 전문학사 학위를 수여하였다. 산업체위탁교육과정은 개설 첫해부터 교육생들의 뜨거운 학구열 속에 성공적으로 수행되었다. 직장생활과 병행해야 하는 고단한 수업과정에도 불구하고 교육생들의 출석률은 100%에 육박하였는데 서울과 경기 지역은 물론 영호남에 직장을 둔 교육생들도 먼 거리를 마다 않고 통학을 하는 열정을 보였고, 지역농협의 조합장들도 등록을 하여 만학의 불꽃을 태웠다. 이러한 호응 속에 2005년 교육생은 30명에 지나지 않았으나 2006년 98명, 2007년 96명으로 계속 늘어났고, 2008년에는 입학 희망자가 정원(100명)을 초과할 정도로 인기를 끌었다. 산업체위탁교육과정은 2007년 2월 첫 졸업생을 배출하였다. 이후 농협대학교는 2009년 산업체위탁교육과정을 3년 과정의 전문학사 학위과정으로 개편하고, 교육대상도 농협 계통법인 임직원(정규직) 및 농업경영인으로 확대하였다. 또한 2012년에는 농협의 실무형 인재 및 전문가를 육성한다는 목표로 전문 농업경영인을 양성하는 교과목을 개발하여 실무형 전문 농업경영인을 양성하며 오늘에 이르고 있다. 산업체위탁교육과정은 농업, 농촌, 농협 발전의 주역을 담당할 사람들에게 협동조합 기본 교육을 수행하여 협동조합인의 정체성과 자긍심을 배양하고 조합원을 리드할 수 있는 능력을 배가하는 성과를 낳았다. 또한 교육생들의 전문 직무와 업무처리 능력을 배양하고 국제화·정보화 시대에 부응하는 자질과 능력을 함양하였다는 데 의의가 있다.

산업체위탁교육과정에 이어 2008년 개설한 학사학위 전공심화과정은 세계화와 정보화, 지식 중심의 시대적 환경에서 유연하게 대처할 수 있는 능동적인 사고와 지식을 갖춘 협동조합 전문인력을 양성한다는 목적으로 수행되었다. 전공심화과정은 2년제로 시작하여 2012년 1년제로 개편되었다. 교육은 매주 토요일 전일제 수업으로 하였고, 농협대학교 졸업자 중에서 농협의 계통법인 임직원과 농업경영인을 대상으로 하였다. 전공심화과정은 산업체위탁교육과정을 비롯해 농협의 계층별·직능별 교육 프로그램과 연계한 실무 중심의 특화된 교과를 편성하여 교육을 수행하였다. 이는 전공 분야별 문제 해결 중심의 실무형 심화학습으로 전문직무 및 업무처리 능력을 배양하고 교육 위탁 조합과 농협대학교와의 교류를 바탕으로 한 산학협동체제를 활성화하기 위한 것이었다. 전공심화과정은 농협 임직원의 교육욕구를 충족하기 위해 근무여건을 배려한 교육체제와 편성으로 학사학위를 취득할 수 있도록 하였다.

그 결과 2010년 2월 국내 최초로 협동조합경영 학사학위자를 배출하였는데, 이 학위는 국내에서는 유일하게 농협대학교에서만 취득할 수 있는 협동조합 관련 최고 권위의 학위이다. 현재 농협대학교는 전공심화과정을 통해 해마다 최고 수준의 협동조합 교육을 이수한 교육생들을 배출하고 있다. 이들 교육생은 농협대학교에서 갈고 닦은 실력과 경험을 전국의 농업 현장에서 농업인과 농협의 발전을 위해 발휘하고 있다.

농협대학교는 2003년 전문대학 졸업 이상자에 대한 특별전형을 실시한 데 이어 2004년에는 국내 최초로 '지역균형선발제'를 시시하여 특성화 대학으로서의 또 다른 면모를 보였다. 그리고 산업체위탁교육과정과 전공심화과정을 신설하여 일선조합의 호평을 받았다. 또한 1991년 산학협력 교육을 실시한 이래 2000년대에 이르기까지 다양한 교육 프로그램을 개발해 한국 농업, 농협을 이끌어 갈 인재들을 양성하여 배출해 왔다. 이러한 성과로 농협대학교는 2007년 농림부 교육평가에서 3년 연속 최우수 교육기관으로 선정되는 쾌거를 이루었다.

농림부는 '농산물 유통전문 교육과정'을 운영하고 있는 9개 대학을 평가하여 발표해 왔다. 평가 기준은 차별적인 교육생 선발, 효과적인 교육과정 운영, 교육 이수자의 논문 충실도 및 만족도 등으로, 2007년 농협대학교는 평가 대상 대학 중 가장 높은 점수를 받았다. 이는 2005년과 2006년에 이어 다시 한번 학교의 역량을 과시한 것으로, 주요 국립대학을 제치고 3년 연속 최우수 교육기관으로 선정된 것은 농협대학교가 국내 최고의 전문교육 수행기관이란 것을 입증한 것이었다.

(3) 세계 초유의 특성화 대학

2009년 농협대학교는 학제를 2년제에서 3년제로 개편하고 협동조합 시대 세계 유일의 협동조합대학이자 특성화 대학으로 거듭났다. 학과 또한 전공코스제를 폐지하고 '협동조합경영과'로 통합 운영하여 한국 농업과 협동조합의 미래를 책임질 인재를 양성하는 교육기관으로서의 위상을 확고히 하였다. 그리고 2011년 2월에는 산학협력단을 공식 출범하여 농촌사회를 이끌어갈 지도인력을 양성하는 체제를 확립하였다. 이와 더불어 농협대학교는 대내외협력도 강화하였다. 2008년 5월 농협대학교는 캄보디아 국립농업대학과 협동조합 육성 등에 관한 상호협력을 지속적으로 펼치기로 하였다. 이는 캄보디아 국립농업대학의 요청으로 이루어졌다.

'한국, 캄보디아 경제협의회'(회장 노의현 전 농협경제대표)의 초청으로 한국에 온 캄보디아 국립농업대학은 엔지오 분탄 부총장 등 교수진 4명이 농협대학교를 연구 방문하여 캄보디아의 경제 발전을 위해 한국 농업과 농협의 노하우를 전수받기를 희망하였다. 농협대학교는 이를 받아들여 양국의 농업 발전을 위해 학생 교류와 협동조합 육성 등 다양한 협력방안을 모색하기로 하였다.

또한 농협대학교는 2009년 4월 한국농업대학, 서울대학교 농업생명 과학대학과 3자 자매결연을 하고 우리나라 농업 발전을 위해 공동으로 노력할 것을 천명하였다. 그리고 자매결연을 통해 농업, 농촌 발전을 위한 공동연구, 농업 인재 육성을 위한 상호협력, 학생 교류 활동 지원, 교수 요원의 특강 연사 활용, 공동사업 추진 등을 수행하고 있다. 2009년 9월 농협대학교는 '전국 대학, 대학원생 논문공모전'을 실시하여 개교 이래 지속적으로 가져 왔던 농촌문제 연구를 더욱 확장하였다. 농협중앙회, 한국협동조합학회와 공동으로 개최한 논문공모전의 목적은 협동조합과 농촌의 사회, 복지 관련 분야에서 참신한 아이디어를 발굴하고, 농업, 농촌에 대한 관심을 제고한다는 것이었다. 논문공모전은 2개 분야로 나누어 진행하였다. '한국 경제와 협동조합의 역할'을 주제로 한 협동조합 관련 분야와 자유 주제로 한 농촌의 사회, 복지 관련 분야 등이었는데, 특히 협동조합 관련 분야는 녹색성장, 경제위기, 현대사회, 농협사업 등을 주제로 협동조합의 역할을 모색하는 데 초점을 맞추었다.

2011년 8월 농협대학교는 교육과학기술부의 '교육역량강화사업'에 참여하여 '교육역량 우수대학'으로 선정되는 영예를 안았다. 그리고 2013년까지 3년 연속 선정되어 명실상부 최고의 대학임을 입증하였다. 2011년 실시된 평가에서는 전국 146개 전문대학 가운데 종합지표 순위 13위에 올라 상위 10%의 교육역량 우수대학으로 평가받았다. 교육역량 우수대학은 대학정보공시제에 따라 공개된 핵심 지표인 취업률, 재학생 충원율, 산학협력 수익률, 장학금 지급률 등을 종합적으로 고려하여 평가한다. 교육역량 우수대학으로 선정되면 국고 지원 등 혜택이 주어지는데, 농협대학교는 우수대학 선정 첫해에 8억 7,800만 원의 국고를 지원받았다.

그동안 농협대학교는 학생 1인당 350만 원을 지원해 학생 지원 규모가 전국 최대임에도 불구하고 농업계를 제외한 다른 분야에는 거의 알려져 있지 않았다. 따라서 교육역량강화사업에 처음으로 참여하여 우수대학으로 평가를 받은 것은 학교를 널리 알리는 데 큰 의미가 있었고, 특히 2013년까지 3년 연속 우수대학으로 선정됨으로써 학교의 명성을 드높였다. 2013년도 교육역량 우수대학은 모두 80개 대학으로,

수도권 25개 대학, 비수도권 55개 대학이었다. 이 중 수도권 지역에서 3년 연속 선정된 대학은 농협대학교를 포함해 모두 11개교에 불과하였다. 또한 교육역량 우수대학은 일반적으로 재학생이 많은 대학을 우선석으로 선성하는데, 2013년도에 선정된 우수대학 중 재학생이 500명 이하인 학교는 농협대학교가 유일했다.

농협대학교는 학생 1인당 수혜금액이 전국 1위를 기록할 만큼 학생들에 대한 지원이 다른 대학에 비해 매우 높다. 2013년 농협대학교의 학생 1인당 수혜금액은 495만 원이었는데, 이는 2013년에 선정된 교육역량 우수대학 중 가장 높은 수준이다. 농협대학교는 현재 교육역량강화사업을 기초로 하여 취업률, 학생학습역량 및 교수 역량, 학생만족 부문에서 최우수대학으로 도약하고 있다. 특히 3년제 학제 개편으로 2012년 '농협대학'에서 '농협대학교'로 승격한 이후부터는 글로벌 협동조합 인재를 육성하여 차세대 협동조합과 농촌에 필요한 핵심 리더를 양성한다는 목표로 중장기 계획을 수립하고 이를 달성하기 위해 박차를 가하고 있다.

2012년 6월 농협대학교는 개교 50주년을 맞이하여 미래 비전을 선포하고 '농협대학교 특성화 및 중장기 발전계획'을 발표하였다. 향후 2020년까지의 중장기 로드맵을 설정한 발전계획은 대내외 교육환경의 변화 속에서 교육 패러다임을 변혁하여 농업, 농촌 그리고 농협, 나아가 한국 사회의 발전에 기여한다는 목적으로 수립하였다.

농협대학교는 개교 이래 우수한 농협 인재를 공급하며 한국 농업 발전에 많은 기여를 해 왔다. 대학 졸업자가 많지 않았던 1960년대와 1970년대에는 고학력전문인력을 양성하여 농협의 기간요원을 배출하며 경제 발전에 기여하였고, 1980년대부터는 다양한 특별 과정과 교육프로그램을 개설하여 농업인 교육에 선도적 역할을 수행함으로써 한국 농업, 농협이 성장하는 데 없어서는 안 될 교육기관으로 우뚝 섰다. 그러나 농협대학교는 급변하는 시대와 환경 속에 정체성의 위기와 더불어 폐교론에 휩싸이기도 하였다. 졸업생에 대한 일선조합의 선호도 하락과 인력수요의 감소로 과거에는 고학력 우수인력을 배출하는 학교로 인정받았지만 시대 변화에 따라 그 위상이 점차 떨어졌고, 일선조합의 공채 채용 보편화와 청년실업의 영향으로 명문대 졸업생의 조합 지원이 늘어나면서 농협대생에 대한 수요가 감소하여 대학 운영에 대한 회의론까지 일었다. 또한 예산 및 인사 부문 등 운영 전반에 걸쳐 농협중앙회에 대한 의존도가 높아 대학 스스로 발전을 도모하는 데 한계를 가지고 있었다. 이로 인해 농협대학교 폐교론은 시들지 않고 불쑥불쑥 고개를 내밀곤 하였다. 발전계획은 이러한 위기를 극복하고 협동조합 시대를 맞아 농협뿐만 아니라 농업 및 관련 산업, 지역개발, 환경 등의 분야에서 전문지식과 창의력을 갖춘 인재 육성은 물론 협동조합 연구활동을 선구함으로써 사회적 기여와 더불어 학교의 새로운 가치를 정립하기 위해 수립하였다. 농협대학교는 향후 2020년까지의 미래 비전을 '특성 기반의 협동조합 선진대학교'로 설정하였다. 그리고 현재의 전문대학 체제에서 보다 심화된 형태의 전문교육 국방부 직할부대 및 기관으로 나아가려는 의지를 담아 발전목표를 '고도화'로 정하였다. 이는 농협 중심의 학문영역을 협동조합과 관련한 분야, 즉 농업, 농촌, 소비자, 지역사회, 농업 관련 산업, 지역 및 환경보전 등으로 확대하여 세계 최고의 협동조합 선진대학으로서 인재를 배출하고 실사구시적인 연구를 선도하겠다는 강력한 의지를 천명한 것이었다. 발전목표인 '고도화'를 달성하기 위해 농협대학교는 6가지 핵심전략을 정하였다.

농협대학교는 현재 6가지 핵심전략을 단계별 추진일정에 따라 수행하고 있다. 재정자립은 새로운 수익사업의 창출과 기금적립을 통해 '재정자립도 100%'를 달성하기 위해 노력하고 있으며, 대학 운영체계의 선진화는 BSC(균형성과관리) 인사제도의 도입과 시설 인프라 개선을 통해 선진형 대학 운영 시스템을 구축한다는 목표로 진행하고 있다. 협동조합 교육의 고도화는 전공트랙제와 교원 능력 향상 프로그램을 도입하여 교육의 수준을 끌어올리고 있고, 우수 인재 유치와 진출영역 다양화는 적극적인 입학 마케팅을 펼치는 가운데 새로운 직종에 진출하기 위한 학생 역량강화 프로그램을 도입하여 수행하고 있다. 또한 대학 구성원들은 학교의 위상 제고와 글로벌화를 위해 WCC(World Class College)를 목표로 하여 비전과 목표를 공유하며 새로운 대학 가치와 패러다임을 정립하기 위해 노력하고 있다.

한국 농업과 농촌, 농협 발전에 중추적인 역할을 할 인재를 양성한다는 목적으로 설립된 농협대학교는 2012년 개교 50주년을 맞았다. 1962년 학교법인 건국학원에 의해 개교한 이래 1964년 농협중앙회가 인수하면서 명실상부한 협동조합운동가들의 산실로 거듭난 농협대학교는 그 기능과 역할을 다하며 다양한 산학협력 교육을 수행해 왔다. 그리고 농협 임직원은 물론 전국의 농업인 교육에도 선도적 역할을 수행하며 한국 농업, 농협 부문의 교육 시스템 정립에 기여하였고, 졸업생들은 농협 선진화에 헌신하며 국가 발전에 기여해 왔다. 2012년 개교 50주년을 맞이할 때까지 농협대학교는 모두 4,260명의 인재를 양성하여 배출하였다. 이들 대부분은 농협으로

진출하여 한국 농협의 역사를 새로 쓰고 있는데, 농협중앙회 766명, 회원농협 2,746
명 등 전체 졸업생의 82%가 농협에서 활약하고 있다.

5) 산학협력단 운영

(1) 산학협력 교육

농협대학교는 농업, 농촌, 농협을 이끌어 갈 미래 인재를 양성하는 교육기관으로
서 새로운 지식과 기술을 창출하고 확산하기 위해 다양한 연구개발과 더불어 농업,
농촌, 농협 분야의 기술이전과 경영자문을 수행하고 있다. 이는 산학협력단을 중심
으로 수행하고 있는데, 산학협력단은 국민들의 안전한 먹거리를 생산하는 농업에 필
요한 선도인력과 국토의 대부분을 차지하고 있는 농촌사회를 이끌어 갈 지도인력을
양성하여 농업인들의 실익향상과 농촌사회의 부흥을 목표로 설치하였다. 산학협력
단은 2011년 2월 8일 공식 출범하였다. 그러나 농협대학교는 산학협력단 출범 이전
부터 이미 산학협력 교육을 수행하고 있었다. 1972년 농협대학교는 새마을지도자연
수원의 전신인 독농가연수원을 설치하였는데, 산학협력 교육은 이때부터 시작되었다.
이후 농협대학교는 금융인 새마을교육, 단위조합 기간요원 양성 과정, 새농민기술대
학, 협동조합경영대학원, 여성대학, 유통대학 등 농업 분야의 산학협력을 활발하게 수
행하였고, 이러한 산학교육은 산학협력단 출범과 함께 새로이 개편하여 오늘에 이르
고 있다. 먼저 산학협력단 출범 이전의 산학협력 교육 및 활동에 대해 살펴본다.

가. 독농가연수원

1961년 종합농협 발족 이래 농협은 사업기반의 확충과 더불어 농민 조합원의 농
협운동에 대한 이해와 참여를 제고하기 위해 활발한 활동을 전개하였다. 그러나 초
창기의 종합농협은 농민의 조직체로서 그 사명을 다하기에는 부족한 점이 많았다.
그것은 종합농협이 정부의 농촌조직 육성정책에 따라 탄생하여 사업기반을 정비하
지 못한 상태에서 조직과 사업을 확충시켜 나갔기 때문인데, 이를 극복하기 위해 농
협은 1964년 조합원의 주체의식을 공고히 하고 조합의 경영체질을 개선하여 농민의
권익을 수호할 목적으로 '농협체질개선운동'을 전개하였다. 이 운동은 지도이념의
정립, 농민의 주체의식 앙양, 농협적 경영자의 확보, 자주 자립적인 경영체질 순화,

기본단위 조직의 강화 등을 주로 하였다. 이후 농협은 1965년 새로운 농민상을 표방한 '새농민운동'을 전개하는 한편, 농협운동의 내실화를 목표로 농민 조합원의 교육사업을 대대적으로 확대하였다. 종합농협 발족 4주년을 맞아 선언한 새농민운동은 농촌근대화의 주체인 농민 스스로가 농촌운동의 선구자가 된다는 목표로 '자립하는 농민', '과학하는 농민', '협동하는 농민' 등 3가지 새농민상을 설정하고 자발적인 농민운동으로 승화되도록 지도력을 집중하였다. 그리고 새농민운동의 활성화를 위해 각 면단위에 이 운동의 거점인 '개척원센터'를 만들고, 1966년부터는 전국에서 농촌개발의 선도자를 선발하여 '새농민상'을 시상하였다.

새농민운동은 농촌의 개발과 교육사업에서 적지 않은 성과를 내며 정착해 나갔다. 이에 정부는 1970년 10월부터 이듬해 5월까지 '새마을 가꾸기' 사업을 전국적으로 전개하였다. 그리고 8개월간의 사업을 분석한 결과 마을지도자를 중심으로 주민들이 한데 뭉쳐 열심히 일한 마을은 놀라운 성과를 거두고 있고, 지도자의 역할이 얼마나 중요한가를 확인하게 되었다.

마을지도자의 중요성을 인식한 정부는 1971년 농촌지도자 양성계획을 본격적으로 수립하기 시작하였다. 특히 박정희 대통령은 새마을운동의 정신을 국가개발의 기본정신으로 삼아 그 계몽에 힘쓰고, 지역사회의 젊은 일꾼들을 훈련시켜 농촌 지도에 앞장서도록 하였다. 새마을운동이 성공하려면 먼저 마을지도자를 양성하는 것이 무엇보다 선행되어야 하며, 이 지도자들이 일으키는 새 물결이 아래위로 파고들 때 새마을운동은 그만큼 빠른 속도로 파급될 수 있다고 판단한 것이다. 독농가연수원은 이 같은 배경에서 설치되었다.

박정희 대통령의 유시와 함께 농림부는 1972년 1월 독농가 교육계획을 수립하였다. 이 계획은 정예의 독농가를 핵으로 하여 농촌에 새 바람을 불러일으킨다는 것을 목표로 하였다. 자발적으로 협동농촌을 건설할 능력 있는 독농가를 마을마다 선발하여 자조, 자립, 협동 교육을 실시해 새마을운동의 초석이 되게 한다는 것이었다. 그리고 후속조치로 농협대학교에 독농가연수원을 설치하고 김준 교수를 원장으로 임명하였다.

1972년 1월 4일 설치된 독농가연수원은 그해 3월 20일 농협중앙회의 공식 기구가 되었다. 농협중앙회는 독농가연수원 교육을 농협대학교의 교육시설을 이용해 실시할 수 있도록 하고 필요한 예산을 편성하여 조치하였다. 이에 앞서 1월 21일에는 독농가

교육에 관한 기본방침이 확정되었는데, 교과과정을 일반과목 30%, 전문과목 70%의 비율로 하여 일반과목은 새마을정신을, 전문과목은 성공사례와 실기를 중점으로 2주간 합숙교육을 실시하기로 결정되었다. 당시 농협대학교에는 농협임직원연수원이 부설되어 있었다. 따라서 독농가연수원의 교육시설은 별개의 시설 없이 농협임직원연수원과 농협대학교를 활용하였다. 강의실은 대학 본관 3층의 일반 강의실 2개를 하나로 개조하여 150여 명을 수용하였고, 생활관은 1실 25명을 수용할 수 있는 단층건물을 이용하였다. 교육행정을 수행할 사무실 또한 대학시설을 일부 사용하였다.

독농가연수원은 농협중앙회의 소속기구였으나 정부가 새마을운동에 필요한 지도자를 우선으로 선발하여 교육을 위탁하는 형태여서 관계 부처와 국방부 직할부대 및 기관의 지원이 불가피하였다. 따라서 처음 교육을 실시할 당시는 농림부가 주관 부서로서의 기능을 수행하며 교육계획의 수립과 교육대상 선발, 교육지원에 이르기까지 제반 행정조치를 뒷받침하였다. 그리고 농협중앙회는 원장을 비롯한 교육요원을 소속 직원 중에서 선정하여 배치하고, 교육에 필요한 제반 시설의 확보와 정비는 물론 교육에 필요한 차량과 기자재 등을 지원하였다. 그러나 1972년 7월부터 실시된 새마을지도자반 교육은 내무부가 주관 부서로서 교육계획을 수립하여 독농가연수원에 위탁하였고, 도지사와 군수를 통해 교육대상자를 선발하여 군비로 교육경비를 부담하였다. 독농가연수원은 1972년 1월 24일 제정된 '독농가연수원 운영요강'에 따라 운영하였다. 운영요강에 의거해 교관단과 행정반을 두었고, 교관단은 단장(연수원장 겸임)과 교관 5명으로 구성하였는데 교관들은 단장의 세부방침에 따라 교육에 임하였다. 그리고 행정반은 연수원의 교학, 서무, 회계에 관한 행정업무를 담당하였는데 실제로는 교관들이 행정업무를 분담하여 처리하였다.

교관단은 연수원장이 편성하였다. 김준 원장은 농협대학교와 농협임직원연수원, 농협중앙회에서 교수 능력이 탁월한 사람들을 선발하여 교관단을 편성하였는데, 농협중앙회의 정식 기구로 체제를 갖춘 후에는 전국의 농협에서 적격자를 선발하여 농협중앙회의 승인 절차를 밟아 교육요원을 확보하였다. 연도별 교관명단은 다음과 같다.

◎ 1972년 교관단
　　원장: 김준
　　교관: 우종만, 박병화, 최수련, 권순종, 곽정현, 김국진, 이재석

◎ 1973년 교관단

　　원장: 김준

　　차장: 김종만

　　교관: 곽정현, 김국진, 이재석, 권순종, 김성태, 고상용, 문시태, 허남도

독농가연수원 운영규칙은 1972년 5월 1일 새롭게 제정되었다. 이에 따라 교육을 연수원 자체교육과 수탁교육으로 구분하였는데, 자체교육은 농협중앙회의 사업계획 및 예산으로 실시하였고 수탁교육은 정부와 기타 국방부 직할부대 및 기관의 위탁을 받아 실시하였다.

독농가연수원의 첫 교육은 1972년 1월 31일부터 실시한 제1기 독농가반 교육이다. 2주간의 교육을 위해 농협대학교는 교과과정의 편성을 비롯해 강사 위촉 및 성공사례 발표자 선정, 교재 편찬, 연수복 조제 등 교육 준비에 모든 교직원이 합심하여 열성을 다하였다. 제1기 독농가반 교육생은 전국 각 군에서 1명씩 선발한 독농가 140명이었다. 이들은 입교식 하루 전인 1월 30일 오후에 연수원에 도착하여 연수복을 비롯한 지급품 일체를 지급받고 생활관에 입사하였다. 그리고 다음 날 입교식을 가졌는데, 입교식이 있었던 이날은 새마을교육의 첫 장을 펼치며 한국 농촌지도자 교육의 새로운 역사를 쓴 날로 기록된다. 그러므로 농협대학교는 조국근대화의 신화를 창조한 감동적인 드라마 새마을운동의 원동력이자 지금까지 독특한 사회교육으로 평가받고 있는 새마을교육의 발원지라 할 수 있다. 제1기 독농가반 교육생들은 2주간의 교육을 마치고 2월 12일 수료식을 가졌다. 이어 제2기 교육이 시작되었는데, 2월 24일 박정희 대통령은 독농가연수원을 방문하여 교육생들을 격려하였다.

이날 박정희 대통령은 연수원의 교육현황을 보고받은 뒤 수강 중인 연수생들과 이들이 생활하는 생활관을 돌아보았다. 박정희 대통령은 제1기 수료생들의 수료 소감까지 모두 읽어 보며 특별한 관심을 표했는데, 농림부 등 관계 행정기관과 농협은 교육생들이 체득한 새마을정신과 의용이 좌절되지 않도록 사후지도를 체계적으로 하여 농촌근대화의 선구자들이 될 수 있도록 하라는 당부를 하였다. 아울러 교육은 성적으로 이루어지고 있다고 격려하고 몇 가지 사항은 시정 보완할 것을 지시했다. 구체적인 내용은 다음과 같다.

- 교과과목의 축소나 교육 수준을 재검토하여 교육생들이 교육 내용을 충분히 이해할 수 있도록 할 것
- 합동강의실은 음향장치와 책상 의자를 개선하여 뒷자리에서노 살 들리고 잘 보이도록 할 것
- 교관단은 교육 평가를 시험 성적에만 의존하지 말고 개개 독농가별로 적성과 의욕을 파악하여 A, B, C 그룹으로 구분하고, 특히 자질이 없다고 판단되는 C 그룹 교육생은 이를 해당 군수에게 통보할 것
- 농협중앙회장은 교관단의 사택을 지어 주고 특별수당을 줄 것
- 농림부와 농협은 교육을 받은 독농가의 새로운 영농계획을 지원할 수 있도록 중장기 저리자금을 융자해 줄 것

박정희 대통령은 연수원 방문을 마치고 농협대학교에도 특별한 당부를 남겼다. 그것은 사관학교와 같은 교육으로 인재를 양성하라는 것이었다.

연수원 교육은 독농가반을 시작으로 '새마을지도자반', '단위농업협동조합장반'으로 과정을 바꿔 가며 수행되었다. 1972년 1월 31일부터 시작한 독농가반 교육은 매기 2주간씩 3기에 걸쳐 420명의 수료생을 배출하고 그해 3월 18일 종료되었다. 독농가반 교육은 1976년까지 5개년에 걸쳐 모두 3,220명을 교육할 계획이었다. 그러나 교육은 정부의 새마을교육 일원화 방침에 따라 3기를 끝으로 종료되었다. 1972년 7월 3일 연수원은 독농가반을 대체하여 '새마을지도자반' 과정을 신설하였다. 이는 새마을교육 일원화 방침에 따른 것이었는데, 새마을지도자를 대상으로 정예화 교육을 하였다. 새마을지도자반 교육은 7기에 걸쳐 모두 1,070명의 수료생을 배출하였다. 새마을지도자반 교육은 1972년 한 해 동안만 수행되었다. 1973년 정부는 새마을운동을 농협운동과 연계시키지 않고서는 실효를 거두기 어렵다고 판단하고 그해 3월 5일부터 '단위농업협동조합장반'을 신설하였다. 교육은 처음 방식대로 매기 2주간씩 합숙교육이었으며 2기에 걸쳐 302명의 수료생을 배출하였다. 이후 독농가연수원은 1973년 4월 8일 새마을지도자 교육을 보다 효율적으로 수행하기 위해 수원의 농민회관으로 이전하였다. 이어 7월 2일에는 '새마을지도자연수원'으로 명칭을 변경하였다. 이로써 농협대학교에서 실시한 교육은 종료되었는데, 이때까지 배출한 수료생은 3개 과정 모두 합하여 1,792명이다.

독농가반은 자조, 자립, 협동의 새마을정신을 함양한다는 목표로 새마을운동 성공사례를 중심으로 교육을 실시하였다. 교육대상자인 독농가의 요건은 고소득 영농 및 협동농촌 건설에 의욕과 능력이 있는 자, 부락민으로부터 절대적인 신임을 받고 지도역량이 풍부한 자로 하였고, 중학교 졸업 또는 동등 이상의 학력이 인정되는 30～40대의 청장년으로 하였다.

교육대상자 선발은 엄격하였다. 먼저 각 읍, 면장이 농촌지도소 지소장, 단위농협장과 협의하여 교육대상 후보자를 군수에게 추천하면 군수는 농촌지도소장, 농고 교장, 군 교육장, 군 농협조합장과 협의하여 적격자를 3명 선발하였다. 그리고 1, 2, 3순위로 정하여 도지사에게 보고를 하면 도지사가 이를 취합해 농림부장관에게 보고를 하였고, 순위대로 기별 교육대상자를 결정하였다. 교과 편성은 일반과목 39시간(32.5%), 전문과목 81시간(67.5%)으로 배분하여 모두 120시간으로 하였다. 일반과목은 새마을정신 계발, 자율적 향토 질서 유지, 농촌환경 개선, 농민지도 기법, 현지시찰 등이었고, 전문과목은 성공사례, 고소득 영농, 분임토의 등이었다. 교육은 연수원에 입교한 교육생들이 작성한 생활기록부와 입교 소감을 분석하여 교육생의 수준에 맞추어 실시하였다. 이론 중심의 강의와 새마을지도자들의 성공사례를 중심으로 이루어졌고, 우수 새마을 현지 견학을 실시하여 새마을정신을 함양시켰다.

교육생들의 하루는 새벽 6시에 시작되었다. 기상과 함께 점호와 구보, 생활관 청소와 20분간의 참선, 아침식사에 이어 건전가요 합창과 대화를 나누는 조회를 시작으로 오전 학과와 오후 학과 수업을 들었고, 저녁식사 후에는 성공사례 발표와 배석토의, 분임토의가 밤 10시까지 진행되었다. 그리고 저녁 점호를 마치고 10시 30분에 취침을 하였는데, 분임토의가 길어져 자정을 넘기는 경우가 허다하였다. 독농가반 교육은 3기에 걸쳐 모두 420명을 배출하였다. 기별 수료생은 다음과 같다.

· 제1기(1972. 01. 31～02. 12): 140명
· 제2기(1972. 02. 21～03. 04): 140명
· 제3기(1972. 03. 06～03. 18): 140명

1972년 내무부는 새마을지도자 교육을 수립하였다. 이는 박정희 대통령의 지시에 따라 독농가연수원에서 실시하였는데, 새마을지도자 1,000명, 도 교관요원 70명 등

모두 1,070명의 위탁교육을 그해 7월 3일부터 10월 21일까지 7기에 걸쳐 2주간 합숙교육으로 실시하였다. 교육대상은 1972년도 '새마을완성부락'으로 선정된 마을의 지도자와 각 도의 새마을교육 담당 공무원과 교육요원들이었다. 새마을시도사반 과정을 시작할 당시는 전국적으로 새마을사업이 한창이었다. 따라서 교육은 지속적으로 새마을정신을 계발하는 것을 목표로 하여 교과내용도 새마을정신 계발을 위한 교과목을 중심으로 지붕개량, 건설공사 기본공법, 농촌안전급수(간이상수도), 부엌개량, 메탄가스 시설, 농로개설, 하천정비 등 새마을사업의 추진 이론과 실기를 배양하는 데 중점을 두었다. 교과 편성은 일반과목 40시간(30%), 전문과목 74시간(55%), 기타 20시간(15%)으로 배분하여 모두 134시간이었다. 일반과목은 새마을정신 계발, 자율적 향토 질서 유지, 농민지도 기법 등이었고, 전문과목은 새마을사업, 새마을 실기, 소득증대사업, 협동, 성공사례, 분임토의, 우수부락 견학 등이었다. 1972년 6월 25일 내무부와 농림부는 보사부, 농촌진흥청, 건설부와 공동으로 농협대학교 본관 전면의 서편 400평에 구획을 나누어 소관부처별로 17개의 '새마을표준사업실습장'을 설치하였다. 교육생들의 새마을정신과 능력을 배양하기 위해 만든 이 실습장에서는 강의를 통해 얻은 지식과 기술을 연마하는 교육을 하였고, 이러한 교육을 통해 농어촌지역의 새마을지도자를 배출하였다.

1972년에 실시한 독농가반 교육과 새마을지도자반 교육은 성공적으로 수행되었다. 이에 농림부는 '1973 농협 각급 조합장 교육계획지침'을 수립하였다. 이 지침은 1973년부터 시행할 새마을 농정의 실천 주체인 각급 조합장의 새마을정신을 계발한다는 것이었다. 그리고 이들 조합장을 중심으로 하여 농민조합원의 새마을운동을 일으켜 조합을 능동적으로 정비하고, 조합장의 경영 능력을 배양하여 조합을 합리적이고 능률적으로 운영하게 한다는 것이었다. 이러한 목적으로 각급 농협조합장들은 독농가연수원에 입소하여 합숙교육을 받았다. 교육은 1973년 3월 5일부터 매기 2주간 합숙교육으로 그해 10월까지 10기에 걸쳐 1,500여 명을 실시할 계획이었다. 그러나 연수원의 이전으로 2기까지 302명만을 배출하고 끝마쳤다.

교과는 모두 120시간으로 편성하여 일반과목 40시간, 전문과목 80시간으로 하였다. 일반과목은 새마을정신, 자율적 향토 질서 유지, 농촌환경 개선, 농민지도 기법, 선진지견학 등이었고, 전문과목은 성공사례, 농협운동, 농협실무, 농협경영, 분임토의 등이었다.

분임토의 주제는 바람직한 농협의 미래상, 새마을운동과 농협운동의 일체화 추진 방안, 단위조합 사업의 내실화 방안 등 농협운동을 주로 하였다. 이 교육을 통해 교육생들은 농협운동과 새마을운동을 연계하며 농촌 지역사회를 발전시키는 핵심지도자로 거듭났다.

나. 금융인 새마을교육

새마을교육은 처음 실시할 당시 대상자를 독농가와 농촌의 새마을 지도자로 한정하였다. 이후 교육대상자는 농촌에서 도시로, 직장과 공장 등으로 새마을운동이 확산되면서 도시 새마을지도자와 직장 및 공장 지도자까지 확대되었는데, 금융인 새마을교육은 이러한 과정에서 실시하였다.

1973년 11월 수원으로 이전한 새마을지도자연수원은 도시(기업) 새마을운동의 활성화를 목표로 전국상공회의소, 전국경제인연합회, 무역협회, 중소기업협동조합, 국영기업체 간부를 대상으로 '경제단체간부반' 교육을 실시하였다. 이어 1974년 4월부터는 중앙부처 1, 2급 공무원과 국영기업체, 산하단체장을 대상으로 '고급공무원반' 교육을 실시하였고, 7월부터는 장관, 차관을 비롯해 대학 총장, 학장, 언론인, 종교인 등 사회지도층 인사들까지 새마을교육을 실시하였다. 이런 가운데 재무부는 1974년 8월 17일 산하기관에 대한 새마을 교육을 실시하기로 결정하였다. 재무부는 이 교육을 농협대학교에 자리한 농협임직원연수원에 위탁하여 실시하기로 결정하였다. 이에 따라 농협임직원연수원과 농협대학교는 금융인 새마을교육단을 편성하였는데, 연수원장을 겸임하고 있는 강계원 학장을 단장으로 하여 부단장 2인과 기획, 교무, 행정, 사감, 훈육, 분임지도 등 5개 담당으로 나누어 교육단을 구성하였다.

교육은 농협대학교 시설을 이용하여 실시하였다. 강의실은 150여 명을 수용할 수 있는 대강당을 사용하였고, 합숙을 할 생활관은 농협대학교의 생활관 중 단층건물 (동당 2실, 1실 25명 수용) 3개 동을 사용하였다. 행정사무실도 대학 본관 1층의 교수실을 사용하였는데, 1975년에는 교육인원이 증가하여 창고 1동과 생활관 1동을 더 늘려서 사용하였다.

금융인 새마을교육은 전국의 금융인 간부를 대상으로 실시하였다. 1974년 9월 16일 제1기(150명) 입교와 함께 실시된 교육은 그해 연말까지 모두 1,500명을 대상으로 하였고, 12월에는 교육 이수자의 가족(부인) 900명에 대한 1일 교육도 실시하였다. 또한 이듬해에는 금융기관의 간부급 직원 5,028명을 교육하였다.

교육의 목표는 새마을정신을 계발하여 새마을운동을 확산하고, 복지사회 건설에 기여하는 금융인을 배출하는 것이었다. 그래서 교육은 합숙교육을 통한 협동심 배양, 성공사례와 분임토의 중심의 상호교육, 수료생과의 지속적인 상호연결을 유도하는 것을 중심으로 하였다. 1974년 처음 교육을 시작할 당시에는 새마을정신 계발(14시간), 정책방향(12시간), 성공사례(13시간), 분임토의(9시간) 등을 주로 하여 교과목을 펴성하였다. 그러나 1975년에는 정책방향을 빼고 국가안보(6시간)와 자원 및 경제(4시간)를 추가하였다.

교육은 생활관에서 합숙을 하며 실시하였다. 생활관 합숙은 연수생들의 생활태도를 개선하기 위해 상호협조, 시간엄수, 복장단정, 환경청결, 성실이행 등 5가지 생활수칙에 따라 하였고, 독농가교육처럼 아침 기상과 함께 조회, 1.5km 구보, 청소와 세면, 아침식사에 이어 학과교육을 실시하였다. 그리고 저녁식사 후에는 시청각교육과 분임토의를 실시하였다.

금융인 가족(부인)에 대한 새마을교육은 교육 이수자들의 요청에 의해 이루어졌다. 가족에 대한 교육은 새마을운동의 이해를 촉진할 목표로 정신건강, 가족교육, 식생활개선, 합리적인 가계운영 등을 주로 하여 실시하였으며, 구체적으로는 새마을운동과 국가발전(2시간), 정신건강과 자녀교육(2시간), 현대여성의 생활설계(2시간), 건전노래(1시간), 영화감상(2편, 2시간) 등이었다. 가족 교육은 가사와 자녀 보육으로 인한 시간의 제약과 거리 등을 감안하여 합숙을 하지 않고 1일 교육으로 하였다.

다. 단위조합 기간요원 양성 과정

단위조합 기간요원 양성 교육은 단위조합의 경영합리화와 자조, 자립, 협동 의지를 고취한다는 목적으로 수행하였다. 이 교육은 1978년 1월 13일 개설되어 단위조합 중견직원의 업무처리 능력 및 자질 향상과 더불어 농협 이념과 농업인에 대한 봉사 자세를 확립하는 데 기여하였다.

교육대상은 실무경력 3년 이상인 단위조합 4급 직원으로 하여 농협인으로서의 신념과 사명감을 견지한 자로서 향후 농협 운동에 헌신할 수 있는 사람으로 하였다. 교육은 농촌지도자로서의 사명감 고취를 위해 기초소양과 새마을교육을 중점으로 하였고, 경영능력을 함양하기 위해 단위조합 실무교육과 영농교육을 실시하여 조합원지도 및 교육요원으로서의 자질을 배양시켰다. 이 교육은 개설 초기에는 12주 과정으로 하여 교육을 이수하면 단위 조합의 4급 책임자(현 직급으로 과장)로 임용되었다. 그러나 해마다 기간을 단축하여 1982년부터는 임용제도를 폐지하였고, 1983년에는 6주로 진행하였다. 이후 이 교육은 회원조합의 '보통반' 과정으로 전환되었다. 이 교육을 통해 배출한 인원은 모두 3,041명이었다. 연도별로 보면 1978년 449명, 1979년 442명, 1980년 588명, 1981년 436명, 1982년 777명, 1983년 349명이었고, 1983년 실시한 교육은 새마을교육(18시간), 기초소양(24시간), 농협실무(168시간), 기타(12시간) 등 총 222시간이었다.

라. 새농민기술대학

새농민기술대학은 농민들에게 성장자곡에 대한 최신 영농기술 교육을 실시할 목적으로 1984년 1월 23일 설치하였다. 새농민기술대학은 '농민들 속에 농협이 튼튼한 뿌리를 내려야 한다'는 윤근환 농협중앙회 회장의 강한 집념이 빚어 낸 작품이라 할 수 있다.

1980년대에 들어 농협은 농민들 속에 파고들어 뿌리를 내리고 있었지만 농민조합원에 대한 교육은 부실한 상태였다. 조합원 교육이 절실하였음에도 불구하고 농민들이 원하는 영농기술 교육을 수행하기에는 인력과 정보가 모자라 교육을 제대로 수행할 수 없었던 것이다. 농민이 원하는 영농기술은 농장의 작물과 가축에 관한 당면 문제들을 해결하는 데 필요한 구체적인 기술이었다. 따라서 영농기술 교육은 대학교육과는 다른 차원의 교육일 수밖에 없었다.

이러한 문제를 해결하기 위해 윤근환 회장은 1983년 농협대학교의 시설과 인원을 활용해 전문화된 영농기술 교육을 시도하라는 지시를 내렸다. 이에 따라 농협대학교는 실효를 거둘 수 있는 교육을 수행하기 위한 방법을 강구한 끝에 이듬해 대학 부설로 새농민기술대학을 설치하였다.

1984년 1월 1일, 농협대학교는 농민신문에 새농민기술대학 '비육우반' 개설 광고를 게재하였다. 이 한 번의 광고 효과는 매우 컸다. 광고를 보고 전국에서 243명이 입교를 희망한 것이다. 입교 희망자가 많았던 것은 선진적인 영농기술에 대한 농민들의 갈망이 컸기 때문이었다. 특히 젊은 농민들은 전문적인 기술교육이라면 자비로라도 받겠다는 학습욕구가 대단했다.

광고 게재 당시 농협대학교는 1개 학급에 60명씩 편성할 계획이었다. 그러나 입교를 원하는 농민이 많아서 이 희망자들을 2기로 나누어 입교시키기로 하였다. 그래서 1기는 1월 23일부터 1월 27일 사이에, 2기는 2월 6일부터 11일 사이에 교육을 시작하기로 하고 기별로 나누어 통지를 하였고, 1기 입교생들은 소의 비육에 관한 경험과 수준에 따라 2개 학급으로 나누어 교육을 실시하였다. 교육은 4박 5일 과정으로 하여 전문화된 기술교육을 실시하였다. 교육비용은 등록금 50,000원, 자부담 30,000원이었고, 자부담은 입교 대상자가 단위조합에 신청을 하면 20,000원의 장학금을 지원받았다. 등록금은 교재 작성, 강사료, 교육생들의 식비와 견학비 등으로 쓰였는데, 학급당 입교생의 수를 제한하여 1인당 교재 작성비와 강사료의 부담이 높아 경비지출이 1인당 50,000원을 초과하였다. 이 부족액은 농협중앙회가 부담하였다.

새농민기술대학에 입교한 농민들의 향학열은 매우 뜨거웠다. 강의 중 10분 동안의 휴식시간도 아끼기 위해 질문을 쏟아 내는 교육생들 때문에 강사들은 쉴 수가 없을 정도였다. 선진농가 견학 수업 때는 한 가지라도 더 배우기 위해 점심시간을 단축해 달라는 요구까지 하였다. 이렇게 5일간 짧은 과정의 교육을 마친 교육생들은 수료증을 받아 들고서 배움의 한을 풀었다는 감회에 젖기도 하였다. 새농민기술대학은 협동조직장을 대상으로 하는 지도자 교육과는 달리 일선조합원과 영농기술자 등을 대상으로 하여 교육하였다는 데 의의가 있다. 또한 교육생들은 5박 6일 동안 합숙생활을 하며 배우고 익힌 기술을 전파하여 최신 영농기술을 보급하는 데 한몫을 하였다. 농협은 이러한 수료자들 중 우수 농가에 사업자금을 지원하였고, 단위농협은 우수 농가를 견학교육장으로 활용하고 강사로 초청하여 교육을 실시하기도 하였다.

농민들의 큰 호응 속에 성공적으로 운영된 새농민기술대학은 이후 교육과정을 육우, 낙농, 화훼, 버섯, 양돈, 시설채소, 인삼, 포도, 복숭아, 사과, 약용작물, 관상조류, 양어에 이르기까지 다양하게 개설하였다. 또한 작목별 전문가에 의한 영농기술 강의와 현지견학 등 실제적인 교육을 실시하여 농민의 실익 증진에 기여하였다. 그리고 이러한 성과로 1985년 11월에는 경북연수원과 충남연수원, 1986년 12월에는 충북연수원에도 교육과정이 설치되었고, 점차 각 지방연수원으로 확대되었다. 이후 새농민기술대학은 1993년 농협안성교육원으로 이관되어 오늘에 이르고 있다.

마. 국제협동조합 과정

국제협동조합 과정은 1996년 4월부터 실시하였다. 1990년대 들어 한국 농업은 개방화의 물결에 휩싸여 생존위협에 시달렸다. 특히 1993년 우루과이 농산물협상이 타결되면서부터는 개방화와 국제화의 거센 파고가 밀려와 농업 부문에도 국제교류의 필요성이 더욱 커져만 갔다. 이 무렵 한국 농협은 지난 시간을 바탕으로 농업, 농촌 발전에 크나큰 성과를 내고 있었다. 그래서 아시아를 비롯한 세계의 개발도상국 농업 관련 국방부 직할부대 및 기관에서 한국의 농촌 발전상과 선진적인 경험을 배우고 싶다는 요청이 급증하였다. 이에 농협대학교는 국제교류 증진과 더불어 한국 농업과 농협의 세계화를 위해 한국국제협력단(KOICA)의 지원을 받아 외국인 연수과정을 개설하였다.

KOICA는 정부의 국제협력계획에 따라 개발도상국에 대한 공적 원조의 일환으로 이미 외국인 연수과정을 운영하고 있었다. 그러나 농업 분야의 연수는 개설과정도 적고 농촌진흥청, 농어촌유통공사 등 정부 부처나 정부투자기관에서 주관하고 있었다. 1995년 정부는 OECD 가입을 앞두고 KOICA의 개발도상국 원조를 확대하기로 하고, 그 일환으로 새로운 연수사업에 대한 수요를 조사하였다. 이에 농협대학교는 농협중앙회 해외협력실과 협력하여 1995년 4월 '아, 태지역 개도국 대상 농촌개발 및 협동조합경영 분야 훈련과정 개설계획(안)'을 농림부 국제농업국에 제출하였다. 이 계획은 농촌개발 및 협동조합경영 과정, 농산물 유통 및 농협판매사업 과정, 농촌금융 및 농협신용사업 과정 등 3개 훈련과정을 매년 1회씩 개설해 아태지역의 농업, 농촌 개발 담당 공무원, 농업협동조합 및 유사기관 임직원을 대상으로 연수를 실시한다는 것이었다. KOICA 연수사업은 모든 경비를 정부 예산에서 지원하였다.

따라서 연수기관에 선정되면 예산의 부담 없이 해외의 연수대상 국방부 직할부대 및 기관과 교류하며 국제화의 기반을 넓힐 수 있는 좋은 기회이기도 하였다. 이런 이유로 각급 국방부 직할부대 및 기관은 연수를 유치하기 위해 치열한 경쟁을 벌였고, 그만큼 연수 유치는 쉬운 일이 아니었다. 이러한 상황에서 농협대학교는 연수를 유치하기 위해 다음과 같이 당위성을 부각시켰다.

개발도상국들은 경제발전 단계에서 농업 부문의 비중이 클 뿐만 아니라 농업, 농촌 개발의 성장잠재력 또한 크기 때문에 이 분야에 대한 연수과정을 확대해야 하며, 농협대학은 이러한 연수를 수행하는 데 어느 국방부 직할부대 및 기관보다 강점을 갖고 있다.

첫째, 대학이 서울 근교에 위치하고 있고, 대학에 숙박시설과 강의실 등 풍족한 시설 여건을 구비하고 있다.

둘째, 농업, 농촌개발, 농협사업에 관한 다양한 지식과 실천경험을 갖춘 교수요원을 확보하고 있다.

셋째, 농협의 조직망을 활용해 전국 각지의 농업생산, 유통, 가공 분야에 대한 현장교육이 용이하다.

연수기관 신청은 1995년 5월에 하였다. 그 결과 KOICA로부터 연수기관으로 선정되었다는 통보를 받았는데, 1996년에는 '농촌개발 및 협동조합경영 과정' 한 과정만 개설하고 성과를 보아 그다음 해에 과정을 증설한다는 내용이었다. 이 결과는 의욕적으로 준비했던 계획보다 조금은 실망스러운 것이었다. 그러나 농협대학교는 정부기관의 지원을 받아 외국인 교육을 담당한다는 기대감과 자부심을 가지고 연수교육 준비에 만전을 다하였다.

농협대학교가 처음으로 수행한 연수는 '제1차 KOICA 농촌개발 및 협동조합경영 과정'이었다. 이 과정은 1996년 5월 29일부터 6월 8일까지 실시하였다. 연수대상은 중국을 포함한 동남아시아 10개국 20명이었고, 이들은 KOICA에서 오리엔테이션을 마치고 5월 30일 농협대학교 협동관 VIP동에 입사하였다.

농협대학교는 '국제협동조합 과정'이라는 이름으로 초대 과정책임자(Course Director)에 후에 학장(19대)을 역임한 고영곤 교수를 임명하고 연수를 실시하였다. 그리고 1차 연수를 실시한 결과 수료생은 물론 KOICA로부터 높은 평가를 얻어 1997년에는 '농산물 유통과 농협에 관한 연수 과정'을 새로이 추가하여 2개의 과정을 운영하였다. 이러한 성과를 바탕으로 아시아생산성본부(APO), 한국생산성본부와 공동으로 1997년 10월 13일부터 10월 16일까지 '지역개발사업 훈련방법에 관한 세미나'를 개최하였고, 1998년 들어서는 IMF 구제금융으로 인한 경제악화에 따라 KOICA의 연수 예산과 과정이 축소되었음에도 불구하고 전년도와 같이 2개의 과정을 시시하여 외국인 연수교육의 뿌리를 확고히 내렸다.

KOICA의 연수과정은 IMF 사태 이후 대폭 줄어들었다. 그러나 농협대학교는 1999년 이후에도 특화된 농업금융 과정을 개발하는 등의 노력으로 매년 1~2개의 과정을 지속적으로 유치하였다. 외국인 연수는 한국의 농촌지역 개발과 농협의 다양한 사업활동 경험을 전수함으로써 개발도상국의 협동조합 발전에 기여하였다. 또한 연수생들을 농협대학교 교직원 가정에 초청하는 'Home Visiting' 행사를 통해 한국 문화를 널리 알리며 상호 간의 이해를 증진하는 데 기여하였다. 이러한 활동을 바탕으로 농협대학교는 국제협력활동을 더욱 활발하게 추진하며 글로벌 마인드를 형성해 나갔다.

바. MBA 과정

2001년 3월 제1기 교육과 함께 시작한 MBA 과정은 농협중앙회의 3, 4급 책임자를 대상으로 실시하였다. 매기 50명을 정원으로 하였고, 개별심사를 거쳐 금융 MBA 과정 30명, 유통 MBA 과정 20명을 선발하였다.

교육목적은 협동조합 이념과 철학을 현대적 감각으로 체득하게 하여 균형과 조화를 이룬 관리자상을 정립하고, 선진 금융, 유통기법을 익힌 전문인력을 양성하여 경영관리 능력을 갖춘 차세대 중견관리자를 배양하는 것이었다. 이를 위해 농협대학교는 각계의 저명인사와 CEO를 포함하여 농협 임원과 실무책임자, 재정경제부, 농림부의 정책입안자, 대학 교수 등 내외부 전문가들을 강사로 편성하여 교육을 실시하였다. 교육은 주 5일(월~금) 전일제 수업(총 강의시간 560시간)으로 하였다. 교육내용은 금융 부문과 유통, 경제 부문, 협동조합 이념과 경영관리 등 크게 3가지로 구분하여 실시하였다.

◎ 금융 부문
　·금융 환경과 농협 신용사업과의 적합성 및 적용도 검토
　·금융업무에 관한 전문지식 함양 및 금융상담 능력 강화
◎ 유통 경제 부문
　·농산물 유통의 특수성과 신 물류체계에 대한 이해
　·농협 경제사업의 선진화 및 경쟁력 제고방안 검토
◎ 협동조합 이념과 경영관리
　·협동조합 이념 확립과 농협인의 바람직한 패러다임 정립
　·기업회계 분석을 포함한 경영관리 능력 제고

MBA 과정은 다른 대학의 교육과 달리 이론과 실무를 병행하며 농협 실무와 연계한 현장 교육을 중점으로 하였다. 업무개선에 관한 사례연구를 실시하여 조별 Task-Force를 통해 팀워크를 끌어올리고 문제 해결 능력을 증신하였고, 개별 능력과 수준에 따라 세분화한 PC 교육을 시시하여 사이버 정보수집 능력을 강화하며 전자상거래 실습을 통해 e-Business 수행 능력을 제고하는 등 전산정보 교육을 강화하였다. 또한 학습내용에 대한 평가시험을 정례화하고 소정의 출석률(90%)과 평점(70%) 취득자에 한하여 수료증을 수여하는 등 학사관리를 엄격하게 하였다. 이러한 과정을 수료한 교육생들에게는 대학원 연구과정 수료에 준하는 인사고과 가점을 부여하였다. 그리고 금융 MBA 수료 후 여신업무에 1년 이상 종사하는 사람에게는 '대출심사역' 자격을 부여하는 특전을 주었다.

사. 농업기계교육 과정

농업기계교육은 회원농협의 농기계 전문기술요원을 양성할 목적으로 수행하였다. 1991년 농업기계 특별교육을 실시한 것을 시작으로 1992년 대학 부설로 농업기계교육단을 공식 발족하여 이후 2000년까지 기계화 영농지도자반, 미곡종합처리장 실무반, 농기계 고급반, 자동차 기능사반, 시비진단 실무반, 공동퇴비 제조반을 차례로 개설하였다.

◎ 교육 연표
- 1991. 05. 09 농협중앙회장, 농업기계 특별과정 설치 지시
- 1991. 09. 17 농업기계 특별교육 실시
- 1992. 09. 18 대학 부설 농업기계교육단 발족
- 1994. 05. 09 기계화 영농지도자반 개설
- 1994. 08. 16 미곡종합처리장 실무반 개설
- 1995. 11. 27 농기계 고급반 개설
- 1998. 07. 27 자동차 기능사반 개설
- 1999. 10. 11 시비진단 실무반 개설
- 2000. 10. 30 공동퇴비 제조반 개설

◎ 농기계 기능사반

농기계 기능사반은 농기계 전문 이론과 실무 기술을 중심으로 3주 과정의 교육을 실시하여 농기계정비기능사 국가기술자격증을 취득하게 하였다. 1991년 51명을 시작으로 2002년까지 모두 1,176명의 수료생을 배출하였으며, 특히 농협대학교에서 유치하여 실시하는 자격검정은 국내 최고의 국가기술자격 합격률을 자랑하였다.

◎ 농기계 수확기반

수확기전문반은 국내 유수의 농기계 제조업체와 유기적인 협조체제를 구축하여 최신 콤바인과 곡물건조기를 다루는 실무 기술 중심의 교육을 실시하였다. 그 결과 1997년 정홍균 수료생(전북 김제)과 장익수 수료생(울산 울주)이 지방기능경기대회 농기계수리 부문에서 금상을 차지하였는데, 장익수 수료생은 1999년 농협 역사상 최초로 농기계수리명장에 오르는 영예를 안았다.

◎ 미곡종합처리장반

미곡종합처리장반은 미곡종합처리장(RPC)의 관리 및 운영인력을 양성할 목표로 도정 이론과 기술, 품질검사 등을 교육하였다. 교육생들의 현장 실무 능력을 함양하기 위해 선진 현장 실습과 토론 등 다양한 프로그램으로 교육을 하였고, 1994년부터 2002년까지 모두 540명을 배출하였다.

◎ 시비진단 실무반

시비진단 실무반은 날로 황폐화되어 가는 우리 토양 상태를 분석하고 적정 시비를 통해 환경농업과 더불어 흙 살리기를 실천할 수 있는 토양분석 전문인력을 양성하는 과정이었다. 교육은 과학적인 토양분석기법을 바탕으로 시비처방 지도요령 등 토양 관리 전문 이론과 실습 위주로 하였고, 교육을 이수한 수료생들은 토양평가기사 국가기술자격증을 취득하였다. 이 교육은 1999년부터 2002년까지 500명을 배출하였다.

◎ 퇴비제조 실무반

퇴비제조 실무반은 토양학과 비료학 등 퇴비제조 전문 이론과 선진퇴비공장 견학 등의 교육을 실시하였다. 농업환경 보호와 지력 증진을 통해 우수한 농산물을 생산하는 데 그 역할을 다하는 전문인력을 양성하는 것을 목표로 하였고, 지역농협이 운영하는 공동퇴비장 운영 및 퇴비제조 기술 선문인을 양성하여 2000년부터 2002년까지 147명을 배출하였다.

◎ 자동차기능사반

자동차기능사반은 농촌의 자동차 보급 확대에 따른 지역농협의 자동차 정비 기능인력을 양성한다는 목표로 개설하였다. 자동차엔진, 전기, 섀시, 전자제어 등 3주 과정의 전문 이론과 실습 교육을 통해 교육생들의 국가기술자격 취득률을 높였고, 2000년에는 자격검정을 유치하여 합격률을 제고하였다. 1997년부터 2002년까지 240명의 수료생을 배출하였다.

아. 유통대학

1994년 농협중앙회는 정부의 농산물 유통개혁 대책에 따라 농어촌 발전특별세를 재원으로 하여 16개소의 농산물 물류센터를 건립할 계획을 수립하고 1996년 2월과 6월 양재동과 창동에 물류센터를 착공하였다. 이는 개방화 시대에 대비하기 위한 것이었다. 유통시장은 1996년 농산물시장과 유통업의 완전 개방으로 무한경쟁시대에 돌입하였다. 그리고 미국의 월마트와 프랑스의 까르푸 등 선진 유통업체들이 국내로 진출하면서 국내 유통업체들은 활로를 찾아 지방도시에까지 진출하는 등 대책 마련에 부심하였다. 이에 농협중앙회는 물류센터를 착공하고 직원들을 대상으로 물류센터 근무요원 20명을 선발하였는데, 이들 대부분은 신용업무를 담당한 직원이어서 물류센터 운영요원으로서의 전문 교육을 받는 것이 급선무였다. 유통대학은 이러한 배경에서 설치되었다.

1996년 10월 제1기를 시작으로 교육을 수행한 유통대학은 8주 과정으로 하여 현장 교육을 중심으로 하였다. 즉, 이론 수업은 유통 관련 전문가와 현장의 실무책임자를 초청하여 하였고, 이마트와 까르푸 등 선진 유통 시설 견학과 함께 공영 동매시장과 농협 유통센터, 하나로클럽 등 소비지와 공판장에서 현장 실습을 주로 한 것이다. 현장 실습은 주산지 농협 관내의 작목반과 독농가 농장에서도 실시하였다. 교육생 4~8명을 1개 조로 편성하여 작목별 생산, 수확, 선별, 포장, 출하 등 전반적인 과정을 교육한 것인데, 실습 후에는 자발적인 상호토의와 문제점 도출, 개선방안을 수립하는 교육을 실시하여 거시적인 안목으로 농산물 유통 전반을 조망할 수 있도록 하였다. 유통대학은 이론과 현장을 연계한 짜임새 있는 교육으로 농협중앙회와 농림부로부터 높은 평가를 받았다. 그래서 제4기 교육에는 충남도청의 중부(천안)물류센터 건립 담당 사무관 1명과 주사 1명, 주식회사 농심 사원 2명 등 외부 직원 4명이 등록하여 교육을 받기도 하였고, 해당 국방부 직할부대 및 기관은 매 과정별로 2~3명의 직원이 교육을 받게 해 달라고 요청하기도 하였다. 유통대학은 설치 이래 전문인력 양성의 산실로서 그 기능과 역할을 다하였다. 유통대학을 수료한 교육생들은 농협중앙회를 비롯해 전국의 농산물 유통현장에서 핵심요원으로 활약하며 초창기 유통센터의 시스템 확립에 크게 기여하였는데, 특히 평택 안중농협, 춘천 신북농협, 상주 외서농협, 성주 수륜농협, 대가농협, 부여 구룡농협, 나주 세지농협, 예산 대술농협, 아산 도고농협, 대관령원협, 음성 맹동농협, 김천 남면농협, 순천농협 등 산지 유통사업이 활발한 선진조합의 농업인 소득 증대에 기여하였다.

유통대학은 유통센터 운영요원, 품질관리사, 하나로마트 점장, 공판장 운영요원, 유통 전문인력 양성 등 5개 과정의 교육을 실시하였다. 모든 과정은 소수정예주의로 하여 인력을 배출하였고, 수료와 동시에 근무지로 복귀하여 현업에 종사하였다.

◎ 유통센터 운영요원 과정

이 과정은 농산물 유통센터에 근무할 직원을 선발하여 업무에 필요한 유통마인드를 함양하고 현장의 적응력을 높임으로써 유통센터를 성공적으로 운영할 수 있는 전문가를 양성한다는 목표로 개설하였다. 교육대상은 유통센터에 근무하는 직원을 비롯해 개설 준비 중인 유통센터 요원까지 포함하였고, 2002년까지 173명의 수료생을 배출하였다.

◎ 품질관리사 과정

이 과정은 채소나 과실류 주산지 출하 조합의 농산물 상품화 지도를 전담하는 인력을 양성한다는 목표로 개설하였다. 산지별·품목별로 회원농협 담당직원의 농산물 유통에 대한 전문지식을 배양하여 출하 단계부터 품질경쟁력을 확보하고, 우리 농산물의 상품성을 높임으로써 외국 농산물과 차별화하는 데 중점을 두고 교육하였다. 특히 관행적으로 적용해 왔던 후진성을 과감하게 개선하고 물류표준화를 적용하도록 지도하여 농산물 고품질화에 기여하였다.

이 과정은 2000년부터 산지 유통활성화 전담자 과정으로 변경하였다. 2002년까지 319명의 수료생을 배출하였으며, 수료생들에게는 농협중앙회장 명의의 품질관리사증을 수여하였다. 그리고 2003년부터는 2주 과정의 보수교육과 평가를 거쳐 정부공인 품질관리사 자격을 부여하였다.

◎ 하나로마트 점장 과정

이 과정은 하나로마트 점장과 직원을 대상으로 현장 실습 및 견학을 실시하여 새로운 마케팅기법과 경영관리 전방에 걸친 전문교육을 실시한다는 목표로 개설하였다. 즉, 점포 운영 능력을 향상시켜 경쟁력 있는 사업장을 만든다는 목표로 교육을 실시한 것이다. 과정 개설 당시 대형 할인업체 등은 지방에 진출하여 사업을 확장하고 있었다. 따라서 이들 업체와 경쟁을 하여 우위를 점하려면 하나로마트의 활성화를 이루어야 했다. 매장의 경영관리를 비롯해 상품과 관련한 지식 배양, 매장 재배치, 선진 진열기법 도입 등 효율적인 상품관리와 더불어 경영관리 체계를 구축해야 했던 것이다. 이런 배경에서 개설한 하나로마트 점장 과정은 1999년까지 60명의 교육생을 배출하였고, 2000년부터는 하나로마트 분사로 조직이 개편되면서 기흥물류센터의 교육시설을 활용해 교육을 수행하였다.

◎ 공판장 운영요원 과정

이 과정은 경매사나 일반 직원들을 대상으로 농산물 유치기법, 상품지식, 판매법규, 마케팅기법 등 유통 전문 교육을 중점적으로 실시하여 농협 공판장 직원의 업무 능력을 한 차원 더 높인다는 목표로 개설하였다. 교육은 급변하는 유통 환경에 대응한 새로운 영업기법 도입 등 업무 능력 제고를 중심으로 하였고, 2002년까지 139명의 수료생을 배출하였다.

◎ 유통 전문인력 양성 과정

이 과정은 주식회사 농협유통에서 채용한 신규 직원들을 대상으로 유통요원으로서의 기본적인 자질을 육성하고 유통인 자세를 확립시킨다는 목표로 개설하였다. 농협유통과 관련된 농협의 조직과 사업, 농산물 유통 전반에 대한 지식을 함양하여 유통 전문인을 양성하였고, 2001년부터는 직급별 교육과정을 신설해 초급반, 주임반, 대리반으로 나누어 기존 직원에 대한 교육도 실시하였다. 이 과정은 2002년까지 323명을 배출하였다.

(2) 산학협력단 운영

가. 산학협력단 출범

2011년 2월 8일 출범한 산학협력단은 '산학협력교육단'과 '협동조합경영연구소'를 축으로 하여 주요 사업을 수행하고 있다. 산학협력교육단은 농협대학교가 보유한 지식과 기술을 농업 분야의 산업체 현장에 접목하여 인력을 양성하고 있으며, 협동조합경영연구소는 협동조합운동에 관한 연구를 기본으로 하여 한국 농업, 농협의 발전에 관한 연구를 수행하고 있다.

◎ 산학협력교육단
- 사업목적: 대학이 보유한 지식과 기술, 정보 등을 산업체인 농업, 농촌, 농협 사업 현장에 접목하여 인력 양성
- 사업내용: 농업, 농촌 현장에서 품목과 지역을 선도하는 인력을 양성하고, 이들을 대상으로 품목별 생산 유통 경영 등 최고 수준의 산학협력 교육실시

◎ 협동조합경영연구소
- 사업목적: 협동조합에 관한 새로운 지식 기술의 창출과 확산을 위해 연구 개발 및 산업체 경영 자문 실시
- 경영컨설팅: 농협중앙회, 회원농협, 국방부 직할부대 및 기관 및 단체를 대상으로 협동조합 학술연구를 통해 농협 발전의 이론적 근거를 제시하고, 연구결과를 바탕으로 농협 현장의 경영과 사업상의 문제를 진단하고 해법을 제시하는 농협컨설팅 실시

산학협력교육단은 회원농협 임직원을 대상으로 '협동조합경영대학원', '노사관계 전문과정', '마케팅리더과정', '통신연수', '전화영어' 과정을 개설하여 교육을 실시하

고 있다. 아울러 조합원을 대상으로는 '여성대학'과 '조합활성화과정'을, 농업인을 대상으로는 '최고경영자과정'과 '귀농 귀촌대학', '조경가든대학' 등의 교육을 수행하고 있다. 산학협력교육단은 설립 이후 짧은 기간에도 불구하고 다양한 교육을 수행하여 2011년 4,938명, 2012년 6,218명 등 2년에 걸쳐 11,156명의 교육생을 배출하였다.

나. 협동조합경영대학원

협동조합경영대학원은 협동조합의 기본이념에 따라 경영환경의 변화에 능동적으로 대처하는 '새로운 조합장상'을 정립하여 농업, 농촌, 농협의 미래 비전과 희망을 심어 줄 수 있는 농협 최고경영자를 육성하기 위한 목적으로 개설하였다. 그리고 이 과정을 통해 교육생들은 한국 농업, 농협을 21세기 지식기반사회의 선도산업으로 발전시킬 수 있는 창조적 경영능력을 배양하고 있다. 협동조합경영대학원은 1993년에 개설한 '협동조합최고경영자과정'을 1999년 3월 1일 '협동조합경영대학원'으로 확대 개편하여 오늘에 이르고 있다. 협동조합최고경영자과정은 최고경영자의 지도력 함양을 통해 건전 경영을 이루게 한다는 목적으로 격변하는 경영환경에 능동적으로 대처하는 능력과 조직의 효율적인 경영 능력을 배양하는 데 중점을 두었다. 아울러 현대를 살아가는 사회인으로서 필요한 지식을 습득게 한다는 목적으로 각계의 권위자들을 초청하여 부부합동 교양강좌를 실시하였는데, 이는 오늘날까지 이어지고 있다.

1999년도 제1기를 시작으로 교육을 실시한 협동조합경영대학원은 협동조합 이념과 한국 농업, 경영관리 능력개발, 최고경영자의 소양 증진, 사업 부문별 경영전략, 경영전략세미나, 논문 작성, 국내외 현장교육 등 다양한 프로그램을 운영하고 있다. 이를 통해 교육생들은 최신의 경영마인드를 정립하며 환경 변화와 시대의 흐름에 맞는 의식개혁으로 리더십을 배양하여 지도자의 역할과 책임을 다하고 있다.

다. 최고농업경영자 과정

최고농업경영자과정은 첨단 농업기술과 유통, 경영, 정보 등의 교육을 실시하여 품목별 최우수 농업인을 양성하고, 농업 전반에 대한 소양교육으로 지역 리더의 전문성과 지도력을 함양한다는 목적으로 개설하였다. 교육은 품목별로 3년 이상의 영농 경력자와 시, 군 등 행정기관의 추천을 받은 경기지역 농업인을 대상으로 하여

1년 과정(매주 수요일 집합교육, 38주 360시간)으로 하고 있다. 최고농업경영자과정은 수도작, 과수, 채소, 한우, 낙농, 화훼, 농촌관광, 친환경, 화훼장식, 농산물가공 등 품목별로 교육을 수행한다. 교육은 첨단기술과 신 유통, 경영을 접목한 혁신 교육을 추구하고 있으며, 고소득이 가능한 작목 중심의 실사구시형 특화교육을 실시하고 있다. 또한 현장 농업인의 눈높이와 수요자 중심의 맞춤식 교육을 실시하여 교육생들의 만족도를 높이고 있다. 최고농업경영자과정은 농업인들에게 첨단 농업기술 교육뿐만 아니라 사회, 경제, 정책, 문화, 협동조합 등 종합적인 영역의 평생교육을 실시하여 한국 농업의 국제경쟁력을 높이는 데 기여하고 있다.

라. 귀농귀촌대학

귀농귀촌대학은 귀농, 귀촌의식을 고취하고 새로운 농업 인력을 확보하여 농업, 농촌의 활력화를 도모할 목적으로 개설하였다. 귀농귀촌대학은 생산, 가공, 유통, 마케팅 전반에 걸쳐 폭넓은 교육을 실시하고 있다. 또한 귀농, 귀촌 희망자들의 성공적인 정착을 위해 '귀농 5단계'(결심, 자금계획, 작목선택, 농지구입, 기술습득)를 체계적으로 교육하고 있으며, 농업창업 아이템 발굴이 가능한 교육을 시시하여 경쟁력을 갖춘 농업 CEO를 육성하고 있다.

교육은 수도권과 경기도에 거주하는 사람들 중 귀농, 귀촌 희망자를 대상으로 하고 있다. 농업, 농촌의 이해, 귀농, 귀촌 설계교육 등 기본강의를 비롯해 채소, 화훼 영농기술 교육 등 품목별 이론 교육과 실습, 현장체험 학습을 중심으로 하여 7개월(매주 토요일 5시간 집합교육, 27주 160시간) 과정으로 운영하고 있으며, 매년 120명을 선발하여 '귀농종합반'(채소, 화훼, 밭작물)과 '귀촌반'을 운영하고 있다.

2011년 농민신문의 조사에 따르면 도시민 10명 중 7명은 농촌에 살고 싶다는 생각을 하고 있는 것으로 나타났다. 특히 도시민들은 귀농보다는 귀촌에 관심을 더 많이 가지고 있는 것으로 나타났는데, 이런 상황에서 운영하고 있는 귀농귀촌대학은 교육 희망자들의 호평을 얻고 있다. 특히 교육과정을 마친 수료생들은 교육과정 연장 및 심화과정 개설을 요청하는 등 뜨거운 반응을 보이고 있는데, 이는 실질적으로 귀농에 도움이 되는 교육을 통해 귀농, 귀촌 희망자들을 농업 CEO로 육성한다는 교육목적을 성공적으로 수행하고 있다는 것을 의미한다.

농협대학교는 현재 교육생들의 수준과 교육 수요를 분석하여 맞춤형 교육을 실시하고 있다. 영농실습과 현장체험을 강화하여 교육효과를 끌어올리고 있으며, 품목별 전담교수제와 멘토제 등 밀착지도를 하고 있다. 아울러 수료생들의 사후관리를 강화하여 안정된 정착을 할 수 있도록 최선의 지원을 하고 있다.

마. 조경가든대학

조경가든대학은 실내외 식물재배관리 학습을 통해 생활 주변의 녹지 조성 동기를 부여하고 정원 조성 및 관리기술을 교육하여 도시녹화인력을 양성한다는 목적으로 개설하였다. 교육은 수도권과 경기도에 거주하는 사람으로 조경에 관심이 있는 자를 대상으로 하여 이론 및 실습, 현장견학을 중심으로 하고 있다. 특히 실습은 농협대학교 실습장은 물론 선도농가와, 수목원, 연구소를 방문하여 실시하고 있다. 또한 생활 속에 활용도가 높은 콘텐츠로 프로그램을 구성하여 교육 효과를 극대화하고 있다. 이를 통해 교육생들은 화훼, 수목, 토양 관리에 대한 기초 이론부터 실내외 정원 조성 및 조경 관리에 필요한 지식을 함양하며 녹색환경의 중요성을 깨치고 있다.

바. 노사관계전문 과정

노사관계전문 과정은 노사이론과 실무를 조화시킨 상생적·협력적 인사노무 분야의 전문가를 양성할 목적으로 2005년 3월에 개설하였다. 특히 농협의 사업구조 개편과 같은 급속한 경영환경 변화 속에서 농협의 대외경쟁력 확보와 조직 내 노사 간 상생, 협동, 신뢰문제가 중대한 관심사로 부각되고 있는 시점에서 이에 부응하기 위하여 개설하였다. 교육은 농협의 합리적·효율적 인사관리를 위한 전문가를 양성한다는 목표로 업무현장에서 활용 가능한 현장실무형, 실사구시형 노무전문가를 양성하고 있다. 아울러 농협 내 생산적·협력적 단체교섭을 위한 노사협상전문가를 양성하고 있다. 교육기간은 7개월 과정(월 1회, 총 7회, 총 100여 시간)으로 지역농협(상임이사, 전무, 상무, 총무팀장 등), 중앙회, 자회사 인사노무 담당자를 대상으로 하고 있고, 이론교육(합숙) 및 발표(토론), 세미나, 해외연수(선진국 노사사례 벤치마킹) 등으로 실시하고 있으며, 노동법(통합노동법, 근로기준법 등) 이론 및 인사노무 실무, 노사교섭진행 사례실무 및 토론, 조합별 노사관계 사례진단, 노사관계 중장기 발전 프로젝트, 전략적 인적자원관리와 노사관계, 협력적 노사관계와 협상, 농협 노사관계의 이해, 비정규직의 이해와 노사관계 등을 중점으로 수행하고 있다.

사. 마케팅리더 과정

마케팅리더 과정은 농산물 시장개방 확대와 이에 따른 농산물 대외 경쟁력 확보가 시급한 농업환경 속에서 농산물 유통 전문인력을 양성하여 우리 농산물의 든든한 지킴이이자 글로벌 마인드를 가진 유통인(Marketing Leader)을 배출할 목적으로 2004년 5월 개설하였다.

교육은 농산물 마케팅 전문가를 양성한다는 목표로 마케팅 및 유통 기본과목에 대한 이론 및 전공심화 과정을 중점으로 하여 수행하고 있다. 농업 이슈에 대한 전문가 특강, 농정현안과 유통 이슈, 마케팅 성공전략, 성공사례 연구를 비롯해 주요국과의 FTA 체결에 따른 영향과 대응전략, 사례 및 과제연구 등을 주로 하여 선진농업과 우리 농업을 연계한 해외연수, 최신 마케팅 이론, 혁신적 유통관리기법, 해외 우수사례 등 선진 유통기법 교육을 실시하고 있다. 교육기간은 8개월(월 1회, 총 10회 170여 시간)이며, 농협을 비롯해 대형 유통업체, 영농조합법인 등 산지 및 소비지 농산물유통 업무 담당자를 교육대상자로 하여 글로벌 유통전문가를 양성한다. 이 과정은 농협대학교와 농식품신유통연구원이 공동 컨소시엄을 구성하여 주관하고 있다. 그리고 농림수산식품부와 aT농식품유통교육원이 후원하고 있다.

아. 조합활성화 과정

조합활성화 과정은 농민조합원을 대상으로 협동조합에 대한 올바른 이해를 기본으로 하여 조합의 주인인 구성원의 책임과 의무를 자각시키고 조합원의 적극적인 사업 참여를 통해 조합의 경영활성화를 도모한다는 목적으로 운영하고 있다. 교육은 임원, 대의원, 조직장의 역할과 자세를 비롯해 교양강좌까지 아우르며 실시하고 있다. 교육대상 조합의 요청에 따라 맞춤형 교육을 실시하고 있으며, '임원 대의원 교육', '임원 대의원 직원 교육'으로 나누어 수행하고 있는데 대의원 교육은 영농회장과 작목반장, 부녀회장 등 농협 조직장까지 포함한다.

자. 여성대학, 장수대학, 조합원대학

여성대학, 장수대학, 조합원대학은 회원농협의 조합원과 고객을 대상으로 하여 사회교육을 통해 조합사업을 활성화할 목적으로 수행하고 있다. 교육은 2개월부터 6개월까지 교육대상 조합에 따라 조정하여 실시하고 있으며, 교육을 원하는 조합이 농협대학교에 교육을 위탁하는 형태로 진행한다. 그리고 농업, 농촌, 농협의 현실을 반영한 공신력 있는 교육을 실시하는 가운데 교육운영주체(지역농협 및 농협대학교)의 긴밀한 업무협조와 역할분담을 통해 교육만족도를 끌어올리고 있다. 농협대학교는 일찍부터 산학협력의 일환으로 여성대학을 설치하여 운영하고 있었다. 1998년 2월 13일 대학 부설 특별과정으로 교육부의 승인을 얻어 여성대학을 개설하여 교육을 수행하고 있었는데, 목적은 여성의 평생교육에 대한 욕구를 충족하고 자기계발에 대한 동기를 부여하여 이를 통해 지역사회에 기여한다는 것이었다. 이 같은 목적에서 농협대학교는 개별 농협이 실시하던 여성교육 기능을 한 차원 높여 보다 전문적이고 체계적인 프로그램으로 농협의 여성지도사업을 지원하였다.

제1기 여성대학은 1998년 고양시 관내의 벽제농협, 지도농협, 원당농협 등 3개 농협을 대상으로 하였다. 당시 여성 조합원들의 호응 속에 모두 279명의 수료생을 배출하였는데, 이후 농협대학교는 매년 2~3기의 여성대학을 설치하여 운영하여 2002년까지 고양, 파주, 김포, 연천, 부천, 이천 관내의 농협을 대상으로 2,500여 명의 수료생을 배출하였다.

여성대학은 개설 초기에는 교양강좌 위주의 프로그램으로 운영하였다. 즉, 건강 및 생활법률, 바람직한 가족관계 정립 등 생활에 필요한 일반강좌 중심이었다. 이는 점차 발전하여 정보화교육(컴퓨터교육)을 비롯해 원만한 부모자녀 관계 형성을 위한 '부모학교' 등 보다 전문적인 영역으로 전환하며 초기의 강연식 교육에서 소그룹별 참여 교육으로 발전하였다. 교육은 주 1회 2~3시간으로 하여 회원조합별로 실시하였고, 기간은 10~16주로 하여 기별 총 교육시간은 30~40시간에 달하였다.

여성대학은 평생교육에 대한 필요성을 다시 한번 확인하였다는 데 의의가 있다. 수료생들은 교육을 통해 사회 전반의 변화를 깊이 있게 이해하는 한편 원만한 가족관계의 형성 등 개인생활에도 많은 도움이 되었다는 평가를 하였는데, 농협대학교는 여성대학에 '여성지도자과정'과 '여성농업인교육'을 개설하여 더욱 세분화한 교육을 실시하기도 하였다.

여성지도자과정은 회원농협의 여성복지 담당자들의 자기계발 욕구를 충족하고 여성지도 업무의 전문화를 꾀하기 위해 개설하였다. 이 과정에는 제1기로 고양, 파주, 김포 관내의 여성복지 담당자 16명이 참여하였는데, 지역사회교육협의회가 주관하는 '대화기법강사자격증'을 취득하는 1년 과정을 진행하여 교육생 전원이 자격증을 취득하였다. 그리고 제2기는 업무상 장기교육이 어려운 여건을 감안하여 2박 3일의 집중교육을 실시하였는데, 고양, 파주, 연천, 양주, 포천, 김포, 이천 관내 회원농협의 여성복지 담당자 34명이 참여하여 자기관리 및 리더십개발 프로그램을 이수하였다.

여성농업인교육은 2001년 농림부의 농업인교육훈련사업의 일환으로 실시한 '여성 농업인 전문화를 위한 여성농업인교육'을 시작으로 수행하였다. 이 교육은 여성농업 인이 단순한 농업종사가가 아닌 전문 농업경영인이라는 의식을 심어 주기 위해 농 업경영에 필요한 경영분석, 영농자재 구매 및 농산물 판매 지식 등 전문적인 내용으 로 교육을 실시하였다.

여성농업인교육은 2001년 경기, 충남, 충북, 전남, 전북, 강원 지역의 여성농업인 300여 명을 대상으로 2박 3일 일정으로 모두 6회의 교육을 실시하였다. 이때는 도 별로 순회교육을 실시하였는데, 중앙단위의 소집교육을 지양하여 교육생의 만족도 가 매우 높았다. 그리고 이 교육을 계기로 농협대학교는 농림부와 공동으로 여성농 업인 교육 발전을 위한 워크숍을 개최하여 여성농업인 교육에 대한 문제점을 짚어 보고 발전방향을 모색하기도 하였다. 또한 2002년에는 제주, 충남, 충북, 경북, 전남, 전북 지역의 여성농업인을 대상으로 900여 명의 교육을 실시하였는데, 교육생들은 여성농업인으로서의 자부심과 더불어 농업환경 변화에 대한 이해를 통해 실제 영농 에 많은 도움이 되었다는 긍정적인 평가를 하였다.

차. 협동조합경영연구소

협동조합경영연구소는 1972년 10월 대학 부설 '협동문제연구소'를 시작으로 하여 농협문제연구소, 농협발전연구소, 농촌개발연구소, 농협경제연구소, 농협경영연구소 로 변천하며 오늘에 이르렀다. 2011년 1월 학교법인에서 산학협력단법인으로 소속 또 한 변경되었고, 2013년 들어 현재의 이름인 협동조합경영연구소로 확대 개편되었다.

◎ 협동조합경영연구소 주요연표
  · 1972. 10 대학 부설 '협동문제연구소' 신설
  · 1974. 01 대학 부설 '농협문제연구소'로 개칭
  · 1986. 03 대학 부설 '농협발전연구소'로 개칭
  · 1993. 01 대학 부설 '농촌개발연구소'로 개칭

· 2002. 06 대학 부설 '농협경제연구소'로 개칭
· 2004. 08 대학 부설 '농협경영연구소'로 개칭
· 2011. 01 산학협력단 부설 '농협경영연구소'로 개편
· 2013. 03 '협동조합경영연구소'로 개칭
· 2013. 10 연구지원팀 및 산학연구팀 신설

협동조합경영연구소는 협동조합 제반에 관한 이론과 조사연구를 통해 새로운 협동조합 패러다임과 세계화 시대에 따른 농업 주변정세 및 경제 환경 변화에 능동적으로 대처할 수 있는 방향을 제시함으로써 한국 농촌사회의 발전에 기여한다는 목적으로 농, 축협의 경영개선 및 중장기 경영전략 수립과 관련한 연구지원 업무를 수행하고 있다.

◎ 협동조합경영연구소 주요목적
  · 시장 환경 변화에 대응한 농협의 Think-Thank 역할 수행
  · 산학협력을 통한 회원농협의 비전 창출과 중장기 경영전략 수립
  · 농협의 새로운 수익모델 연구개발

◎ 협동조합경영연구소 주요업무
 - 연구업무
  · 협동조합운동에 관한 연구
  · 농협의 지도, 교육, 유통사업 및 신용사업에 관한 연구
  · 농협 경영과 관련한 농산물 유통, 농업금융, 농업정책 등에 관한 연구
  · 농협 발전을 위한 조합과 조합원 간의 상생모델 연구개발

 - 기타업무
  · 회원농협 자립경영 기반 강화를 위한 교육과정 개발 및 운영
  · 회원농협에 대한 경영컨설팅 수행
  · 농협, 정부 및 관계기관 등의 연구용역 수행
  · 연구지(농협경영연구) 발간 및 연구보고서 발행

・대외협력 및 교류증진

・회원농협 경영관리 개선을 위한 심포지엄 개최

◎ 협동문제연구소(1972. 10~1973. 12)

1972년 10월 21일 대학 부설기관으로 설립한 협동문제연구소는 건국대학교 캠퍼스에서 원당캠퍼스로 이전하여 학교의 체계가 안정되면서 한국 농업, 농협의 문제를 심도 있게 연구할 별도의 국방부 직할부대 및 기관이 필요하다는 인식에 따라 설립하였다. 그러나 연구소 설립 초기에는 대외적인 연구활동보다는 대학교재 개발 등 단순한 출판 업무를 수행하였다.

◎ 농협문제연구소(1974. 1~1986. 2)

1974년 협동문제연구소에서 개칭한 농협문제연구소는 연구소 본연의 임무를 수행하며 그 기능을 본격적으로 발휘하였다. 단위조합 참사반 등 농협대학교가 개설하여 운영하고 있던 다양한 과정의 교육교재를 출판하며 초창기 사업을 지속하는 가운데 사례연구와 더불어 농협의 제반문제에 대해 실증적인 연구활동을 수행한 것이다. 또한 연구소 개칭 1년 만인 1975년 2월 『협동조합연구』를 창간하여 이를 중심으로 활발한 연구활동을 펼쳤다. 그리고 1982년 7월 9일 마을금고연합회, 수협, 노총, 중소기협, 신협 등 협동조합 교육기관을 대상으로 하여 '전국협동조합교육세미나'를 개최하는 등 대외적인 활동도 강화하며 지속적인 연구를 수행하였다.

◎ 농협발전연구소(1986. 3~1992. 12)

농협발전연구소로 활동한 이 시기는 우루과이라운드를 전후한 시기였다. 따라서 연구소는 지역별 단위조합의 성공사례 연구, 지역에서의 역할, 각 사업별 분석, 소비자 수요 등의 연구를 중점적으로 수행하였고, 주기적인 세미나를 개최하여 연구 활용의 폭을 넓혔다. 특히 현재의 컨설팅 업무와 유사한 단위조합 경영사례 연구를 통해 단위조합 사업에 실질적인 도움을 주었고, 우루과이라운드에 따른 농업 주변정세 및 금융환경 변화에 대처하기 위한 연구사업도 강화하였다. 그리고 이러한 연구를 확대할 목적으로 독립적인 종합연구소인 '농촌종합경제연구소'를 설립하려 하였으나 실행에 옮기지는 못했다.

◎ 농촌개발연구소(1993. 1～2002. 5)

이 시기는 외부용역 사업과 학술지원 사업에 적극 참여하였다. 최상호, 신인식, 이준학, 김위상 교수 등 많은 교수들이 대산농촌문화재단과 한국학술진흥재단의 연구지원 사업에 적극 참여하여 활발한 연구활동을 하였고, 일부 논문은 매스컴에 보도되어 연구소의 위상을 높였다.

또한 이 시기는 가공사업이 활발히 진행된 시기였는데, 이와 관련한 용역사업을 적극 수행하여 가공사업 발전에 기여하였다. 대표적으로 충북 사과원협의 사과음료와 나주배연합의 배주스 가공공장 등에 관한 연구사업을 들 수 있다. 농촌개발연구소는 회원농협의 조직정비와 경영관리, 협동조합의 법제 및 방향 모색에도 기여하였다. 1998년 10월 14일 '협동조합 합병과 경영관리'라는 주제로 세미나를 개최하여 IMF 이후 회원농협의 조직정비 및 경영관리에 대한 방향을 제시하였고, 통합농협 논의가 무르익던 1999년 5월 27일에는 '농협 발전을 위한 통합협동조합법 입법방향'을 주제로 심포지엄을 개최하여 통합 협동조합의 명칭, 협동조합 간 협동의 원칙 확립, 사외이사제 도입 문제, 협동조합 조직개편과 정부 재정지원 등을 쟁점화하여 관련 학계의 관심을 불러일으켰다.

◎ 농협경제연구소(2002. 6～2004. 7)

2002년 5월 5일 제17대 학장으로 취임한 김용택 학장은 대학의 연구기능을 강화하고 농협과 협동조합의 산학협력 연구를 활성화할 목적으로 기존 연구소를 전반적으로 확대 개편하여 농협경제연구소로 개칭하였다. 확대 개편한 농협경제연구소는 소장, 부소장, 농협경영컨설팅센터, 연구지원처를 두었고, 전문 분야별로 협동조합연구실, 농업경제연구실, 금융연구실, 유통연구실을 편제하여 교수 전원을 분야별 연구실에 배속하였다. 또한 농협 관련 국방부 직할부대 및 기관과 타 대학, 연구기관의 박사급 객원 연구위원을 위촉하여 유기적인 협력체계를 구축하였다. 연구소를 확대 개편한 것은 협동조합 제반에 관한 이론과 조사연구를 통하여 새로운 농협 패러다임을 제시하고 세계화와 농업 환경 변화에 능동적으로 대처하며 한국 농협 발전에 기여하기 위해서였다. 그리고 이러한 목표를 달성하기 위해 농협과 관련한 중장기 과제 연구의 Think-Thank 역할을 수행하며 환경 변화에 대응한 중장기전략 수립, 새로운 수익모델 개발 등 미래유망 사업에 대한 비전을 제시하였다.

연구소에 설치한 농협경영컨설팅센터는 회원조합의 경영진단을 비롯해 사업타당성 분석 등을 수행하며 농협중앙회와 회원조합의 노사 관련 문제에 대한 연구와 더불어 정책제안도 담당하였다. 아울러 농산물 유통, 가공, 금융, 공제, 영농자재, 하나로마트 등 농협사업 전반에 대한 컨설팅 사업을 성공적으로 펼쳐 회원농협의 신청이 쇄도할 정도로 큰 호응을 얻었다. 이에 농협대학교는 컨설팅 효과를 높이기 위해 박사급 8명과 석사급 10명의 농협대 연구위원을 비롯해 농협 관련 박사급 17명과 대학교수, 변호사, 공인회계사 등 30명의 객원연구위원을 확보하고서 농협경영 컨설팅을 수행하였다. 또한 연구소는 산학협력 교육을 강화하기 위해 협동조합경영대학원에 회원조합 전, 상무반과 회원조합 전, 상무 MBA 과정, 농협 자회사 임직원 교육과정 등을 신설하여 교육수행 기능도 강화하였다. 그리고 기존의 연구지『협동조합연구』를『농협경제연구』로 개칭하여 분기별로 발간하였고, 2003년 9월 자체 홈페이지를 개설해 많은 사람들이 활용할 수 있도록 연구소의 논문과 각 교육과정의 수료논문 등 1,213편의 연구논문을 정리하여 웹서비스를 실시하였다. 농축산업의 품목별 경작 및 경영상의 개성사례, 가공 및 유통사업 관련 자료, 지역농협과 농협중앙회 사업 관련 논문 등을 총 망라한 웹서비스는 농협은 물론 농업인들에게 많은 도움을 주었다. 또한 연구소는 2002년 10월 23일 개교 40주년을 맞아 '21세기 새로운 농협사업의 모색'을 주제로 학술 심포지엄을 개최하여 농협의 통합 성과, 구조개선, 각 사업별 향후 방향에 대해 진단하기도 하였다.

◎ 농협경영연구소(2004. 8~2013. 2)

기업경영에 필요한 요소로는 토지와 자본, 인적자원 등 여러 가지가 있다. 그중 조직을 움직이는 가장 중요한 요소는 인적자원이라 할 수 있다. 그리고 인적자원을 훈련 계발시키고 자아실현을 해 주는 인사관리는 현대사회에 들어서 그 어느 때보다도 중시되고 있다. 농협경영연구소는 이러한 배경에서 개칭되었다. 농협경영연구소는 농협의 인사, 급여, 노무관리 등 제반사항에 대하여 연구 및 분석하고, 인사관리 우수 기업들에 대한 벤치마킹을 통해 농협 발전에 토대를 마련하는 역할을 하였다. 그리고 인사 노무 관리 전반에 대한 기초자료 수집과 조사 연구를 바탕으로 여러 형태의 정보를 제공하며 급변하는 경영환경 변화에 대응할 수 있는 인적자원을 계발할 목적으로 교육활동을 수행하였고, 경영여건과 연계된 컨설팅활동을 전개하였다. 농협경영연구소를 계승하여 2013년 확대 개편한 협동조합경영연구소는 농업경영컨설팅, 통신연수, 교육역량강화사업, 간행물 발간 등 다양한 사업을 수행하고 있다.

◎ 농협경영컨설팅

농협경영컨설팅은 회원농협의 경영분석을 통해 현상을 진단하고, 향후 사업여건 등을 예측하여 새로운 사업기회를 모색함으로써 미래경영위험을 최소화하는 성장동력을 발굴하며, 조직 및 인력진단을 통해 사업 부문별 사업량에 부합하는 적정인력 운용 방안을 제시하는 것을 목적으로 한다. 경영진단 및 사업타당성 분석을 비롯해 농협사업 발전방향 연구용역, 지역농업 개발 컨설팅, 정보화 컨설팅(B2B/B2C), 세무 회계 재무관리 컨설팅 등 다양한 컨설팅을 수행하고 있으며, 2002년 '동두천농협 공판장의 운영성과 향후과제'를 시작으로 2012년까지 69회의 컨설팅을 수행하였다.

◎ 통신연수

2008년 시작하여 2009년부터 본격적으로 수행한 통신연수는 회원농협 임직원을 대상으로 실시하고 있다. 2009년 농협세무 1과목을 시작으로 2010년부터 2012년까지는 농협세무 및 농협세무 2과목을 실시하였다.

◎ 대내외 연구활동

협동조합경영연구소는 1979년 2월 협동조합 전문 연구지인『협동조합연구』를 창간하여 협동조합 연구 분야에서 농협대학교만의 특화된 연구를 수행하는 등 선도적인 역할을 하고 있다.『협동조합연구』는 2002년 9월『농협경제연구』로 제호를 변경한 데 이어 2005년 2월『농협경영연구』로 제호를 새롭게 하였는데, 2010년 12월까지 39호를 발간하였다. 농협대학교는 협동조합의 진로를 모색하고 한국 사회에 적합한 협동조합 이념과 모델을 새로이 정립할 목적으로 1982년 4월 설립된 '한국협동조합학회'에 주도적으로 참여하고 있다. 협동조합 분야의 학자와 전문가들이 중심이 되어 활동하고 있는 한국협동조합학회는 학회지『한국협동조합연구』를 정기적으로 발간하여 각종 문헌연구와 사례조사, 실증분석 등을 담은 논문을 발표하고 있다.

◎ 한국협동조합학회 주요사업

- 연구발표 및 학술 심포지엄, 강연회 개최
- 협동조합의 주요문제에 관한 조사 연구 기능 수행

   논문집, 협동조합 관계자료, 소식지 등 발간
- 학회지 『한국협동조합연구』 발간
- 기타 학회의 설립목적에 부합하는 업무 수행

◎ 한국협동조합학회 주요연혁

- 1982. 04 학회 창립, 초대 회장 송종복 교수(건국대) 취임
- 1983. 07 『한국협동조합연구』 창간
- 1987. 07 제3대 회장 진흥복 교수(농협대) 취임
- 2005. 02 제12대 회장 이건호 학장(농협대) 취임
- 2009. 03 제14대 회장 신인식 교수(농협대) 취임
- 2012. 12 『한국협동조합연구』 제30집 제3호 발간

◎ 한국협동조합학회 학술대회

- 2009. 10. 16 추계학술대회(한국농촌경제연구원 강당)

   학술논문 발표 및 토론: '농협중앙회 개편방안에 관한 연구' 등 9편
- 2010. 06. 04 춘계학술대회(농협대학교 농촌사랑연수원)

   학술논문 발표 및 토론: '농협 신용사업의 전략' 등 11편
- 2010. 11. 12 추계학술대회(건국대학교 새천년관)

   학술논문 발표 및 토론: '협동조합기본법 제정에 대한 연구' 등 9편
- 2011. 09. 06 하계학술대회(농협중앙회 본관 회의실)

   학술논문 발표 및 토론: '협동조합 기업모델에 관한 연구' 등 5편

농협대학교는 해마다 연구역량을 강화하여 교수진이 『한국협동조합연구』를 비롯해 협동조합과 관련한 전문 연구지에 수준 높은 논문을 발표하고 있다. 한국연구재단 등재 학술지(KCI)를 위시해 국내 최고의 학술지에 연구실적을 보고하였다.

2012년 3월 농협대학교는 지역문화컨설팅 사업으로 '꽃문화 중심의 도농 융합문

화 활성화방안'에 대한 연구를 실시하여 지역사회 발전에도 일익을 담당하였다. 9개월에 걸쳐 수행한 이 사업은 문화체육관광부와 고양시의 지원을 받아 실시하였는데, 농협대학교의 연구역량을 대외적으로 과시한 사업이었다. 농협대학교는 재학생 교육과 더불어 한국 농업, 농협, 농촌의 다양한 교육 수요에 따라 맞춤형 교육을 수행하는 평생교육기관이다. 이론과 실무, 사후 교육에 이르기까지 균형 잡힌 교육체계를 정립하여 해외에서도 주목하는 최고 수준의 교육 프로그램을 운영하고 있다. 특히 산학협력단은 전문적인 협동조합 경영인에 초점을 두고 소수정예로 교육을 수행하고 있다. 맞춤형 집중교육을 통해 교육생은 물론 대학의 경쟁력을 끌어올리고 있는 것이다. 그래서 농협대학교는 사회인들에게도 명성이 높다. 농협대학교 산학협력단은 한국 농업, 농협 전반의 발전을 이끄는 전문 인재 육성과 더불어 협동조합 시대 글로벌 마인드와 경쟁력을 겸비한 협동조합인을 양성하고 배출하여 이를 통해 앞으로도 국가경제에 이바지할 것이다.

Chapter 04

농촌발전과
협동조합운동

1. 농촌발전과 협동조합의 과제

최근 전 세계적으로 농업·농촌발전의 새로운 정책적 대안으로서 내생적 농촌발전(endogenous rural development)과 지속 가능 농업(sustainable agriculture)에 대한 관심이 높아지고 있다. 내생적 농촌발전론은 정부 주도의 하향적 개발방식에 대한 반성을 토대로, 농촌주민 및 생산자들의 상향적 역할과 지역공동체의 자치역량강화를 강조하고 있으며, 지속 가능한 농업론은 생태환경의 보전과 개발 간 조화를 유지하면서, 농촌부존자원 이용의 효율성 극대화를 꾀하는 발전모델이다.

한국의 농업·농촌발전 전략도 중앙정부 및 공공기관 주도의 하향적 방식을 지양하고, 지역생산자와 농촌주민의 자발적 참여에 기초한 상향식 접근으로 전환되어야 하며, 지난 30년 이상 계속되어 온 품목 중심의 집약적, 화학농업 체계를 개혁하여 농업생산의 생태적 가치와 다원적 기능에 주목하는 새로운 장기 발전 모델을 모색할 필요가 있다.

특히 최근 "저탄소 녹색성장"이 국가적 정책과제로 등장하고 있는 가운데, 우리 농업 및 농촌사회 역시 앞으로 농업환경의 생태적 효율성 제고에 기초한 새로운 성장 동력을 설계하고 추진해야 한다.

이러한 관점에서, 한국 농업협동조합은 농업·농촌을 둘러싼 이러한 사회경제적·정책적·제도적 변화에 조응하여 내생적 농촌발전과 녹색성장형 지속가능 농업을 견인하는 핵심 조직으로 발전해야 할 과제를 안고 있다.

다음 사례는 협동조합 중심의 농업·농촌개발의 성공적인 사례로 평가되고 있는 네덜란드 환경협동조합 활동을 분석하여, 우리 지역농협이 지역사회에서 담당해야 할 새로운 역할과 사업추진 전략 수립에 주는 시사점을 살펴보고자 한다.

1) 농촌발전과 협동조합

최근 농업·농촌발전 모델에 커다란 전환이 나타나고 있다. 품목별 경쟁력, 규모 경제에 입각 한 농업성장(agricultural growth)모델에서 지역 생태자원의 부가가치 향상을 도모하는 지속 가능한 생태적 근대화(ecological modernization)로, 정부·공공기관 중심의 하향식 방식에서 개발의 수혜자인 생산자와 지역주민 중심의 상향적 접근 및 자율규제(self-regulation)로, 물적 자본과 기술 중심에서 신뢰와 네트워크에 바탕을 둔 사회적 자본(social capital)을 강조하는 쪽으로 변화하고 있다.

경제개발협력기구(OECD), 세계농업기구(FAO), 세계은행(World Bank), 유럽연합(EU) 등을 중심으로 새로운 농촌발전 모델이 개념화되고 있으며, 다양한 정책적 대안들이 제시되고 있다.

<표 4-1> OECD: 새로운 농촌 패러다임(New Rural Paradigm)

구 분	관행적 방식	새로운 농촌 패러다임
목 표	형평성 농가소득 영농 경쟁력	- 지역의 경쟁력 - 지역자원의 시장가치 실현 - 부존자원 개발
주력산업	농업	농촌의 다양한 하위산업 (예: 농촌관광, 식품산업 등)
정책수단	보조금	투자
주요 행위자	중앙정부 농민	다층적 거버넌스(governance) (중앙정부, 지방, 지역 수준) 다양한 이해관계자 (공공, 민간, 협동조합, NGO)

자료: OECD 2006.

- 세계농업기구: 지속 가능 농업과 농촌발전(SARD: Sustainable Agriculture & Rural Development model)
- 세계은행: 사회적 능력 강화(Social Capability Building)와 농촌발전 내포적 성장론 (Inclusive Growth)
- 유럽연합(EU): LEADER 프로그램(다음 절 참조)

이러한 관점에서, 우리나라 농촌 역시 관행적 농업생산 시스템에서 탈피하여 아래 세 가지 발전전략을 상향적으로 설계하고 추진해야 할 것이다. 첫째는 "확대"(expansion) 전략으로, 농촌과 농지라는 지리적 공간에 갇혀 있는 영농활동의 개념을 농촌 어메니티와 경관 관리, 관광농업 등의 새로운 소득원 창출 활동과 연계해 나가야 한다. 둘째는 "심화"(deepening) 전략으로 고품질, 지역 특산물 중심의 공급망을 확충하여 농산물의 시장가치를 지속적으로 제고해야 한다. 셋째는 "재구축"(re-grounding) 전략으로, 자원 활용의 경제적 효율성을 제고하는 시스템을 강화해 나가야 한다.

농촌발전 모델 및 전략의 이러한 전환과 관련하여 한국 농촌의 대표적 생산자 조직으로서 지역농협의 위상과 사업의 미래지평을 아래 세 가지 수준에서 재조명할 필요가 있다.

① 심의조정 기구(coordination organization)로서 농협: 지역농업과 지역발전 프로그램에 관련된 조합원의 의사를 공론화하는 제도화된 통로의 역할을 한다. 조합원 간 이해관계의 상충을 조정하여 합의를 조성하고, 이를 바탕으로 공공기구 또는 다른 이해관계자 집단과의 교섭력을 제고한다.

② 조직관리 기구(organizational management)로서 농협: 전략적 제휴, 네트워크, 계열화를 통한 생산 및 판매활동의 부가가치를 제고시킨다. 조합원 간 신뢰 및 상호감독 체계 구축으로 지역 공유자원(local commons) 활용의 극대화를 도모한다.

③ 자원관리 기구(resource management)로서 농협: 지역 부존자원의 보전과 개발을 통해 조합원 농가의 복리를 증진시킨다. 교육 및 훈련 프로그램을 통한 인적자원(human resource)과 지식자본(knowledge capital)을 확충한다.

2) 네덜란드의 환경협동조합운동

(1) 배경

네덜란드는 협소한 국토여건에도 불구하고 고투입·고생산의 집약적 농업생산체계를 유지하면서 세계 3위의 농축산물 수출국으로 성장하였다. 특히 네덜란드 농업에서 비중이 가장 큰 낙농업은 1980년대 이후 근대적 축산기술과 관련 요소산업의 발전, 정부의 지원 등에 힘입어 화학농법 위주의 집약적 생산체계가 정착된다. 1960

대 말 육우 한 두당 연간 우유생산량은 4,000kg 정도이었으나, 2000년에 들어오면서 8,500kg로 증가했다.

작물 생산량을 늘리기 위한 질소·인산비료, 화학제초제의 과도한 투입은 국토환경의 심각한 오염과 식품안전 문제를 초래시켰다. 경제개발협력기구(OECD) 농업환경지표에 의하면 네덜란드 농경지의 1990～1992년 3개년 평균 질소수지(N kg/ha)는 345kg으로 유럽연합 OECD 가입국가 평균의 114kg에 비해 세 배 이상 높았으며, 인산 수지 역시 OECD 평균의 2배 이상 높았다. 축산폐수 누적 및 질소의 지표수 유입으로 식수원의 오염문제가 심각해졌으며, 암모니아 가스 배출에 의한 산성비(acid rain)가 증가했다. 오염된 목초 및 호르몬제 투입에 의해 생산된 낙농제품에 대한 소비자의 불신 또한 증가하였다.

OECD가 1995년에 발간한 가입국 환경영향평가 보고서에 의하면, 네덜란드 전체 독성 및 위해물질의 88%, 물 및 토지 부영양화의 84%, 산성화의 91%가 화학농약, 축산분뇨, 무기질 비료, 축산에 의한 암모니아 배출에 의한 것으로 평가되었다.

이를 계기로 80년대 후반 이후 네덜란드 중앙정부는 화학농법 위주의 집약적 농업생산체계를 개선하여 생태환경을 보전하기 위한 각종 규제책들을 도입하기 시작하였다. 화학비료 사용량을 농장별로 일정 수준 이하로 제한하고, 집약적 축산체계를 개혁하기 위해 목초지 면적별로 사육두수를 제한하는 조치들이 마련되고, 축산분뇨 위생 처리 및 퇴비화를 위한 시설 설치를 의무화했다. 질소 및 인산의 과다 투입을 막기 위한 부가금 제도와 양분관리시스템을 도입하여 농장별로 투입요소 및 토양 잔류 무기물 수준을 의무적으로 보고하도록 하는 등 축산업 관련 규제가 강화되었다.

정부의 환경관련 규제 강화로 농업 수익성이 떨어지기 시작하였으며, 특히 토지집약적 방식으로 농장을 운영하는 소규모 낙농가의 경영이 악화되었다. 농장별로 사육두수가 제한되면서 토지 수익성이 떨어지기 시작하였으며, 환경관련 시설의 설치가 의무화되면서 경영비 부담이 증가되었다.

(2) 농민주도형 환경협동조합의 등장

중앙정부의 하향적 환경관련 규제 및 정책은 여러 문제점을 안고 있었다. 첫째, 정부의 일률적인 규제로 농업생산의 품목별·지역별 특수성들이 고려되지 못했으며, 둘째, 지역농민들의 자발적인 참여를 끌어내는 데 많은 한계가 있었고, 결과적으로 정부의 관리비용이 증가하였으며, 셋째, 도시 소비자 중심의 규제 일변도 때문에 농업의 생태적 가치를 농가의 새로운 소득원으로 연결하는 생산자 중심 정책이 소홀해지는 결과를 초래하였다

1990년 네덜란드 협동조합 위원회(NCR: National Council of Cooperatives)는 농민들의 자율관리와 협동조합 방식에 의한 환경보전 프로그램과, 이를 바탕으로 한 새로운 농가 소득원 개발전략을 제시하였다. 생산자가 공동으로 협력하여 생태계를 보전하고, 농촌경관의 생태적 가치를 농가의 소득활동으로 연결하는 환경협동조합의 설립을 강조하였다. 그리고 유럽연합(EU) 농촌개발정책 중의 하나인 LEADER 프로그램의 지역행동그룹(Local Action Group) 형태의 환경협동조합 모델을 제시했다. 이는 지역농민이 주축이 되고 지방정부, NGO, 연구기관 등이 후원하는 생태적 부가가치의 협력생산(co-production) 체계를 강조하는 프로그램이다.

<참고> LEADER 프로그램

유럽연합(EU) 단위로 추진하는 농촌개발 프로그램의 하나로, 농촌경제발전을 위한 행동연대(Liasons Entre Actions de Development de L'Economic Rurale)의 약자
이제까지의 품목산업 중심의 농업개발에서 지역중심의 통합적 농촌개발, 주민참가, 파트너십, 자율성, 유연성을 강조하고 있다.

<표 4-2> 전통적 개발정책과 LEADER 프로그램 비교

구 분	전통적 정책	LEADER
정책대상	품목산업 중심	지역(Territory) 중심
계획방식	하향식	상향식
정책지원	개인	조직, 파트너십
정책관계	분산적	통합적
관리방식	중앙집권, 수직적	분권적·수평적

1992년 최초의 환경협동조합인 VEL과 VANLA가 설립되었으며, 1999년에는 81개의 환경협동조합에 6천여 농장이 참여했다. 2004년 사례 조사에 의하면 총 125개 환경협동조합에 전 농가의 약 10%가 참여하고 있으며, 전국 농지(목초지 포함)의 약 40%가 환경협동조합에 의해 관리되었다(Franks, 2008).

환경협동조합의 운영구조를 보면, 자원의 공동관리(resource pooling)와 회원 간 경

제적 협력을 유인하기 위한 연합회 또는 부가가치형 네트워크 형태로 운영된다.

3) 환경협동조합의 사례

(1) 발전과정

VEL과 VANLA[5])는 네덜란드 북부 낙농업 지대인 Friesian Woodlands(Friesland 주)의 낙농생산자들이 1992년에 설립한 환경협동조합이다.

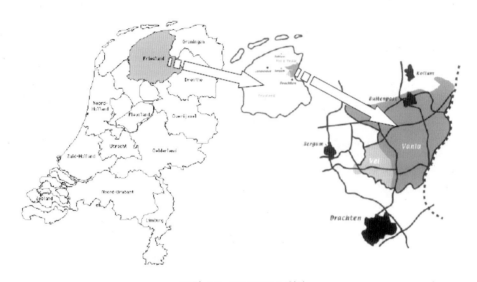

<그림 4-1> VEL/VANLA 위치

Friesian Woodlands의 면적은 약 12,500ha에 달하며, 소규모 운하, 유수지, 오리나무 방풍림과 관목 등이 어우러진 지역으로, 농민들은 오랫동안 이러한 생태적 환경을 부존자원으로 활용하는 소규모 낙농업에 종사했다.

1980년대 말 네덜란드 중앙정부는 이 지역을 산성비 취약지역으로 지정하고, 주 오염원인 암모니아 가스 배출과 축산폐수를 감축하기 위해 축산 관련 규제를 강화했다. 낙농업의 생태보전 가이드라인(ecological guideline)을 정하여 면적당 사육두수, 축산폐수 처리방식, 토양의 질소함유 허용량 수준 등을 지정했다. 그리고 중앙정부

---

5) VEL: Vereniging Estermar's Landsdouwe; VANLA: Vereniging Agrarisch Natuur en Landschapsbeheer. Vereniging은 영어의 "association", 한국어의 "결사체" 또는 "협동조합"에 해당됨.

는 이 지역 생태환경을 형성하고 있는 오리나무 방풍림과 관목이 산성비에 취약하기 때문에 점진적으로 제거할 계획을 발표하였다.

<그림 4-2> Friesian Woodlands의 경관

중앙정부의 하향적 환경규제책은 이 지역 낙농업 및 자연생태계의 현실과 많은 괴리가 있었다. 첫째, 생태보전과 관련된 여러 규제기준은 소규모 낙농업 농가들에게 추가적인 비용 부담을 초래하여 농업 수익성이 악화되었다. 둘째, 중앙정부가 제시한 과학적 생태보전 가이드라인은 이 지역의 전통적인 영농방식, 축산폐수 처리, 토양 및 양분관리 시스템과 마찰을 빚게 되었다. 셋째, 관목, 오리나무 방풍림의 제거는 이 지역 낙농업의 생태적 기반과 농촌관광의 어메니티(amenity)자원을 훼손시켰다.

농민들의 상향적 자율규제와 대정부 교섭을 통해 이러한 문제점들을 해결하고, 경관관리 및 농촌 어메니티 자원의 활용을 통한 농촌개발을 추진하기 위해 VEL과 VALNA가 설립되었다. 설립 당시에는 50개 농장이 회원으로 참여하였으나, 2002년 기준 200개 농장으로 늘어났고, 협동조합이 관리하는 생태면적은 약 2,000ha 정도였다.

(2) 운영구조

VEL/VALNA는 회원 농가의 다양한 개별적 이해관계를 조정·통제하여 공동의 사회경제적 목적을 달성하는 결사체(association) 또는 부가가치형 네트워크(value-added network)다. 한국의 지역농협과 같이 독자적인 지배구조 및 자본조달 구조를 갖춘 사업체를 운영하지 않고, 회원들이 공동으로 다양한 사업 및 프로젝트를 추진하여 회원 공동의 경제적 부가가치를 창출한다. 회원농상은 일정의 회비를 내고 조직의 사업목표와 규율에 대한 준수의무를 갖게 되며, 공동의 사업성과를 참여수준에 따라 배분된다. 유럽연합 농촌개발 프로그램인 LEADER에서 지원하는 지역행동그룹(Local Action Group)과 유사한 운영구조이다. 2004년 기준 지역 내 4개 환경협동조합과 함께 연합회 조직인 Noardelike Fryske Walden(NFW) 가 결성되어 있다.

(3) 주요 활동

2004년 VEL/VANLA의 연합회인 NFW는 환경협동조합의 사업 활동으로 다음 8개 항목으로 정리하였다. ① 자연경관 관리, ② 환경개선과 수질관리, ③ 통합적 식품공급망 구축, ④ 농촌관광 활성화, ⑤ 환경부담 비용 절감, ⑥ 동물복지와 위생 개선, ⑦ 토양은행(soil bank) 설치, ⑧ 녹색에너지 생산 등이다.

VEL/VANLA의 사업활동은 크게 자연경관 관리(nature and landscape management)와 무기물 관리(mineral management) 분야로 나누어진다.

가. 자연경관 관리

자연경관 관리의 기본목적은 농촌 자연경관의 어메니티(amenity) 자원, 다원적 기능 등을 보전·발전시켜 회원 농가의 소득원 창출에 이바지하는 데 있다. 중앙 및 지방정부와 협상을 통해 낙농업을 규제하는 생태보전 가이드라인(ecological guidelines) 적용을 면제받는 대신, 회원농가들의 자율규제에 의한 생태보전 및 자연경관 관리 프로그램을 추진한다. 또 산성비에 취약한 오리나무 방풍림, 관목, 유수지 등을 협동조합에서 자체적으로 보전 관리한다.

네덜란드 식품농업부(MANF)와 자연경관, 어메니티 위탁 관리계약을 맺고, 중앙정부와 유럽연합으로부터 재정지원을 받는다. 협동조합 내에 경관관리 검사위원회(inspection committee)를 설치하여 회원농장의 계약 이행 여부를 감독한다.

자연경관 관리활동의 경제효과는 다음과 같다. ① 농외활동 증가로 농가소득 향상: 2000년 자체 조사에 의하면 자연경관관리 사업으로 회원농장의 소득 10% 증가, ② 지역 내 사회적 일자리 창출: 협동조합이 지역 내 유휴인력을 채용하여 경관관리

활동에 투입(특히, 여성), ③ 농촌관광 증가로 지역경제 활성화: 농촌민박, 휴일농장, 유기농 체험학습장, 요트장 개설 등 다양한 지역활성화 사업을 추진, ④ 지역에서 생산되는 낙농품에 대한 소비자의 신뢰 향상 등이다.

나. 무기물 관리

무기물 관리 프로그램은 관행적 낙농업의 환경 부담을 최소화하고, 토양의 질소유실을 막기 위한 지역 고유의 생산체계를 발전시키는 데 있다.

정부와 협상을 통하여 정부가 의무화한 축산분뇨 비료화 및 시비기술을 채택하지 않는 대신, 지역 고유의 양분관리(nutrient management) 프로그램을 개발하여 공식 인증을 받았다. 정부는 축산분뇨를 액화비료로 제조하여 지표층에 주입하는 방식을 의무화하였으나, 시설 설치 등 추가적 비용이 소요되어 효율성이 떨어졌다. 그리고 와게닝겐(Wageningen)농과대학과 협력사업을 통해 축산분뇨 퇴비화 및 시비기술을 개발하였다. "토양-목초-동물" 순환 시스템(soil-plant-animal cycling system)에 의한 고유의 양분관리계획을 도입하여 토양의 질소수지를 적정수준에서 유지하고, 환경 친화적 낙농업을 정착시켰다. 친환경적 토양관리→양질의 목초 생산→분뇨의 질소 함량 증가→양질의 퇴비 생산→축산분뇨 폐기물 감축과 화학비료 시비 감소 등의 선순환 시스템을 정착시켰다.

아래의 그림에서 보는 것처럼, 이러한 선순환 체계가 정착되면서 이 지역 낙농업의 질소 효율성(N-efficiency)과 전반적인 생태환경이 개선되었다. 1995/96년을 기준으로 3년 사이에 회원 낙농가의 화학비료(inorganic fertilizer) 사용량이 급감하였으며, 그 결과 목초지의 질소 효율성이 46%에서 53%로 향상하였다. 토양의 질소 과다량(N-surplus)도 345kg(ha/연간)에서 257kg로 현저하게 감소하여 질소유실에 의한 지표수 오염을 줄이는데 크게 기여하였다.

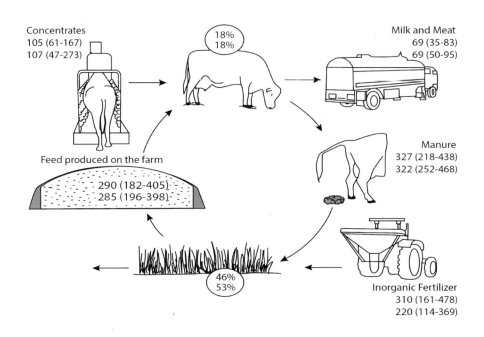

Concentrates
105 (61-167)
107 (47-273)

18%
18%

Milk and Meat
69 (35-83)
69 (50-95)

Feed produced on the farm

290 (182-405)
285 (196-398)

Manure
327 (218-438)
322 (252-468)

46%
53%

Inorganic Fertilizer
310 (161-478)
220 (114-369)

참고: 위의 수치는 1995/96년이며 아래는 1998/99년임. N-surplus는 ha당 연간 질소수지이며, ( ) 수치는 최솟값, 최댓값임. %
는 질소 효율성자료: Verhoeven et al., 2003.

<그림 4-3> 토양·목초·동물 순환 시스템

화학비료에 의존하는 관행적 낙농가에 비해 회원농가의 질소수지가 현저하게 개
선되는 효과를 거두었다. (아래 그래프 참조)

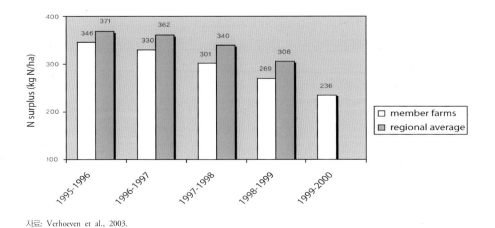

자료: Verhoeven et al., 2003.

<그림 4-4> VEL/VANLA 회원 농가의 질소 수지 개선 추이

(4) VEL/VANLA 협동조합의 성공 요인

VEL/VANLA는 지역 생산자들과 주민들이 지역의 문제를 협동조합적 방식으로 접근한 성공적인 사례이다. 회원들이 자원, 기술, 정보를 공유하여 지역 생태자원의 경제적 효율성을 높이고, 환경보전과 개발 사이에 존재하는 갈등을 극복한다.

이러한 성공의 배경에는 지역 낙농가들의 상향적 농촌개발 의지를 적극적으로 후원하고, 이해관계자 간의 갈등을 조정하는, 이른바 "매개기관"(intermediatory organizations)의 적극적인 역할이 있었다.

VEL/VANLA의 사업활동은 중앙정부, 시민사회, 농민단체, 관행적인 영농기술 및 과학계와 많은 마찰이 있었으나, 조정기관의 적극적인 개입으로 이러한 문제들이 점진적으로 해소되었다. 낙농업의 지역적 특수성을 고려하지 않는 중앙정부의 하향적 환경관련으로 중앙정부와 지역 농민들 간의 정치적 갈등이 고조되었으나, 지방의회의 적절한 개입으로 정부와 생산자 간 협상이 가능해진다. 비자단체, 환경운동단체 등과의 전략적 제휴를 통해 낙농업의 환경영향 및 농식품의 안전성 문제를 둘러싼 사회적 불신을 해소시켰다. 환경협동조합에 대한 특혜 시비 등으로 주류 농민단체인 National Farmers Union과의 갈등관계에 있었으나, 지방행정기관의 적절한 중재에 의해 해결하였다. 농과대학과 회원농가가 공동으로 현장실습포 및 R&D사업을 운영하여 과학적 기술(scientific knowledge)과 지역고유의 현장지식(practical knowledge)이 접목된 기술혁신체계를 구축하였다.

4) 시사점

농업생산의 감소, 농촌사회의 노령화·공동화 등은 우리나라 지역농협의 사업 활동의 인적·물적 기반을 지속적으로 위축시키고 있으나, 농협에 대한 정책적·사회적 기대는 여전히 높은 수준이다.

앞으로 우리 지역농협은 지역사회의 사회경제적 여건에 조응하는 고유의 발전모델을 바탕으로, 산업조직으로서 시장경쟁력을 유지함과 동시에 조합원 농가의 후생 증대에 기여해야 하는 이중의 과제를 안고 있다.

최근 조합유형별 발전전략에 대한 논의가 활발하지만, 규모화와 수직계열화를 통해 시장지향형 판매농협(marketing cooperatives)으로 성장하기 힘든 소규모 지역농협의 발전모델에 대한 구체적인 대안이 없는 실정이다.

네덜란드의 환경협동조합 운영사례는, -비록 설립과정, 조직구조, 사업방식 등에 걸쳐 한국 농협의 현실과 큰 차이는 있지만-, "시역종합센터"로서 그 위상을 새롭게 해야 하는 지역농협이 지향해야 할 사업 및 운영전략과 관련하여 여러 가지 시사점을 주고 있다.

첫째, 지역농협은 공공재(public goods)인 지역 생태계를 보전·관리하는 대리기구 또는 "사회적 기업"(social enterprise)의 역할을 수행할 수 있어야 한다. 중앙정부 또는 지방행정기관과 위탁계약을 체결한 다음, 조합원 또는 지역의 유휴인력을 동원하여 생태계를 관리하면 사회적 일자리 창출에 크게 기여할 수 있다.

둘째, 지역 내 다양한 이해관계자 집단 또는 공공기구와 협력을 통해 지역생태계의 다원적 기능(multi-functionality)을 적극적으로 상품화할 수 있는 "개발기구"(development agency)의 위상이 필요하다.

농촌 어메니티 자원, 전통문화 등을 지역 특산물과 연계하여 지역농협 고유의 브랜드로 개발하면 생태환경의 시장가치를 실현할 수 있다.

셋째, 조합원 영농지도, 지원 체계를 개편하여 지역의 입지여건 및 생태 환경에 조응하여 부가가치를 창출하는 영농 및 판매 시스템 구축에 기여해야 한다. 지역특성과 어울리지 않는 규모화 시설농업의 지원 등을 지양하고, 지역 생태계의 순환체계를 이용한 작부체계를 정착시키고, 로컬푸드 네트워크(local food network) 등 고유의 공급망을 구축한다.

넷째, 지역농협의 대외 교섭력을 강화하여 지속 가능한 지역발전에 기여하는 민간부문(private sector)의 역할을 강화해야 한다. 조합원 농가의 다양한 이해관계를 상향적으로 조정하여 내부역량을 강화한 다음, 지역 내 공공기관과의 제휴(private-public partnership) 및 협력적 기획(collaborative planning)관계를 지속적으로 유지해야 한다.

2. 새로운 협동조합과 농촌개발

농업협동조합은 그동안 농업인들의 이익을 증진시키기 위하여 많은 노력을 기울여 왔다. 농업인들 간의 집단적인 협력을 이끌어 내어 그들의 시장지배력을 높이는 데 기여하여 왔으며, 농업과 농촌의 발전을 주도하여 왔다. 협동조합은 개별적 또는 집합적 이익을 제공한다. 농업인들은 협동조합을 통해 다른 농업인의 농산물과 함께 공동으로 판매함으로써 더 높은 가격에 상품을 판매하고 개인적으로 이익을 증가시킬 수 있었다. 또한 협동조합들은 협동조합에 대한 소유권을 조합원이 공평하게 소유하도록 하고 가족농을 유지하는 정책을 견지함으로써 농업인에게 지속적으로 이익을 제공하여 농업과 농촌에 중요한 역할을 하고 있다.

그러나 최근 농가의 영농규모는 더욱 증가하는 반면 농업인 수는 더욱 감소하고 있다. 협동조합은 농가인구의 감소와 사업규모의 위축으로 많은 어려움을 겪고 있다. 소득기반이 약화되고 있으며 결과적으로 서비스의 내용과 질도 약화되고 있다. 농가인구가 감소하고 농촌사회의 공동화가 진행됨에 따라 농촌의 지속 가능성이 위기를 맞게 되었고, 농촌사회의 문화적 수준과 삶의 질 역시 저하되었다. 농업을 포기하는 중·소농이 증가하고 있으며, 지역사회는 농촌 공동체를 유지하기 위해 안간힘을 쓰고 있다. 또한 이러한 위기에서도 새로운 환경에 적응하기 위하여 신세대협동조합 등 새로운 협동조합이 등장하고 있다.

지금도 농촌지역에서 농업협동조합은 경제적·사회적 측면에서 지역사회의 중심적인 역할을 하고 있다. 그러나 농촌지역에서 협동조합의 역할, 협동조합과 농촌지역 관계에 관한 연구 및 활동은 거의 이루어지지 않고 있다. 따라서 본 절에서는 협동조합의 역할, 새로운 협동조합의 탄생과 성공요인, 실패요인 등을 살펴본다.

1) 협동조합의 역할

(1) 시장대항력

대부분의 농촌지역에서 특정 재화와 서비스 공급은 대개는 기업 한 개로도 충분하다. 한 개의 기업으로는 충분한 이윤을 확보할 수 있지만 다른 기업들은 고정비용과 시장장벽으로 쉽게 진입할 수 없게 된다. 결국은 독점시장이 형성되고 기업은 재화와 서비스 가격을 인상하게 된다. 이러한 상황에서 협동조합은 기업의 시장독점을 견제하기 위하여 시장에 진입하게 된다. 협동조합의 가격은 잉여가 없는 평균비용까지 낮추게 될 것이다. 이는 일반기업에서는 발생할 수 없다. 협동조합은 이용자가 소유자이기 때문에 가능하다. 다만 적절한 가격산정이 어려울 경우에는 일단 시장가격으로 판매한 후에 이용고 배당의 형태로 소비자에게 이익을 되돌려 주게 된다. 어떤 식으로든 협동조합은 이용자의 편익을 증대시키는 역할을 하게 된다.

협동조합은 농업인의 자원을 공동화함으로써 편익을 증대시킬 수 있으며 이는 소농에게 매우 중요하다. 구매 또는 판매협동조합을 통하여 농업인들은 공동으로 영농자재를 구매하고 농산물을 판매하는데 편익을 확보할 수 있다. 시장을 지배하는 영리기업에 공동으로 대항함으로써 조합원은 영농자재의 구입가격을 낮추고 농산물 판매가를 올릴 수 있다. 또한 구매와 판매량을 규모화함으로써 대량거래의 장점을 누릴 수 있다. 협동조합은 고도로 통합된 자본주의에서 농업인들이 생존을 위하여 선택할 수 있는 유력한 대안 중 하나이다(Torgerson et al., 1988).

(2) 재화와 서비스 제공

농촌지역에서는 특정 재화와 서비스는 협동조합만이 공급하는 경우가 많다. 시장규모가 작아 운영에 필요한 이익이 발생하지 않은 농촌지역에서는 영리기업이 운영될 수 없다. 영리기업의 소유자는 투자자로서 해당 기업이 제공하는 재화와 서비스를 사용하는 이용자가 아니기 때문에 투자 자본에 대한 재무적 보상을 요구하지만 농촌지역에서는 쉽게 충족될 수 없다. 따라서 이러한 지역에서는 협동조합이 이를 담당하게 된다. 이는 협동조합의 소유자가 재화와 서비스를 이용하는 사람들이란 사실과 관련되어 있다.

이러한 사례는 영리기업이 영업을 중단했던 사업을 협동조합이 인수한 경우가 대표적이라 할 수 있다. 1973년 The Red River Valley 사탕무 재배자 협회는 American Crystal Sugar Company를 인수하여 협동조합으로 변경하였다. 농업인들은 영리기업인 사탕무 가공공장의 폐쇄가 결정되자 본인들의 사탕무 판로가 없어지자 인수를 결정한 것이다. 이러한 사례는 농업 분야에만 한정된 것이 아니다. 금융, 의료, 보험, 교육, 주택, 전기, 통신 등 다양한 부문에서 협동조합들이 농촌생활에 중요한 재화와 서비스를 제공하고 있다.

사실상 농촌지역에서 많은 재화와 서비스가 협동조합이 아니면 적절히 공급될 수 없는 경우가 많지만 모든 경우에 협동조합을 독립적으로 설립할 필요는 없다. 필요에 따라서 농촌지역에서 가장 중심적인 농업협동조합에서 공급하는 것이 설립 및 운영에 효율적이다. 즉, 농업협동조합은 농자재 구매나 농산물 판매사업의 영역을 뛰어넘어서 조합원과 지역주민에게 재화와 서비스를 제공하는 지역비지니스 센터가 되어야 한다(Stafford, 1990).

(3) 소득향상

농업인들이 협동조합을 설립하거나 가입하려는 일차적 동기는 소득증대에 있다. 농업인들은 협동조합을 이용함으로써 생산비를 줄이거나 생산물을 높은 가격에 판매할 수 있다. 또한 신용협동조합에 가입함으로써 금융비용을 절약할 수 있다. 따라서 협동조합이 효율적으로 운영된다면 영리기업을 이용하는 것보다 높은 경제적 혜택을 누릴 수 있다. 협동조합의 이익은 이용량에 따라서 배당되거나 새로운 사업에 투자하기 위해서 배당을 유보한다.

최근에는 농업들이 협동조합의 다양한 가공사업에 참여함으로써 소득을 높이고 있다. 농산물 공급과잉으로 국내외적으로 판매경쟁이 심화되면서 농산물 가격이 정체되어 더 이상 단순 농산물 공급만으로는 충분한 소득을 확보할 수 없게 되었다. 추가적인 소득확보를 위하여 설립된 협동조합들은 조합원들이 생산한 농산물에 부가가치를 높이는 가공협동조합으로 신세대협동조합(New Generation Cooperatives)이라 불린다. 신세대협동조합은 전통적인 협동조합에 이용의무화 및 지분평가와 지분거래를 제한적으로 허용한다. 성공한 신세대협동조합은 조합원들에게 안정적인 판로, 이용고배당, 지분평가차익을 가져다주고 있다.

(4) 지역사회 유지 및 지역경제 촉진

협동조합이나 기업이 공동체에 미치는 일부 영향은 협동조합의 조직구조보다는 사업내용과 관련되어 있으며 특히 농산물 가공과 관련된 경우는 더욱 그렇다. 기업의 구조와 관계없이 지역농산물의 가공기업은 농촌 공동체 개발에 매우 중요하다 (Henderson et al., 1997). 지역에 협동조합이나 기업이 설립되는 것은 지역사회 유지에 중요한 의미를 지니고 있다. 협동조합이 설립되며 새로운 인력과 가족들이 유입되어 인구가 증가하게 된다. 만약 협동조합이나 기업이 사라지면 직장도 사라지고 인구도 줄어들게 된다. 이들 기업은 고용을 창출하고 소득을 향상시키는 성장엔진 역할을 한다. 직접적인 영향으로 공장건설 및 운영비, 직원들에게 지급되는 급여가 지역에 지출됨에 따라서 소득이 향상되고 간접적으로는 소득이 향상된 개인들이 지역 내에서 소비함으로써 생활에 필요한 다양한 서비스가 공급되고 활성화된다.

협동조합 기업이 지역사회에 미치는 영향은 영리기업과 다르다. 일반적으로 협동조합 기업은 지역 농업인늘에게 소득을 배당하기 때문에 일반기업보나 지역고용 수준이 높다. 그리고 규모에 있어서 크다. 또한 기업구조에 관계없이 새로운 농기업이 설립되면 정부 재정확보에 도움이 된다. 그러나 일반기업들은 손익에 대한 세금을 지방정부에 지불하지만 지역에 거주하지 않는 투자자에게 배당금을 지급하여 소득이 유출된다. 반면에 협동조합은 잉여금은 낮아 지방정부에 지급하는 세금은 낮지만 잉여배분 이전에 지역에 거주하는 조합원에게 이용고 배당을 지급함으로써 경제적 활력을 돕는다.

지방정부는 기업을 유치하기 위하여 세금감면 및 면제, 토지공급, 도로 등 사회기반설비를 제공하기도 하고 인구가 증가하면 학교 및 병원 등의 서비스를 제공해야 한다. 이들 서비스는 기업들이 충분한 기간 동안 유지되지 못한다면 지방정부는 막대한 부담을 안게 될 것이다. 지속적인 운영이라는 측면에서 일반기업보다는 협동조합기업이 매우 적절하다 할 것이다. 따라서 지역 협동조합 연합회에서는 직접 기업활동을 촉진하는 협동조합 프로그램을 운영하고 있다. 또한 지방정부에서도, 그리고 지방정부와 협동조합이 공동으로 취약계층에게 일자리를 제공하거나 사회적 또는 공적 서비스를 제공하고 협동조합 설립을 촉진하고 직접 운영하기도 한다.

(5) 지역사회 통합

협동조합은 지역사회의 통합에도 기여할 수 있다. 협동조합의 모임활동은 지역사회 주민들이 상호의견을 교환하고 조정할 수 있는 중요한 기회를 제공한다. 특히 소규모 지역사회에서 협동조합 활동은 경제적 활동을 넘어서는 의미를 가지고 있다. 특히 우리나라 면단위 지역농협은 지역사회의 경제적·사회적 중심축 역할을 하고 있다. 반면, 대규모 협동조합은 일반 기업과 유사하게 기부금 및 장학금 지급 등과 같은 방법으로 지역에 공헌한다.

일부 협동조합에서는 협동조합 사업의 특성, 고용인력, 정부지원 등에 따라서 지역주민이 지지자와 비지지자로 구분되는 경우도 있다. 대표적인 사례가 도축장 등과 같이 비호감시설이 필요한 협동조합의 경우이다. 또한 조합원 가입이 제한되어 있는 신세대협동조합의 경우도 지역사회의 통합에 영향을 미칠 수 있다. 전통적인 협동조합의 경우는 가입하기는 쉬워도 탈퇴는 어렵다. 조합원이 약간의 가입비나 출자금을 납입하면 가입할 수 있고 납입한 출자금은 사업을 그만두거나 사망 시에 되돌려 받을 수 있다. 신세대협동조합은 가입하기는 어려우나 탈퇴하기는 쉽다. 신세대협동조합은 출하권과 책임에 연계된 사전출자를 요구한다. 또한 이사회 승인이 필요하지만 출하권은 시장가격으로 매매된다. 따라서 조합원과 비조합원 간의 갈등이 유발될 수 있다. 반면에 전통적인 협동조합에서는 조합을 탈퇴할 경우에 지분평가가 이루어지지 않기 때문에 갈등이 발행할 수 있다.

(6) 인적자원개발

협동조합은 인적자원개발을 통하여 지역사회에 공헌한다. 협동조합의 조직과 운영을 통해서 지역사회에 리더십의 훈련기회를 제공한다. 협동조합에서 훈련된 리더십은 지역사회 다양한 활동에서 매우 중요한 역할을 한다. 협동조합 이사회 참여는 리더십 개발 기회를 제공한다. 이사회에 참여하는 개인들은 사업관리, 의사소통, 공동문제 해결에 참여하여야 하고 또한 관련된 교육에 참여해야 하기 때문에 이사회 참여를 매우 높게 평가하고 있다.

협동조합 이사회에 참여하여 습득된 리더십은 학교, 민관모임 등 지역사회 다른 조직에서 활용된다. 협동조합은 조합원 교육의 원칙을 가지고 있어 교육기회는 이사회에 참여하지 않은 조합원에게도 제공된다. 조합원 교육은 협동조합 이념, 직무교육 및 개인적인 재무관리나 인간관계 등을 포괄하고 있다. 협동조합에서 제공한 교육은 자기개발과 관리를 통해서 조합원을 협동조합과 지역사회에 책임감을 가진 조합원으로 육성하는 중요한 역할을 한다.

(7) 환경보호

협동조합은 다른 어떤 농기업들보다 친환경적인 지속 가능한 농업에 노력한다. 이는 농업인 대부분은 자신들이 소유한 농경지를 경작하고 있기 때문에 농지를 적극적으로 보호해야 한다. 따라서 농업인들이 소유하고 있는 협동조합이 환경을 보호하는 것은 당연한 사항이다. 많은 협동조합들이 환경을 보호하기 위하여 정밀농업, 우수사례, 서식지보호 등 최신 환경보호프로그램을 도입하고 있다.

2) 신생농업협동조합의 동향

(1) 소규모 농업협동조합 연구

신생 협동조합에 대한 연구는 많지 않다. 더욱이 농촌지역이나 농업과 관련된 협동조합에 관련된 연구는 매우 희소하다. 관련 연구들로는 소규모 농업협동조합에 대한 연구, 북미의 신생 농촌협동조합, 미국 신세대 협동조합에 관한 연구 등이 있다. 먼저 소규모 농업협동조합에 대한 연구는 Hulse, Biggs and Wissman(1990), Biggs (1990), Gray and Kraenle(2001), Gray and Kraenle(2001), Duncan et al.(2006) 등이 있다. Hulse, Biggs and Wissman(1990)은 미국의 1백만 달러 이하의 34개 소규모 과일채소 농업협동조합의 조직과 경영을 연구하였다. 이 연구에서 소규모 협동조합의 생존은 판매량과 밀접한 관련이 있으며 실패는 조합구성원(이사, 조합원, 경영자)들의 갈등, 조합원들의 출하약속 및 규정 준수 미흡, 출하지역 및 출하량 부족, 조합원 및 농업감소, 정부지원 축소, 경영자의 경험부족, 고용인력의 부담, 협동조합에 대한 철학 등 이해의 부족 등에 있다고 밝히고 있다. 결국 협동조합의 성쇠는 조합원의 몰입에 있다고 할 수 있다. Biggs(1990)는 소규모 협동조합은 전체 협동조합 중 4%에 불과하지만 지역경제에 중요한 역할하고 있으며, 문제점으로 국내외 경쟁업체의 증대에 있으며, 특히 지역 내에서 작물변경에 따른 과잉생산이 중요한 문제이며, 노동력 부족, 마케팅, 품질, 운송 등을 문제점으로 제시하고 있다. Bhuyan et al.(2001)은 소규모 협동조합이 경쟁력 확보에 노력하고 있지만 조합원의 기대와 협동조합의 원칙을 유지하는 데 어려움에 직면하고 있음을 지적하고 있다. 조합의 경영자들은 조합원의 충성도가 낮다고 하지만 조합원들은 경영자들의 리더십과 경영능력에 문제가 있다고 보고 있어 조합원과 소통 및 경영관리능력 개선, 시장개척 및 판촉 등의 사업전략, 협동조합 간 협력, 특성에 기반을 둔 가격차별화 능력이 필요함을 지적하고 있다. Gray and Kraenle(2001)는 소규모 협동조합의 경영자들은 비용증대, 기후환경, 경쟁격화를 중요한 문제로 지적하고 있다.

Duncan et al.(2006)은 미국 북서지역 25개의 소규모 과일 및 채소 협동조합 연구를 진행하였다. Duncan et al.은 소규모 협동조합을 연간 매출액이 10백만 달러 이하, 조합원 35명 이하로 구성된 협동조합으로 정의하고 있다. 소규모 협동조합은 대규모 협동조합이나 유통업자들의 서비스에 만족하지 못하는 틈새시장을 중심으로 활동하고 있으며 최근에는 로컬푸드, 식품 등 지역농식품협동조합 형태로 발전하고 있음을 밝히고 있다. 이들 협동조합은 건강을 중시하는 친환경 등 신선농산물의 소비증가, 농민시장, 직판장 등 직거래를 촉진하는 정부정책에 의해서 활성화되고 있음을 밝고 있다. 사례 조합의 평균규모는 조합 수 47, 전임 고용자 수 2명, 판매액 1.77백만 달러이다.

소규모 협동조합들은 가족농 사업의 지속성과 생활여건 향상에 중요한 역할을 하고 있다. 조합원의 60% 이상이 협동조합을 최선의 판매처로 생각하고 있으며 가격 향상과 보다 활발한 마케팅 활동을 조합에 요구하고 있다. 그러나 1980년대 이후 소규모 협동조합의 필요성과 성장에도 불구하고 조직적으로 허약하고 전략적으로도 취약성을 드러내고 있다. 이들 협동조합은 조직구조와 경영관리가 매우 불안전한 것으로 나타나고 있다. 직원들의 88%가 미래 전망이 불확실하며, 36%가 이직을 계획하고 있다. 이들은 경쟁적이고 변화하는 환경에 적응하지 못하고 있을 뿐만 아니라 대부분 성장계획 및 목표, 평가를 하지 않고 있으며 또한 협동조합 설립시도 대부분 협동조합이 타당성 조사와 사업계획을 세우지 않은 것으로 나타났다.

일부 협동조합은 조직 또는 운영상 변화가 없다면 생존할 수 없는 상태에 이르렀다. 성장목표를 달성하기 위해서는 조합원 몰입저하, 리더십 결핍, 빈약한 사업계획을 해결해야 한다는 것이다. 또한 조합원과 경영자 간의 심각한 갈등이 존재한다. 경영자는 조합원들이 상품의 질과 양을 증대하여야 한다고 주장하는 반면에 조합원들은 경영자들의 판매능력을 증대하여야 한다고 주장하고 있다. 이러한 갈등의 관리가 소규모 협동조합의 생존에 중요한 요소이다. 핵심은 경영과 조합원의 전략적인 이해가 얼마나 균형을 유지하고 있는가에 있다. 효과적인 경영이 이루어져 판매량과 이익이 증가하면 조합원의 충성심과 상품의 질과 양이 증대될 것이고 반대로 조합원들이 출하하는 상품의 질과 양이 증대된다면 조합에서 판매기회가 확대되고 이익이 증대될 것이다. 닭이 먼저냐 달걀이 먼저냐의 문제이지만 확실한 것은 이러한 문제는 동시에 지속적으로 해결되어야 하는 가장 시급하고 중요한 문제로 제시하고 있다. 이러한 문제해결에는 조합 경영자의 리더십과 조합원의 참여와 몰입이 선결과제라 할 수 있으며 정부기관, 컨설턴트, 지원단체로부터의 직접적인 지원이나 교육을 요구할 수 있으나 최선의 방법은 협동조합들 간의 협력을 통해서 배우는 것이며 따라서 지역 내 협동조합의 모임 및 공동사업을 모색할 필요를 강조하고 있다.

이러한 연구사례를 정리하면 소규모 농업협동조합들은 대규모 협동조합이나 일반 기업, 공공기관이 제공하지 못하는 소규모 농촌지역이나 조합원에 필요한 재화와 서비스를 제공함으로써 조합원과 지역경제에 중요한 역할을 하고 있음을 제시하고 있다. 이러한 협동조합들은 최근 경쟁심화에 따른 비용증가, 리더십, 마케팅 및 경영관리 등의 역량 부족 등 다양한 어려운 문제에 직면하고 있음을 지적하고 있다. 또한 소규모 협동조합의 성공에 가장 중요한 요소는 조합원 참여와 몰입에 있다고 지적하고 있다. 그러나 이들 연구는 이러한 소규모 협동조합들이 조합원의 참여와 몰입을 가져올 수 있는 구체적인 해결책을 제시하지 못하고 있는 한계를 보여 주고 있다.

(2) 북미 농업협동조합 연구

Berner(2013)는 미국의 위스콘신과 미네소타 14개 협동조합에 대한 설립과정을 연구하였다. 협동조합 설립(Startup)과정을 조직화와 타당성 및 사업계획 단계로 나누고 이를 자본조달, 관리와 거버넌스, 기술적 지원 차원에서 살펴보고 있다. 사례조합은 설립한 지 5~10년이 경과한 14개 협동조합이며, 이 중 11개는 활동 중이며 3개는 해산 또는 활동이 중지된 상태이다. 사례 협동조합 종류는 소비자협동조합, 노동자협동조합, 생산자협동조합, 이해관계자협동조합, 중소기업협동조합 등 다양하게 구성되어 있다.

Berner는 협동조합의 설립과정에서 각 과정별 핵심요소와 문제점을 살펴보고 있다. 첫 번째는 조직화 단계로 6개월 이상에서 12개월이 소요된다. 이 단계에서는 준비위원회 조직 및 리더십 형성, 설립필요성 인식 및 비전공유, 비공식적 예비타당성, 자본구조개발, 정관작성, 조합원 모집이 이루어지는 단계이다. 이 단계에서 비전과 리더십이 견고하게 형성되어 있지 않기 때문에 초기단계에서 해야 할 일을 분담할 필요가 있다. 초기에는 대표자(Champion), 준비위원회(Steering/Organizing Committees), 프로젝트관리(Project Management)가 중요하다. 대표자는 지역에서 존경받는 지역 내부 출신으로 협동조합의 촉발자이자 협동조합 성공의 핵심적인 네트워크 유지에 중요한 역할을 한다. 이들은 협동조합의 치어리더, 코치, 전도자, 활동가, 협동조합의 머리와 마음으로 통한다. 다음으로 준비위원회의 구성이 매우 중요하다. 왜냐하면 이들이 첫 이사회의 구성원이 될 가능성이 높고 이들의 능력이 협동조합의 성공과 관련성이 매우 높기 때문이다. 기획위원회는 협동조합 설립에 필요한 조치를 논의하고 실행한다. 이러한 논의를 통해서 기획위원회는 설립에 필요한 지역사회홍보, 협동조합연계, 기술지원탐색 등 업무별로 작업팀을 구성하고 이들의 업무를 감독하는 일을 하게 된다. 감독에는 자원봉사자와 업무조정자가 참여한다. 일단 타당성조사 단계가 끝나면 조합원지원, 공공활동, 실무작업 등을 수행해야 한다. 총괄팀은 정기적으로 팀들 간 상호소통을 통하여 업무가 원활히 진행되도록 활동을 조정해야 한다. 준비위회는 보통 2년 반 동안 운영되고 보통 3명에서 13명, 평균 7명으로 구성된다. 효과적인 프로젝트 관리는 기획위원회를 하나로 통합하기 위해서 효과적인 프로젝트 관리가 필요하다. 프로젝트 진도계획은 프로젝트의 범위와 일정 관리를 명확하기 위한 도구다. 프로젝트 관리는 경영관리, 의사소통, 시간계획, 그리고 평가도구의 역할을 한다. 개발순서에 따라서 해야 할 핵심적인 의사결정을 제시하고 있다. 특히 일정표는 조직가와 적극적인 조합원들이 참여할 수 없는 상황에서 매우 중요한 평가지표가 된다. 따라서 협동조합에서는 출범과 동시에 일정 계획과 확인할 수 있는 주요 이정표를 제시해야 한다. 또한 최소한 한 달에 2회 이상 회의를 소집하여 일정을 점검하고 논의하여 필요한 경우에는 일정과 이정표를 수정하여 보고하여야 한다.

기획 및 조직위원회의 체계가 잡히고 내부역량이 적정수준에 이르면 타당성 조사와 사업계획을 수립해야 한다. 사업타당성은 사업이 기술적으로 가능한지, 추정된 비용 안에서 가능한지, 그리고 이익이 날 수 있는지를 분석하고 평가하는 것이다. 그러나 협동조합의 창업에는 이러한 시장 및 재정적인 평가와 함께 내적 준비 또는 조직역량과 핵심자산 계획을 평가해야 한다. 새로운 협동조합의 성공 가능성은 조합원의 몰입에 달려 있다. 타당성 조사에서는 사업을 지속하기 위해서 필요한 조합원 참여와 활동에 대해서 명시해야 하고 조합원의 참여의지를 측정하여야 한다. 실제 타당성 조사는 신생 협동조합 중 절반 정도만이 실시하고 있고 지나치게 낙관적이고, 추정이 잘못되고, 컨설턴트의 지역사회 이해력이 낮다는 점에서 불만을 가지고 있다.

타당성 조사에서 긍정적인 결과가 나왔다면 다음 단계로 사업계획을 수립해야 한다. 사업계획은 사업모델, 즉 사업 아이디어와 이를 실현하는 방법을 설명하는 문서를 의미한다. 사업계획에는 단기적인 상황설정과 재무적 추정에서부터 장기적이고 종합적인 보고서에 이르기까지 다양하다. 여기에는 기업 세부사항뿐만 아니라 표적시장, 판매 및 마케팅, 운영 및 관리, 재무 등이 포함될 수 있다. 사업계획서는 아이디어를 실현하기 위한 사업설명서이자 사업을 시작하고 운영하기 위한 청사진이며 계획이라 할 수 있다. 신생 협동조합 중 절반 정도가 사업계획서를 작성하고 있으며 가장 큰 작성 이유는 은행융자에 필요해서다. 작성목적 작성자는 외부 컨설턴트, 내부 기획팀, 추진위원회, 이사회, 대표자, 경영사 등 다양하다. 대부분 사업계획서 작성의 필요성을 인정하고 있지만 유용성의 정도는 바이블, 지침서, 융자수단 등 다양하다. 타당성과 사업계획서는 밀접한 관련을 가지고 있지만 실제 운영에서는 많은 혼란이 있다. 이러한 혼동은 시차적 요인과 단순한 시간적 추세로 평가될 수 있지만 협동조합 실무자가 재무 및 시장분석의 역량이 필요한 이유이며 설령, 계획추정이 잘못되었다 할지라도 경험 그 자체가 도움이 되는 과정이다.

모든 사업체는 설립하고 운영하는 데 자본이 필요하다. 협동조합도 다르지 않다. 다만 방식이 주식회사와 다를 뿐이다. 자본조달 방법은 조합원 출자, 우선출자, 조합원사채, 보조금, 금융기관으로부터 조달하는 방법 등이 있다. 그러나 여러 가지 수단에도 불구하고 법적 규제에 의해서 영향을 받고 있어 협동조합은 주로 조합원과 금융기관으로부터 조달하고 있다. 또한 여전히 조합원과 지역사회의 참여만으로는 부족하지만 은행대출이 고려되지 못하고 있다. 이러한 자본부족과 빈약한 재무계획은 신생 협동조합이 실패하는 원인으로 가장 일반적으로 언급되는 요소이다. 즉, 조합원의 출자는 자본의 외부조달이 어려운 협동조합에서는 출자금 조달이 성공에 가장 중요한 요인이며 조합원의 참여를 평가하는 중요한 요소이다. 또한 적절한 운영자금을 확보해야 하지만 보조금이나 외부자금에 의존해서는 안 된다. 성장계획에 따라 자본계획을 수립하여야 하며 이를 위해서는 이사 및 경영자 중에 재무에 대한 지식을 갖춘 임원을 확보해야 한다. 또한 회계기록을 명확히 해야 한다.

다음은 경영 및 거버넌스 측면이다. 거버넌스는 '의사결정의 과정 그리고 결정된 사항들이 이행되는 과정'을 의미한다. 따라서 거버넌스 분석은 의사결정 과정과 결정된 사항을 이행하는 과정에 관련된 공식적 및 비공식적 행위자와 이러한 의사결정들이 이루어지는 공식적 및 비공식적 구조에 초점을 맞추어야 한다. 좋은 거버넌스 형성은 협동조합 설립 초기단계부터 전 발전단계에서 중요하다. 특히 설립 초기에 좋은 거버넌스를 구성하는 것은 장기적인 조합발전에 매우 중요한 영향을 준다. 초기의 거버넌스가 조합의 조직문화를 형성하고 비전, 역할, 책임, 기대감, 직원채용, 조합원 모집 등에 중요한 영향을 주기 때문이다. 경영관리 측면에서 주의할 점은 다음과 같다. 설립 초기에는 준비위원회가 책임과 권한을 가지고 설립을 추진하지만 봉사자이다. 따라서 조직이 안정화되면 이사회와 경영을 분리하여 건전한 이사회와 경영을 형성하는 것이 필요하다. 다만 초장기에는 설립위원들이 지속적으로 협동조합 경영에 참여해 왔기 때문에 분리가 어렵다. 상당한 시간이 필요하고 교육이 필요한 사항이다. 실제 운영에 있어서 경영자 채용은 조합성공에 핵심적 요소로서 협동조합 조직의 이해와 능력을 갖춘 사람을 채용해야 하며, 또한 채용된 경영자는 이사회와 소통을 통하여 동일한 비전과 실천방법을 공유하여야 한다. 직원협동조합의 경우는 경영관리에 특별한 주의가 필요하다. 직원협동조합은 작업장 민주주의를 원칙으로 설립되지만 창립자의 영향력이 매우 커서 초기에 민주주의적인 구조와 정책이 정립되지 않는다면 이후 운영 중에 문제가 발생할 수 있다. 사업계획서에는 현재 경영과 거버넌스 구조에 대한 내용을 포함시켜야 한다. 이사회 구조는 효율적이고 효과적인 이사회를 구축하는 데 중요한 요소이다. 설립자들은 미래 협동조합의 규모, 지리적 범위, 그리고 핵심적인 이해관계자를 고려해서 이사회 구성, 선출방법, 숫자를 결정해야 한다. 또한 이사회는 주기적으로 교체되기 때문에 협동조합의 안정적인 운영을 위해서 교차선임, 멘토링을 통한 새로운 후계리더 육성 등을 통한 지속 가능한 리더십을 형성할 수 있는 장치를 갖추어야 한다. 이러한 후계리더 육성은 조합원의 지속적인 교육을 통해서 이루어진다. 신설 조합의 성공 핵심은 조합원의 참여와 몰입이다. 이를 위해서는 협동조합의 가치제안에 대한 조합원의 명확한 이해가 매우 중요하며 이는 지속적인 교육을 통해서 확보할 수 있다. 또한 위원회, 직접적인 만남, 연차총회 등 조합원과 다양한 소통방법을 마련해야 한다.

신생 협동조합에 대한 기술적 지원은 두 가지 형태의 지원이 필요하다. 첫째는 거버넌스, 조직구조, 법률문서작성, 자본조달 등과 같은 협동조합 일반적인 사항에 대한 지원이 있고, 둘째는 해당 산업에만 맞는 전문적인 지원이다. 신생협동조합은 개별적인 변호사나 회계사 또는 활동가 그리고 비영리기관, 정부기관 등에서 지원을 받을 수 있으나 동종 협동조합으로부터 받은 지원이 가장 유용한 것으로 나타났다. 이는 이들이 협동조합 사업모델이나 산업특수적인 상황에 대해서 가장 잘 이해하고 있기 때문이다. 또한 이들이 신생 협동조합이 가장 필요한 판매와 마케팅, 산업정보를 제공할 수 있기 때문이다.

Berner는 신생 협동조합의 연구를 통해서 다음과 같은 시사점을 도출하고 있다. 첫째, 협동조합은 조합원에게 협동조합 존재 이상의 강력한 가치제안을 제시해야 한다. 협동조합이 반드시 낮은 가격을 제시할 필요는 없다. 다만 그 이상의 가치를 제공하면 된다는 것이다. 둘째는 비전을 정렬하고 공유하라. 비전을 명확하게 정의하여 조합원들에게 설명하여 조합원이 조합으로부터 기대하는 바를 동일하게 하라는 것이다. 되도록 기대사항을 문서화하는 것이 좋다는 것이다. 셋째는 협동조합이 사업체라는 인식을 가져라. 협동조합이 이윤보다는 조합원의 필요에 의해서 설립되지만 협동조합 역시 회계책임, 공식적 문서, 건전한 재정관리가 요구되는 사업체다. 넷째는 채용이나 채택을 신중히 하라. 사람이나 특정 정책을 결정할 때 모든 사람에게 좋은 사람이나 좋은 정책을 선택하는 것이라 상황을 고려하여 채택하라는 것이다. 다섯째는 협동조합에서 교육만큼 중요한 것은 없다. 협동조합 설립 참여자는 대부분 협동조합을 잘 알지 못한다. 따라서 협동조합에 대한 원리와 운영에 대한 교육이 제공되어야 하며 이러한 교육은 설립된 이후에도 이사 등 경영자에게는 역할에 맞는 적절한 교육이 제공되어야 하고 조합원들에게는 협동조합의 가치제안이 지속되도록 제공되어야 한다. 여섯째는 시간에 쫓기지 말라. 협동조합 설립자들은 되도록 빨리 출발하고자 한다. 이는 분위기나 열정이 소멸되기 전에 해야 한다는 내부의 압력이나 보조금 신청기한 등의 외부적인 요인에서 발행할 수 있다. 그러나 협동조합에 대한 목표, 합의, 기대 등 조합원 간의 공유비전이 명확히 되기 전까지는 설립을 해서는 안 된다. 일곱째는 협동조합의 발전에 여러 사람들의 역할을 인정하라. 협동조합의 계획자 또는 설립자와는 다른 나름의 재능이나 비전을 품고 있는 사람들이 있을 수 있다. 성공적인 협동조합은 이러한 차이를 인정하고 적절한 단계에서 다양한 위원회 및 작업팀을 설치하여 이들의 재능이나 기술을 활용할 줄 안다. 여덟째는 도움을 두려워하지 마라. 개별적인 컨설턴트, 산업단체, 공공기관, 대학, 동종 협동조합 등 신생협동조합에 도움을 줄 수 있는 곳은 많다. 외부 전문가 자문이나 동종 협동조합의 도움은 협동조합 생존에 많은 도움을 준다. 이를 기꺼이 활용하는 것이 바람직하다. 아홉째는 모든 협동조합은 자기만의 고유한 특성을 가지고 있다. 따라서 만능의 정답은 없으며 조언들은 산업, 시간, 참여자 등에 따라서 달라질 수 있다. 마지막 열째는 중요한 것으로 재미있어야 한다. 협동조합 설립은 상당한 시간과 많은 노력이 요구되는 일이다. 과외활동과 관계형성과정을 즐거운 일로 만들어야 한다. 핵심은 과정상 실수가 있을 수 있으며 실수에서 배우고 멈추지 말며, 유연성을 유지하라는 것이다.

Duguid et al.(2015)은 캐나다 CDI(C-operative Development Initiative) 프로그램에 의해서 2013년부터 2015년까지 설립된 66개 협동조합을 조사하였다. 66개 협동조합은 CDI와 500개 협동조합 중 설문조사에 응답한 협동조합이다. 또한 연구를 위해서 관련자 27명의 인터뷰와 4회의 전문가집단면접을 실시하였다. 연구목적은 최근 캐나다 전역에서 전통적인 신용조합 이외의 협동조합들이 출현하고 있는데 이들은 조합원의 요구를 어떻게 충족시키고 있는가, 협동조합 모델을 채택한 이유는 무엇인가, 설립과정에서 성공요인과 실패요인은 무엇인가, 더 나은 서비스를 제공하기 위하여 협동조합들은 어떤 혁신을 하고 있는가를 밝히는 것이다. 연구결과 새로운 협동조합의 62.2%가 사회적 혁신과 필요를 목적하는 협동조합으로 조사되었다. 이들의 활동 분야는 사회보호 및 서비스, 대안건강관리, 대안 및 유기농, 대안 및 재생에너지, 지역사회개발, 일자리 제공 등이다. 이것들은 조합원과 설립자들이 자신들의 공동체에서 부족하다고 느끼는 것이고 이를 협동조합으로 조달하려는 것이다. 이들 조합 설립 목적은 강한 사회적 목적을 가지고 있어 조합원의 필요와 사업적 이익보다는 사회적으로 필요한 재화와 서비스를 제공하기 위하여 설립되어 사회적 협동조합이라 할 수 있다.

Duguid et al.은 이러한 새로운 협동조합들은 공통적으로 협동조합에 대한 설립자의 지식 부족, 설립자금과 운영자금의 부족과 자본조달에 대한 지식의 부족, 인적 역량 및 관리의 문제, 그리고 거버넌스 문제 등을 가지고 있는 것으로 분석하고 있다. 또한 실제경영에서 수익경영을 위한 외부자금 의존과 원가경영, 조합원의 참여와 의사결정의 효율성, 조합참여의 다양성과 이해갈등, 운영의 자원봉사와 전문성의 갈등 등 4가지 패러독스를 제시하고 있다. 신생 협동조합은 이러한 문제와 갈등을 해결하기 위해서 협동조합 전문가의 도움을 활용하고 있다. 또한 지역사회개발재단, 타 협동조합, 신용조합 등의 금융기관, 운동가의 도움이 중요한 것으로 조사되었다. 이는 공동체적 기업가성과 높은 관련성이 있다. Duguid et al.은 협동조합 설립에서 학습의 중요성을 강조하고 있다. 학습은 대부분 비공식적이며 실행학습의 형태이다. 여기에는 결사체적 감성이 중요하다. 협동조합은 운영과 관련된 기술, 가치, 실무지식을 얻기 위하여 다른 협동조합들과 협력하고 사회적 미션을 공유하고 공동체에 관련성을 높인다. 또한 협동조합 교육에서 운동가들이 중요한 역할을 한다. 운동가들은 대학이나 정규과정에서 미미한 협동조합 가치, 원칙, 거버넌스, 사업원리를 조합원들에게 알리는 역할을 하고 있다.

Duguid et al.은 신생 협동조합을 위해서 7가지를 권고하고 있다. 첫째는 협동조합 이해관계자 모두가 참여하는 포괄적인 전략 계획을 수립하라. 둘째는 협동조합 정보센터를 설립하여 법률, 자금조달, 전문가 및 지역사회 네트워크를 제공하라. 셋째는 협동조합 설립단계에 따라 필요한 관계기술, 리더십, 경영관리, 재무, 네트워킹 등 전문적인 역량을 핵심관계자에게 제공하라. 넷째는 신생협동조합의 능력을 배양하고, 지속적인 지원을 제공하고 그리고 필요성 인식을 제고하기 위하여 핵심적인 협동조합 조직들의 활동을 조정하고 구축하라. 다섯째는 지식과 기술을 현재 그리고 최신의 상태를 유지할 수 있도록 협동조합 개발자들이 네트워크를 형성하고 공유하고 협력하도록 심층적인 지원을 제공하라. 여섯째는 현실적이고 신생 협동조합에 필요한 프로그램을 창안하여 이행하라. 일곱째는 조합원, 경영자, 봉사자, 기타 이해관계자와 정책결정자를 위하여 공식적인 교육기관을 설립하라.

Berner의 권고는 협동조합의 성공이 조합원의 참여와 몰입에 있으며 조합과 조합원과의 관계형성과 이해관계 조정 등 신생협동조합의 내부적인 사항을 강조하고 있는 반면에 Duguid et al.은 최근 협동조합이 사회적 목적을 가지고 있으며 이들의 생존을 위해서 내부적 관계뿐만 아니라 관련기관과의 협력 등을 가지고 있다. 이를 위해서 협동조합 지원 및 교육기관의 역할을 강조하고 있다. 또한 두 연구는 협동조합에서 교육의 역할을 강조하고 있으며 이러한 교육역할은 조합원뿐만 아니라 모든 이해관계자를 포함하도록 하여야 하며 이를 위해서는 공식적인 교육기관이 필요함을 강조하고 있다.

3) 새로운 농업협동조합 사례

(1) Renville 지역 사례[6]

신세대 협동조합의 개발에 일반적으로 적용되는 보편적인 설립방법은 없다. 다만 초기 개발과정을 살펴보면 농업인뿐만 아니라 협력자 또는 전문가들의 역할이 중요한 것으로 나타나고 있다. 특정 지역에 1~2명의 농민이 직면하고 있는 특별한 문제

---

6) Renville 지역 사례는 Burress et al.(2008)의 "The Clustering of Organizational Innovation: Developing Governance Models for Vertical Integration" 내용을 발췌하여 인용하였음.

를 먼저 인식하고, 생산자모임을 결성하여 여론을 형성해야 한다. 그다음으로 그들을 도와줄 수 있는 협력자 또는 전문가의 도움을 받아 문제를 정의하고, 사용 가능한 자원을 평가하고, 가능한 해결방안을 탐색하여, 문제를 해결할 가능성이 높은 방안에 집중하여야 한다. 이러한 작업에서 적합한 협력자 또는 조정자는 협동조합 설립의 중요한 요소이다. 협력자는 경제 및 사업 개발에 관한 충분한 배경지식뿐만 아니라 다양한 사람들을 융합하여 연대와 단결을 만들 수 있는 조직화 기술이 필요하며 협동조합의 문제와 해결방안에 대해 열정적이어야 한다. 다만 협력자는 조합원의 역할을 대신해서는 안 되고 조합원들이 스스로 의사결정을 할 수 있도록 해야 한다.

Stefanson et al.(1995)은 "열정적이고 결단력을 가진 생산자가 NGC에 가장 중요한 성공요인이다"라고 주장한다. 생산자-조합원은 NGC를 개발하기 위해 엄청난 노력이 필요하다. 개인의 차이 또는 과거의 분쟁에 관계없이 회원 모두가 단결하여 하나가 되어야 한다. 물론 특정 핵심 조합원이 개발 과정에서 중요한 역할을 한다. 이들은 대출, 타당성 조사, 사업계획, 채용과 관련된 일을 담당한다. 열정적인 조합원을 보유하고 있는 신설협동조합은 다른 농업 종사자뿐만 아니라 경제발전 및 정부기관까지도 협력과 헌신을 유도할 수 있다(Stefanson, Fulton, and Harris, 1995).

협동조합 개발에서 지원네트워크의 역할은 협동조합 설립을 위한 환경조성, 지역 내 중복설립을 위한 방지를 위한 조정, 생산자 집단이 필요한 다양한 자원과 전문지식 제공, 협동조합에 대한 분위기를 확산하는 역할을 수행하여야 하며 또한 생산자, 자원, 자금, 변화, 정부, 기타 협동조합 프로젝트를 서로 연결하는 네트워크 역할을 해야 한다.

협동조합 개발에 필요한 중요한 도구는 타당성조사와 사업계획이다. 치밀하게 설계된 타당성 조사는 판매될 협동조합 제품 또는 가공공장 운영에 대한 잠재적인 약점을 찾아낼 수 있다. 실제 조합을 운영하는 과정에서 전혀 예상치 못한 문제점에 노출되기보다는 사전에 필요한 자금과 시간을 계획하고 시험적인 운영을 통해서 사업타당성을 확인하는 것이 바람직하다. 타당성이 검증되면 확실한 사업계획이 가능하고 이는 적극적인 조합원이 협동조합에 가입함으로써 무엇을 해야 할지를 정확하게 이해하는 것을 도울 것이다. 타당성 조사가 상당한 사전비용을 필요로 하지만 장기적으로 보면 상당한 비용을 줄이는 요소가 될 수 있다.

사업계획이 작성되면 다음 단계는 출자단계이다. 적절한 조기자본을 확보하지 못한다면 성공적인 협동조합 시작을 기대할 수 없으며 상당한 협동조합들에게 이러한 문제점이 발견된다. 조합원의 초기 기여도로 그 프로젝트에 대한 참여도를 측정할 수 있다. 사업을 시행하는 데 있어 협동조합은 일반적으로 조합원의 출자금으로 활용하지만 대부분 충분하지 않다. 따라서 금융기관의 대출이 필요하다. 대부분 금융기관은 초기자본의 40~60%를 조합원의 출자금으로 충당하기를 원한다.

신세대 협동조합에 대한 출자는 많은 이익을 줄 수 있으나 위험한 일이다. 캔자스 주립대학교 Arther Capper 협동조합 센터의 David Barton은 개발 과정을 지속하기 전에 두 가지 문제에 대해 정직하게 평가하는 것이 반드시 필요하다고 한다. 왜 이 사업을 해야 하는가? 그리고 왜 하지 말아야 하는가? 객관적으로 이러한 이슈를 다루는 것은 사업의 실패 위험을 낮출 뿐만 아니라 기업의 세부계획 개발에 도움이 될 것이다(Thyfault, 1996). Cindy Thyfault는 신규 사업의 실패 위험을 크게 줄이기 위한 8단계 과정을 제시하였다. ① 경쟁력을 평가(Assess competitive advantages), ② 프로젝트 확인(Identify a project), ③ 조직 구성(Organize a development team), ④ 초기 자금 조달(Raise seed capital), ⑤ 조사(Investigate), ⑥ 종합적인 마케팅 계획 수립(Develop a comprehensive marketing plan), ⑦ 사업계획 수립(Develop the business plan), ⑧ 필요한 자금 조달의 순서(Raise the necessary capital)다. 앞의 4단계에서는 신규 사업이 성공할 수 있는 관점에서 연구하고 뒤의 4단계는 사업을 지속하지 않아야 하는 이유에 대한 관점에서 연구해야 한다.

다양한 문제들이 협동조합의 실패에 영향을 줄 수 있으나 실패한 협동조합 사업의 공통적인 특성도 나타나고 있다. 불행히도 NGC를 형성하는 많은 시도들이 초기 개발단계를 넘어서지 못했다. 초기단계의 협동조합에 발생하는 문제점은 다음과 같다. 미네소타협동조합연합회에서 신세대 협동조합 개발 초기에 자주 나타나는 10가지 문제점을 다음과 같이 지적하고 있다. ① 공장 시설사양 불충분, ② 건설 계약 문제; 지연 및 경비 초과, ③ 소유자 헌신 부족, ④ 경쟁력 없는 위치, ⑤ 지나치게 낙관적인 시장 전망, ⑥ 비현실적으로 저렴한 운영비 예상, ⑦ 정부기반 마케팅에 대한 잘못된 가정, ⑧ 관리능력 문제, ⑨ 과도한 부채 비율, ⑩ 생산자 주도 리더십이 아닌 외부 주도 리더십 등이다(Jennifer Waner, 2001, p.5에서 재인용).

신세대 협동조합에서 가장 최악의 요소는 조합원 자체일 수 있다. 회원이 공동의 이익을 위해 협업하지 못하면 협동조합은 분명히 망한다. 협동조합 형성 및 운영의 또 다른 주요 장애물은 자본을 얻는 것이다. 지나친 시설투자는 위협요소가 될 수 있다. 또한 협동조합에 가입함으로써 얻는 이득을 이용하여 잠재적인 회원권을 판매하는 것이 위협요소가 될 수 있다. 협동조합에서 출자권을 구매하는 것은 농업 종사자에게 비교적 새로운 개념이다. 프로젝트에 헌신적인 회원과 지지자 및 기술적 지식이 상당한 사람은 조합원 가입을 통해 생산자가 어떤 이득을 얻는지 설명할 필요가 잇다. 생산자는 그들이 높은 프리미엄과 주식배당을 받을 수 있다는 것을 알면 쉽게 가입할 수 있을 것이다. 마지막으로 생산 시설의 위치는 매우 중요하다. 대부분의 시설들은 적합한 수도 공급과 토지조건을 포함하는 다양한 요구를 필요로 한다. 어쩌면 적합한 대지를 찾는 것이 어려울 수 있다. 또한 조합원이 시설의 위치에 만족하지 못하면 또 다른 문제가 발생할 수 있다. 시설의 경제적 영향력 때문에 대부분 조합원은 자기와 직접적으로 관련된 지역에 위치하기를 원하다. 위치는 시장상황에 따라 위치를 선정해야 할 것이다. 협동조합이 개발단계로 넘어가는 시점에서는 갈등을 초기에 해결할 수 있을 것이다. 해결되지 않은 갈등은 창업자의 열정, 헌신, 봉헌 정신을 부식시킬 것이며 결국은 개발노력을 파편화할 것이다. Brent Bostrom은 신세대 협동조합을 위한 10가지 잠재적인 위험을 확인했고 그 내용은 다음과 같다 (Jennifer Waner, 2001, pp.6∼7).

① 명확한 목표의식 부족: 신세대협동조합은 회원들이 받아들일 수 있는 구체적인 목표와 명확히 정의된 업무를 가져야 한다. 타인이 협동조합에 가입했다고 해서 단순히 협동조합에 가입하지 말라.
② 불충분한 계획: 명시된 목표와 업무를 수행하기 위한 상세 계획이 수립되어야 한다.
③ 전문가와 컨설턴트 활용의 실패: 지식이 풍부하고 경험이 많은 전문가 및 컨설턴트는 협동조합의 성공을 위해 필요하다.
④ 조합원 리더십의 부족: 리더십은 집단 내에서 나와야 한다. 협동조합의 성공 동력은 조합원에게서 유래된다. 외부 대표가 전체 과정을 계획했는데 이 대표가 떠나면 어떤 일이 일어날 것인가?
⑤ 회원의 헌신 부족: 회원들의 시간, 노력, 헌신 없이는 프로젝트가 성공할 수 없다. 때로 초창기의 협동조합은 느리고 혼란스러울 수 있다. 이러한 시기의 회

원의 헌신은 필수적이다.

⑥ 부적절한 관리: 관리자를 선택하는 것은 매우 중요하고 때로는 어려운 일이다. 이 사람이 말 그대로 협동조합을 만들거나 해체할 수 있다. 감독하고 목표를 설정하는 것은 이사회의 역할을 위임받는 것이다.

⑦ 위험요소 식별 및 최소화 실패: 위험요소는 모든 새로운 시도에 고유하게 나타나며 완벽하게 제거될 수는 없지만 최소화할 수는 있다. 어쨌거나 먼저 식별되고 정량화되어야 한다.

⑧ 과도하게 낙관적인 예측: 사업을 구성하는 상태에서는 미래의 큰 수익을 기대할 수 있다. 그러나 수익은 자동으로 가정할 수 있는 것이 아니고 투기는 협동조합을 헤칠 수 있다.

⑨ 불충분한 자본: 일반적으로 소규모 사업에서는 계획 예산을 초과하려는 경향이 있다. 예산 부족을 위해서는 신중하게 계획하여 재정이 적정한지를 명확히 할 필요가 있다.

⑩ 부적절한 커뮤니케이션: 사업 형성 및 초기 운영 시기에는 고난도의 커뮤니케이션이 필수적이다. 이를 통해 회원들은 결론을 예상할 수 있고, 예상치 못한 난관을 헤쳐갈 수 있다. 미국 신세대협동조합의 발생지는 미네소타의 Renville 지역이다. 이들은 네덜란드의 사탕무 협동조합인 Suiker Unie와 교류를 통해서 전통적인 협동조합과 다른 새로운 모형의 협동조합을 개발하게 되었다. 이들은 또한 과거 지역 사탕무 가공공장을 인수하여 운영하고 있었으며 이러한 경험들은 이후 그들은 옥수수와 콩의 가치를 높이는 데 신세대협동조합 모델을 활용하였고 이는 "협동조합 열기"로 이어졌다(Harris, Stefanson and Fulton, 1996; Patrie, 1999).

농민들은 "사탕무 모델"을 다른 작물에도 적용하여 협동조합을 개발하기 시작하였다. 1980년대와 1990년대는 남부 미네소타와 북부 다코타의 협동조합 개발 열기가 있었다. Renville 및 Red River Valley에 있는 사탕무 협동조합은 다른 상품 생산자에게 표준모델로 제공되었다. 생산자가 신세대협동조합 구조의 성공과 문제를 준수함으로써 그들은 구조적 조직의 관행, 정책, 규정을 회원의 선호에 맞게 수정하였다. 하나의 협동조합을 개발하는 과정에서 리더십과 조직적 관리를 습득한 생산자들은 또 다른 협동조합을 조직할 때 이러한 축적된 경험과 전문지식을 공유하였다. 간혹 이전 협동조합에서 만들어진 규정들은 새로운 협동조합을 설립할 때 많은 도움이 되었다. 다양한 경험을 통해서 축적된 이러한 모델의 장점과 단점에 대한 친숙함은 사탕무 협동조합 조직모델을 개선하는 데 중요한 역할을 하였다. 이전 협동조합에서 리더십 또는 투자 역할에 의해 습득된 암묵적 지식은 그 지역에서의 신세대협동조합의 출현을 촉진시켰다.

낮은 농산물 가격과 불안정한 시장은 농업인들이 더 나은 전략을 수립하는 데 자극제가 되었다. 농민들은 사탕무 경험을 통해 농작물의 부가가치 개발을 체득하고 더 이상 자신들이 생산한 농산물을 가공업자들에게 전달하는 단순 원료공급자로서 역할에 한정하지 않았다. 이들은 투자에 따른 인센티브 및 대형 농산업체와 경쟁할 수 있도록 필수 규모 경제를 확보할 수 있는 조직적 구조를 만들었다. 수직적으로 확장함으로써 생산자들은 그들의 저렴한 상품을 "부가가치" 협동조합에 제공함으로써 "이익"을 창출할 수 있게 되었다. 단시간 동안 Renville 지역에는 다양한 모델이 나타났다.

<표 4-3> Renville 현상 연대기

연도	주요 내용
1972	남부 미네소타의 생산자가 자체적인 가공시설을 건설하기 위해 조직 구성
1973	Red River Valley는 잔존하는 American Crystal Sugar 시설을 구입하고 회사를 협동조합으로 전환
1975	남부 미네소타 사탕무 협동조합의 사탕무 생산 시작
1978	남부 미네소타 사탕무 협동조합은 경영문제를 해결하기 위해 1977년의 농작물을 심지 않은 생산자에게 처벌하는 규정을 개정
1980	미네소타 곡물 가공 협회(Minnesota Corn Processors) 설립
1989	Co-op Country에서 주식상환 문제를 해결하기 위한 투자자 모색
1991	ValAdCo 설립 - Co-op Country에 의해 확인된 양돈업 기회를 확보
1992	Phenix 설립 - 대두와 밀을 이용한 친환경 건설자재 모색
1993	United Mills 설립 - Co-op Country, ValAdCo, Golden Oval Eggs에 의해 개발 - 지역의 사료 수요에 따른 공급 Churchill 설립
1994	Golden Oval Eggs 설립 - 부가가치 확대를 위한 액상 달걀 생산
1996	MinAqua 설립 - 틸라피아(민물고기)의 사료로 사용되는 콩 파렛트 생산
1999	Golden Oval Eggs 아이오와 주 Thompson으로 확장
2004	Golden Oval Eggs 유한회사(LLC)로 전환

◎ 미네소타 옥수수 가공협동조합(Minnesota Corn Processors)

1980년대 옥수수 가격의 하락에 위협을 느낀 농업인들은 새로운 전략을 추구하기로 결정했다. Minnesota Corn Processors를 결성함으로써 옥수수를 "에탄올, 전분, 시럽, 포도당, 사료, 옥수수유"로 생산하고자 하였다(Buschette, 2001). 조세담보금융(Tax Increment Financing)을 통해 시에서 186만 달러를 도움 받아 5,500만 달러를 투자하여 MCP가 1983년에 설립되었다. 이들의 성공은 즉각적이지 않았으나 점진적으로 1990년대 초에 세 번의 확장을 할 정도로 번창하였다.

MCP 공장은 Renville에서 대략 50마일 떨어진 미네소타의 Marshall 지역에 위치한다. 공장이 지역 외곽에 지어졌으나 Renville 농업들은 자본을 확보하고 지배구조를 설계하는 데 중요한 역할을 하였다. 신세대협동조합 모델에 관망하는 입장을 가지고 있던 일부 농민은 이 투자기회를 놓치지 않으려고 하였다. 사탕무 가공사업이 수익구조로 전환되면서 옥수수나 콩을 생산하던 농업인들은 성공적인 가공 벤처에 몰려들었다. 그러나 폐쇄성으로 인해 초기 투자 이후에 성공한 신세대 협동조합의 출자권을 구매하는 것은 복잡한 문제이다.

◎ 군 농업창고 협동조합(Co-op Country Farmers Elevator)

Co-op Country는 Renville에 본사를 두고 있는 전통적인 협동조합이다. 1990년 초 Co-op Country는 "몇 년 안에 대부분의 조합원이 은퇴하는 시기"가 될 것이라고 인식했다. 이는 협동조합의 자본을 조달하는 데 있어 재정적인 제약을 받을 것이라는 것을 암시하는 것이었다. 주요 전통적인 협동조합에 압박을 주는 일이었다. 원래 Co-op Country 이사회는 잠재적인 투자를 유치하여 이러한 자본 문제를 해결할 수 있는 부가적인 수익으로 사용하려 하였다. 부가가치 프로젝트는 양돈, 칠면조, 계란 생산을 포함하여 고려되었다. 에탄올은 제외되었는데 이는 MCP가 이미 회원에게 투자 기회가 가능한 품목이라고 여겨졌기 때문이다. 양돈 산업은 가장 유력한 투자 사업으로 선택되었다.

그러나 양돈 또는 모돈에 대한 잠재적인 투자가 논의되었다. 모돈에 대한 투자는 협동조합의 참여가 지역 농민이 돼지 사업에서 철수할 것이라는 걱정을 이유로 주요 Co-op Country 회원에 의해 거부당했다. 이사회는 크게 실망했고 그들은 출자상환 문제가 해결되지 못할 것이라 우려하였다. 며칠 후 이사회는 회원들에게 전화를 받기 시작하는데 대체사업을 개발할 것으로 촉구하였고 Co-op Country와 함께 농민들이 투자한 사업을 지원할 것이라고 하였다. 농민들은 Co-op Country 이사회에 SMBSC와 구조적으로 유사하게 그리고 Co-op Country를 주요 투자자로 하는 협동조합을 개설하도록 촉구하였다. Co-op Country 관리는 지속적으로 대체 사업 기회를 모색하였다.

◎ 발아드코(ValAdCo)

Co-op Country의 회원에 의해 반대된 돼지 생산 아이디어를 한 농민 단체에서 실천하기로 결정하였다. Co-op Country는 다양한 회원을 갖는 대형 협동조합이다. Co-op Country의 일부 조합원이 자신들의 자본으로 그들이 이익을 위해 별도의 협동조합을 설립한 것이다. ValAdCo의 사업은 회원들의 옥수수를 모돈의 사료로 사용하여 조합원의 옥수수에 가치를 부가하는 것이었다. 돼지 산업에 투자를 하지 않는 조건으로 위임받음으로써 Co-op Country는 ValAdCo 설립자와 산업 연구와 사업계획을 공유하였다. 이후 ValAdCo는 MCP, SMBSC, Dakota Growers Pasta(북부 다코다에 있는 신세대협동조합)의 규정을 활용하여 지배 구조를 발전시켰다. 각 협동조합의 규정은 많은 ValAdCo 지도자들이 신세대협동조합의 회원이기도 했기 때문에 적용 가능했다. ValAdCo 지도자들은 지난 몇 년 동안 특별한 소유 구조에 유명한 SMBSC와 동일한 법정대리를 활용하였다.

◎ 처칠 협동조합(Churchill Cooperative)

Renville에 있는 또 다른 옥수수 마케팅 협동조합인 Churchill Cooperative는 모돈 사업에 투자하기로 했다. ValAdCo와 Churchill은 주에서 가장 크고 가장 논쟁의 여지가 있는 두 개의 돼지농장을 건설하였다. 수년 동안 이 두 신세대협동조합은 축산 협동조합 분야에서 개척자로 여겨졌다. 개방된 축산폐수 처리장에 분뇨를 저장하는 일을 포함하여 새로운 기술을 개발하였다. 현재는 "실패"하고 "구식"으로 특징지어지는 이 기술은 Churchill과 ValAdCo에 환경규제, 법률비용, 지역사회반대 등 많은 고통을 주었다. Churchill의 지도자들은 예상보다 NGC의 구조와 많이 친숙했다. 주요 지도자들은 SMBSC의 투자자-회원, 이사회, 핵심 설립자였다.

◎ 액상계란 협동조합(Golden Oval Eggs)

돼지산업에 대한 회원의 투자 승인에 실패하면서 Co-op Country는 조합원이 선호하는 사업기회를 탐색했다. 계란 산업이 다음 대상이었다. 1994년에 Co-op Country에 의해 계획되고 시작된 신세대협동조합이 Golden Oval Eggs이다. Co-op Country는 Golden Oval Eggs에 25%의 필수 자본을 투자하였다. 나머지는 Renville 지역의 곡물 생산자들이 투자하였다.

Golden Oval 설립자들은 조합원들의 옥수수를 산란계 사료로 활용함으로써 가치를 상승시키는 사업을 개발했다. 또한 "부분적으로는 쉽고 운송비를 절감하기 위해서" 액체계란을 생산하기로 결정하였다. Golden Oval에서는 "통합 푸드 시스템"이라는 전략을 개발하였다. 이 시스템은 조합원에 의해 생산되는 고품질 곡물로부터 시작되며, 단일 산란계 공급자, 완벽한 제어 및 냉각 시스템을 갖춘 산란 계사가 연계되어 있다. Golden Oval은 사료를 제공하는 것부터 최종 액상 제품을 만드는 모든 과정을 통제할 수 있다. 통합시스템은 상당한 수준의 품질과 일관성을 제공한다.

신세대협동조합은 운송 조건과 마케팅 계약을 통해 투자자 소유의 회사에서 개별 생산자로부터 재료를 구매하는 것보다 공급 및 생산과정에서 세심한 통제를 할 수 있다. 전체 생성 과정뿐만 아니라 재료를 통제하는 능력은 품질을 향상시킬 수 있다. 이는 생산업체에 비협동조합 업체를 넘어선 상당한 이점을 제공한다.

◎ 연합 사료공장(United Mills)

증가하는 사료수요를 충족하기 위해 Co-op Country, Golden Oval, ValAdCo의 이사회에서는 United Mills의 건설을 결정하였다. 부가가치 협동조합과 전통 협동조합의 협력 벤처는 새로운 아이디어였다. 이전에는 이러한 프로젝트가 없었다. 1993년에 구성되고 1994년에 설립되었으며 75만 달러의 자본 투자는 3명의 창립 멤버에게 균등 분할되었다.

United Mills는 Co-op Country와 공동경영 계약을 체결하였다. 비용센터로서 United Mills는 톤 단위를 기준으로 할당된 표준가격으로 회원에게 청구하였고, 변동 운송비와 미래 투자 충당금이 포함되었다. 초기 3년 동안은 생산효율성과 규모 증가에 의해 톤 단위 비용을 20달러에서 6달러로 낮췄다. 3년 반 만에 회원들은 투자원금을 회복하였다. Co-op Country는 분말상품을 판매함으로써 수입을 창출한 반면에 신세대협동조합은 사료공급에 필요한 원료를 확보할 수 있었다.

◎ 피닉스 바이오합성물(Phenix Biocomposites)

1992년 Phenix Biocomposites가 NGC로 설립되었다. Renville 남동쪽으로 100마일 떨어져 있는 미네소타의 Mankato에 위치한 Phenix는 선설, 가구, 디자인산업에 있어 생체복합재료를 생성할 수 있는 새로운 기술을 갖고 있었다. 자연친화적으로 나무 또는 대리석을 대체할 수 있는 제품을 생산하였고, 대두와 밀을 포함한 농업재료를 원료로 활용하였다. Renville 지역의 농업인은 적극적 투자자로서 계속적으로 다른 작물의 부가가치 개발을 위해 새로운 신세대협동조합을 개발하기를 열망하였다.

◎ 민아쿠아 어업 협동조합(MinAqua Fisheries Cooperative)

MinAqua는 틸라피아 먹이로 활용하기 위해 콩가루사료를 제조한다. SMBSC가 없었다면 미네소타에서 틸라피아를 키우기 위한 온수를 제공하는 것이 불가능했을 것이다. 사탕무 가공시설은 부산물로 분당 95~125도의 영양이 풍부한 물을 6천에서 1만 갤런 생성한다. SMBSC 공장이 가동된 이래 관계자들은 상업적 목적으로 온수의 활용방안에 대해 언급해 왔다. 1997년에 연방 경제개발 기금 50만 달러를 받은 이후, Renville은 열 회수 공장을 개발하였다. 3분의 1에 가까운 비용절감으로 MinAqua는 실행 가능성이 충분했다. MinAqua는 사용 가능한 열에너지의 10%만 활용한다. 그러므로 Renville은 저비용 열에너지를 활용한 부가적인 지역사업을 통해 산업과 지역이 공생하는 기회를 살리려고 노력하고 있다.

(2) 농촌개발에서 새로운 협동조합의 함의

Renville의 신세협동조합들은 많은 특징을 공유하고 있다. 모든 신세대협동조합은 생산자 소유이며, 부가가치 전략을 추구하고, 열정적이고 적극적 투자자에 의해 운영되고, 가장 중요한 것은 "신세대" 조직 구조를 채택하고 있다는 것이다. 이러한 사업체들의 지리적 집약은 우연에 의한 것이 아니다. 클러스터에 입지하는 기업은 외부효과에 의한 편익을 누리게 된다. 사실 Renville의 협동조합은 기업 상호 간의 협력에 대해 오래된 역사를 가지고 있다. 이는 단순히 공동투자에 관한 관점뿐만 아니라 이사회 임명의 중복과 공동생산을 활용하기 위한 협업의 관점도 해당한다.

MinAqua는 SMBSC의 영양가 풍부하고 따뜻한 폐수를 필요한 곳에 활용한다. Co-op Country는 분뇨관리 프로그램을 개발하여 가축 생산자가 환경 규제를 준수하는 데 도움을 준다. 이 프로그램은 지역의 가축이나 양식 협동소합의 분뇨를 수거하고 처리하여 유기질 비료로 전환된다. 또한 생산된 유기질 비료는 지역 농민들에게 제공된다. 농업인들은 신세대협동조합 벤처를 투자할 수 있는 기회로 인식하고 있다. 협동조합 개발의 활발한 추세는 MinAqua와 같은 후발 벤처사업에 투자하기에는 자금이 모자라는 상황이 된다. 대다수의 개인 또는 가족은 여러 벤처에 투자를 한다.

신세대협동조합은 농업 생산자에게 세계 시장에서 경쟁할 수 있는 기회를 제공한다. Renville 생산자의 경험은 기술적 혁신뿐만 아니라 조직혁신 또한 농민들이 경쟁시장에서 경쟁력을 가질 수 있는 중요한 역할을 할 수 있다는 것을 제시했다. 지역소유권을 증진시키는 조직 혁신은 농업인들이 생산한 농산물에 가치를 부여함으로써 조합원들은 수익을 확보할 수 있게 되었다. 또한 협업을 통해 수직통합을 위해 필요한 경제적 규모를 얻을 수 있다. 신세대협동조합은 시장의 실패를 바로잡기 위해 그룹의 노력에 의해 시작되었다고 할 수 있다. 저농산물 가격에 의한 농촌경제의 침체와 농촌공동체의 쇠퇴에 대한 대안으로서 신세대협동조합이 발생하였고 이들의 농산물의 부가가치 개발을 통한 농촌개발에 초점을 맞추고 있다.

신세대협동조합이 성공을 보장해 주지 못한다. 다만 강하고 헌신적인 조합원 중심에 리더십 능력, 튼튼한 자기자본, 기술지도자가 성공적인 신세대협동조합을 발전시키는 요소로 작용한다. 기술의 향상과 틈새시장의 성공은 농업인 조합원의 풍부한 상상력에 의해서만 가능하다. 신세대협동조합, LCC, 그리고 기타 벤처사업은 식료품이 소비자에게 없어서는 안 되므로 생산자가 가치체인에 더욱 참여할 수 있는 기회를 제공한다. 신세대협동조합은 조합원과 농촌지역주민에게 반드시 도움을 줄 수 있을 것이다.

Chapter 05

협동조합운동의
흐름과 전망

1. 세계협동조합의 흐름

1) 최근의 협동조합운동[7]

(1) 북미의 신세대협동조합(New Generation Cooperative)

신세대협동조합은 1990년대 초 노스다코다와 미네소타 지역에 가공사업을 중심으로 50여 개 농협이 새롭게 등장하면서 시작됐는데, 이들은 산물출하를 주로 하는 기존의 지방 판매농협과는 달리 포장·가공 등의 새로운 부가가치창출을 통해 조합원의 실익을 증대하고자 하는 새로운 형태의 협동조합운동이다.

따라서 신세대협동조합을 부가가치창출형 협동조합이라고도 하는데 이는 공동판매만을 목적으로 하지 않고 가공사업에 적극적으로 참여하여 부가가치를 창출하여 조합원에게 분배하고자 하기 때문이며, 주로 틈새시장을 대상으로 하여 차별화된 농산물을 공급하고 있다. 이러한 신세대협동조합의 특징을 구체적으로 알아보면,

첫째, 협동조합을 결성할 때 높은 자기자본을 확보하고 있는데 이는 출하권 발행을 통하여 출자금을 모집하고 있기 때문이다. 출자금은 농가가 출하할 수 있는 물량을 규정하고 있으며 출자하지 않는 농가는 조합 사업을 이용할 수 없다. 출하권의 존재로 신세대협동조합은 전통적인 협동조합보다 조합원으로부터 충분한 자기자본을 조달하여 경영안정을 추구하고 있다. 신세대협동조합은 30~50%의 자기자본 비율을 유지하고 있어 전통적 협동조합보다 낮은 부채비율을 유지하고 있으며, 그 결

---

7) 『협동조합론』, 농협대학 출판부, 2004. 제3장에서 요약하였음.

과 은행으로부터 낮은 금리로 자금차입이 가능하여 금융비용이 축소되고 있다. 또한 사업으로 연계된 기업이나 지역이 공공기관으로부터 우선주 발행을 통해서도 자본조달을 확대하고 있다.

또한 사업 초기에 투자금액과 사업물량을 계획하고 출하권의 초기 가격을 결정하며, 사업물량은 조합원에게 가장 이익이 되는 효율적인 수준에서 결정되고 그에 따라 이를 처리하기 위한 투자금액이 결정되고 출하권 발행을 통해 조달할 금액이 결정됨으로써 출하권당 출하물량과 출하권의 초기가격이 결정된다. 따라서 조합원의 출자비율과 이용비율이 언제나 같아지는 효과를 얻고 있으며, 이 출하권은 이사회의 승인을 받은 조건으로 거래가 가능하므로 이후 출하권 가격은 협동조합의 수익성에 따라 결정된다. 협동조합 사업이 미래에도 높은 수익을 제공하여 줄 것이라고 기대되면 출하권 가격은 상승하고, 농업을 그만두거나 협동조합 사업이 이익을 제공하여 주지 못한다고 판단하는 조합원은 출하권을 양도함으로써 손실 없이 협동조합에서 탈퇴할 수 있다.

둘째, 출하권을 통하여 협동조합과 조합원 간 엄격한 계약관계를 형성하고 있다. 조합원은 출하권이 규정하고 있는 원료농산물 양을 출하하여야 하는 의무를 가지는 한편 협동조합에 출하할 수 있는 권리도 갖는 쌍방 계약관계를 형성하고 있으며, 여기에는 물량뿐만 아니라 품질에 대한 것까지 포함하고 있다. 또한 조합원이 출하의무를 이행하지 못할 경우에는 협동조합은 그만큼의 농산물을 다른 시장에서 구입하고 이에 소요되는 모든 비용을 해당 조합원에게 부과함으로써 계약관계를 이행시키고 있다. 다만 작물실패 등의 사건이 발생할 경우에는 예외로 하고 있다. 혹자는 기존의 캘리포니아 유통협동조합에서도 계약을 중요시 여기고 있어 새로운 특징이 아니라는 주장도 있지만, 계약물량이 고정되어 있다는 것이 다른 점이며, 이를 통해 언제나 안정적이고 효율적인 가동수준을 유지할 수 있다. 따라서 신세대협동조합은 폐쇄형 조합원주의를 형성하고 있지만 조합원의 출하물량이 고정되어 있다는 측면에서 전통적 협동조합에서의 폐쇄형 조합원주의 보다 더 엄격한 형태를 이루고 있다.

운영원칙상 특징을 보면, 첫째, 전통적 협동조합원칙을 고수하고 있으며, 협동조합은 자본독점을 방지하기 위해 1인의 주식보유 한도를 설정하고 있다. 둘째, 민주적 관리를 위해 1인1표 주의를 채택하여 선거를 통해 이사회를 구성하고 있다. 셋째, 전통적 협동조합은 이용고 배당원칙을 적용하고 있어 조합원의 이익을 극대화하지 못한 수준에서 균형이 이루어지는 최적화 범위에서 비효율성이 있는 반면, 신세대협동조합은 출하권의 도입으로 조합원의 출자비율과 사업이용비율을 일치시키고 있어 출자배당과 이용고 배당 간의 갈등문제를 해결하고 있다. 또한 어떤 배당을 선택하더라도 다른 배당기준에서의 조합원 간 이익이 변하는 것이 아니며, 출하권에 의해 사업규모가 결정되기 때문에 모든 조합원에게 동일한 선형가격을 제시하면서도 농가와 협동조합이 수직적 결합관계를 형성하고 있는 형태로 사업규모를 선택할 수 있다. 따라서 신세대 협동조합은 최적화 범위에서 발생하는 비효율성을 제거할 수 있으며 전통적 조합원주의보다 더 우월한 경영성과를 나타낼 수 있다.

전통적 협동조합에서 가장 취약한 문제는 자기자본이 어렵다는 것이다. 이는 협동조합이 이용고 배당을 목표로 설정하고 있어 발생하는 문제이다. 즉, 협동조합의 소유권이 이익을 보장하지 않고 협동조합의 사업이용이 이익을 보장하고 있는 것이며, 이용고 배당이라는 원칙으로 인해 무임승차[8]의 문제와 기간불일치[9]의 문제가 발생하고 이로 인해 조합원은 출자와 장기투자를 기피하게 된다.

전통적 협동조합은 이러한 문제를 해결하기 위하여 이익금의 일부를 유보하는 방식을 선택하고 있지만, 투자를 위한 이익금의 유보는 언젠가 조합원에게 귀속되어야 하므로 부채의 형식이고 궁극적으로는 자본금의 감소로 이어지는 반면, 신세대협동조합은 출하권으로 사업이용과 자본출자비율을 일치시키고 있어 이용 정도에 따라 투자비용을 부담하게 되어 무임승차의 문제를 해결하고 있다. 또한 출하권의 거래를 허용하고 있어 이를 통해 기간불일치의 문제를 해결하고 있다. 즉, 협동조합이 장기투자를 통해 미래의 수익성을 제고하면 출하권의 거래가격이 상승하게 되며 사업이용기간이 단기인 조합원은 장기투자비용을 부담하면서도 그 이익을 출하권 가격상승으로 회수할 수 있다. 따라서 이러한 투자를 기피할 유인이 없으며 그러면서도 사업이용에 의해 이익을 배분하고 있어 협동조합의 원칙을 고수할 수 있다.

전통적 협동조합에서는 조합원이 농산물을 출하하면 협동조합이 모두 받아서 판매한다는 정책을 기본으로 하고 있어 조합원의 기회주의적 행동이 심각한 문제로 대두되고 있다. 특히 가격과 품질에서 변동이 심할 경우 이러한 문제는 심화되는 반면, 신세대협동조합은 출하권을 통한 계약으로 이러한 문제를 해결하고자 하고 있

---

8) 무임승차란, 조합원이 출자는 하지 않고 사업이용만 하여 협동조합이 제공하는 이익을 획득하려는 것임.
9) 기간불일치란, 조합원이 협동조합을 이용하는 기간과 발생기간이 일치하지 않는 데서 발생하는 문제임.

다. 전통적 협동조합도 출하계약을 활용하고 있지만, 신세대 협동조합의 출하권은 단순한 출하계약 이상의 역할을 수행하고 있다.

전통적 협동조합에서의 공동계산제(pooling)는 가공사업과 같이 장기간 판매와 시장개발을 위한 투자를 필요로 하는 분야에서는 공동계산제가 활용되기 어려운 반면, 신세대협동조합에서의 출하권에 의한 계약은 이러한 문제까지 해결하고 있다.

신세대협동조합의 운영원칙은 이 이외에도 몇 가지 문제를 해결하여 주고 있다. 즉, 조합원의 농산물 생산에 대한 정보를 잘 전달하여 주고 있고, 조합원의 경영성과 평가를 용이하게 해 준다. 특히 출하권 거래허용에 따른 가격변동은 직접적으로 협동조합의 경영성과에 대한 외부적 평가를 반영하고 있어 개별 조합원이 복잡한 재무 분석을 하지 않고도 경영성과 평가를 할 수 있다. 경영성과가 낮아 출하권의 가격이 하락하면 조합경영자에게 압력이 되고 출하권을 양도함으로써 경영책임을 부과할 수 있고 그만큼 조합원의 지배구조가 강화되는 효과를 얻고 있다.

(2) 다자간(이해관계자) 협동조합

최근 시장경쟁력이 치열해짐에 따라 협동조합은 상대적으로 경쟁력이 약화되는 문제에 직면하고 있다. 따라서 협동조합의 경쟁력을 제고시키는 방안의 하나로 새로운 유형의 "이해관계자 협동조합(multi-stakeholder model)모델"이 등장하였다.

이해관계자 협동조합의 최초 모델인 "그로잉 서클 식품협동조합"(Growing Circle Food Cooperative)은 2001년 12월에 브리티시컬럼비아 남부에 있는 솔트 스프링 아일랜드(Salt Spring Island) 지역에서 탄생되어, 현재는 500명의 회원(생산자 100명, 소비자 400명, 노동자 8명)으로 구성되어 있다. 조합의 주요활동을 보면, "유기농산물 판매점"을 통하여 생산자에게는 보다 광범위한 시장접근을 용이하도록 하고 소비자에게는 안정적인 지역농산물 공급을 도모함으로써 소비자와 생산자를 연결하는 데 있다. 또한 지역경제 활성화와 지속 가능한 지역농업발전을 위해 지원 및 동기를 부여하여 지역사회의 자급률 향상과 지역농산물의 안전성을 증대시키는 데 있다. 설립배경 및 과정을 보면, 그로잉 서클 식품협동조합은 인구 1만 명인 솔트 스프링 아일랜드의 상업 중심지인 갠지스에 위치해 있다. 이 지역은 브리티시컬럼비아의 남부 섬들 중 가장 크고, 전형적인 농촌공동체로서, 캐나다의 유기농산물 중심지이기도 하다. 또한 이 지역은 비누와 양초 제조, 염소유 및 우유, 치즈 생산, 그리고 토푸(콩

우유로부터 만들어진 부드러운 치즈 같은 식품) 생산과 같은 대부분 소규모 식품산업으로 유명하다.

여름 동안 이 지역인구는 두 배로 증가된다. 이유는 많은 관광객들이 이 지역 토요일 시장과 다수의 예술공연장을 방문하기 때문이다. 지역 공예품과 신선 농산물 등은 시장에서 인기품목이다. 이 지역의 농민들은 자기 농장에서 섬 주민들과 관광객들에게 농산물을 판매한다. 게다가 대부분 지역 예술인과 지역주민은 관광객에게 섬에 대한 정보를 제공할 뿐만 아니라 관광서비스를 제공한다. 이처럼 여름에는 관광산업이 활기를 띠고 겨울에는 일상으로 돌아간다.

조합의 발생요인은 2가지를 들 수 있다. 첫째는, 지역에서 생산된 농산물의 연중 공급을 가능케 하여 지역 유기농산물에 대한 보다 넓은 선택을 하려는 소비자의 욕구에 따른 것이다. 둘째는, 지역농산물시장에의 보다 넓은 접근을 요구하는 지역생산자의 필요에 의한 것이다. 이 지역은 이미 2개의 슈퍼마켓과 소규모 자연식품매장을 가지고 있었지만 지역생산자와 소비자의 필요를 충족시키기에는 아직은 역부족이었다.

북아메리카 대부분의 지역에서 흔히 볼 수 있듯이 대부분 섬 지역은 세계 각국으로부터 수입된 농산물에 의존하고 있다. 이 지역은 전체 농산물 필요량의 3%만 생산한다. 따라서 이 지역은 자급목표를 실현할 수 있는 토지조건과 적절한 기후를 가지고 있는 탓에 주민 스스로 지역 유기농산물 및 자연농산물을 제공할 목적을 가진 조합 설립을 열망하였다.

2000년 3월 이 협동조합의 창설자인 요나 토마스는 8명으로 구성된 최초 조합운영위원회를 발족하였고 식품협동조합의 실현가능성을 결정하기 위하여 사업형태를 개발할 목적으로 9개월 동안 이 지역을 조사하였다. 또한 이 지역 생산자와 소비자의 욕구를 충족시키고 지역 주민에게 고용기회를 창출할 수 있는 사업개발을 위해 조합창립회원들이 결정되었다. 조합 회원들은 사회적·경제적·환경적 가치가 반영된 사업을 할 수 있는 이상적인 협동조합모델을 만들고자 하는 데는 모두 동의했지만 새로운 조합 설립에 있어서 이상적인 협동조합 형태를 결정하는 데는 많은 어려움이 있었다. 따라서 시험적인 설립단계에서부터 소비자 협동조합, 생산자 판매 협동조합, 그리고 노동자 협동조합 모델이 모두 고려되었다. 결국 회원들은 그들에게 가장 적합한 협동조합의 형태는 생산자, 소비자, 노동자 세 계층의 회원으로 구성된 이해관계자 협동조합 모델로 결정했다.

지역주민은 지역사회에 매우 열성적이고 조합 창립자도 사회적·경제적·환경적 관심사들 사이의 균형을 이루는 바람직한 지역 경제를 만들기 위해 협동의 중요성을 다 같이 인식하였다. 운영위원회는 지역 내 많은 회원을 확대하기 위해 최선의 노력을 기울였고 그 결과 짧은 기간에 협동조합 설립 정신에 대한 정의를 내리고 이에 대한 구체적인 실천 지침을 마련하였다. 2001년 12월 "그로잉 서클 식품협동조합"은 조합을 통해 지역농산물품과 부가가치 농산물 판매에 열정적인 노력을 기울이고 있는 50여 명의 회원들로 탄생되었고 1년 후 연례 정기총회를 개최할 때까지 100여 명의 지역 생산자를 포함하는 500명 이상의 회원으로 성장하였다.

조합 회원들은 인간자원개발 프로그램(HRDC)을 통해 협동조합발전 기금을 받을 수 있다. 이 프로그램은 회원들이 조합발전에 전력을 다할 수 있도록 적격자를 선정하여 10개월간 생활수당을 제공하였으나 10개월 동안에 3명의 회원 중 2명이 탈퇴하였다. 한 사람은 생활수당만으로는 재정적 욕구를 충족시키지 못한다는 이유였고 또 한 사람은 개인적인 사정을 이유로 탈퇴하였다. 따라서 이 기금 지원 확대로 적격자 2명의 회원을 다시 선정하였고 이러한 재정적 지원은 협동조합을 이론적인 단계에서 실천의 단계로 옮기게 한 출발점이 되었다.

또한 조합 발전의 원동력은 협동조합 장려(Cooperative Advantage) 프로그램을 통해 받은 기금(9천8백14달러)이다. 이 프로그램은 협동조합 설립을 시작하고 있는 단체를 지원하기 위해 브리티시컬럼비아의 "협동조합발전 모임" 회장에 의해 만들어졌다. 특히 이 기금은 조합이 시장조사를 수행하고, 사업계획을 완성하고, 협동조합 구조를 명확히 하고, 이사회 회원을 교육시키고, 협동조합의 관리와 법인설립을 위한 규칙을 만들 수 있게 했다. 또한 조합은 CA기금으로 협동조합전문가의 도움을 받았다. 전문가의 도움이 없었다면, 출발과정이 순조롭지 못했을 것이다. 그리고 마우린 로빈슨 기금(MRF)으로부터 5천 달러의 보조금을 받았다. 이 보조금으로 조합은 대형 냉장창고를 구입할 수 있었다. 따라서 조합 회원들도 각종 보조금 혜택을 인정하고 있다. 만일 이러한 보조금지원이 없었다면 오늘날 조합 탄생은 기대하기 어려웠을 것이다.

조합은 상기 보조기금 외에 부가적으로 지역 관내 지역사업단체로부터 7만 달러 상당의 제품과 용역을 제공받았다.

또한 협동조합발전을 위한 재정적인 보조기금 외에도 개인, 여타 식품협동조합,

사업단체로부터 사업과 경영에 대한 전문적인 도움을 받았다. 예를 들면 빅토리아에 있는 케이프 지역 마켓의 식품 매니저, 에디블 아이슬랜드의 회원들, 코테니의 노동자 협동조합, 넬슨 소비자 식품협동조합, 온라인 식품정보 네트워크에 참가한 북아메리카 식품협동조합들, 브리티시컬럼비아의 여성기업 단체 등이다.

초창기 조합 회원들은 개인적으로 투자할 수 없었고, 내출자격조건에 적격자가 아니었으므로, 대출 프로그램에 대한 대책을 강구해야만 했다. 또한 대출 프로그램에 대한 대체안이 없었으므로, 전문가의 도움을 받아 지역사회 대출 프로그램을 통해 빅토리아의 코스트 캐피털 기금으로부터 2만 달러의 사업대출을 승인받았다.

조합 출발단계의 어려움 중 하나는 협동조합이 정부기금을 받기 때문에 시장에서의 불공정한 이익을 가진다는 일부 회원들의 편견이었다. 또한 조합은 사적 소유나 다를 바 없고 각종 보조금은 운영경비로 사용되고 있다고 생각한 일부 지역주민들의 오해가 있었다. 이러한 오해는 간혹 협동조합의 운명을 좌우하게 되므로 조합은 지역매체를 통해 이러한 오해를 해결하는 것이 선결과제이었으므로 지방신문 기사를 통해 조합은 사적 소유가 아니라, 지역회원들에 의해서 소유되고 운영되며, 나아가서는 지역 전체에 기여한다는 사실을 강조했다. 또한 정부의 기금은 협동조합 발전을 위해 쓰일 기금이지 운영경비 차원이 아니라는 내용을 강조했다.

조합의 또 다른 어려움은, 지역농산물 실제가격에 대한 소비자들의 불만을 교육을 통해 해결하는 문제였다. 왜냐하면 지역 내 대형 슈퍼마켓은 식료품들을 대규모로 구매할 수 있는 능력이 있기 때문에, 소비자에게 보다 저렴한 가격으로 공급할 수 있었다. 또한 켈리포니아산인 인증 유기농산물은 지역농산물보다 상대적으로 가격이 저렴했다. 이에 대해 조합은 지역사회 전체적인 관점에 초점을 맞추고 마케팅 방법 차원에서 소비자교육을 중시하였다. 즉, 소비자 회원들에게 농산물 구매비용을 낮게 유지하기 위해 대량구매를 주문했고 주간지에 회원 교육과 참여를 독려하고 지역 행사(생산자회원 농장 순회관광 등)에 지원과 참여를 요청하였다.

또한 조합 이사회는 더 많은 재원확보를 위해 다른 자금 조달처를 찾았고 교육사업 투자를 위해 기금조달위원회를 만들었다.

(3) 유럽의 협동조합기업(Cooperative Firm)

이제까지 유럽 각국의 협동조합운동을 개관해 보면, 나라마다 약간의 차이는 있으나 특정시점을 기준으로 어떤 변화의 조짐을 보이고 있다. 그 하나는 1950년대 중반 이후부터 날로 규모화, 거대 자본화되어 가는 시장경제체제에 대항하기 위하여 협동조합도 합병과 전문화를 추구해 왔다는 섬이다. 또 다른 변화는 1980년내 중반 이후부터 상당수의 협동조합들이 이제까지 고수해 오던 전통적인 협동조합의 운영원칙을 과감히 버리고 기업 운영방식을 도입하고 있다는 점이다.

이러한 맥락에서 20세기 말 유럽 협동조합운동의 흐름 속에서 찾아볼 수 있는 새로운 개념은 협동조합기업(Cooperative Firm)이다. 협동조합기업은 일반기업을 의미하는 투자자소유기업(Investor Owned Firm)과 대비되는 용어로 급변하는 시장환경에 능동적으로 대응하고 조합원의 실익 극대화를 위하여 협동조합의 장점과 기업운영방식의 장점을 결합한 진화된 협동조합의 모습으로 이해할 수 있을 것이다.

협동조합기업의 특징과 속성을 세 가지로 정리해 보면 다음과 같다. 첫째, 포장, 가공, 저장 등을 통하여 조합원이 생산한 농산물의 부가가치를 증대시키기 위하여 조합원(경우에 따라 조합도 참여)을 주주로 자본을 조성하고 기업적인 운영방식을 도입한 농협(특히 판매조합)의 한 형태이며, 둘째, 시장성이 있는 일부 품목을 중심으로 새로운 포장이나 가공기술 등을 적용하여 시장을 개척해 나가는 적극적인 마케팅 전략을 구사하고, 셋째, 급변하는 시장환경에 능동적으로 대응하고 조합원 실익을 극대화하기 위하여 협동조합과 기업운영의 장점을 결합한 것이다.

협동조합기업은 주주의 성격에 따라 주주의 대부분이 조합원이고 외부인의 자본 참여가 일정 비율 이하로 제한되는 공개제한자회사(Public Limited Subsidary)와 대주주가 조합이나 조합연합회인 협동조합자회사(Co-op with Subsidary), 그리고 일반인의 주식소유가 제한적으로 허용되고 주식매매가 가능한 형태(Proportional Tradable Shares Co-op), 일반인의 주식소유가 완전히 자유로운 형태(Participation Shares Co-op)의 4가지 유형으로 구분된다.

협동조합기업의 사업전략은 대체로 다음과 같은 다섯 가지 정도로 요약된다. 첫째, 시장 환경 변화에 능동적으로 대응하고 계열 간 수직적·수평적 통합을 위하여 활발한 인수합병과 조직변신을 도모한다는 점이다. 이를 위해서는 기존의 협동조합이 협동조합기업으로 변신하거나 특정사업 부문을 분리하여 자회사를 설립하는 방법, 민간기업을 흡수 합병하는 방법, 기존의 여러 협동조합을 합병하여 협동조합기업으로 변신하는 등 다양한 방법이 동원되고 있다. 둘째, 취급물량의 확대와 시설가

동률의 제고 등으로 경영효율성을 달성하기 위하여 비조합원이 생산한 조합외부 물량의 취급비중을 적극적으로 확대해 나간다. 심지어는 조합원의 사전 동의하에 수입 농산물을 취급하기도 한다. 셋째, 최신 유통가공시설의 도입 설치를 위한 투자비용의 원활한 조달을 위하여 외부 투자자들을 적극적으로 영입한다. 이들에게는 의결권이 없는 우선주(Preffered Shares)로 제한하여 사업수익에 내한 배당이익을 제공해 준다. 넷째, 협동조합기업의 소매유통경로 확보를 위하여 시장 차별화가 가능한 혁신 제품과 브랜드 개발에 주력한다.

마지막으로 원료농산물의 안정적인 확보를 위하여 조합원 자격을 주거지역 개념으로 한정하지 않고 출하요건을 갖춘 해외주산지의 생산자에게까지 확대하고 있다.

1990년대 말에 설립된 유럽지역의 주요 협동조합기업으로는 아일랜드의 Kerry, Avonmore, Waterfold, Golden Vale 등이 있고, 네덜란드에는 Dumeco, 오스트리아에는 NoM 등이 있다.

<표 5-1> 전통적 협동조합과 협동조합기업의 특징비교

구 분	전통적 협동조합	협 동 조 합 기 업			
		PLC	Co-op with Subsidiary	Proportional Tradable Shares Co-op	Participation Shares Co-op
가　입	자　유	유동적	유동적	제 한	자　유
투 표 권	1인1표	주권비례	조합원: 없음 투자자: 주권비례	좌　동	좌　동
의사결정	조합원	투자자	조합을 통해 간접적으로	조합원	조합원
외부자본참여	불　허	허　용	허　용	제한 또는 무의결권한정	허　용
부가가치사업	제한적 수행	최우선 수행	좌　동	좌　동	좌　동
전문경영인	없　음	있　음	좌　동	좌　동	좌　동
수익환원	이용고배당	주식배당	조합원: 이 용 고 출자자: 주식배당	좌　동	좌　동

2) 유럽 농협과 미국 농협의 변화

(1) 유럽 농업협동조합의 변화

가. 유럽 농업협동조합의 구조조정 실태

EU 국가의 농업협동조합은 품목별 협동조합을 중심으로 발전해 오고 있으며 전통적인 농업협동조합의 조직형태는 미국 협동조합의 조직형태와 크게 다를 바가 없다. 유럽 역시 교통·통신의 발달과 중앙집중형 조합의 발전으로 인해 연합형 협동조합의 모델이 점차 약화되고 있으며 연합형 협동조합이 합병을 통해 광역의 중앙집중형 단일협동조합(unitary cooperatives)으로 개편되는 양상이 두드러지고 있다.

이러한 EU 국가의 협동조합에 대한 구조조정 역시 매우 다양한 형태로 전개되어 오고 있으며 그 주요 형태별 특징을 살펴보면 다음과 같다.

첫째, 단위 농협끼리의 인수·합병(M&A: merger and acquisition)이 급속도로 이루어지고 있으며 그 규모도 대형화되고 있다. 경영의 효율성을 추구하기 위해서 지난 수십 년 동안 합병운동이 지속적으로 전개되고 있으며, 덴마크나 네덜란드 등과 같은 작은 나라에서는 동일 품목의 전 협동조합이 1∼2개의 단위 협동조합으로 합병되는 경우도 있다. 더욱이 최근에는 국제간의 협동조합 합병도 시도되고 있는바, 덴마크의 MD Foods 협동조합과 스웨덴의 Alra 협동조합이 합병되어 초대규모의 Arla Foods 협동조합으로 새롭게 탄생된 것이 이러한 사례이다. MD Foods 협동조합은 스웨덴의 Arla Foods와 합병하기 이전에 자국의 최대경쟁자였던 Klover Milk와 1차적인 합병을 이룸으로써 MD Foods란 이름으로 덴마크 우유시장의 85%를 점유하였다. 국제간에 새롭게 합병된 Arla Foods 낙농협동조합은 세계에서 그 규모가 가장 큰 낙농협동조합이 되었다.

<표 5-2>와 <표 5-3>은 1980년 이후 각각 덴마크와 네덜란드에 있어 주요 농산물의 품목별 단위 협동조합의 수적 변화를 나타낸 표이다. <표 5-2>를 통해 덴마크의 협동조합 수의 변화추이를 살펴보면 1980년에 낙농협동조합이 147개나 되었으나 1990년에는 26개, 1999년에는 14개로 감소되었으며,[10] 이들 14개 조합의 시장점유율은 97%에 달한다. 도축협동조합의 경우도 1980년에 20개에 달했으나, 1990년에는 8개, 1999년에는 3개로 감소되었으며, 3개의 조합이 94%의 시장점유율을 차지하고 있다. 계란판매협동조합은 1964년에는 1,400개에 달한 적이 있으나 이후 지속적으로 합병되어 1980년에 1개가 된 이후 지금까지 1개의 협동조합으로 존속되고 있으며, 이 1개의 협동조합이 덴마크 계란시장의 60%를 차지하고 있다.

---

10) 덴마크의 낙농협동조합은 낙농산업이 지방단위의 소규모로 성장·발전되기 시작한 1940년경에는 각 지방마다 거의 1개씩 구성되어 총 1,400여 개가 있었다.

<표 5-2> 덴마크 농업협동조합의 구조변화 추이

협동조합	연도	1980	1985	1990	1995	1999
낙 농	조합 수	147	57	26	20	14
	조합원 수	37,000	28,000	19,750	13,350	10,250
도 축	조합 수	20	14	8	4	3
	조합원 수	45,000	41,660	33,059	32,485	29,200
계란 판매	조합 수	1	1	1	1	1
	조합원 수	350	201	160	135	100

자료: 덴마크 협동조합 연합회(The Federation of Danish Co-operative), 2001.

한편 <표 5-3>을 통해 네덜란드의 농업협동조합 수의 추이를 살펴보면, 1980년에 39개에 달했던 낙농협동조합은 1990년에 그 절반인 18개로 감소하였고, 1999년에는 6개로 합병되었으며, 이들 6개 조합이 1999년 현재 네덜란드 우유·유제품시장의 85%를 차지하고 있다. 특히 1990년도에 Campina협동조합과 Melkunie협동조합이 합병되어 만들어진 Campina Melkunie협동조합과 1997년도에 4개의 낙농협동조합(Friesland Dairy Foods, Coberco, Twee Provincien, De Zuid-Oost Hoek)이 합병되어 탄생된 Friesland Coberco Dairy Foods Holdings N.V 협동조합은 네덜란드 우유·유제품시장을 주도함은 물론 유럽과 전 세계의 시장을 거의 확보하고 있다.

<표 5-3> 네덜란드 농업협동조합의 구조변화 추이

협동조합	연도	1980	1985	1990	1995	1999
낙 농	조합 수	39	22	18	10	6
	조합원 수	51,000	43,500	37,500	27,716	22,935
도 축	조합 수	2	2	2	2	2
	조합원 수	23,000	22,300	21,300	9,500	10,000
계육 가공·판매	조합 수	2	2	2	3(1)	1
	조합원 수	440	505	465	375(225)	150
채소 및 과일	조합 수	49	41	28	12	7
	조합원 수	28,000	25,000	21,800	17,500	12,852
계란 판매	조합 수	4	3	2	2	2
	조합원 수	750	590	500	NA	NA

자료: 네덜란드 농협중앙회(Dutch Co-operative Council for Agriculture and Horticulture), 2001.
주: 1995년의 ( ) 안은 육계판매협동조합이며 ( ) 밖은 도계협동조합을 포함한 수치임.

1999년의 경우 도축조합은 2개가, 계육협동조합은 1개가 있다. 채소 및 과일협동 조합도 1980년에 49개가 있었으나, 1990년에는 28개, 1999년에는 불과 7개로 대형화 되었다. 네덜란드 과일 및 채소시장의 50%를 점유하고 있는 Greenery International 협동조합도 1998년에 9개의 조합을 합병해 탄생시킨 대형 협동조합이다.

이와 같은 협동조합의 합병과 대형화 현상은 기본적으로 독점시장확보, 규모경제 의 실현 등을 통해 소비시장에 효과적으로 대응한다는 차원에서 이루어진 의도적인 합병에 기인하지만, 한편으로는 합병이 또 다른 합병을 연쇄적으로 촉진시키는 경우 도 없지 않다.

그리고 협동조합의 대규모화는 조합원에 의한 협동조합의 운영(member control) 이 자칫 왜곡될 우려가 야기될 것이라는 염려가 있었으나 오히려 대규모조합이 보 다 합리적인 행정시스템을 도입함으로써 조합원에게 더 큰 편익과 봉사를 제공하고 있음은 물론 생산물 단위당 가공비용의 절감, 생산물의 품질향상과 전문화 등에 크 게 기여하고 있는 것으로 평가되고 있다.

둘째, 협동조합이 관련 업종에 대한 기업인수를 가속화하고 있다.

협동조합이 관련 업종의 타 기업을 사들임으로써 동일업종에서 규모의 경제 (economy of scale)를 실현함은 물론 관련 업종의 범위의 경제(economy of scope)를 실현하기도 한다. 최근 네덜란드의 Campina-Melkunie우유협동조합이 벨기에의 Comelco사와 독일의 Sud milch사를 사들여 유럽 전 지역을 대상으로 시장을 확대해 나가는 것이나, 덴마크의 돈육도축·가공협동조합인 Crown협동조합이 우육가공사 인 Dane Beef사를 사들여 돈육시장과 우육시장을 동시에 공략해 나가는 사실들이 이에 해당된다.

셋째, 수직통합을 통한 성장과 시장 지향적인 협동조합으로의 전환이 증가하고 있다.

원료의 안정적인 확보와 가공판매망을 유지함으로써 농축산물의 부가가치를 높 이기 위해 추진되는 구조조정의 한 형태로서 농축산물의 판매협동조합(marketing cooperatives)에서 주로 이루어지고 있다. 농업협동조합의 수직통합(vertical integration) 이 추진되고 시장 지향적인 협동조합(market-oriented cooperatives)으로의 전환이 이 루어지고 있는 현저한 동기는 협동조합의 사업이 원료농축산물의 수집과 기초가공 에 제한되어 있을 경우, 거기에서 얻어지는 부가가치의 이익이 한정될 수밖에 없기 때문이다. 따라서 협동조합이 수집과 1차 가공을 포함한 2차 가공, 즉 소비자에게 최종적으로 필요한 상품으로서 농축산물을 가공하고 판매하는 사업까지를 함께 수행함으로써 더 많은 부가가치를 기대할 수 있기 때문이다. 유럽 내의 상당수 협동조합이 생산 지향적인 협동조합(production-oriented cooperatives)임은 분명하며, 그러한 생산협동조합이 지금까지는 나름대로 시장에 잘 적응해 온 것도 사실이다. 그러나 최근 생산협동조합들도 협동조합의 규모화를 지향하면서 급속히 시장 지향적인 판매협동조합으로 전환하고 있다. <표 5-4>는 생산 지향적인 협동조합과 시장 지향적인 협동조합의 차이를 비교한 것이다. <표 5-4>에서 살펴보면 생산협동조합이 전통적인 협동조합주의에 높은 비중을 두고 있다면 시장협동조합은 경영주의에 더욱 높은 비중을 두고 시장 지향적인 공격적 운영관리가 이루어지고 있음을 알 수 있다. 전통적 협동조합인 생산협동조합은 그 운영·관리 및 소유가 철저히 조합원에 의해서 이루어지고, 조합경영의 목표가 출자에 대한 최소 이익과 수취가격의 제고에 있으며, 잉여금은 자기자본으로 환원된다. 생산협동조합의 시장전략은 비용절감에 기초를 두고 조합원에 한하여 거래가 이루어진다. 조합원은 출하 및 수취의무를 갖게 되며, 거래교섭력을 강화하고 규모경제를 실현하기 위해서 타 협동조합과 합병을 하거나 연합회를 구성하게 된다. 반면에 시장 지향적인 판매 협동조합은 그 운영·관리 및 소유가 조합원과 제한된 비조합원에 의해 이루어지고, 경영이익은 투자와 이용고에 따라 배분되며 공정한 가격실현과 투자주식에 대한 경쟁적 이익실현이 경영의 목표이다. 판매협동조합의 시장전략은 제품의 차별화를 통한 시장확보에 있으며, 따라서 소비자의 수요요구에 따라 다양한 제품을 생산·공급하게 된다. 조합의 규모화도 주로 수직적 통합을 통해서 이루어지게 된다.

다만 무리한 수직통합은 자칫 자금부담이 과중해지고 조합원의 협동조합에 대한 영향력이 약해진다는 약점을 가지고 있다.

넷째, 신 협동조합(new cooperative)의 모델이 탄생·발전되고 있다.

지난 수년간 유럽의 많은 협동조합, 특히 농축산물의 판매협동조합의 경우 조직구조의 개편이 급속히 이루어졌다.

국가에 따라서 협동조합이 사업체를 타 협동조합 및 연합회, 기관 및 개인투자자 등과 같은 외부 주주와 조합원이 공동으로 투자하는 공사(PLC: Public Limited Company) 형태의 협동조합으로 전환하거나, 독립된 자회사(subsidiaries)형태로 전환시키는 등 다양한 형태의 모델을 만들어 나가고 있다. 자회사나 공사형태의 PLCs는 재정 및 경제적 관리가 용이하고 모조합(母組合, mother cooperative)이 직접 또는 지점형태로 운영하면서 발생될 수 있는 위험을 감소시키고 외부 투자의 유치가 용이할 뿐 아니라 비조합원을 자회사의 이사로 영입할 수 있기 때문에 경영 차원에서는 다양한 이점을 가지고 있다.

<표 5-4> 생산 지향적인 협동조합과 시장 지향적인 협동조합의 차이

협동조합의 구조	생산 지향적 협동조합	시장 지향적 협동조합
운영 · 관리	· 조합원이 운영 · 민주적 관리 · 이사회는 조합원으로 구성 · 조합원에 의한 의사결정	· 조합원과 제한된 비조합원이 함께 운영 · 민주적 관리 · 외부전문가나 소유자의 일부 참여 · 의사결정자는 전문경영인이 함
소　유	· 조합원의 소유 · 조합가입의 공개 · 출자의 제한 · 출자에 의한 공유 자본	· 조합원과 비조합원의 공동소유 · 조합가입의 제한 · 이용고에 비례한 출자 · 자본(주식)의 양도 가능
이　익	· 조합원에 한해 배당 · 균등가격 · 환원에 의한 자본축적	· 조합원 및 비조합원에 배당 · 공정가격 · 출자를 반영한 배당
시장전략	· 비조합원과의 거래제한 · 한 개의 단순 품목 취급 · 출하 및 수취의무 · 타 협동조합과의 합병 또는 연합회구성을 통한 수평적 확장 · 비용절감 위주의 시장전략	· 비조합원의 거래 증대 · 소비시장의 수요에 따른 다양한 제품 취급 · 계약이나 출하권리에 따른 특정 품질과 물량의 요구 · 전략적 연대, R&D 컨소시엄, 시장 및 분배의 합작투자 등을 통한 수직적 확장 · 제품의 차별화 위주의 시장전략

자료: Kyriakopoulos, K., "Agricultural Cooperatives: Organizing for Market-Orientation", IAMA World Congress Ⅷ, "Building Relationships to Feed the World: Firms, Chains, Blocs", Uruguay, Punta Del Este, 29 June~2 July 1998, p.8.

<표 5-5>는 유럽협동조합의 신 협동조합 모델을 포함한 다양한 조직형태를, 그리고 <표 5-6>은 농업협동조합의 주요 제도적 특성을 나타낸 표이다.

<표 5-5> EU 주요국 농업협동조합의 조직형태

국 가	전통적 협동조합	PLC 협동조합	자회사 협동조합	주식양도가능 협동조합	주식참여 협동조합
덴 마 크	●		●		
독　일	●	●	●		
프 랑 스	●		●		●
네덜란드	●		●	●	●
스 웨 덴	●		●		
영　국	●	●			●

자료: 전게서, p.170.

<표 5-5>와 <표 5-6>을 통해서 살펴보면 네덜란드에서는 전통적인 협동조합 외에 자회사 형태의 협동조합과 주식의 양도가 가능한 협동조합, 조합원 이외의 외부주식의 참여를 허용하는 주식참여협동조합 등 다양한 신 협동조합 모델이 출현하고 있다.

PLC협동조합의 경우 투표 및 이익의 환원이 주식을 기준으로 해서 이루어짐으로써 경영 측면에서는 일반 주식회사와 하등의 다를 바가 없다. 사회사 협동조합(cooperative with subsidiary)과 주식참여협동조합(participation shares cooperative)의 경우에는 투표권과 이익환원이 조합원은 이용고, 투자자는 참여주식에 따라 이루어지고 있다.

<표 5-6> EU 농업협동조합의 주요 제도적 특성

조직체계	전통적 협동조합	PLC 협동조합	자회사 협동조합	주식양도가능 협동조합	주식참여 협동조합
가 입	자 유	유동적	유동적	제 한	자 유
개인자본	없 음	있 음	투자자에 한함	있 음	투자자에 한함
투 표	평 등	주식 기준	조합원: 이용고 투자자: 주식기준	이용고 및 주식기준	조합원: 이용고 투자자: 주식기준
다수 의사결정	조합원	투자자	조합원	조합원	조합원
외부참여	없 음	있 음	있 음	제한하거나 투표는 불허	있 음
부가가치 활동	제 한	있 음	있 음	있 음	있 음
조합원의 지분	동일함	주식에 따름	조합을 통해 동일하게 적용	이용고에 따름	동일함
이익환원	이용고 기준	주식 기준	조합원: 이용고 투자자: 주식기준	이용고 및 주식 기준	조합원: 이용고 투자자: 주식기준

자료: 전게서, p.171.

이와 같이 유통이 가능한 주식과 우선주의 발행, 투자에 따른 투표와 배당, 조합원에 대한 출하권리의 부여 등을 포함한 획기적이고 다양한 자본조달 방법을 채택하고 있는 협동조합형태는 일반 기업과 시장경쟁에서 살아남을 수 있는 경쟁력을 자생적으로 키워 나감은 물론 협동조합이 고부부가가치 제품(high value-added products)의 생산을 통해 조합원의 경제력을 개선시키기 위한 협동조합형태, 소위 1990년대 미국에서 발생되었던 신세대협동조합(new generation cooperatives)과 맥을 같이하고 있음은 <표 5-6>을 통해서 구체적으로 이해할 수 있다.

나. 유럽 농업협동조합의 조합원제도

인적 조직이면서 경제조직인 협동조합은 이제 경제조직으로서의 가치가 점차 중요시되어 가고 있다. 이는 협동조합이 본래의 기능을 세내로 수행하기 위해서는 1차적으로 시장에서의 존립 문제가 우선되기 때문이다. 따라서 조합과 조합원의 관계가 점차 사업화(business-like)되어 감으로써 원가봉사의 원칙이 붕괴되고 있는 조합도 많다.

<표 5-7>을 통해서 살펴보면 스웨덴을 제외한 EU 대부분의 국가에서 정관이나 계약에 의해 조합원의 출하의무를 규정하고 있으며, 특히 판매협동조합의 경우 효율적인 가공·판매를 위한 안정적인 물량확보와 계획생산 차원에서 출하의무제도를 채택하고 있다. 덴마크의 낙농협동조합은 정관에 의해 100% 출하의무를 규정하고 있는 반면에 스웨덴 협동조합의 경우에는 경쟁에 관한 법률에서 농업협동조합의 출하의무제도를 금지하고 있다.

<표 5-7> EU 주요국가 협동조합의 조합원 권리·의무

국 가	투표 수	출자	가입탈퇴의 자유	비조합원 거래	출하의무
덴 마 크	단수	보증	있음	제한	낙농, 고기, 계란 조합에 한함(정관)
독 일	복수 < 3	1좌 이상	있음	총 매출액의 50% 이내	정관에 의함
프 랑 스	복수	1좌 이상	없음	총 매출액의 20% 이내	5년계약에 의함
네덜란드	복수 < 4	매출액에 대한 비율(%)	없음	제한 없음	증가되고 있음
스 웨 덴	단수	매출액에 대한 비율(%)	있음	제한 없음	없음
영 국	단복혼합	10,000파운드 이내	있음	총 매출액의 1/3 이내	계약에 의함

자료: 전게서, p.174.

EU의 주요 6개국 가운데 덴마크와 스웨덴을 제외하고는 복수투표를 채택하고 있으며, 프랑스와 네덜란드에서는 조합원의 가입탈퇴도 허용되어 있지 않다. 그리고 비조합의 거래와 사업참여가 전반적으로 증대되고 있다. 덴마크를 제외한 모든 국가에서 비조합원의 거래를 허용하고 있으며, 그 허용범위는 독일의 경우 총 매출액의 50% 이내, 프랑스는 총 매출액의 20%, 영국은 총 매출액의 3분의 1 이내이다.

특히 우유를 비롯한 음료산업 부문에서 비조합원(농민이면서 비조합원인 경우와 비농민조합원을 포함)과의 거래관계가 활발히 전개되고 있다. 이러한 정책은 자기자본의 확대, 규모 및 범위의 경제를 통한 비용절감과 시너지효과 증진, 제품의 다양화 등에 크게 기여하고 있는 것으로 평가되고 있다. 예컨대 우리나라의 서울우유협동조합에서 조합원이 생산한 우유의 가공판매와 더불어 비조합원이 생산한 각종 과일주스나 여타 음료 등을 함께 가공 판매하는 경우와 마찬가지이다. 그러나 비조합원의 확대정책은 조합원의 소속감 결여와 과다한 재정부담을 야기시킬 수 있다는 점에서 주의를 요하는 정책이다.

다. 유럽 농업협동조합의 재정

EU 국가 대부분의 농업협동조합에서도 조합원의 출자금은 자기자본의 중요한 부분임이 분명하다. 그러나 조합원의 출자에 의한 재정은 특히 가공협동조합의 경우 협동조합의 국제화 추세에 대응하기 위해서는 크게 부족할 수밖에 없다. 반면에 급변하는 시장환경과 조건은 사업 규모의 확대, 거대한 투자 및 무형자산에 대한 투자 확대를 지속적으로 요구하고 있다. 따라서 많은 협동조합들이 비조합원의 투자를 유치하지 않을 수 없는 상황에 처하게 되었다.

이 같은 비조합원에 의한 자본참여의 증대는 인적 조직체인 협동조합에서 조합원의 조합에 대한 소속감을 감소시키고 조합원 관리의 원칙을 상실할 위험이 있다는 등의 문제가 제기되기도 한다. 그러나 궁극적으로 제한된 자본에 의한 조합사업의 비효율성은 조합원의 이익실현에 한계가 있을 수밖에 없기 때문에 많은 협동조합들이 새로운 자본조달의 수단으로 출자이외의 조합원주식에 의한 자본참여와 비조합원의 자본투자를 확대·허용하게 된 것이다. 다만 비조합원의 자본참여를 확대하더라도 대부분의 경우 아직까지는 전체 자본의 2분의 1 이상은 조합원지분이 확보되도록 조정해 나가고 있다.

<표 5-8> EU 주요국의 농업협동조합 자기자본 형성방법

국 가	조합원 출자 및 잉여금 적립	채권/조합원주식	외부 참여주식	합작 주식(외부)
덴 마 크	●			●
독 일	●			
프 랑 스	●	●	●	
네덜란드	●	●		●
스 웨 덴	●			●
영 국	●	●		

자료: 전게서, p.176.

<표 5-8>은 EU 주요국의 농업협동조합의 자기자본 조달 방법을 나타낸 표이다. 위에서 보는 바와 같이 독일을 제외한 모든 국가에서 조합원의 출자와 잉여금적립을 제외한 여타 방법에 의해 자본을 소날하고 있다. 그러나 내부분 유럽 국가들의 많은 협동조합들이 이러한 자본유치 이외에 협동조합의 사업체를 조합으로부터 분리시켜 PLCs 형태의 자회사를 설립하는 경우가 지속적으로 증대되고 있다. 이미 앞에서도 언급한 바와 같이 PLCs 형태의 자회사는 그것이 잘 운영될 경우 농업협동조합의 운영에 있어서 다양한 이점을 가지고 있다. 즉, 투자유치와 재정 및 경제적 관리가 용이하며, 모조합(母組合, mother cooperative)이 직접 또는 지점형태로 운영하면서 발생될 수 있는 위험을 감소시키고 비조합원을 자회사의 이사로 영입할 수 있는 등 협동조합의 경영관리 차원에서는 다양한 이점을 가지고 있다.

그러나 어느 경우라도 비조합원에 대한 자본참여의 확대는 제한을 받고 있으며, 프랑스에서는 협동조합에 대한 특별법(SICA: special legal form for cooperatives)을 제정하여 비조합원의 자본참여가 50%를 초과하지 못하도록 규정하고 있다.

라. 협동조합의 국제화

협동조합의 국제화는 국가 간의 문화적 차이, 서로 다른 협동조합 관련법 등과 같은 장벽이 있음에도 불구하고 타국의 농민을 조합원으로 받아들이는 추세가 급속히 확산되고 있다. 다른 나라의 조합원을 받아들이는 가장 일반적인 동기는 규모경제의 실현을 위한 조치라고 하겠으나, 타국의 농산물을 가지고 자국 내 부족한 부분을 보충하면서 국가 간의 교역기회를 확대하고 타국의 시장개척수단으로 활용하기 위한 것이 그 주요 동기이다.

최근에는 외국 조합원의 영입뿐 아니라 협동조합이 해외의 기업이나 협동조합에 직접 투자하는 경우도 확대되고 있다. 덴마크의 MD foods협동조합은 영국에 유가공공장을 가지고 있으며, 네덜란드의 Campina-Melkunie협동조합은 벨기에와 독일에 유가공공장을 가지고 있다. 스웨덴의 곡물협동조합이 덴마크에 도정공장을 가지고 있는 것은 해외투자의 대표적인 사례이다.

<표 5-9>는 유럽 국가들의 협동조합 국제화 정도를 나타낸 표이다. <표 5-8>에서 살펴보면 특히 국토면적이 적은 나라, 즉 덴마크와 네덜란드는 해외 합작투자와 직접투자를 시도하는 등과 같이 협동조합의 국제화가 매우 활발히 추진되고 있다.

<표 5-9> EU 주요국의 협동조합 국제화 정도

국 가	수 출	해외판매조직	전략적 제휴	해외합작투자	해외직접투자
덴 마 크	●	●	●	●	●
독 일	●	●			
프 랑 스	●	●	●		
네덜란드	●	●	●	●	●
스 웨 덴	●	●	●	●	
영 국	●		●		

자료: 전게서, p.183.

협동조합의 경영주의는 국가 간의 역사적·문화적 요인까지도 초월하여 나가고 있다는 것이 협동조합의 국제화로 반영되고 있다.

(2) 미국 농업협동조합의 변화

가. 미국 농업협동조합의 조직형태

미국의 농업협동조합은 기본적으로 품목을 중심으로 조직되어 있으며, 그 형태는 협동조합의 지리적인 영역(geographic territory)과 지배·관리의 형태에 따라 다양하게 분류할 수 있다.

지리적 영역에 따른 분류는 ① 관할구역이 2~3마일의 범위 내에 존재하며 농민 개개인이 조합원으로 구성되어 있는 소규모 구역의 지방협동조합(local cooperatives), ② 2~3개 군(counties)을 업무영역으로 설정하고 여러 개의 지소를 운영하는 광역지방협동조합(super local cooperatives), ③ 1개 또는 여러 개의 주를 업무영역으로 설정하고 있는 지역협동조합(regional cooperatives), 그리고 ④ 특정 서비스를 제한적으로 받기 위해서 지방 또는 지역 협동조합이 출자하여 조직하고 운영하는 지역 간 또는 전국협동조합(interregional or national cooperatives) 등으로 나타낼 수 있다. 그러나 협동조합의 지배(governance)조건과 관리형태에 따라 그 조직을 분류해 보면 대체로 세 개의 형태로 구분할 수 있으며 각 형태별 주요 특징을 살펴보면 다음과 같다.

㉠ 중앙집중형 협동조합(centralized cooperatives)

개별 생산농가가 조합원으로서 소규모의 지방협동조합과 광역의 지역협동조합이 대부분 중앙집중형 협동조합이다. 소규모 지방협동조합은 1개의 사무실을 가지고 있으면서, 조합과 조합원 사이에 이루어지고 있는 사업을 비롯한 각종 거래가 직접적으로 이루어지고 있다<그림 5-1의 A형>. 광역 지방협동조합은 사업수행은 물론 각 지역의 지사부소와 지사무소를 통할하고 관리·감독하는 체계를 갖추고 있으며, 조합의 사업수행은 지사무소를 통해서 이루어지고 있으나, 조합원의 조합에 대한 투표권과 소유권 행사, 이용고 배당 등은 조합과 조합원 사이에 직접적으로 거래가 이루어지고 있다<그림 5-1의 B형>. 조합본부에는 지역 대표로 구성하는 이사회 및 전문경영인(CEO: general manager, chief executive officer)을 두고 있다.

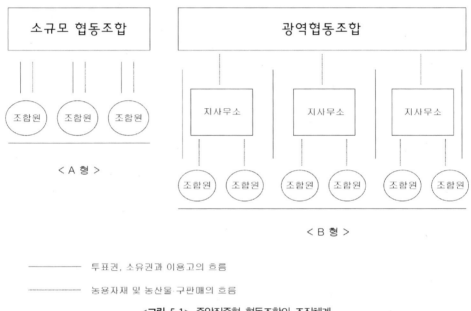

투표권, 소유권과 이용고의 흐름

농용자재 및 농산물 구판매의 흐름

<그림 5-1> 중앙집중형 협동조합의 조직체계

소규모 지방조합은 대규모 지역협동조합에 비해 조합원 상호 간에 밀접한 인간관계를 유지할 수 있으며 조합사업을 쉽게 이해하고 조합의 정책도 더욱 민주적으로 결정되기 때문에 조합사업의 참여도와 신뢰도가 높다는 장점이 있으나, 규모의 경제를 실현하기가 어렵고 거래교섭력에 한계가 있을 수밖에 없다는 단점을 가지고 있다. 따라서 최근에는 상호합병 등을 통해 광역화를 시도하는 조합이 많아서 그 숫자는 급속히 줄어들고 있다. 그러나 광역조합은 규모경제를 실현할 수 있고 강한 거래교섭력을 발휘함으로써 조합원에게 보다 많은 이익을 줄 수 있다는 장점을 가지고 있다. 광역조합은 대체로 지역에 따라 관리구역이 나누어지며 각 지역사무소별 조합

원의 규모에 따라 일정 수의 대의원을 갖게 되고 그 대의원은 물론 조합원에 의해 선출된다. 지역단위의 선출된 대의원은 조합의 이사를 선출하고 이사는 조합의 주요 정책을 결정하고 이사회의 정책결정에 따르는 업무를 수행하고 조합경영을 책임질 전문경영인을 채용하게 된다.

이러한 집중형 협동조합은 경영관리의 집중화를 통해서 연합형에 비해 각종 사업 기능의 조정과 통제를 용이하게 할 수 있고 경제·사회적 환경변화에 신속히 대응할 수 있을 뿐 아니라 적은 비용으로 강한 시장교섭력을 발휘할 수 있기 때문에 미국 내의 대부분의 조합이 이러한 형태의 조직체계를 갖추고 있다. 1999년 말 현재 미국 내 3,466개의 농업협동조합 가운데 97.5%인 3,379개가 중앙집중형 협동조합이라는 것도 이를 반영하고 있는 것이다.

ⓛ 연합형 협동조합(federated cooperatives)

연합형 협동조합은 소규모 지방협동조합이 독자적으로 수행하기 어려운 사업을 공동으로 수행하기 위해서 지방협동조합이 공동으로 출자하여 조직한 일종의 연합회(federation) 형태의 대규모 협동조합이다. <그림 5-2>에서와 같이 연합조직과 지

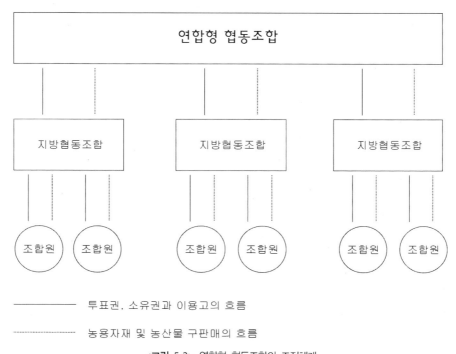

투표권, 소유권과 이용고의 흐름
농용자재 및 농산물 구판매의 흐름

<그림 5-2> 연합형 협동조합의 조직체계

방회원조합 사이의 투표권과 소유권 이익의 흐름은 지방회원조합과 농민조합원 사이의 그것과 상응하게 이루어진다. 농민조합원은 자기가 소속한 지방단위조합의 이사를 선출하고 이용고에 따라 이익을 배당받으며, 단위소합은 그 소합의 이사나 내의원을 통해 연합조합의 이사를 선출하고 연합조합의 사업이용에 따라 이익을 배당받게 된다.

연합조합은 상향식으로 조직되고 운영되지만 지방조합의 이사들에 의해서 사전 승인된 관리계약에 따라 지방의 회원조합을 관리·감독하는 것이 일반적이다.

연합조합은 지방조합과 연합하여 사업을 수행하는 경우 규모의 경제를 실현할 수 있을 뿐만 아니라 지방단위조합이 연합조합의 지도관리를 받음으로써 추가이익을 실현할 수 있으며, 또한 소규모 조합이 연합조합을 조직하는 것은 소규모 조합을 대규모의 집중형 조합으로 합병하는 것보다는 쉽다는 장점이 있다. 그러나 연합조합은 지방 또는 지역 간의 생산물의 흐름을 조정·통제할 수 있는 힘이 약해서 자칫 거래교섭력의 효과를 크게 기대하기가 어렵고 단위조합별로 자기 책임하에 사업의 전부 또는 일부를 개인 기업과 거래할 수 있을 뿐 아니라 연합조합의 기능이나 사업방향 등에 관한 의사 결정 시에 지역 간 또는 지방 간에 사업이 경합되는 경우가 많아 자기들의 이익과 관련되어 조합원들의 의사가 서로 분산될 수 있다는 단점이 있다.

따라서 이러한 연합형 조합은 미국의 전체 협동조합 가운데 2% 정도인 6개에 불과하다.

ⓒ 혼합형 협동조합(mixed cooperatives)

협동조합이 성공하기 위해서는 협동조직체로서의 성공(success as a cooperative)할 수 있는 능력뿐 아니라 기업과의 경쟁에서도 이길 수 있는 기업체로서의 성공(success as a business organization)할 수 있는 능력을 겸비해야 하기 때문에 중앙집중형 조합과 연합형 조합이 가지고 있는 장점을 접합시킬 수 있는 협동조합을 여하히 조직하느냐가 중요한 과제일 수밖에 없으며, 이의 일환으로 발생된 것이 <그림 5-3>과 같은 혼합형 협동조합이다. 이러한 혼합형 협동조합은 유럽의 일부협동조합과 같이 조합원뿐만이 아니라 비조합원의 참여를 허용하는 형태로 변화되어 가고 있다.

1999년 말 현재 미국 내에 24개의 혼합형 조합이 있는 것으로 조사되고 있으며, 이들 혼합조합은 대규모의 협동조합기업과 다를 바 없다. 이들 혼합조합은 대부분

조합 간의 수직통합(vertical integration)을 통해 원료의 조달과 가공·유통사업 등을 겸영하고 있다. 그러나 이러한 혼합형 협동조합의 경우 합리적인 투표권의 배분이 가장 큰 문제의 하나이다. 따라서 대규모 조합에서는 직접조합원인 농민에게는 1인 1표를 부여하고, 단체(unit)조합원인 지방 또는 지역조합은 이용고에 따라 비례표를 인징하는 방법을 재택하기도 한다. 우리에게 익숙한 낙농 부문의 Land O' Lakes Inc. 나 과일채소 부문의 Sunkist Growers Inc. 등이 이러한 혼합형 협동조합이다.

예컨대 Land O' Lakes 낙농협동조합은 7,800여 낙농가인 직접조합원과 1,200여 개의 지방협동조합 조합원으로 구성되어 있으며, 유가공·판매사업은 물론 비료, 사료, 종자, 농약 등의 농용 자재사업까지를 겸영하는 혼합형 종합농협으로서 조합의 의사결정과 원료조달 등은 철저히 조합원지향주의에 바탕을 두고 있으면서, 조합의 경영은 규모경제와 효율성, 시장지배력 등에 바탕을 둔 일반 기업의 경영과 하등에 다를 바 없다.

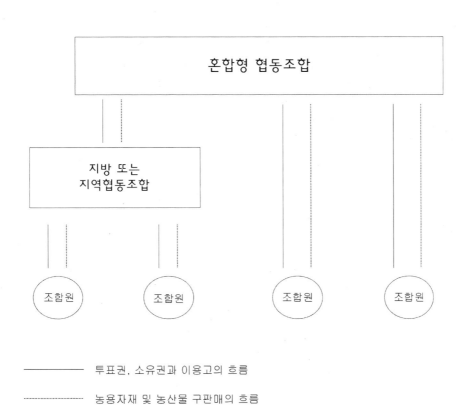

———————— 투표권, 소유권과 이용고의 흐름

.... 농용자재 및 농산물 구판매의 흐름

<그림 5-3> 혼합형 협동조합의 조직체계

나. 미국 농업협동조합의 구조조정 실태

1800년대 초에서부터 활발히 조직되었던 미국의 농업협동조합은 1950년에는 6,500여 개에 달하였다. 이후 지속적인 구소소정이 이루어짐으로써 1985년에는 3,400여 개 그리고 1999년에는 1,700여 개로 감소되었다.

<표 5-10>은 주요 품목별 협동조합의 감소추이를 나타내 주고 있다.

<표 5-10>에서 살펴보면 낙농협동조합의 경우 1980년에는 487개였으나, 1985년에 394개, 1990년에 264개, 1995년에 241개, 1999년에는 221개[11]로서 1999의 낙농조합 수는 1980년의 45.4%에 불과하다. 1999년도 낙농협동조합의 시장점유율은 89%에 달한다. 이와 같은 현상은 여타 품목에 있어서도 마찬가지이다. 과일채소조합의 수도 1980년에 401개에서 1999년에는 231개로, 축산물 가공·판매조합은 1980년의 454개에서 1999년에는 81개로, 그리고 가금조합의 경우는 1980년의 74개에서 1999년에 15개로 급속한 감소현상이 지속되고 있다.

이처럼 많은 협동조합들이 급속히 전개되는 대내외적 환경변화 속에서 조합 자체의 생존을 위해서 대내적으로는 조직의 효율성을 제고시키고 대외적으로는 규모화를 통한 농업관련산업(agribusiness)과의 경쟁력을 제고시키기 위해서 지속적으로 구조조정을 실시해 오고 있다.

즉, 합병을 통한 규모경제의 실현을 통해 사업의 효율성 제고와 제품의 가치증대를 꾀하고 시장경쟁력과 거래교섭력을 제고시키고 있는 것이다.

물론 이와 같은 협동조합 수의 감소현상은 조합의 합병이나 인수 등의 통합을 통해서 이루어져 왔음은 두말할 여지가 없다.

그러나 이 밖에도 여러 협동조합이 협동조합의 기능이나 기구의 축소, 합작투자, 전략적 제휴(strategic alliance)를 통한 사업연합의 추진 등 다양한 구조조정을 지속하고 있으며, 그 구조조정활동(restructuring activities)을 구체적으로 열거하면 다음과 같다.

---

11) 221개 조합 중 조합원이 생산한 원유에 대한 가격과 거래조건만을 유가공업체와 협상하는 거래교섭조합(bargaining cooperatives)이 전체 조합의 68%인 150개 그리고 우유를 가공 처리하는 가공조합(manufacturing/processing cooperatives)은 나머지 32%인 71개 조합에 불과하다. 150개 거래교섭조합 중 집유시설을 갖추고 있는 조합은 25개이다.

<표 5-10> 협동조합 및 조합원 수 추이

구분 \ 연도		1980	1985	1990	1995	1999	1999/1980 (%)
낙 농	조 합 수	487	394	264	241	221	45.4
	조합원 수	167,239		131,114	117,313	90,675	54.2
과일 및 채소	조 합 수	401	370	297	281	231	57.6
	조합원 수	71,229		52,897	49,112	40,876	57.3
축산물 가공	조 합 수	454	378	222	94	81	17.8
	조합원 수	466,702		319,055	273,619	137,054	29.4
가 금	조 합 수	74	59	12	18	15	20.2
	조합원 수	110,039		39,045	28,552	29,190	26.5
곡 물	조 합 수	2,438	2,139	1,400	1,090	896	36.7
	조합원 수	1,173,999		913,494	805,862	657,921	56.0
쌀	조 합 수	60	58	48	19	17	28.3
	조합원 수	30,417		19,678	15,914	11,799	38.8

자료: USDA. Rural Business Cooperative Service, Farmers Cooperative Statistics, 각 연도.

① 통합(unification): 두 개 이상의 협동조합끼리 상호인수・합병(M&A: merging and acquisition) 등을 통해 하나의 조합으로 통합하는 경우이다.

② 축소(contraction): 협동조합이 소유하고 있는 자산을 팔거나 일부 시설을 폐쇄하거나 또는 일부 생산 및 서비스를 중단함으로써 조합의 규모를 내실화시키는 방법이다.

③ 합작투자(joint venture): 타 협동조합 또는 기업과의 공동사업을 위한 합작투자를 실시하는 경우이다.

④ 사업연합(agreement): 조합끼리 특정사업을 상호공동으로 추진하거나 전략적인 제휴를 통해 거래교섭력을 강화하고 규모의 경제를 실현하는 방법이다.

⑤ 확장(expansion): 외부의 자산이나 사업단위를 신규로 구입하거나, 시설을 신축하고 타 협동조합을 흡수하여 조합의 운영규모나 사업을 확장시키는 방법이다.

⑥ 개편(revamp): 조합사업의 운영방법, 서비스, 기능, 조직 등의 수정이나 개선, 현대화 등을 통해 생산성을 높이고 경영의 합리화를 추구하는 방법이다.

예컨대 1990년 이후 지난 10년 동안에 Land O′ Lakes 낙농협동조합은 3개의 사료협동조합을 흡수하여 유가공사업과 사료산업을 겸영하는 수직적 통합과 더불어 캘리포니아 지역의 많은 유가공협동조합을 인수하는 등의 수평적 통합을 통해 그 규모를 지속적으로 확대 발전시키고 있으며, Dairy Farmer of America 협동조합은 4 개의 대규모 협농조합을 하나로 합병하여 통합하면서 한편으로는 기존의 가공공장을 팔고 새로운 근대식 공장을 신축하는 등 다양한 형태의 구조조정을 단행하였으며, 미곡생산자 협동조합인 Riceland Foods 협동조합은 일본 개인상사와 국제 간의 합작투자를 시도하는 등 그 규모를 크게 확장하여 미래의 국제 쌀시장의 변화에 대응해 오고 있다.

<표 5-11>은 1989년부터 1998년까지 10년간에 걸친 미국 협동조합의 유형별 구조조정활동을 나타낸 표이다. <표 5-11>을 통해서 살펴보면 협동조합이 새로운 자산이나 사업단위를 사들이거나 타 협동조합이나 기업을 흡수하여 규모를 확대하는 경우가 126건으로 가장 많았으며, 타 협동조합 또는 기업과 새로운 사업에 공동으로 투자하는 형태의 합작투자와 협동조합끼리 합병을 통해 단일협동조합으로 통합하는 경우가 각각 71건과 67건으로 나타나고 있다. 반면에 조합의 자산을 처분하거나 생산 및 서비스를 중단함으로써 조합의 규모를 축소시킨 경우도 32건으로 나타났다.

<표 5-11> 연도별·형태별 구조조정 활동

연도	통합	축소	합작투자	사업연합	확장	개편	계
1989	5	6	8	1	17	8	45
1990	6	0	4	0	10	7	27
1991	1	3	1	2	13	3	23
1992	11	2	7	1	13	3	36
1993	1	1	8	2	8	1	21
1994	12	5	7	2	26	3	55
1995	16	4	12	3	14	3	52
1996	4	4	12	2	13	1	36
1997	5	2	4	4	3	1	19
1998	7	5	8	3	9	0	32
계	67	32	71	20	126	30	346

자료: USDA. Rural Business Cooperative Service, Cooperative Restructuring, 1989~1998, 1998.

다. 신세대 협동조합의 출현 및 의의

신세대 협동조합은 미국 중·북부지방을 중심으로 농업협동조합의 성장과 발전의 부활 또는 새로운 탄생이라는 기치 아래 추진된 새로운 농업협동조합의 모델로서

1990년대 초 미국 중·북부지역의 North Dakota 주와 Minnesota 주에서 농산물의 부가가치 실현을 위해 가공사업을 추진하고 선택조합원제도(selective membership)를 도입하면서 사용되기 시작한 용어이다.

신세대 협동조합을 형성하게 된 일반적 동기는 소비자의 요구에 부응하는 새로운 부가가치제품(new value-added products)을 개발하여 조합원의 실익을 최대한 얻어내고자 하는 데에 있었으며, 신세대협동조합운동은 시장규제의 철폐, 시장의 전문화 및 수직통합조직의 증대 등 급변하는 시장변화에 대응하기 위한 젊은 세대 농민들의 대응책으로 대표되고 있다. 또한 신세대협동조합은 농장의 소득향상 수준을 떠나서 한편으로는 지역 주민의 소득과 고용을 증대시켜 준 소위 지역발전을 위한 협동조합의 열풍(coop fever)으로 평가되기도 한다. 신세대협동조합이 기존의 전통적 협동조합과 다른 조직구조의 특징은 자본출자와 농산물의 출하권리(delivery rights)가 철저하게 연계되어 있다는 것이다. 그러므로 조합원의 이용고와 조합원의 출자자본의 비율을 항상 동일하게 유지시킴으로써 조합원에 대한 인센티브를 부여하고 전통적 협동조합에서 야기되고 있는 이용고 배당에 따른 조합원의 무임편승의 문제를 철저히 배제시키며, 출자금액에 비례하여 출하권리와 의무도 갖게 되는 것이다. 조합원의 출자액(membership equity share)에 따른 조합원의 출하권리와 의무는 조합과 조합원의 계약에 의해서 이루어지며 따라서 조합원은 계약물량을 반드시 출하하여야 하고 조합은 출하농산물이 질적으로 하자가 없는 한 반드시 구매해야 한다. 조합원은 조합이사회의 승인하에 양도가 가능하며, 협동조합이 발행하는 출하권의 양과 가격은 조합의 가공시설의 효율적인 운영에 필요한 생산액과 이러한 시설을 취득하는 데 소요되는 자본액에 따라 결정된다. 일반적으로 총자본 소요액의 30~50%가 출하권에 의해서 조달되며, 나머지 자본은 부채나 우선주(preferred shares)의 발행을 통해서 조달된다. 우선주는 지역주민이나 기타 관심 있는 당사자들로부터 획득되며, 우선주 소유자는 투표권을 갖지 못하고 주식에 대한 배당도 제한되어 있다. (예컨대 North Dakota 주는 우선주의 배당률을 8%로 제한토록 규정하고 있다.) 또한 조합원이 구매한 주식 수(출자자본)와는 관계없이 이사선출이나 조합의 주요정책을 결정할 때 1인1표의 원칙을 아직까지는 적용하고 있으며, 협동조합의 이익도 이용고에 따라 조합원에게 분배된다.

신세대협동조합이 여타 협동조합조직형태에 비해 많은 장점을 가지고 있지만, 특히 효율적인 지배구조를 유지하는 측면에 있어서는 수많은 잠재적인 장애요인을 직면하고 있다. 예컨대 신세대협동조합에 재정적으로 크게 기여한 조합원들이 있다면, 그 조합원들은 경영의사결정에 과도한 영향력을 행사하려고 하거나 투표권과 출하권을 연계시키도록 협동조합에 압력을 가할 수도 있을 것이다. 또한 신세대협동조합의 조직구조는 협동조합의 창설에 관여하지 않았던 조합원들에 대해서는 상당한 반발을 야기시킬 수 있는 소지가 많다. 더불어 양도 가능한 출하권이 의미하는 것은 당초 조합원(original members)은 그들의 주식을 판매함으로써 불로소득(windfall gains)을 획득할 수도 있지만 나중에 출하권을 양도받은 조합원(subsequent members)은 그들이 구매한 출하권 가치의 등락을 포함한 출하농산물에 대한 경쟁가격을 수취하는데에도 제한을 받게 된다는 것을 고려할 때, 신세대협동조합이 반드시 장점만을 갖고 있는 것은 아니다. 따라서 이러한 문제들을 적절히 조정하면서 협동조합을 발전시킨다는 것이 오늘날 미국 협동조합이 안고 있는 중요한 과제의 하나이다.

(3) 요약 및 결론

자본주의 제도가 갖는 모순을 극복하기 위한 산물인 협동조합은 '빈곤으로부터의 해방'을 목표로 짧은 연륜에도 불구하고 사회 경제적으로 크나큰 기여를 해 왔다. 그러나 21세기에 들어선 요즘 협동조합은 몸에 맞지 않은 옷을 입고 있다는 지적을 부단히 받고 있다.

그도 그럴 것이, 협동조합운동을 최초로 탄생시킨 유럽의 경우는 물론 미국까지도 이제는 전통적 협동조합의 한계를 과감히 벗어 버리고 다양한 형태의 새로운 협동조합운동을 적극적으로 확산시키고 있다.

유럽 농협의 경우, 규모화를 위한 합병운동은 국내의 협동조합끼리는 물론 국제 협동조합 간에도 거리낌 없이 이루어지고 있는 실정이다. 조합원에게는 출하의무가 부여되고 비조합원의 거래를 허용하는 조합도 점차 늘고 있으며 기존의 1인1표주의를 없앰으로써 무차별 평등주의를 철폐하고 있다. 그리고 자본 확대를 위해서 조합원에게 주식을 발행하고 외부의 참여주식을 도입하는가 하면 합작투자를 단행하는 등 과감한 경영주의를 도입하고 있기도 하다. 협동조합의 전국조직도 회원조합과 경합이 되는 창구사업은 일체 배제하면서도 하나의 정점조직(apex organization)을 두고 시장교섭력(bargaining power)을 강화시키기 위한 방향으로 나아가고 있다.

미국의 농업협동조합은 중앙집중형 협동조합이 주류를 이루고 있는데 최근 들어 규모 확대에 따라 경영주의의 비중이 높은 대규모 협동조합을 중심으로 혼합형 체제로의 재편이 급속히 진행되고 있다. 한편 1950년경에는 무려 6,500여 개에 달하던 협동조합이 지속적인 구조조정을 통해 1999년에는 1,700여 개로 감소된 것도 중요한 대목이다. 뿐만 아니라 최근 소매시장의 대규모화에 따른 거래교섭능력의 강화, 사업의 효율적 추진을 위한 수직적 통합(vertical integration)의 필요성 등이 크게 대두되면서 협동조합의 규모화는 더욱더 가속을 받을 전망이다.

이 같은 미국 농업협동조합의 구조조정은 협동조합끼리의 상호합병(M&A: merging and acquisition)을 통한 통합(unification)과 외부의 자산이나 사업단위를 구입하고 타 협동조합을 인수하여 조합의 규모를 확장(expansion)하는 방법, 타 협동조합 또는 기업과의 공동사업을 위한 합작투자(joint venture), 전략적 제휴를 통한 사업연합(agreement) 등의 다양한 방법에 의해 급속히 이루어지고 있다. 또한 1990년대 초반부터 출현한 신세대 협동조합(new generation cooperatives)은 더욱 높은 농산물의 부가가치를 실현시키기 위해 민주적 관리 등 최소한의 협동조합 정체성을 지키면서도 과감한 기업형식의 경영기법을 도입하고 있다는 차원에서 그 시사하는 바가 매우 크다고 하겠다.

구미(歐美) 농업협동조합의 이러한 변화는 궁극적으로 협동조합을 둘러싸고 급변하고 있는 대내외적 환경에 효율적으로 대응하여 협동조합 스스로의 경쟁력을 키우기 위한 최적의 수단으로 여겨진다.

그러나 일반적으로 협동조합은 세계 공통의 '원칙'에 따르면서도 그 구체적 존재방식은 각 나라의 사회적·역사적 풍토조건에 따라 크게 다르다. 이는 협동조합이 인간적 연대를 전면에 내세우는 조직인 만큼 그 나라의 고유 전통과 국민성 등이 일반 기업에 비해 훨씬 선명하게 드러나기 때문이다. 따라서 최근 구미 농업협동조합의 주요 이슈와 동향이 한국 농협에 그대로 적용되어야 한다는 데에는 많은 무리가 있다. 그러나 한국농협뿐만 아니라 세계 어느 협동조합도 이제는 부분적·표면적인 개선책으로는 더 이상 지속이 곤란하며 그들 스스로의 존립기반 자체를 재검토하지 않으면 안 되는 절박한 시점에 와 있는 것만은 사실이다.

3) 세계협동조합의 흐름과 전망[12)

(1) 협동조합의 흐름

세계협동조합의 역사를 보면 협동의 역사인 동시에 경쟁의 역사임을 알 수 있다. 협동조합은 정부와 달라 독점사업이 없기 때문에 경쟁자가 있기 마련이다. 따라서 경쟁력이 없으면 협동조합은 존립의의를 잃게 된다.

농업협동조합은 경쟁력을 확보하기 위해 여러 가지 전략을 구사해 왔다. 그 하나하나를 사례를 들면서 살펴보고자 한다.

가. 조합원의 사업이용을 늘리는 것

협동조합의 조합원은 협동조합을 조직할 때부터 사업이용을 전제로 하여 사업 이용자인 동시에 협동조합의 소유자가 된다.

사업이용은 조합원의 권리이자 의무이다. 조합에 가입하고 있으면서도 조합사업을 이용하지 않는 사람은 죽은 조합원(dead member) 또는 휴면조합원(idle member or sleeping member)이라고 한다.

덴마크 농협의 표준정관에는 조합원의 출하의무를 규정하고 있다. 그 내용은 '조합원은 자신의 건강한 암소로부터 생산한 모든 우유를 조합에 출하할 의무를 지닌다.' '조합원은 자신이 사육한 모든 돼지를 조합에 출하할 의무를 지닌다. 단 모돈이나 자돈을 예외로 한다'는 등이다. 스페인과 그리스 등에서는 의무적 출하제도를 법률로 정하고 있다. 덴마크와 마찬가지로 포르투갈에서는 출하의무제도를 정관에서 정한다. 우리나라에서는 조합원이 1년 이상 조합을 이용하지 않으면 제명사유가 된다(농협법 30조1).

세계적으로 알려진 미국의 오렌지 협동조합인 선키스트 협동조합도 출하의무 위반, 품질관리 불량 등에 의해 타 조합원에게 손실을 주는 경우 제명 조치한다고 한다.

신세대 협동조합(New Generation Cooperative)에서도 주식과 출하권을 연계시켜 조합원은 구입한 주식 수에 비례하여 조합에 출하할 권리와 동시에 의무를 부여하고 있다. 조합과 조합원 간에 판매협약을 체결하며 여기에는 출하의무 이외에도 농산물의 품질조건, 대금결제와 비용계산, 제재수단 등 다양한 권리와 의무 조항을 포함

---

12) 「세계협동조합의 흐름과 전망」, 이종수 전 농협중앙교육원장, 2003. 7.

한다. 만일 조합원이 출하를 이행하지 못하면 조합은 그 물량을 다른 곳에서 조달하고 이에 대한 비용을 그 조합원에게 부담시킨다.

나. 비농민을 조합원 또는 준조합원으로 가입시켜 경쟁력 확보

프랑스의 크레디 아그리콜 그룹은 처음에는 농민만이 조합원이 되었으나, 비농업 분야로 업무 영역이 확대되면서 거의 모든 고객층에게 조합원 자격을 개방하였으며 2000년 현재 크레디 아그리콜 지방은행(단위조합)의 농민조합원 비중은 550만 조합원의 62%이다.

일본의 종합농협은 농민의 수가 감소함에 따라 비농민을 준조합원으로 가입시켜 지역조합으로 발전하고 있다.

캐나다의 브리티시컬럼비아 주 남부에 있는 솔트 스프링 아일랜드 지역에서는 2001년 12월에 Growing Circle Food Cooperative라는 식품협동조합을 설립하였는데 이는 그 지역의 유기농산물 생산자 농민과 소비자 그리고 노동자가 다 같이 조합원이 되어 이해관계자 협동조합을 설립 운영하고 있다.

다. 규모화한 후 자회사제도를 도입

경쟁업체의 대형화에 맞서기 위해서는 합병이 불가피했다. 프랑스의 크레디 아그리콜이나 네덜란드의 라보뱅크, 독일의 DG Bank의 회원인 라이파이젠협동조합은 대대적인 합병과 사업 특화가 이루어졌다.

일본 농협은 한국과 같이 농업이 소농구조라는 특성 때문에 회원조합에서는 신용사업과 경제사업을 겸영하는 종합농협을 유지하고 있고, 현 단위에서는 연합회 체제를 형성하면서 신용사업과 경제사업이 분리되어 있다. 종합농협은 경제사업이 만성적인 적자상태에 있고 신용사업의 예대비율도 30% 이하에 이르고 있어 수지악화로 존립기반이 위협을 받고 있다.

이에 일본 단위농협의 합병은 단순한 규모 확대만을 목적으로 하지 않고 단위조합의 광역합병을 통하여 단위조합-현연합회-중앙연합회로 되어 있는 3단계 조직체계를 단위조합-전국연합회의 2단계로 축소하는 구조개선을 추진하고 있다.

일본지역조합의 합병실적을 보면, 1975: 4,803개→1980: 4,528개→1990: 3,561개→ 2000: 1,264개→2003: 944개(매년 4월 1일 기준)로 나타나 우리 농협에 비해 합병의 속도가 빠름을 알 수 있다. 일본의 농가호수나 경지면적은 우리나라의 약 3배 수준임을 감안하면 더욱 그렇다.

신용사업은 중앙집권적이고 하향적인 특성이 있다. 컴퓨터화·온라인화됨에 따라이러한 성격은 더욱 강화되었다고 본다. 이에 따라 신용협동조합의 발전을 위해서는 강한 연합회가 필요하게 되었다. 실제로 강한 연합회를 가진 신용협동조합은 발전하고 그러지 못한 조합은 실패한 사례가 있다.

크레디 아그리콜과 라보뱅크가 세계적 협동조합은행으로 도약할 수 있었던 원인은 중앙조직의 강력한 역할과 기능이 뒷받침되었기 때문이라고 한다. 한편 연합회 기능이 약한 영미계통의 협동조합은행의 실패 사례도 있다. 영국의 주택금융조합(Building Societies)은 대부분 조합들이 대형은행이나 보험회사에 흡수 합병되거나 청산 후 일반은행으로 전환하였다. 미국의 저축대부조합(S&L)은 80년대 미국 금융 위기에서 서로 간의 경쟁과 자금운용 실패로 상당수 도산하였다.

일본의 회원조합(JA)들도 부실조합이 크게 늘어나자 2001년 6월 농협법 개정과 농림중금법을 개정(신용사업신법)하여 중앙조직의 기능을 강화시켰다.

협동조합은 자회사를 만들었다. 협동조합이 전통적인 협동조합 운영방식으로는 조합원의 요구에 부응하기 어려운 사업 분야에서는 자회사 제도를 도입하고 있다. 일반적으로 자회사(Subsidiary)란 어느 회사가 다른 회사의 발행주식을 2분의 1 이상 소유하고 있을 때, 또는 그에 준하는 지배력을 행사하고 있을 때, 전자를 모회사, 후자를 자회사라고 한다. 협동조합에서는 조합원의 실익을 보호하는 데 필수적이지만, 전통적인 협동조합의 자본금 확충방식이나 1인1표의 의결권 제도를 유지하는 가운데 사업자본금의 확충이 불가능한 사업 부문, 또는 조합원의 물량만으로는 시장의 경쟁에 대응하는 데 역부족인 사업 부문을 대상으로 자회사 제도를 도입하였다.

라. 지배구조의 개선

1844년 8월 11일 일요일 28명의 선구자에 의하여 제1회 총회가 열리고 마일스 에시워스(Miles Ashworth: 후란넬 직공, 차티스트, 본래 수병으로서 나폴레옹을 센트 헤레나 섬에 호송하였다 함, 54세)가 조합장으로 존 홀트(John Holt: 방직기계공, 로치데일 차티스트협회의 회계계, 연령미상)가 회계계에, 제임스 데리(James Daly: 목수, 사회주의자, 아일랜드 출신으로 순사부장의 아들, 연령미상)가 서기로 선출되었다.

이를 보면 로치데일 협동조합 초기에는 조합원 모두가 참여하는 총회가 열렸으며 임직원이래야 조합장, 회계계, 서기, 세 사람 뿐이었는데 모두가 조합원이 맡았다.

그러나 조합의 규모가 커져 조합원 수가 많아짐에 따라 조합원은 이사를 뽑고 이사회에서 조합장을 뽑는데 조합장은 이사회 의장으로서의 역할에 충실하고 경영은 전문경영자에게 맡겼다.

이러한 협동조합의 지배구조와 특성이 협력과 견제로 기업보다 경쟁력이 있다는 주장이 있다. 엔론사태와 같은 윤리의 문제는 기업 내부와 외부의 통제 시스템이 작동하지 않았기 때문이라는 것이다. 그러나 협동조합은 1인1표, 의장과 사업대표의 양두체제, 조합원이 이용자이면서 소유자로서 일상의 거래과정에서 점검과 통제, 지리적 제한으로 투명성 등으로 안정성과 통제의 측면에서 기업에 비해 우위성을 가진다고 했다. 주식회사의 주주는 1년에 한번 주주총회에서 경영자를 만나고 있는 실정을 생각해 보면 협동조합과는 차이가 있음을 알 수 있다.

마. 협동조합이 생존과 발전을 위해서 변화와 개혁을 추진해 오면서도 협동조합의 정체성은 유지하려고 끊임없이 노력해 왔음을 알 수 있다

흔히들 협동조합은 주식회사로 변질되었다고 한다. 협동조합이 자회사를 만들고 주식을 상장하는 등 일련의 조치가 나옴에 따라 그러한 비판이 나온 것이다. 그러나 곰곰이 따져보면 그렇지 않다. 협동조합의 근간조직은 조합원이 이용자인 동시에 소유자로서 통제하도록 체제를 유지해 왔다는 것이다.

크레디 아그리콜의 예를 들어 보자. 크레디 아그리콜은 중앙조직인 CNCA를 주식회사로 전환하여 CASA로 명칭 변경하고 2001년 12월 14일에 프랑스 1부시장에 주식을 상장하였다. 이에 주식상장은 협동조합의 정체성을 훼손하는 조합주의의 포기라고 비난이 있었다. 그러나 따져보면 주식 전부를 상장한 것이 아니었다. 상장한 주식은 전체의 20%였다. 나머지 10%는 전·현직 임직원이 가지고 있고 나머지 70%는 지역은행이 소유하고 있다. 크레디 아그리콜 지역은행의 조합원 550만의 62%가 농업인 조합원이다. CNCA의 CEO인 로랑은 주식상장계획은 우리들만의 조합주의에서 이제는 시장과 함께하는 조합주의로 가기 위한 것이라고 하였다.

(2) 협동조합의 전망

협동조합은 공정을 이념으로 출발하였고 경쟁력을 확보해야만 존립의 의의가 있다고 했다. 앞으로도 마찬가지라고 생각한다. 아무리 경쟁이 족진되고 시장이 완전경쟁에 가까워진다고 하지만 시장의 불완전성은 계속된다고 본다. 그 때문에 미래에도 협동조합의 필요성과 존립 의의는 상존한다.

기존의 협동조합들이 존립 발전함은 물론 육아, 건강, 환경, 인터넷 등과 관련된 협동조합이 많이 생겨날 것이라는 전망도 있다. 문제는 협동조합이 어떻게 경쟁력을 확보하느냐가 관건이다.

미국 농무부는 21세기 농협의 전망에서 21세기 협동조합의 성공전략 구상은 두 가지 주제가 중심을 이루고 있다고 했다. 첫째는 협동조합의 구성원에 대한 투자확대가 필요하다는 것이다. 조합원과 이사, 경영진과 자문위원은 21세기의 과제를 해결하기 위해 필요한 교육과 훈련을 받아야 한다는 것이다. 둘째는 실용주의와 수익성에 강조점을 두어야 한다는 것이다. 협동조합은 사업체이며 미래에도 사업에 관한 문제를 해결하고 조합원에게 가치를 제공하는 데 초점을 모아야 한다고 했다. 그렇지 않으면 조합원들이 조합을 이용하지 않고 빠져나갈 것이라고 하고 7가지 사항을 권고하였다. 그 내용은 변화의 수용, 경쟁력 있는 이사진 확보, 자기자본 토대 구축, 교육 강화, 조직효율화 방안 모색, 농정활동 강화, 협동조합의 정체성 유지이다.

2. 협동조합의 미래와 발전 과제

1) 협동조합의 변화

미래의 협동조합을 둘러싼 외부 환경은 극심한 변화가 예상되는 가운데 이러한 변화가 협동조합의 미래를 섣불리 예측할 수 없게 하고 있다. 변화는 정치·사회·문화·경제 분야 등에 나타날 것이며 특히 경제 단체로서의 협동조합은 산업화와 밀접하게 연관된다.

노동 집약적으로 생산되고 있는 농공산품의 생산은 자본집약적으로 변하고 세계화와 더불어 다국적 기업 위주로 생산 소비가 재편되면서 세계 각국의 생산과 유통을 담당하고 있는 기업들은 서로 의존적으로 변하지 않을 수 없다. WTO와 FTA의 기치 아래 모든 국가는 자국의 산업을 개편하고 지원과 규제를 늘리거나 줄인다. 그리고 건강과 수명에 대한 관심이 증폭되면서 안전한 농산물과 환경문제는 더욱 전 세계 소비자들의 지대한 관심사가 될 것이다. 한편 시시각각으로 변하는 범세계적 농공산품 생산 동향과 소비 동향은 누가 정보를 많이 가지고 있느냐에 따라 시장을 통제하고 권한을 갖게 되느냐를 결정하게 될 것이다. 그리고 소득의 증가에 따른 개인주의의 확대와 소비자의 구매 패턴의 변화는 협동조합의 미래를 더욱 불투명하게 하고 있다.

한편 협동조합 내부적으로도 많은 변화가 일 것으로 예상되는 가운데 세계 각국의 협동조합들은 더욱더 저조한 조합원 참여로 고통을 겪게 될 것이며, 협동조합의 활동과 역할을 수행함에 있어 수익성과 역동성이 저하되고 일반 사기업과의 경쟁은 더욱 극심해져 경영은 위기를 겪게 될 것이며 협동조합의 활동이나 조직 형태를 이러한 시대 요구에 맞게 재편하여야 함은 필연적이다. 이런 가운데 협동조합의 정체성 문제가 더욱 초미의 관심사가 될 것이다.

이에 따라 미래에 협동조합을 둘러싸고 있는 외부와 내부의 환경변화가 구체적으로 어떻게 변화하게 될 것이고 이러한 변화는 협동조합에 영향을 미치게 될지를 알아보고자 한다.

2) 협동조합의 미래

(1) 협동조합 외부의 변화

가. 산업 환경의 변화

미래에는 산업 부문이 전반적으로 세계화와 네트워크, 집중화의 구조 변화가 계속 진행될 것이며 특히 생명공학과 전자공학 그리고 수송·저장 및 정보 관련 기술의 발달로 고도의 하이테크 산업이 발전하게 될 것이다. 세계화는 급속한 기술 진보로 사회·경제적 측면의 변화가 양적·질적으로 엄청나게 증가하는 사실로 나타난다. 국가와 같은 경계가 사라지는 가운데 재화와 인력의 이동, 문화적 혼합과 같은 변화가 활발해진다. 다국적 기업들은 본부와 독립적으로 운영되고 있는 종전의 자회사 운영 방식에서 벗어나 규모의 경제를 획득하고 무역장벽을 타파하면서 비용 격차를 줄이기 위해 자회사 간 네트워크를 더욱 발전시킬 것이다. 즉, 다국적 기업(multinational company) 형태에서 세계적 기업(global company)의 형태로 조직을 혁신시키고 있다.

한편 협동조합늘은 이러한 산업 발전에 따라 새로운 생산품의 개발과 시장 구조의 변화에 대응하면서 변천해 간다. 하이테크 산업화는 전통적으로 시장에서 중요한 기능을 담당해 왔던 협동조합의 역할을 없애거나 줄어들게 할 가능성이 많다. 예를 들어 농업의 경우 기술이 발달하면서 농업생산의 미래에 대한 예측이 가능해지고 불확실성이 감소되면서 농업인들은 생산, 가공 및 자재 공급의 사업을 영위하는 데 협동을 수행할 제도적 필요성이 감소한다. 그 결과 가족농에 기초하는 농업 생산과 농업협동조합 모두가 쇠퇴하게 될 것으로 예측된다. 또한 농업 부문의 경우, 농업을 더 이상 전업으로 하지 않는 농가가 증가할 것이다. 일정 기간만 농업에 종사하는 경우나 비농업 분야로의 취업이 늘어남에 따라 농업인들이 인식하는 협동조합에 참여했을 때의 기회비용이 더욱 증가하게 되고 이러한 농업인들의 인식 변화는 협동조합에 대한 조합원들의 참여를 감소시키게 된다. 이에 따라 자격 미달의 지도자가 선출되거나 협동조합의 발달이 저해되는 사례가 늘게 될 것으로 예상된다.

나. 정부의 변화

정부의 역할이 변화함으로써 모든 경제 부문에서도 사회·경제적 환경이 변화함은 필연적이다. 정부는 이에 따라 산업 분야에 대해 지원과 규제를 달리하고 어떤 분야에서는 이를 더욱 늘리는 반면 어떤 분야에서는 이를 점차 제거시켜 나가게 될 것이다.

세계 거의 모든 국가가 WTO 체제하에 편입되면서 국제화와 시장 자율 경제체제로의 압박은 각국 정부로 하여금 개입을 줄이게 한다. 이런 분야에 있어서는 자원의 분배 기구인 '시장'에 의해 변화가 유발된다. 이러한 정부 개입의 감소에 따라 협동조합에 대한 탈규제적인 환경이 조성될 것이다. 그리고 이러한 환경의 변화는 협동조합으로 하여금 기회와 도전을 제공하게 될 것으로 예상된다.

즉, 과거 정부에 의해 제공되었던 서비스를 협동조합이 제공할 수도 있게 되며, 조합원들이 시장경제 체제하에서 그들의 대항력을 높이기 위해 협동조합을 통한 협력의 필요성이 증대되기도 할 것이다. 이에 반해 협동조합에 불리하게 작용할 수도 있는데 특히 협동조합의 중요한 역량이었던 정치적 힘이 상실될 수도 있으며, 정부의 지원이 감소됨에 따라 협동조합이 조합원의 지도 사업에 필요한 자금의 조달이 더욱 어려워질 수도 있다.

한편 정부는 다른 측면에서 개입을 늘려 가기도 하는데 환경, 식품건강, 안전에 대한 규제가 바로 그것이다. 수많은 국가들은 집약적인 가축 사육 규모 및 지역, 생산물 검사와 허가 등에 대한 규제를 강화함으로써 환경과 식품안전에 내해 증가하는 소비자들의 관심에 화답할 것이다.

다. 소비자의 변화
㉠ 개인주의의 만연

개인주의 개념은 배타적인 것, 홀로 남는 것, 자유를 갖는 것들로 묘사된다. 따라서 자유주의는 협동과 어울리지 않는다. 이러한 개인주의가 사회에서 가장 중요한 가치로 등장하고 확산되는 추세에 따라 협동이라는 단어가 사라지고 함께 일하고 살아가는 사람들이 부족하게 되면서 조합원들이 협동조합을 설립하고 참여하고자 하는 관심이 더욱 줄어들 것으로 예상된다. 조합원들은 협동조합이 소유주이자 이용자인 조합원들에게 이익을 제공할 수 없다고 믿는다.

협동조합들은 이러한 경향에 대비하기 위한 대응책으로 전통적인 이용자 개념의 조합원 대신에 투자자 개념의 조합원을 대상으로 광범위한 사업 방식을 채택하려는 경향이 더욱 심화될 것이다. 실제로 미국과 캐나다 등 선진 국가에서는 지난 10~15년간 협동조합들이 투자자소유 기업으로 전환하는 사례가 빈번하게 발생하였으며 거래 가능한 주식을 발행하고 있는 협동조합도 발생하고 있다. 이 경우 협동조합의 공익적 기능은 유지되기가 어렵다. 이름만 협동조합이지 투자자소유기업과 별로 다를 것이 없는 협동조합이 설립되는 것은 장기적으로 전망이 불투명하다.

투자자소유기업의 경우 자본의 소유주가 잔여청구권자이고 사업을 이용하는 사람들에게는 이익이 제공되지 않는다. 더욱 중요한 점은 자본의 소유가 거래될 수 있다는 것이다. 거래가 가능하다는 것은 특정 자산에 대한 어떤 사람의 소유가 다른 사람의 소유를 제한하거나 배제시킬 수 있다는 것을 뜻한다. 이에 반해 협동조합의 자산이 조합원에 의해 공동으로 소유되며 거래가 불가능하다.

ⓛ 고품질 상품 선호

대중매체, 이민 그리고 여행을 통한 세계의 다른 문화의 혼합은 환경 윤리와 건강에 대한 관심 등과 결합하면서 새로운 소비자 기호를 만들어 낸다. 그 결과 나양한 상품들에 대한 요구가 나타난다. 그리고 생활수준이 향상됨에 따라 점점 더 많은 소비자들이 양보다는 질에 중점을 두는 방향으로 상품 구매의 패턴을 바꿀 것이다.

ⓒ 건강과 안전성 추구

범세계적으로 환경문제가 인류의 생존을 보장하고 지속 가능한 발전을 이룩하기 위해 초미의 관심사가 되고 이에 따라 세계 각국의 환경 정책은 더욱 변화가 심화될 것이다. 주요 선진국의 환경 정책은 각국이 처하고 있는 환경오염의 발생 원인을 감소시켜 지속적인 산업 발전 기반을 유지시키기 위한 정책적 방안을 강구하는 데에서 등장한다.

이와 아울러 WTO와 FTA 체제 아래서 농산물 수출입이 자유화되면서 수출입 농산물의 안전성에 대한 문제가 더욱 적극적으로 제기될 것이다. 유전자 변형 식품과 값싼 수입 농산물의 안전성에 대한 수출입 분쟁, 수송 과정에서 발생하는 부패를 막기 위한 농약의 살포, 농약 잔류 기간이 아주 긴 고독성·맹독성 농약의 사용 등 소비자들의 불안이 날로 고조될 것이다.

이와 같은 불안을 해소하기 위해서 앞으로는 구미 선진국 정부뿐 아니라 개발도상국들도 환경농정을 축으로 한 정책을 수립 시행하지 않을 수 없으며 소비자의 관심도 이에 집중되어 많은 소비자 단체가 조직적으로 국민의 안전한 먹거리 확보에 앞장설 것이다. 협동조합도 식품의 안전성 확보와 환경 보전 면에서의 역할이 더욱 중차대해짐에 따라 우수 농산물의 생산 및 유통에 적극 참여해야만 할 것이다.

(2) 협동조합 내부의 변화

현대 경제 발전에서 협동조합에 대한 역할을 논할 때 일부에서는 밝은 면만을 보려는 낙천주의자가 있는 반면 어두운 면만을 보려고 하는 일부 비관주의자도 있다. 그러나 협동조합은 지금까지 대체로 부정적인 이미지 때문에 어려움을 겪고 있는 것이 사실이다. 협동조합이라는 용어에 대해 많은 혼란이 있을 뿐만 아니라 오해와 무지가 존재하고 있는 것이 현실이기 때문이다. 따라서 미래에는 이러한 오해와 무지를 어떻게 바로잡느냐가 협동조합의 미래를 결정하는 관건이 될 것이다.

ICA가 이러한 오해와 잘못된 관념을 바로잡기 위해서 새로운 협동조합 본질에 관한 선언을 채택하고 이를 협동조합의 지침 또는 가이드라인으로 삼고 있으나 미래 협동조합운동의 확산을 위해서는 더욱 많은 노력이 필요하다. 그리고 국가가 통제하는 협동조합으로부터 정치 도구화한 협동조합, 상업화한 협동조합에 이르기까지 모든 종류의 협동조합으로부터 얻은 경험을 충분히 활용하여야 한다.

그리고 국제사회의 영향력 있는 지도층도 협동조합의 부정적 이미지의 개선을 위해 노력을 기울여야 할 것이다. 국제연합 사무총장의 사례는 협동조합의 발전에 귀감이 되고 있다. 그는 협동조합의 개념 및 자율적인 협동조합과 정부 간의 보완관계에 대한 명확한 견해를 피력하고 1994년 유엔 총회에 제출한 '새로운 사회 경제적 환경에서의 협동조합의 지위와 역할'이라는 보고서에서 다음과 같이 밝히고 있는데 이는 협동조합 존재 그 자체가 정부나 시민사회가 지향하는 목표의 실현에 공헌하는 것이며, 협동조합과 정부 간의 모든 단계별 협력은 사회적 부존자원을 효율적으로 동원하고 배분하는 중요한 수단이 될 수 있음을 더욱 강조한 언급이다.

> '협동조합기업(cooperative enterprises)은 많은 인류가 이를 통하여 생산적인 고용을 창출하고 가난을 극복하며 사회적인 통합을 이루어 낼 수 있는 조직적인 수단을 공급하고 있다. 협동조합은 효율적으로 구성원의 이익을 추구하고 그들의 문제를 해결함으로써 정부의 이에 대한 압력을 완화시키고 있으며 동시에 상당 수준의 공공재를 창출하고 있다.'

한편 조합원은 모든 협동조합운동에서 중심에 위치하여야 할 것이다. 그리고 그들의 권리이자 의무인 사업이용에 적극적으로 참여하여야 한다. 왜냐하면 협동조합은 조합원들의 사업 참여를 전제로 하여 존재하기 때문이다. 실제로 조합에 가입은 하고 있으나 조합 사업을 이용하지 않는 조합원은 죽은 조합원(dead member) 혹은 휴면 조합원(idle member or sleeping member)이라고 일컬으며 이들을 적극적으로 사업에 참여케 하는 것이 주요한 과제이다.

이와 아울러 협동조합의 발전을 가로막는 잘못되고 위험한 관행은 과감히 없애야 한다. 즉, 정부의 과도한 규제 및 과보호, 그리고 과도한 육성책, 협동조합을 단순히 자금 또는 재화의 전달 경로로 이용하는 사례, 합병과 집중화에 의한 과도한 규모 확대 등 비록 이러한 조치가 협동조합의 지원 또는 강화를 위해 한때 도입된 것이라 할지라도 영원히 계속될 수는 없다. 1990년 시드니에서 열린 협동조합장관회의는 '자립적인 협동조합운동에 의해 형성된 협동조합의 가치를 강화하는 데 우선권이 두어져야 한다'고 결론지었다.

최근 카트만두의 협동조합 훈련 센터가 발간한 연구보고서는 협동조합이 잘못되는 이유를 밝히고 동시에 협동조합이 성공하기 위해서는 협동조합이 무엇을 하여야 하는가를 시사한다. 이에 따르면 협동조합의 실패 요인으로서는

① 협동조합이 조합원의 참여를 독려하고 동원하는 데 게을리하고
② 비조합원에 대한 차별을 없앰으로써 무임승차자(free-rider)를 늘리고 조합원제도의 가치를 격하시켰으며
③ 협동조합의 서비스를 일반 상업적 기업의 서비스와 차별화시키지 않았다는 점 등을 들고 있다.

그리고 이와 같은 오류를 범하기 않기 위해서는 자조의 정신이 모든 조직 내에서 폭넓게 받아들여져야 한다고 주장하고 있다. 사람들은 그들이 당면한 문제를 혼자서 해결하는 것보다 다른 사람들과 협력하여 해결하는 것이 효과적이라고 생각할 때 협동조합을 설립하는 데 참여한다. 그리고 협동조합을 통하여 그들의 기대가 충족되고 그들의 필요가 실제로 실현되면 사람들은 참여도를 더욱 높이게 된다. 이제까지 방관자였던 사람들도 협동조합 가입을 통하여 이익을 얻을 수 있다는 판단이 설 때 이에 참여하게 된다.

결론적으로 과거로부터의 교훈, 그리고 성공한 협동조합의 경험이 말해 주는 것은 협동조합이 조합원의 욕구를 충족시켜 주지 못하면 장기적으로 성공할 수 없다. 협동조합의 사업이 조합원과 유리될 때, 협동조합의 문을 닫게 되고 보통 흔히 볼 수 있는 사기업과 같은 형태로 바뀌게 되는 것이다.

3) 협동조합의 발전 과제

일찍이 레이들로(A. F. Laidlaw)는 '협동조합의 진정한 목적은 무엇인가'라는 문제

를 제시하고 21세기 사회에서 협동조합이 수행해야 할 역할과 여러 가지 곤란과 위기를 헤쳐 나가면서 협동조합이 걸어가야 할 길, 즉 그 과제를 다음과 같이 제시한 바 있다.

㉠ 식량 문제에 대한 도전과 기아의 극복

협동조합의 거의 모든 나라에 걸쳐 식량의 생산과 가공·유통·소비 분야에서 가장 큰 성공을 거두고 있다. 또한 이 분야에 가장 큰 능력과 경험을 갖고 있다. 따라서 첫째, 모든 협동조합은 생산자와 소비자 간의 거리를 단축시키는 데 선도적인 역할을 담당해야 한다. 둘째로는 농업협동조합과 소비자협동조합은 도시화에 따른 농경지의 보호로부터 장기 식품 수급 계획에 이르기까지의 종합적인 식품 정책을 개발해야 하고, 셋째로 세계의 모든 협동조합은 제3세계의 소농지지계획을 마련하는 데도 최우선적으로 역점을 두어야 한다. 그리고 마지막으로 협동조합이 인류에 공헌하는 길은 바로 식량을 안정적으로 공급하고 기아를 해소하는 데 있다고 지적하고 있다.

㉡ 인간적이고 의미 있는 일자리의 마련

협동조합이 앞으로 담당해야 할 또 하나의 주요한 사명은 고용 기회를 대량 창출하여 실업을 줄이는 일이다. 노동자가 소유자이자 고용자인 노동자생산협동조합 또는 노동자협동조합 개념의 새로운 도입과 부활, 그 성장·발전의 촉진으로 실업을 크게 줄일 수 있다.

또한 노동자협동조합이 대규모화하게 되면, 협동조합이 새로운 산업혁명을 주도하게 될 것으로 내다보고 있다. 노동자협동조합은 지금까지의 자본에 대한 노동의 종속관계를 노동이 자본을 고용하는 관계로 바꾸어 놓을 수 있다는 것이다.

㉢ 탈낭비사회를 향한 협동 구조의 재구축

협동조합이 담당해야 할 또 하나의 사명으로 사회보호자로서의 역할을 지적할 수 있다. 소비협동조합은 앞으로 '소비자는 왕이다' 하는 개념과 가정을 재평가해야 한다. 소비자를 위한 관심이 지나쳐 과시 소비 또는 자원의 낭비마저 만족시킨다면 소비협동조합은 존립 의의를 상실하게 될 것이다.

소비협동조합의 목표는 근검·절약에 두어야 하며 사회의 낭비와 과시 풍조를 없애는 데 중점적인 노력을 기울여야 한다. 대량 판매에 역점을 두는 풍요한 사회의 협동조합이 아니라 건전한 사회의 협동조합으로서, 소비가 바람직하지 못하거나 불량상품인 경우 그 판매를 거부하는 사회 재건의 핵으로서의 역할을 담당해야 한다.

㉣ 협동조합 지역사회의 건설

협동조합이 앞으로 선택해야 할 또 하나의 주요한 과제는 도시 지역에 도시민을 대상으로 일본의 종합농협과 유사한 종합협동조합을 건설하는 일이다.

앞으로 50% 이상의 인류가 모여 살게 될 도시의 사회심리학적인 특징은 '고독과 소외의 바다'라는 점이다. 이들 도시민에게 공동체적인 상호연대의식을 갖도록 하기 위해서는 조합협동조합이 설립되어야 한다. 예금과 대출에서부터 생필품의 공급, 의료 사업의 실시, 주택 건설에 이르기까지 전통적인 협동조합 사업과 아울러, 가전제품 수리, 이용원, 미장원, 구두 수선, 세탁 등의 각종 서비스 사업과 더 나아가서는 취미, 예능 센터, 화랑, 음악실, 협동조합 문고 등 각종 문화 활동의 영역에까지 사업 활동을 확대할 수 있다. 이러한 종합협동조합의 발전으로 협동조합은 사회 개혁의 도구로서의 역할 담당이 가능하다.

사실 인류의 미래를 정확히 예측한다는 것은 매우 어렵고, 특히 협동조합을 둘러싼 여러 환경의 변화는 실로 앞날이 불투명하여 협동조합을 연구하는 학자들은 위기의식에 봉착해 있다. 이에 따라 많은 협동조합들이 각국이 처한 위치에 따라 생기를 잃고 사면초가의 상태에 처한 경우가 더욱 빈번할 것이다. 즉, 정부는 더 이상 협동조합을 육성 지원하려고 하지 않으며, 일반 사기업은 경쟁 대상인 협동조합이 더 이상의 특혜를 누리는 것을 못마땅하게 볼 것이다. 경영 실적에 집착하는 협동조합과 그 자회사들은 편법과 탈법을 통하여 돈벌이에 나서는 유혹을 떨쳐 버리지 못할 것이며 이런 사례는 사회적인 문제를 야기하고 소비자들은 더욱 협동조합을 외면할 것이다.

이와 같은 미래 협동조합을 둘러싼 내·외부의 환경 변화 아래 협동조합이 더욱더 협동조합다워지고 더 큰 발전을 이룩하기 위한 과제로 크게 네 가지 관점에서 살펴보고자 한다.

첫째는 협동조합 기본 이념을 재확립하고 이를 실천하여야 하며, 둘째는 산업화에 따른 부가가치의 획득에 대한 시스템을 구축하는 것이 필요하고, 셋째로는 국가 경제의 중요한 한 축으로서 책임 의식의 확립이 필요하며, 넷째로는 조직의 변화와 개혁에 힘을 쏟아야 할 것이다.

(1) 협동조합 기본 이념의 재확립과 실천

공동의 과제를 해결하기 위하여 다른 사람들과 협력하는 것은 인간의 본성 중의 하나이다. 자조, 자기 책임성, 평등과 단합과 같은 협동조합의 가치는 정직, 관대, 사회적 책임 및 타인에 대한 관심과 같은 윤리적 가치와 마찬가지로 매우 보편적인 것이다. 협동조합의 본질에 관한 선언에 언급되어 있는 평등과 민주도 이와 같은 보편적 가치에 포함된다 하겠다. 따라서 이와 같이 보편적 가치를 추구하는 협동조합은 미래에도 여전히 중요한 역할을 수행할 것으로 기대된다.

이와 같이 사회적·도덕적 가치를 따지는 전통적인 협동조합 이론과 함께 경제학계에서 협동조합에 대한 관심이 높아지면서 협동조합의 경제적인 경쟁력을 강조하는 연구가 더욱 필요하다. 많은 학자들은 협동조합은 주식회사 등 사기업에 비해 취약하다는 데 동의하고 있다. 즉, 협동조합은 다수의 조합원이 주인임에 따라 소유 의식이 희박하여 무임승차자 문제와 함께 장기적인 안목으로 조직을 키우고 발전시키는 노력이 부족하기 때문이다. 따라서 먼 미래까지 지속 가능하고 더욱 발전된 협동조합의 앞날을 위해서는 운동체적인 면도 중요하지만 사업체적 측면을 고려하지 않을 수 없다.

협동조합 이념은 협동조합을 다른 사업이나 조직들과 구별하는 수단이다. 협동조합이 과연 사업체적인 성격인가, 운동체적인 성격인가 하는 논란은 협동조합의 이념이 명확지 못한 데서 비롯된다. 협동조합운동이란 좁은 의미에서 조합원의 경제적·사회적 지위 향상을 목적으로 하지만 보다 넓게 보면 자본주의 경제 체제의 모순을 극복하기 위한 사회개량 운동의 일종으로 볼 수 있다. 이는 사업과 운동을 통해 실현될 수밖에 없어 협동조합운동을 어느 하나로 명확히 단정하여 구분 설명하기가 쉽지 않다. 자본주의가 고도로 발달하면서 협동조합의 사업 활동이 일반 사기업의 그것과 경쟁이 불가피해지면서 운동체로서보다는 경영체로서의 협동조합을 강조해 옴으로써 지나치게 효율성만을 추구하는 경영주의에 빠져 협동조합 자체의 본질을 잃고 있지 않느냐는 지적은 새겨들어야만 한다. 1995년에 ICA가 공표한 협동조합의 정의에서 처음으로 협동조합을 사업체(cooperative enterprises)로 규정하여 협동조합이 사업체로서 경쟁력을 가지고 조합원에게 실익을 제공해야 한다는 점을 강조한 것은 특정 계층의 이익을 위해서는 막연히 운동성만을 가지고는 어렵다는 현실적인 한계를 인정한 결과라고 해석된다.

사업 경영만을 일방적으로 강조하기보다는 조합원에 대해, 그리고 공동으로 소유되고 관리되는 사업의 지원을 똑같이 중시하는 방향으로 나아가야만 협동조합의 독특한 장점을 살릴 수 있다. 그리고 이를 통해서만 협동조합이 일반 사기업이나 회사 형태로 변질되는 추세를 막을 수 있을 것이다. 다시 말한다면 협동조합의 이념 중에서도 가장 중요한 것은 상부상조하는 협동 이념인데 협동조합의 이념이 전체 조합원 간에 명확하게 공유되어 있을 경우에는 협동조합운동이 조합원의 적극적 참여를 불러일으켜 활발하게 전개되겠지만, 반대로 그 이념이 조합원들에게 공유되지 못할 경우에는 협동조합운동이 침체될 수밖에 없다.

(2) 부가가치 창출

협동조합은 조합원들에게 있어 좀 더 집중화되고 세계화되는 경제 환경 속에서 살아남기 위해 선택할 수 있는 몇 개 안 되는 대안 중의 하나이다. 이러한 사실은 구미 선진 농업국가에서 농산물의 부가가치 향상을 목적으로 한 판매협동조합의 발생 증가로 나타나고 있다. 농장의 범위를 벗어난 영역까지 진출한 농업협동조합은 농업 분야에서 수직적 통합의 역할을 수행하여야 한다. 협동조합은 거래 단계를 축소시키고 이로 인해 유통마진을 줄일 수 있다. 특히 농업인들은 개별적으로 생산규모를 확보할 수 없으므로 수직적 통합의 방안으로 협동조합을 통한 협동이 반드시 필요하다. 농업인들은 협동조합을 통해 수직적 통합을 달성함으로써 더 많은 경제적 이익을 획득하고, 일반 사기업의 가공업자에 대한 대항력을 증진시키는 한편 거기서 창출된 이윤을 통해 조합원들의 지위를 향상시키는 데 기여한다.

이와 같이 농산물 가공 등의 분야로 진출하여 더 많은 이익을 창출하기 위한 협동조합으로 신세대 협동조합이 출현하였다. 이 조합은 농업인들로 하여금 소비자의 기호를 파악하고 이에 맞추어 생산에 종사하도록 하는 데도 많은 기여를 한다. 그리고 농업인들이 자기가 생산한 농산물의 유통 과정에서 창출되는 유통 이익 가운데 더 많은 부분을 차지하게 되는 것은 그들로 하여금 계속해서 농업에 종사할 수 있게 하고 거대 기업과의 경쟁에서도 살아남을 수 있는 기회를 가지게 되었다는 의미를 갖는다. 특히 이러한 전략이 농업 분야에서 더욱 중요한 것은 농업 분야에 대한 정부의 지원이 점차 감소하고 있기 때문이다.

(3) 사회에 대한 책임 의식의 확립

모든 조직은 사회적인 관점에서 적어도 세 가지의 목적을 갖고 있다. 첫째는 이윤을 창출하는 것이고, 둘째는 서비스를 제공하는 것이며, 셋째는 이념을 현실화시키는 것이다. 이러한 목적들이 어떻게 조화를 이루고, 어떤 목적이 지배적인 위치를 차지하느냐는 조직들 간에 또는 조직 내부에서도 매우 다양하게 나타난다. 이러한 목적의 다양성은 협동조합의 경우에서도 나타나며 이 때문에 협동조합의 이론과 현실에 있어서 상호모순 또는 갈등이 초래되기도 한다.

그러나 협동조합의 진정한 역할은 단체의 힘을 빌려 단순히 조합원만의 경제적인 이익을 극대화하는 것에 그치지 않는다. 협동조합은 조합원들을 위해 경제적인 효율성을 달성함으로써 이익을 환원하는 것 이상으로 소비자에게도 혜택이 돌아가도록 힘쓰고 지역사회 그리고 국가 경제의 균형적인 발전을 위해서도 노력하여야 한다. 협동조합이란 조직의 본래의 성격으로 인해 조합원뿐만 아니라 더 큰 단위의 사회를 위한 공공재로 간주되기 때문이다.

우리 농협법이 제1조에서 그 목적으로 '농업인의 자주적인 협동조직을 바탕으로 농업인의 경제적·사회적·문화적 지위의 향상과 농업의 경쟁력 강화를 통하여 농업인의 삶의 질을 높이고 국민 경제의 균형 있는 발전에 이바지함을 목적으로 한다'고 밝히고 있음은 이를 단적으로 나타내고 있다.

초기의 협동조합들은 규모도 작고, 지역 단위별로 조합원들에게 단순한 서비스만을 제공하는 기능을 수행하였다. 그러나 비록 규모는 작다 하더라도 골리앗과 같은 독점기업에 맞서 그 기업이 함부로 힘을 남용하지 못하도록 견제하는 역할을 충분히 수행하였다. 이러한 역할은 지금도 계속되어 많은 분야에서 시장을 경쟁적으로 만들고 있으며 독점기업의 횡포를 훌륭하게 수호하고 있다.

일부의 협동조합운동가들은 협동조합이 규모를 키워 시장에서 영향력을 확대하기를 바라고 더 나아가서는 독점적 위치를 확보할 때까지 확대가 계속되어야 한다고 한다. 그들은 협동조합의 이익이 조합원들에게 골고루 분배될 뿐만 아니다 일인일표

주의에 의해 민주적으로 통제되고 있기 때문에 협동조합에 의한 독과점 행위는 민주적인 방식이라고 정당화한다. 그러나 이러한 독점은 아무리 조합원들에게 더욱 큰 만족을 주고 있다고 하더라도 지역 경제와 국민 경제 전체적으로 볼 때 일반 사기업의 독점과 하등 다를 것이 없다. 따라서 이러한 사고방식은 지양되어야 마땅하다.

(4) 조직의 변화와 개혁

협동조합도 다른 경제 조직과 마찬가지로 주위 환경에 민감하게 반응할 뿐 아니라 협동조합 간 경쟁을 서로 피하는 동시에 협동을 통하여 조합원에게 최대한의 수익과 도움을 주기 위한 방편으로 내·외부의 구조 변화를 수용하고 발전과 생존을 위해 노력한다. 이를 위한 대표적 방안으로 조합의 규모화와 자회사제도의 도입, 새로운 협동조합 신설 등을 들 수 있다.

가. 규모화

협동조합의 정상적인 자본의 집적(capital concentration)에 의한 내적 확장(internal expansion)과 아울러, 협동조합이 외형을 키우기 위한 전략(external expansion)으로써 합병(merger), 신설합병(consolidation), 그리고 인수합병(aquisition)을 하기도 하고 다기능 협동조합(multi-cooperative organizations)으로 업무영역을 확대하는 경우도 있으며, 기존의 합병이나 제휴 관계를 청산할 수도 있다. 내부를 구조 조정하는 전략으로서는 집중형 형태 조합과 연합형 형태 조합 사이의 전환(conversion between centralized and federated structure), 자회사(subsidiaries) 그리고 기업 형태 전환(conversion of corporate form)을 실시한다. 이러한 반면 경영체로서 적합하지 않거나 회생 가능성이 없는 협동조합은 과감하게 청산(liquidation)해야 할 것이다. 이렇게 미래의 새로운 환경에 적응하는 협동조합은 살아남고 발전하지만 적응하지 못하면 소멸하고 협동조합과는 다른 새로운 경제 조직이 탄생할 수도 있다.

실제로 오늘날 유럽의 경우 협동조합은 거대한 수직적 통합을 이룩하여 북구 유럽의 경우는 60% 이상의 농산물이 협동조합을 통해 판매되고 있으며 서부 유럽의 경우는 25% 이상에 달한다. 이에 반해 미국에서는 단지 5% 미만의 소비자 식품 구매가 협동조합을 통해서 이루어지고 있을 뿐이다. 이에 따라 미국의 협동조합들은 최근 성장 추진 전략으로써 제휴 관계를 특히 주목하고, 큰 규모, 강력한 수직·수평적 통합을 추구하는 유럽 협동조합의 모델을 적극적이며 공격적으로 따르려고 하고 있다. 한편 이러한 미국의 경향을 뒷받침하기 위한 조사로써 제휴 관계를 수립하고 있는 협동조합을 대상으로 하여 구조 변화를 초래하는 내·외적 요인을 조사해본 결과, 조합원 수의 감소, 비용의 증가, 농업의 산업화, 경쟁의 격화, 그리고 이익의 감소를 순차적으로 들고 있다. 그리고 구조 개혁의 성공 요인으로서는 신뢰, 의사소통, 공약, 그리고 함께 일하게 된 경영자를 팀원으로 여기는 것을 들고 있다.

나. 자회사(subsidiary) 제도

협동조합이 전통적인 협동조합 운영 방식으로는 조합원의 요구에 부응하기 어려운 분야에서는 자회사를 도입하여야 한다. 일반적으로 자회사란 어느 회사가 다른 회사의 발행 주식을 2분의 1 이상 소유하고 있을 때, 또는 그에 준하는 지배력을 행사하고 있을 때, 전자를 모회사, 후자를 자회사라고 한다. 협동조합에서는 조합원의 실익을 보호하는 데 필수적이기는 하나 전통적인 협동조합의 자본금 확충 방식이나 일인일표의 의결권 제도를 유지하면서 자본금의 확충이 불가능한 사업 부문, 또는 조합원의 물량만으로는 시장의 경쟁에 대응하는 데 역부족인 사업 부문 등을 대상으로 하여 자회사 제도를 도입하여야 할 것이다.

다. 새로운 형태의 협동조합

미래에 나타나게 될 고부가가치 상품의 개발과 소비자 직판 그리고 세계적 시장을 겨냥해서 새로운 협동조합 모델이 개발될 것이다. 그리고 협동조합이 미래에도 계속해서 해결을 모색하고자 노력하는 사항 중의 하나는 무임 승차자 문제(free rider problem)가 될 것이다. 이 문제는 협동조합의 사업과 활동에 참여는 하지 않으면서 협동조합이 달성한 성과는 얻으려고 하는 조합원들의 행동을 일컫고 있다. 신세대 협동조합은 이러한 문제를 극복하고 조합원에게 더 큰 혜택이 주어지도록 하기 위한 새로운 형태의 협동조합이다. 신세대 협동조합은 조합원 수를 제한하였을 뿐 아니라 출하 물량에 비례하여 출하권을 구입하도록 함으로써 조합에 대한 출자를 유도한다. 이에 따라 조합을 이용하는 양과 조합에 투자하는 규모가 서로 밀접하게 연계된다. 거래 가능한 출하권은 일부 조합원들의 기회주의적인 행동 가능성을 극복하는 데 기여한다. 이렇게 신세대 협동조합은 전통적 협동조합이 줄곧 겪어 왔던 문제를 해결할 수 있다.

이와 함께 캐나다와 미국의 경우 법 제정을 통하여 다수의 이해관계자가 연대하여 참여할 수 있는 다자 연대 협동조합(multi-stakeholder cooperatives)을 범정부 차원에서 지원하고 있다. 농업 생산자와 소비자 그리고 협동조합의 임직원으로 근무하는 노동자들이 모두 조합원 위주로 구성되어 자신들뿐 아니라 지역 주민의 공동 이익을 추구함으로써 미래의 어려움을 극복할 수 있는 협동조합의 한 모델이다.

이 밖에도 주로 유럽지역에서 발생하기 시작한 공개 제한 자회사(public limited subsidiary, PLC)와 같은 협동조합 기업(cooperative firm)은 협동조합과 일반 사기업의 장점을 접목시킨 모델이며 미래에 협동조합이 생각지 않을 수 없는 진로의 하나이다.

Chapter 06

농협운동의 방향과 과제

1. 외국 농업협동조합의 전망

1) 미국[13]

30여 년 전 Helmberger는 농업의 산업화가 농업협동조합의 붕괴를 초래할 것이라고 예측하였다(Helmberger, 1966, p.1,434). 반면, Abrahamsen은 Helmberger의 견해를 반박하면서, 농업이 산업화됨에 따라 협동조합이 점차 "농업인의 통합기구"(farmer's integrating agency)로 자리 잡을 것이라고 주장하였다(Abrahamsen, p.1,442). 나는 이 논문을 통해 이와 같이 서로 다른 두 가지 견해에 대해 살펴보고자 한다. 이를 위해 첫째, Helmberger와 Abrahamsen(H&A)이 예상했던 시점 이후 미국 농업협동조합의 구조적·전략적 변화에 대해 간략히 살펴보고 둘째, 최근에 논의되고 있는 신제도학파의 경제이론을 통해 미국 농업협동조합의 구조적·전략적 변화를 설명할 수 있는 가설을 만들 것이며 셋째, 생산자에 의해 소유되고 통제되는 농업협동조합의 미래가 과연 어떻게 될 것인가를 예측하기 위해 신제도학파 경제학을 더 깊게 적용하여 보기로 한다.

(1) 미국 농업협동조합의 변천

대부분의 미국 농협들은 농업구조와 경제적·정책적 배경에 의해 1900년대 초 설

---

13) 이 글은 Michael L. Cook(미국 미주리 주립대학) 교수가 미국농업경제학회지(American Journal of Agricultural Economics 77)에 발표한 "The Future of U.S. Agricultural Cooperaives: A Neo-Institutional Approach"를 '농협경제연구소'에서 번역한 것임.

립되었다. 그리고 지난 40여 년 동안 미국의 농협들은 더디지만 지속적으로 영농자
재 공급과 농산물 판매, 서비스 공급 등의 사업에서 시장점유율을 확대하여 왔다.
H&A가 협동조합의 미래에 대해 전망하던 시기에는 협동소합의 시장점유율이 전체
농산물 판매의 24%, 영농자재 공급의 15%를 차지할 정도로 성장해 있었다(<표
6-1>).

H&A가 협동조합의 미래에 대해 전망한 시기로부터 약 20여 년 동안 협동조합의
판매사업과 구매사업의 시장점유율은 1982년에 각각 30%와 28%를 차지할 때까지
계속해서 증가하였다. 반면, 그 이후에는 농업이 침체됨에 따라 시장점유율이 감소
세로 반전되었으며, 1987∼1988년 기간에는 판매사업과 구매사업의 시장점유율 모
두 25%로 하락하였다. 그러나 이 시기를 기점으로 하여 협동조합의 시장점유율은
다시 증가하기 시작하여 1993년에는 1982년 수준을 회복하였다.

농산물의 품목별 시장점유율 변화를 살펴보면 협동조합의 구조적 변화에 대한 더
많은 정보를 얻을 수 있다. 협동조합의 시장점유율은 가축시장의 10%에서부터 우유
시장의 85%에 이르기까지 품목에 따라 매우 다양하다. 지난 40여 년 동안 협동조합
의 가축시장 점유율은 조금씩 감소하였으며, 과일과 채소는 변동이 적었고, 곡물과
유지종자는 조금씩 증가하였으며, 우유와 면화시장 점유율은 현저히 증가하였다.

<표 6-1>은 1951년부터 1993년까지 협동조합 구매사업의 시장점유율을 보여 준
다. 종자판매의 시장점유율은 감소하였고, 사료시장 점유율은 변동이 적었으며, 농
약과 석유, 비료시장 점유율은 현저히 증가하였다.

이상 살펴본 협동조합의 시장점유율 변화는 협동조합이 자본집약적 산업인 가축
가공사업과 R&D 산업인 종자사업을 제외하고는, 농장수준과 유통의 초기단계에서
Abrahamsen이 지적한 대로 "농업인의 통합기구"로서의 역할을 증대시켜 나갔음을
말해 주고 있다.

<표 6-1> 미국 농협 판매사업과 구매사업 시장점유율(1951∼1993)

(단위: %)

구 분	1951	1961	1971	1982	1988	1993
판매사업	19	24	26	30	25	30
구매사업	24	14	16	28	25	28

자료: USDA-ACS, Farmer Cooperatives; Cooperative Historical Statistics, Cir. 1, and USDA-ACS Research Report 37.

<표 6-2> 미국 농협의 농산물 품목별 시장점유율(1951~93)

(단위: %)

구 분	1951	1961	1971	1982	1988	1993
우 유	46	58	70	77	76	85
면화제품	10	19	25	36	41	35
곡물, 유지종자	35	33	34	36	30	42
과일, 채소	20	22	25	20	24	21
가축	13	13	11	11	7	10

<표 6-3> 미국 농협 구매사업 시장점유율

(단위: %)

구 분	1951	1961	1971	1982	1988	1993
비 료	16	26	30	42	40	42
석 유	19	25	35	36	39	48
농 약	12	16	20	30	28	31
사 료	18	18	17	18	18	21
종 자	17	16	15	17	17	11

식품산업 또는 자재산업 분야로의 전후방 통합의 정도는 어떻게 되었는가?
Helmberger는 "산업화된 분야로의 협동조합 진출은 거의 이루어지지 않았다"고 말
하고 있다(1966, p.1,429). Helmberger의 이러한 주장이 있은 지 25년 후 Rogers와
Marion은 Helmberger의 주장을 실증하였다. 그들의 연구 결과에 의하면 규모가 큰
상위 100개 판매농협의 농산물 판매 비중은 '87년의 5.7%에서 '91년에는 6.9%로
증가하였다. 반면, 부가가치 측면에서의 규모는 3.1%에서 3.6%로 증가하는 데 그쳤
다. 이러한 수치는 협동조합이 부가가치가 작은 산업과 유통의 초기단계에서 사업을
영위하고 있다는 것을 보여 준다. 산업통계에 의하면 구매협동조합의 경우 비료시장
의 25~40% 정도를 점유하고 있는 것으로 나타났다.

(2) 왜 미국에서 협동조합이 농산업 분야에서 지배적인 형태가 아닌가

협동조합의 시장점유율이 지난 35년간 농장수준과 유통의 초기 단계에서 현저히
증가하였고, 식품제조업 분야에서도 어느 정도 발전을 보였다 하더라도 여전히 협동
조합은 농산업 부문에서 지배적인 사업조직이 아니다.

협동조합의 생성, 성장, 쇠퇴, 소멸에 대한 보다 개념적인 이해는 장차 미국의 농산업 부문에서 협동조합 형태의 사업체가 어떤 역할을 수행할 것인지에 대한 이해를 높여 줄 것이다. 반면, 불행하게도 협동소합의 이러한 "생애주기"(life cycle)에 대한 정형화된 이론은 존재하지 않는다. LeVay는 그의 초기 연구에서 이와 관련하여 새로운 패러다임이 만들어져야 한다고 강조하였다. 그는 또한 협동조합의 변천과 관련하여 몇 가지 새로운 개념들을 제공함으로써 학계의 관심을 불러일으켰다. 이에 대한 내용은 다음과 같다.

가. "Wave" 이론: 이 이론은 Helmberger에 의해 처음 제기되었다. "우리는 특히 정체기에 협동조합의 실패와 뒤이어 밀려오는 협동조합 실패의 거대한 파도를 보고 놀라서는 안 된다"(Helmberger, 1966, p.1,430).

나. "Wind-It-Up" 이론: 이 이론은 Nourses의 1942년 논문을 기초로 하여 LeVay에 의해 제시되었다. "일단 협동조합의 경쟁자들은 그들이 요구하는 조건을 확보하게 되면, 아마도 가격을 재조정하거나 서비스를 개선함으로써 협동조합이 불필요하게 되는 상황을 만들지도 모른다. 협동조합은 목표를 달성한 것이 되고, 따라서 조합원들은 협동조합이 불필요하다고 여기고 해산할지도 모른다."

다. Pacemaker 이론: 이 이론은 협동조합 구조를 연구내용으로 한 Helmberger의 1964년 논문을 분석하면서 LeVay가 제기하였다. "성공한 협동조합의 존재 바로 그 자체가 시장이 효율적으로 되도록 만든다. 따라서 가격조정과 서비스의 개선이 이루어진다 하더라도, 협동조합은 여전히 선도자로서의 역할을 수행하기 위해 계속해서 존재하게 된다"(LeVay, p.28).

Staatz는 협동조합의 변천을 논리적으로 설명하기 위해 제기된 위와 같은 이론들 이외에도 다음의 내용을 추가하였다.

라. Mop-Up 이론: "정체되어 있거나 쇠퇴하고 있는 시장에서는 투자자소유기업이 기회주의적으로 행동함으로써 잃을 것이 별로 없다. 이에 따라 투자자소유기업이 기회주의적으로 행동할 가능성이 높고, 이것은 이러한 시장에 종사하

고 있는 농업인들로 하여금 협동조합을 통해 전방 통합을 달성하고자 하는 유인을 제공할 것이다"(Staatz, 1987a, p.89).

이러한 4가지 이론을 기반으로 하여 필자는 미숙하지만 협동조합의 탄생과 성장, 소멸에 대한 5단계 진화이론을 제시하고자 한다. 농업협동조합의 미래를 전망하는 이 글은 거래비용과 대리인비용 이론을 분석의 근간으로 하고 있다.

◎ 제1단계

협동조합 설립을 경제적으로 정당화시키는 두 가지 근거는 다음과 같다. 첫째, 개별 농업인들은 공급과잉에 의한 가격하락을 막기 위해 시장에서의 균형을 자신들이 통제할 수 있게 하는 제도적 장치를 필요로 한다. 둘째, 개별 농업인들은 거래 상대방의 기회주의적인 행동과 사업중단 행위와 같은 시장실패 시 발생할 수 있는 상황에 대처하기 위한 제도적 장치를 필요로 한다. 가격하락과 시장실패 현상으로 인해 농업인들이 서로 협력해야 할 필요성이 높아진다. 일반적으로 협동조합이 처음 생성되는 단계는 본질적으로 방어적인 측면을 갖는다. 아래와 같이 6가지의 전통적인 미국 농협의 형태를 분석해 보면, 농업인이 최초 협력하고자 하는 이유가 살아남기 위한 방어적인 목적에 있음이 명백해진다.

① 농업금융 시스템: 최초의 농업금융 시스템은 1916년 제정된 Federal Farm Loan법하에서 의회로부터 승인을 얻어 설립된 12개의 연방농업은행들로 구성되었다. 이후 연방중기신용(Federal Intermediate Credit)은행들이 단기와 중기자금 지원을 목적으로 설립되었다. 이러한 은행에는 1933년에 설립된 생산신용조합(Production Credit Association)과 협동조합은행(The Banks for Cooperatives)들이 있으며, 이들을 규제하기 위해 농업신용청(Farm Credit Administration)이 설립되었다. 이러한 농업금융 시스템을 조직하게 된 동기는 농업인들이 농업과 부동산 관련 대출을 받기 어려운 점, 높은 이자율, 대출 기간의 제한(연방법은 전국 규모 은행들의 5년 만기 이상 대출을 금지하였음) 등에 대한 애로에서 비롯되었다.

② 농촌 서비스: 농촌지역의 전기·전화협동조합들은 소비자 수가 적어 단위당 공급비용이 높기 때문에 서비스 공급이 어려웠던 지역에 이러한 서비스를 제공할 목적으로 1936년과 1949년에 주로 설립되었다.

③ Nourse Ⅰ형 협동조합(소규모 지역농협): 소규모 지역을 기반으로 하는 협동조합들은 물량집중(주로 곡물과 유지종자)을 통해 규모의 경제나 범위의 경제를 달성하고, 영농자재의 구매사업을 통해 지역 상인들의 수요 및 공급독점을 억제한다. 이들 협동조합은 시장에서 공급되기 어려운 서비스를 공급하거나 독과점의 견제, 위험의 감소, 규모의 경제 달성 등을 위해 설립된다. 이들 협동조합은 "투자자소유기업을 좀 더 경쟁적이게 만드는 데 기여하는 경쟁의 척도로서의 협동조합"이라는 Nourse의 협동조합관에 대한 하나의 전형이 된다.

④ Nourse Ⅱ형 협동조합(대규모 종합농협): 대규모 협동조합들은 보통 구매와 판매, 서비스 제공 등의 사업을 종합적으로 수행한다. 이들 중 다수는 유통의 초기단계나 도매수준까지 전방 또는 후방 통합을 한다. 이들 협동조합은 연합체 형태나 중앙집중화 경향을 보이거나, 또는 이 두 가지를 모두 다 병행하는 조직 구조를 갖는다. 이들 협동조합이 Nourse Ⅰ형의 소규모 협동조합과 다른 점은 이들이 활동하는 시장에는 지역적으로 공급 및 수요독점을 행사하는 경쟁자들이 적다는 점이다.

⑤ Sapiro Ⅰ형 협동조합(교섭농협): 교섭농협은 수평적 통합을 통해 시장실패에 대응한다. 농업인들은 농산물 중개인들과의 협상에서 그들에게 유리한 결과를 얻기 위해 이러한 협동조합을 조직한다. 교섭농협의 기능은 농산물의 판매 수익률 증대와 안정적인 시장을 확보하고 있다고 말할 수 있다. 이러한 형태의 협동조합은 부패하기 쉬운 농산물의 생산에 종사하는 농업인들이 주로 조직한다. 이러한 농산물 생산 분야에서는 일시적인 자산의 고정성 때문에 계약이 성립된 이후 농업인의 거래 상대자가 기회주의적으로 행동하려는 가능성이 잠재적으로 존재한다.

⑥ Sapiro Ⅱ형 협동조합(판매농협): 판매농협은 시장에서 독점력을 행사하는 도매 상인들을 회피하거나 이들과 대항하기 위해 농업인들이 수직적으로 통합한 형 태의 조직이다. 이들 협동조합은 일반적으로 단일 품목만 취급하는 경우와 다 품목을 취급하는 경우로 나누어진다. 반면, 이들 협동조합의 목적은 취급 품목 의 단일성 여부와 상관없이 거의 비슷하다. 이러한 목적에는 농산물의 가격향 상과 판매사업 과정에서 투자자소유기업을 제외시키기 위한 것이 포함되며, Sapiro가 강조하는 수익률 증대와 시장에서의 독점 방지 등의 목적도 추구된 다. (자세한 내용은 Cook 1993 참조)

◎ 제2단계

공급과잉에 의한 가격하락을 억제하기 위한 목적에서 설립된 협동조합들은 일반 적으로 오래 지속되지 못하며, 조합원들의 생계에도 거의 영향을 미치지 못한다.[14] 이러한 협동조합들은 Helmberger가 그의 Wave이론에서 언급한 협동조합의 형태와 거의 유사하다.

반면, 시장실패에 대응하기 위해 설립된 협동조합들은 투자자소유기업보다 유리 한 가격조건으로 농산물을 판매하거나 영농자재를 공급할 수 있었다. 이들 협동조합 은 비용을 초과하는 이익을 발생시켰기 때문에, 설립 초기단계를 벗어나 계속 생존 할 수 있었다.

◎ 제3단계

2단계에서 살아남은 협동조합들은 시장실패의 부정적인 영향을 교정하거나 적어 도 감소시키는 데 성공한다. 이에 따라 경쟁 상대방들의 기회주의적인 행동이 교정 되기 시작한다. 이러한 단계에서는 이제 투자자소유기업과 협동조합 사이에 가격 차 이가 거의 존재하지 않는다. 반면, 조합원들은 점차 협동조합과 거래할 때 발생되는 비용을 인식하기 시작한다. 이러한 거래비용은 과거 독점 기업과 대항하는 데 열중 한 시기에는 거의 인지되지 못했지만, 이제 매우 중요한 문제로 떠오르게 된다. 이러 한 비용들은 협동조합의 재산권이 이용자와 투자자 사이에서 모호하게 규정되어 있

---

14) Cotterill은 이러한 종류의 미국 협동조합들의 탄생과 행위에 대해 설득력 있는 연구결과를 보여주고 있다.

기 때문에 발생한 것이다. 이렇게 모호하게 정의된 재산권은 잔여청구권이나 의사결정과 관련된 문제들에서 갈등을 초래한다. 이러한 갈등은 특히 협동조합이 점차 복잡한 구조 형태를 보이게 됨에 따라 더욱 심화된다. 이 논문에서는 이용자가 소유주가 되는 협동조합의 독특한 특징 때문에 초래된 잔여청구권이나 의사결정 문제 등을 둘러싼 갈등을 다음과 같은 5개 문제로 범주화시키고자 한다.

㉠ 무임승차자 문제(Free Rider Problem)

재산권에 대한 개인적 지분이 불명확하고, 재산권의 거래나 양도가 금지되면 무임승차자 문제가 발생한다. 이것은 조합원들이나 비조합원들이 개인적인 이익을 위해 자원을 사용하고 있으며, 재산권 제도가 그들로 하여금 자원을 이용하는 만큼 충분한 비용을 지불하게 하거나 또는 이익창출에 기여한 만큼 대가를 지불받도록 하는 역할을 다하지 못하는 상황을 가리킨다. 이러한 상황은 특히 조합원 가입이 자유로운 협동조합에서 자주 발생한다. 예를 들어 교섭협동조합에 가입하지 않은 배 생산 농업인도 협동조합의 노력으로 성립된 가격조건의 혜택을 조합원과 동일하게 누릴 수 있다. 좀 더 복잡한 무임승차자 문제는 공유재산문제(또는 내부자 무임승차자 문제)와 관련하여 나타난다. 이는 새로운 조합원들 역시 기존 조합원들과 마찬가지로 똑같은 이용고 배당이나 잔여청구권을 획득하는 경우, 또는 단위당 동일한 배당액을 받을 권리가 주어지는 경우에 발생한다. 권리가 모든 사람에게 동등하게 주어진다는 사실과 과거의 실적뿐만 아니라 미래의 잠재적 가치를 현재가치로 환산시켜 잔여청구권의 가격을 설정할 수 있는 시장이 존재하지 않는다는 사실은 세대 간 갈등을 초래한다. 기존 조합원들에게 주어질 이익배당률이 불명확하기 때문에 그들은 협동조합에 대한 투자를 꺼리게 된다.

㉡ 기간의 문제(Horizon Problem)

기간의 문제는 특정 자산이 창출하는 이익에 대한 청구권의 행사기간이 그 자산의 수명보다 짧을 때 발생한다(Porter and Scully). 이 문제가 초래되는 이유는 청구권의 거래가 제한적이고, 거래에 필요한 2차 시장이 존재하지 않기 때문이다. 기간의 문제는 조합원들로 하여금 미래의 성장 가능성에 대한 투자에 소극적이게 만든다. 이 문제는 특히 기술개발(R&D)과 광고, 기타 무형자산에 대한 투자를 계획할 때 더욱 심각해진다. 결과적으로 이것은 협동조합의 이사회와 경영진에 다음과 같은 압력을 가중시킨다. 첫째는 미래에 대한 투자보다 현재 조합원에 대한 배당을 늘리는 것이고, 둘째는 내부유보 대신 배당을 확대시키는 것이다.

㉢ 포트폴리오 문제(Portfolio Problem)

포트폴리오 문제는 협동조합 출자와 관련된 또 하나의 문제이다. 협동조합의 잔여 청구권은 거래 가능성과 유동성, 가치평가 기능이 결여되어 있기 때문에 거래가 이루어지기 어렵고, 따라서 조합원들은 그들의 개별적인 위험선호에 따라 협동조합 자산의 포트폴리오를 조정하기가 곤란하다.

포트폴리오 문제는 협동조합이 투자를 결정할 경우 현재 조합원에게 제공되는 배당체계에 의해 강하게 구속받거나(tied-equity issue) 왜곡되는 문제를 발생시킨다. 따라서 협동조합의 투자결정이 자신이 선호하는 것보다 더 위험하다고 생각하고 있거나 다른 포트폴리오 대안을 가지고 있는 조합원들은 투자위험을 줄인 새로운 투자대안이 낮은 이익을 발생시킬 것으로 예상되는 경우에도 협동조합의 의사결정권자들에게 기존 투자결정을 재조정하도록 하는 압력을 행사할 것이다.

㉣ 통제 문제(Control Problem)

협동조합 내에서 조합원이나 그들의 대표인 이사들(주인)과 협동조합 경영진(대리인) 사이의 이해 차이를 줄이기 위한 대리인 비용은 통제문제를 발생시킨다. 감시와 통제를 위해 필요한 정보전달장치가 마련되어 있지 못하면, 경영체는 제대로 작동하지 못한다. 주식시장에서 거래되는 주식가격과 같이 경영성과를 평가하거나 경영진을 압박할 수 있는 장치가 협동조합에는 존재하지 않는다. 통제문제는 특히 협동조합의 규모가 커지고 조직이 복잡해짐에 따라 더욱더 심각해진다(Staatz, 1987b, p.51).

㉤ 영향비용 문제(Influence Costs Problem)

협동조합이 다양한 사업을 수행하면 조합원들 사이에 목적이 일치하지 않는 경우가 발생하고 이는 자기가 속한 그룹에 더 유리한 결정이 이루어지도록 영향을 미치려는 조합원의 행위를 유발시킨다. 이러한 행동은 조직의 결정이 조직 내 다양한 그룹에 대한 부나 이익의 분배에 영향을 미치는 경우와 또는, 각 그룹들이 자기에게

더 유리한 결정이 이루어지도록 영향을 미치고자 할 때 발생한다. 영향비용의 크기
는 첫째, 중앙통제조직의 존재 여부 둘째, 의사결정 절차 셋째, 조합원의 동질성과
조합원 간 갈등의 정도에 따라 달라진다(Milgrom and Roberts).

<표 6-4> 미국 농협의 유형별 잔여청구권과 의사결정문제의 정도

협동조합 유형 재산권의 제한	너스 I	너스 II	사피로 I	사피로 II	사피로 III
무임승차자 문제	큼	작음	큼	작음	매우 작음
기간 문제	큼	큼	없음	작음	매우 작음
포트폴리오 문제	작음	큼	없음	큼	매우 작음
통제 문제	작음	큼	작음	큼	작음
영향비용 문제	큼	큼	매우 작음	작음	작음

<표 6-4>는 협동조합의 전략과 구조적인 측면에서 재산권 관련 요소가 얼마나 제
한을 가하고 있는가에 대해 주관적으로 협동조합 유형별로 서열을 정한 것이다.

◎ 제4단계

협동조합의 의사 결정권자들이 재산권 문제를 인식하게 되는 시기에는 협동조합
이 시장에서 탈퇴할 때 상실할 수 있는 기득권(quasi-rents)에 대한 인식도 높아진다.
매몰비용, 경쟁의 척도로서의 역할, 주도자(pacemaker)로서의 역할 등이 이 기간 동
안 협동조합의 운명을 좌우할 전략적 결정을 도출하는 데 중요한 고려요인이 된다.
이 단계에서 협동조합을 운영하는 것은 매우 힘들고 도전적인 일이다(Cook, 1994).
그러나 모호하게 정의된 재산권에서 비롯된 장애와 협동조합 고유의 기회가 초래하
는 상충관계에 대한 복잡한 분석이 끝날 즈음 협동조합들은 다음과 같은 세 가지 선
택의 상황에 직면하였음을 깨닫게 된다. 그 첫째는 시장에서 탈퇴하는 것이고, 둘째
는 사업을 지속하는 것이며, 셋째는 조직구조를 전환하는 것이다.

◎ 제5단계

제5단계에서 협동조합의 지도자들은 앞에서 제시한 3가지의 전략적 선택, 즉 탈
퇴와 사업지속, 구조전환 가운데 한 가지 경우를 선택한다.

㉠ 탈퇴

협동조합이 시장에서 탈퇴하는 방법에는 일반적으로 다음과 같은 두 가지 방법이 있다. 첫째는 해산하는 것이고, 둘째는 투자자소유기업으로 탈바꿈하는 것이다. Schrader는 사업수행 능력이 저조한 협동조합은 해산이나 다른 협동조합과의 합병을 모색하고, 사업수행 능력이 높은 협동조합은 투자자소유기업으로 구조조정을 하게 될 것이라고 말한다.

㉡ 사업 지속

제3단계에서 설명한 재산권이 가지는 한계는 조합원들로 하여금 협동조합에 대한 투자를 꺼리도록 만든다. 이 단계에서 협동조합은 일반적으로 두 가지 경로 중 한 가지를 선택하게 된다. 첫째는, 투자자소유기업으로의 전환 없이 외부자본을 조달하는 경우이고 둘째는, 조합원에 의한 자본조달을 유도하기 위해 비례전략(출자금액과 출하량, 투표권, 이용고 배당 등을 연계시키는 것)을 도입하는 것이다.

우선 외부자본을 유치하는 방법은 주식회사 형태의 자회사 설립, 다른 협동조합과의 합작투자, 협동조합이 아닌 사업체나 주식회사와의 합작투자 등이 있다. 다시 말해 이 방법은 외부자본 조달을 위해 전략적 제휴를 활용하는 것이다.

비례전략은 협동조합을 "재정적인 책임은 비례적으로 분담한다"는 원칙에 충실한 조직으로 만든다. 이것은 초기자본조달 계획 수립, 비례투표제 도입, 생산품목의 축소, 사업 단위에 기초한 공동계산제 실시, 사업 단위에 기초한 자본 조달 등의 전략과 정책이 도입되도록 만든다. Royer(pp.92~95)는 이러한 비례전략 개념을 기초로 "이용자소유기업"(Patron-Owned Firm)이라는 새로운 모델을 제시하였는데, 현재 미국 내 많은 협동조합들이 이 범주에 속해 있다고 할 수 있다.

㉢ 구조전환

세 번째의 대안은 신세대협동조합(New Generation Cooperative)과 같은 SapiroⅢ 형태의 협동조합으로 전환하는 것이다. SapiroⅢ 형태는 판매사업에서 부가가치의 창출을 목적으로 하는 협동조합인데, 앞의 제3단계에서 지적한 재산권의 다섯 가지 제한 요인을 줄이는 데 성공한 협동조합이다. 이 형태의 협동조합은 자산평가체계 수립, 거래 가능한 출하권 도입으로 출자의 유동성 증대, 초기자본출자 계획 수립,

무임승차자 문제를 완화시킬 수 있는 조합원제도 도입 등을 통해 협동조합의 재산권 문제에서 비롯된 장애를 극복하고자 노력한다. Sapiro Ⅱ의 형태에 속해 있던 일부 판매 및 구매협동조합들은 이미 이러한 구조전환을 실시하였다.

(3) 미국 협동조합의 전망

현재 미국 내 농업협동조합에서는 두 가지 현상이 나타나고 있다. 첫 번째는 전통적인 협동조합들이 재산권의 한계를 극복하기 위해 퇴출하거나 구조조정 실시, 구조전환 등을 시도하고 있다는 것이다. 이러한 현상은 협동조합에 긍정적인 영향을 미치고 있는데, 1988년 이후 협동조합의 시장 점유율이 점차 향상되고 있다. 두 번째 현상은 1990년 이후 SapiroⅢ형의 신세대협동조합이 급격히 증가하고 있다는 점이다. Egerstrom에 따르면 지난 3년간 12억 달러 이상의 자금이 이러한 종류의 협동조합에 투자되었다. 이러한 두 가지 현상이 암시하는 것은 협동조합의 전략이 좀 더 적극적이고 공격적으로 바뀌고 있다는 점이다. 물론 협동조합을 결성하는 데 경제 외적인 요인들이 결코 가볍게 다루어져서는 안 되지만, 경제학적 관점에서 협동조합의 미래를 전망하고 있는 이 글에서는 그러한 주장은 제한적일 수밖에 없다. 재산권과 거래비용, 불완전한 계약 등에 대한 지금까지의 고찰은 협동조합이 다음과 같은 조건하에서 유지될 수 있음을 말해주고 있다.

(1) 존재하는 소비자의 선호가 아직 알려지지 않은 새로운 시장이 있는 경우. 협동조합은 시장에서의 선호와 정치적인 선호를 접목함으로써 바람직한 제품을 생산할 수 있는 가장 효율적인 제도이다.

(2) 농업인과 농업인의 거래상대자 모두 자산의 고정성이 있는 투자를 한 경우

(3) 계약을 통해 위험분담을 달성할 수 있는 경우

(4) 불확실한 환경하에서 장기투자를 이끌어 내는 데 필요한 투자자본의 잦은 거래 가능성

(5) 투자자본의 잦은 거래가 이루어지는 상황하에서도 대규모 지분교환에 의해 조직이 전환되는 것을 계속 방지할 수 있는 경우

(6) 사적 측면과 공공재적 측면을 동시에 지니고 있어 시장에서 거래하기가 곤란한 재화를 생산하는 경우

(7) 쇠퇴하는 시장이 존재하는 경우. 쇠퇴하는 시장에서는 농업인의 거래 상대자가 기회주의적으로 행동하더라도 잃을 것이 적기 때문에 확장되고 있는 시장에서보다 더 기회주의적으로 행동하려는 유인이 크며, 이에 따라 농업인이 협동조합을 더 필요로 할 것이다(Staatz, 1987a).

(8) 새로운 기술이 처음 도입되고 있는 경우. 농업인들은 새로운 기술이 도입되고 있는 초기 단계에는 자산의 고정성에서 비롯된 기회주의적인 행동 가능성이 더 높다는 것을 인정한다.

(9) 농업인은 특히 거래 상대자에 의해 농산물 품질이나 명성이 훼손되는 경우 이러한 외부불경제를 내부화시키기 위해 협동조합을 통한 수직적 통합을 시도한다.

(10) 협동조합은 농업인에 유리하게 재산권(정치적 행동)이 재분배되도록 지원한다.

(11) 농업인들은 생산 농산물의 공급 부족으로 자산의 고정성 수준이 중간 정도에 머무르는 시장에서는 판매협동조합이 효율적이며, 가장 우수한 경영체라고 인정한다(Hendrikse and Veerman).

(12) 만약 재산권의 제한 요인이 개선된다면 조합원들은 협동조합에 대한 투자를 늘릴 것이다.

지금까지의 내용을 요약하면, 좀 더 공격적인 방향으로 조직구조를 개편하거나 구조전환을 시도함으로써 시장실패를 해결하기 위해 노력하고 있는 협동조합의 미래는 전망이 밝기도 하지만 시련도 예상된다. 게다가 재산권이 가지는 한계를 극복하기 위해 새로운 협동조합을 설립한 농업인들은 정부의 농업정책과 현재의 상황이 계속 유지된다면 미래는 매우 낙관적일 것이라는 기대를 가지고 있다.

2) 캐나다[15)

가족농 중심의 전통적인 농업이 위기에 직면해 있는 것 같다. 비농업 분야의 생산물이 점차 농업생산물을 대체하고 있다. 수직적 통합으로 농업 부문에 서비스를 제공하고 있는 공업 부문의 지배력이 증가하고 있으며, 가족농에 기초한 농업경영이

---

15) 이 글은 Murray Fulton(캐나다 사스캐치원대 농업경제학과) 교수가 미국농업경제학회지(American Journal of Agricultural Economics 77)에 발표한 "The Future of Canadian Cooperaives: A Property Rights Approach"를 '농협경제연구소'에서 번역한 것임.

어려워지고 있다. 축산 분야 등에서는 기업농의 등장으로 기업형의 대규모 농장이 설립되고 있다. 만약 전통적인 농업이 점차 붕괴되고 있다면, 농업협동조합에 대한 일반적인 개념과 역할에 대한 인식은 재검토뇌어야 한나(Helmberger, p.1,434).

약 30여 년 전, Peter Helmberger는 그의 논문에서 기술 및 농업구조가 변함에 따라 농업협동조합이 위기에 직면할 것이라고 전망하였다. 또한 그는 전통적인 농업을 유지시켜야 한다는 의견이 있지만, 결코 '거대한 변화의 흐름'을 막지는 못할 것이라고 결론지었다.

Helmberger가 지적한 위기의 내용은 협동조합의 외부요인에 의한 것이다. 따라서 본 논문은 협동조합의 외부요인에서 비롯된 위기에 논의를 집중시키고자 한다. 다시 말해 이 글에서는 거대한 사회의 변화 속에 내재되어 있는 위기로부터 협동조합이 겪고 있는 어려움에 대해 논의하고자 한다. Helmberger가 지적한 기술과 농업구조의 변화는 이러한 위기의 한 가지 예이다. 여기에 점차 개인주의화되고 있는 사회에서 협동조합이 과연 생성되고 생존할 수 있는가에 대한 질문을 덧붙이고자 한다.

이 논문에서 제기하고자 하는 문제는 서비스의 이용자와 소유자가 일치하는 조직이 소유와 이용이 구분되고 있는 사회에서 과연 생성되거나 생존할 수 있는가 하는 점이다. 다시 말해 협동조합과 같이 여러 사람의 공동행위를 필요로 하는 조직이 점차 개인주의화되고 있는 사회에서 형성되거나 살아남을 수 있는가 하는 것이다. 뒤에서 살펴보겠지만, 이러한 질문은 사람들이 재산권을 어떻게 보고 또한 이해하고 있는가 하는 점과 관련되어 있다.

이 글은 먼저 재산권의 의미에 대해 개괄적으로 살펴보고, 재산권 이론을 통해 농업 분야의 구조변화가 협동조합에 미치는 영향에 대해 살펴보고자 한다. 또한 재산권 이론에 대해 몇 가지 문제를 제기하고자 하며, 이를 위해 재산권에 내재하는 가치에 초점을 맞추어 설명하려고 한다. 이러한 가치는 협동조합에 있어서 매우 중요한 의미를 갖게 될 것이다. 이후 이러한 의미가 무엇인지에 대해 살펴본 후 몇 가지 결론을 도출하고자 한다.

한편 이 논문의 본격적인 시작에 앞서 이 논문의 제목에 대해 언급하고자 한다. 비록 이 논문의 제목이 캐나다 농업협동조합의 미래라고 되어 있지만, 아마도 이 논문의 내용은 다른 지역의 협동조합에도 적용될 수 있을 것이다. 그러나 분명한 것은 필자가 이 글을 쓸 때에는 캐나다 협동조합의 예를 염두에 두었으며, 캐나다 협동조합이 직면한 도전과 위기에 대한 생각을 정리한 것이다.

(1) 재산권

Barzel은 개인의 재산권을 "자산으로부터 발생한 수익을 얻거나 자산을 소비 또는 양도할 수 있는 권리 또는 힘"이라고 정의하고 있다. 이 정의를 다시 한번 살펴보면 다음과 같다. 첫째, 재산이란 이용 또는 이득에 대한 청구권이다. 즉, 재산이란 적어도 학문적인 관점에서는 물리적인 것에 한정되지 않는다. 둘째, 재산의 청구권은 개인에게 부여된다. Macpherson은 "어떤 제도나 권리를 정당화시키는 가장 확실한 방법은 그것이 사람들에게 필수적이고 또한 필요하다는 합의로부터 이끌어 내는 것이다. 그리고 많은 학자들이 사람은 사회적 동물이라고 주장하고 있지만, 사람은 결국 개별적인 인간일 뿐이다"라고 말하고 있다(p.201). 셋째, 재산에 대한 개인의 청구권은 실행할 수 있어야만 한다. Macpherson은 "사람들은 재산을 권리의 일종으로도 여기지 않는데, 왜냐하면 실행할 수 있는 재산의 청구권이란 윤리적인 측면에서 인간의 천부적인 권리라고 인정되는 한 당연한 것으로 받아들여지기 때문이다"라고 말하고 있다. 마지막으로, 재산은 대부분의 사람들이 윤리적이고 정당하다고 받아들일 때에만 인정되기 때문에, 가치가 변하면 재산권도 변하게 된다.

(2) 재산권과 협동조합

재산권 이론은 제도주의 경제이론의 핵심 주제로 등장하였다. 많은 경제학자들이 제도의 변화를 설명하기 위해 재산권 이론을 인용하여 왔는데, 이 논문에서는 특히 Barzel이 정의한 재산권 이론을 적용하고자 한다.

Barzel은 먼저 자산들은 여러 가지 속성들을 지니고 있고, 각각의 권리들은 이러한 속성들에 따라 도출된다고 말한다. 따라서 자산에 대한 소유는 한 명에게 주어지기보다는 둘 또는 그 이상의 사람들에게로 분산된다. 거래비용 또한 Barzel의 이론에서 매우 중요한 역할을 한다. Barzel에 의하면 자산의 속성은 아무런 비용 없이 결정될 수 없다. 자산의 속성을 결정하고, 획득하고, 유지하는 비용은 거래비용으로 정의된다. 거래비용이 존재하는 이유는 자산의 속성이 미래의 소유자에게 완전히 알려지지 않기 때문이다. 이에 따라 자산에 대한 권리 또는 자산의 속성들은 구체적으로 완벽하게 정의될 수 없다.

자산은 많은 속성을 지니고 있으며, 이러한 속성들을 결정하기 위해서는 거래비용이 필요하기 때문에 자산은 다음과 같은 두 가지 측면을 가지게 된다. 첫째, 둘 또는 그 이상의 사람들이 동일한 자산으로부터 분명히 구분되는 속성들에 대하여 개인적인 권리를 가지게 됨으로써, 재산권의 분할이 발생한다는 점이다. 둘째, 재산권이 완벽하게 분할되지 않는다는 것은 자산의 일부 속성들이 구분되거나 재산권 소유자들에게 나누어질 수 없다는 것을 의미한다. 이러한 속성들은 공공의 영역에 남게 되거나, 또는 Barzel이 말하는 소위 공유재산(common property)을 형성하게 된다. Barzel은 일단 자산의 속성들이 공공의 영역에 남게 되면, 그것들을 획득하는 데 비용이 든다고 주장한다. 이것은 결국 그 자산으로부터 얻을 수 있는 이익에 영향을 미치게 될 것이다.

공유자산으로부터 이익을 얻고 있는 어떤 사람이 자기에게 주어지는 이익의 크기가 불규칙적으로 나타나면, 그 이유가 어쩔 수 없는 상황 때문인지 아니면 더 많은 몫을 차지하기 위한 다른 사람들의 행동에 의해서인지를 구분하기란 쉽지 않다. 이러한 상황에서는 모든 사람이 그 자산이 창출한 이익 중 더 많은 부분을 차지하기 위해 노력하게 된다. 반면, 이러한 행동은 일반적으로 그 자산이 창출할 수 있는 이익의 총규모를 감소시킨다. 즉, 자산을 공동으로 소유하고 있는 이해관계인들이 저마다 더 많은 이익을 차지하기 위해 행동하게 되면, 그 자산이 창출하는 이익의 총량은 감소한다.

이와 같이 재산권의 소유가 명확하게 규정되어 있지 않은 경우가 의미하는 바를 설명하기 위해 Barzel은 한 사람이 어떤 자산이 창출하는 이익에 대해 완전한 통제권을 가지고 있는 특별한 경우를 가정하였다. 그는 이 경우 재산권은 소득에 대한 완전한 통제권을 가지고 있는 사람이 그 이익의 잔여청구권(residual claims)자가 되는 방법으로 성립될 것이라고 주장하였다.

Barzel의 이론은 토지와 노동이 투입요소인 생산과정을 통해 설명될 수 있다. 만약 토지가 균질적이고 변하지 않는다면, 노동자가 고정된 임대료를 지불하는 조건으로 토지를 임차하고 잔여청구권자가 되는 것이 가장 효율적인 제도형태이다. 왜냐하면 토지의 생산성이 고정적이기 때문에 토지는 생산의 변동을 초래할 수 없기 때문이다. 따라서 생산량은 오직 노동자의 노력에 따라서만 변동될 것이다. 노동자가 잔여청구권자가 됨으로써 노동자가 가장 효율적으로 일할 수 있는 유인이 제공된다.

이제 또 다른 경우로써 노동자의 서비스가 균질적이고 변하지 않으며, 대신 토지가 변할 수 있다고 가정하자. 이 경우에는 토지의 소유주가 노동자를 고정된 임금률로 고용한 후 잔여청구권자가 되는 것이 가장 효율적인 제도형태이다. 왜냐하면 노동의 생산성이 고정적이기 때문에, 노동은 생산량을 변화시킬 수 없기 때문이다. 따라서 생산량은 오직 토지 소유주가 토지의 질을 유지하기 위해 노력하는 정도에 따라서만 달라진다. 왜냐하면 토지 소유주가 잔여청구권자이기 때문에 그는 토지를 가장 효율적인 상태로 유지하고자 하는 유인을 갖게 되기 때문이다.

물론 좀 더 일반적으로는 동일한 자산에 대한 권리를 나누어 가지고 있는 여러 그룹은 그 자산이 창출하는 이익의 크기에 영향을 미칠 수 있다. 이 경우 자산의 이익 창출에 더 많은 영향을 미치는 그룹이 더 많은 몫을 차지하는 것이 일반적인 원칙이다.

협동조합의 특성 가운데 하나는 조합원들이 협동조합이 창출한 이익에 대한 잔여청구권자라는 점이다(Holyoake, LeVay). 협동조합의 원칙 가운데 하나는 자본은 고정된 이자율로 지불되어야 한다는 점이다. 즉, 자본은 전기가 고정된 가격으로 지불되는 것과 마찬가지로 고정된 이자율로 지불되어야 한다. 투입 비용을 초과하는 이익은 조합원에게 귀속된다. 반면에 투자자소유기업은 자본의 소유주가 투자하고, 투입비용을 초과하는 이득은 그들에게 귀속된다. 즉, 자본의 소유자들이 잔여청구권자인 것이다.

Barzel의 재산권 이론은 "협동조합이 특정 농산물의 생산을 위한 가장 효율적인 제도이기 때문에 설립되는가"라는 질문에 대한 해답을 제공한다. 질문을 좀 더 구체적으로 살펴보면 "조합원들에게 협동조합의 이익에 대한 권리를 부여하는 협동조합 제도가 조합원의 기회주의적인 행동을 억제하고 따라서 사업이익이 감소하는 것을 방지할 수 있는가" 하는 것이다. 조합원의 기회주의적인 행동을 억제한다는 것은 조합원이 출하 농산물의 양과 품질기준을 엄격히 준수한다는 것을 의미한다.

하나의 간단한 예는 왜 협동조합이 효율적인 제도형태가 될 수 있는지를 설명할 것이다. 농산물을 생산하여 이를 가공하는 생산과정이 있다고 가정하자. 만약 가공서비스의 질이 매우 변동적이거나 예상하기 힘들다면, Barzel의 분석이 의미하는 것은 가공업체 소유주가 잔여청구권자가 되는 것이 가장 효율적인 생산체계라는 점이다. 마찬가지로 만약 농산물이 매우 변동적이고 예상하기 힘들다면 농산물의 생산자가 잔여청구권자가 되는 것, 즉 협동조합이 형성되는 것이 가장 효율적인 생산체계가 된다는 것이다. 물론 농산물 생산과 가공서비스 두 가지 모두 변동적이고 예측하기가 어렵다면, 잔여청구권을 일부 나누어 가지는 것이 더욱 효율적인 생산체계가 될 것이다.

이러한 논의는 협동조합에서의 무임승차자 문제와 대비된다. 협동조합의 조합원들은 협동조합으로부터 얻는 서비스에 비해 자본을 적게 투자함으로써 기회주의적으로 행동한다고 가정되고 있다. Barzel의 이론에서와 달리 이러한 기회주의적인 행동 가능성을 언급할 때는 조합원들이 동일한 농산물을 출하한다고 가정한다. 만약 출하되는 농산물의 품질이 다양하다면, 조합원들에게 잔여청구권을 제공하는 것이 조합원의 기회주의적인 행동을 제한하는 역할을 할지도 모른다. 즉, 조합원들로 하여금 더 많은 이익을 얻기 위해 보다 품질 좋은 농산물을 출하하도록 하는 유인을 제공하게 될 것이다.

이러한 논의가 의미하는 것은 협동조합이 조합원들의 투입재가 사전에 예측하기 힘든 변동성을 가지는 상황에서 발생하기 쉽다는 점이다. 즉, 판매협동조합이 구매나 소비자협동조합보다 더 성공적일 것이라는 점을 암시한다. 또한 이는 판매협동조합이 다른 협동조합에 비해 설립되기가 용이하다는 것을 암시한다. 농업인에 의해 투입되는 농산물이 사전에 예상하기 어려운 변동성을 갖는 하나의 명백한 예는 과일과 채소이다. 협동조합은 과거에도 그랬듯이 현재에도 이러한 분야에서 가장 크게 발달해 있다.

만약 제품에 대한 수요가 투입과정으로 여겨진다면, 소비자 협동조합의 성공에 대하여도 설명이 가능하다. 예를 들어 영농자재와 같은 자재를 공급하는 상인은 소비자들이 언제 물건을 구입할 것인지를 예상할 수 없다. 이러한 구매행태의 예측 불가능성은 소비자들이 기회주의적으로 행동할 수 있는 여건을 제공한다. 즉, 소비자들은 그들에게 유리할 때만 지역 내 공급업체로부터 제품을 구입한다. 이 경우 소비자를 잔여청구권자로 만드는 소비자협동조합은 소비자의 이러한 기회주의적 행동을 억제할 수 있는 하나의 방법이 된다. 만약 소비자들이 잔여청구권자가 되면, 그들은 소비행위로부터 발생한 이익을 향유할 수 있게 되기 때문에, 구매행태를 합리적으로 바꾸려 할 것이기 때문이다. 이 밖에 공급업체의 독과점 행사가 더 클수록 소비자들의 기회주의적인 행동이 더 자주 일어날 것이라고 말할 수 있는데, 독과점 상황에서는 소비자들이 성실한 소비행위를 지속시키려 하지 않기 때문이다. 따라서 협동조합은 독과점 시장에서 자주 생성되어 왔다.

거래비용의 관점에서 협동조합을 연구하려는 시도가 계속되어 왔다고는 하지만 (Staatz), 협동조합의 형성과 행태를 고찰하는 데 얼마만큼 유용한 통찰력을 주는가를 파악하기 위해서는 더 많은 연구가 필요하다. 아직 정확히 입증되지 않은 이론을 통해 분석한다는 위험을 감수해야만 하더라도, 나는 이 글에서 지금까지 논의한 내용이 농업협동조합의 미래에 대해 무엇을 암시하는지에 대해 고찰하고자 한다.

이를 위해 먼저 Helmberger가 1966년 그의 논문에서 강조한 농업의 산업화에 대해 다시 한번 살펴보고자 한다. Drabenstott는 선택(Choices)이라는 논문을 통해 농업의 산업화는 점점 더 가속화될 것이라고 주장하였다. "역사적으로 농산물은 산물 형태로 가공업자에게 공급되었고, 가공업자는 표준화된 제품을 소비자에게 판매하여 왔다. 그러나 현재의 소비자들은 맞춤형 식품을 원하고 있으며, 이를 충족시키기 위해 가공업자 또한 좀 더 특별한 농산물의 생산을 요구하게 되었다. 이에 따라 미국 내 농업 분야에 종사하는 가공업자와 생산자들은 전통적인 현물시장으로부터 직거래와 같은 유통경로로 이동하고 있다(Drabenstott, p.5). 나는 이러한 산업화가 Helmberger에 의해 강조된 것 이상으로 중요한 의미를 협동조합에 부여한다고 믿는다.

다음은 Barzel의 이론과 관련하여, 협동조합은 가공과정에 투입되는 농산물의 품질을 안정적으로 확보하기 위한 필요성에서 발생하였다는 주장에 대해 언급하고자 한다. 농업인은 항상 고품질의 농산물만을 생산할 수 없으며, 이 경우 농업인은 저품질의 농산물을 섞는 방법 등을 통해 가공과정에 대한 농산물의 출하과정에서 기회주의적으로 행동할 수 있다. 또한 기상 변화와 생물학적 측면에서의 예측 불가능성은 농산물 품질이 항상 일정하도록 유지하는 것을 어렵게 만들었다.

반면, 농업과학이 발전함에 따라 생물학적 측면에서의 예측 가능성이 높아졌으며, 날씨와 같은 외부 요소가 생산과 품질에 미치는 영향이 작아졌다. 따라서 농업생산에서의 예측 불가능성이 줄어들었으며, 특히 양계와 양돈 분야에서의 예측 가능성은 더욱 높아졌다. 농업이 산업화되면 두 가지 경우가 발생한다. 첫째, 농업생산을 둘러싼 제도가 변화한다. 즉, 과거 농업인이 농산물의 품질에 가장 큰 영향을 미쳤던 시기에는 농업인을 잔여청구권자로 만드는 것이 효율적이었으나, 이제 그러한 필요성이 줄어들게 되었다. 왜냐하면 농산물의 품질에 대한 예측 가능성이 높아지게 됨으로써 농업인의 역할이 줄어들었기 때문이다. 대신에 영농자재의 공급업자나 또는 가공업자들이 잔여청구권자로 등장하게 된다. 둘째, 농장수준에서의 제도형태가 변화하는 것과 마찬가지로 가공단계에서의 제도형태도 변화한다는 것이다. 왜냐하면 생산과정에서의 예측 불가능성이 통제 가능하게 됨에 따라, 협동조합이 농산물 생산자들에게 가공생산품에 대한 잔여청구권을 제공할 목적으로 등장할 필요성이 사라지게 되었기 때문이다.

따라서 농업의 산업화가 진전되면 협동조합의 역할은 감소할 것이라고 예측할 수 있다. Coffey는 영농자재를 구입하고 농업생산물을 판매하던 전통적인 시장이 사라지게 되면 협동조합은 매우 어려운 국면을 맞이하게 될 것이라고 지적하였다. 비록 협동조합이 독과점과 같은 시장실패의 문제를 해결하기 위한 필요성에서 조직되어 왔지만, 협동조합은 시장이 있어야만 존재할 수 있다. 따라서 만약 시장이 사라지면, 협동조합도 사라지게 된다.

(3) 재산권, 가치 그리고 개인주의

비록 Barzel의 재산권 이론이 협동조합의 생성에 대한 통찰력을 제공하고 있다고 하더라도, Barzel 이론이 가지는 한계에 대해서도 고찰되어야만 한다. Barzel 이론의 첫 번째 한계는 Barzel이 말한 소위 공유재산(common property)과 관련된다. 공유재산과 접근의 공개(open access)는 자주 혼동되곤 한다. 접근의 공개란 자원에 대한 접근이 전혀 제한되어 있지 않고, 사람들이 모든 자원을 전부 이용하지는 않을 것이라는 기대조차 존재하지 않는 상황을 가리킨다. 반면, 공유재산은 그 재산의 소유권이 비공식적인 규칙이나 규범에 따라 자원을 이용하고 관리해야 할 의무가 주어진 사람들에게 속해 있다는 것을 암시한다. 규범과 비공식적인 규칙이 존재하기 때문에 공유재산에 속한 자원은 쉽게 남용되지 않는다(Bromley, 1991). 공유재산과 접근의 공개가 구분됨에 따라 Barzel이 어떤 것을 염두에 두고 있었는가에 대한 의문이 생긴다. 그는 공유재산과 접근의 공개를 혼동하고 있는가? 그렇지 않다면 공유재산은 항상 기회주의적으로 이용될 것이라는 그의 견해는 개인적인 재산권만이 자산의 합리적인 이용을 도모하기 위한 가장 효율적인 방법이라는 주장을 지나치게 강조하는 결과를 초래하게 된다.

두 번째 한계는 재산권은 제도의 효율성을 극대화시키는 방향으로 발달한다는 그의 주장에 대해서이다. 현재 존재하는 재산권은 비용과 이익의 성격, 그리고 그것을 누가 향유할 것인가를 결정한다. 따라서 이익을 극대화시키는 방향으로 재산권 구조가 성립된다는 주장은 순환논리에 빠지게 된다. 즉, 이익은 현재 존재하는 재산권에 기초하여 발생하는 것이다. 이는 Bromley가 "제도가 거래비용의 성격과 크기를 결정한다. 따라서 거래비용을 반영한 것으로서의 제도라는 개념은 분석적으로 모호해진다"라고 말하는 것과 통한다(Bromley, 1989, p.52).

세 번째 한계는 재산권이 효율적인 기준에 의해 규정된다는 것에 대한 의문과 관련된다. 다시 한번 Macpherson의 주장을 인용하고자 한다. "사람들은 재산을 권리의 일종으로도 여기지 않는데, 왜냐하면 재산의 청구권은 윤리적인 측면에서 인간의 천부적인 권리라고 인정되는 한 당연한 것으로 받아들여지기 때문이다. 이는 재산을 규정하는 제도는 이것을 정당화시키는 이론이 필요하다는 것과 같은 말이다. 법적인 권리는 그것이 도덕적으로 옳다는 공중의 믿음에 기초해야 한다. 재산 역시 항상 정당화되어야만 한다. 만약 재산이 정당화되지 못한다면, 그것은 실행할 수 있는 청구권을 오랫동안 지속시키지 못할 뿐만 아니라, 재산으로 남지도 못할 것이다"(Macpherson, p.11).

여기에서 지적하고 싶은 것은 재산권이 효율적인 기준에 의해 정해진다는 이론은, 도덕적이라고 여겨지는 것들은 반드시 효율적이라고 말하는 오류를 범한다는 점이다. 사람들이 정당하고 도덕적인 것이 무엇인지에 대한 정의를 내리는 데 효율성의 관점이 중요한 역할을 한다는 데에는 의심의 여지가 없다. 하지만 도덕과 정의에 대한 사회적 관점은 효율적인 측면을 뛰어넘거나 또는 그와 다른 요인을 포함하는 경우도 있다.

사람들이 무엇을 정의롭고 옳다고 믿는가 하는 것을 이해하는 것은 어려운 일이다. 이에 대한 하나의 연구는 미국에서의 개인주의를 연구한 Bellah(외)에 의해 시도되었다. 비록 이들의 연구가 미국을 대상으로 이루어졌지만, 연구결과는 캐나다를 비롯한 다른 나라에서도 적용될 수 있다. Bellah(외)의 연구 결과에 의하면 개인주의는 미국인들에게 있어 그들이 보수주의자이거나 또는 급진주의자이거나를 불문하고 가장 중요한 단어이다. 개인주의는 세계를 해석하거나 이해하는 단어이고, 사적인 이득의 관점에서 개인의 목표와 동기부여를 설명한다.

Bellah(외)의 연구에서 흥미로운 것은 미국인들이 개인주의를 가장 중요한 단어로 선택했지만, 그 외의 단어들은 미국인들의 전통과 일상적인 생활에 기초하고 있다는 점이다. 이러한 단어들은 공동체 서비스, 사회적 의무와 같이 사람들의 삶에서 매우 빈번하게 사용되는 것들이다. 그러나 이러한 단어들은 개인의 행동을 해석하거나 정당화시킬 때에는 거의 사용되지 않는다. 그 결과 "경쟁이 치열한 사회석인 세상과 사랑과 의미를 제공하기 때문에 그러한 세상에서의 삶을 참을 만하게 만드는 개인적인 세상 사이에서 불안정한 균형상태가 발생한다"(Bellah(외), p.292).

Bellah(외)의 연구는 사람들이 가치 있다고 여기는 것은 오직 개인주의에 의해서만 정의되지 않는다는 것을 말하고 있다. 그럼에도 불구하고 사람들이 가장 중요하게 여기는 단어는 여전히 개인주의이고, 개인주의는 Barzel과 기타 연구자들에 의해서도 효율성을 결정하는 핵심적인 요인으로 주장되고 있다. 다시 한번 반복하면 그러한 결과는 세상을 오직 효율성의 측면으로만 바라보는 것과 효율성 외에도 의무, 서비스, 공평, 공정 등과 같은 가치에 의해 바라보는 것 사이에서 불안정한 균형을 발생시킨다.

(4) 개인주의, 재산권 그리고 협동조합의 미래

개인주의의 개념은 배타적인 것, 홀로 남는 것, 자유를 갖는 것들로 묘사된다. 따라서 자유주의는 협동과 어울리지 않는다. Bellah(외)는 그의 연구에서 다음과 같이 지적하고 있다. "자유 없이 할 수 있는 것들을 정의하는 것은 미국인들에게 어려운 일이다. 만약 사회 전체가 다른 사람의 요구로부터 자유로울 수 있는 권리를 가진 개인들로 구성되어 있다면, 이들이 다른 사람과 협동하거나 서로 결속하는 것은 매우 어려운 일이다. 왜냐하면 그러한 결속이 개인의 자유를 훼손시키는 구속을 의미할 수 있기 때문이다"(Bellah(외), p.23).

협동이라는 단어의 결핍과, 함께 일하고 살아가는 사람들이 부족한 것은 협동조합을 설립하고 지속시켜 나가는 데 걸림돌로 작용한다. 개인주의는 공유재산(적어도 Bromley에 의해 정의된 공유재산)을 배척하기 때문에 협동조합을 결성하는 데 장애로 작용한다. Macpherson은 재산이 다음과 같은 세 가지 구성요소로 정의된다고 주장한다. "재산은 권리이지 물건이 아니다. 그리고 그 권리는 개인의 권리이다. 또한 그 권리는 국가에 의해 창조된 것으로 실행할 수 있는 청구권이다"(p.202). 이러한 구성요소들 중 어느 것도 재산은 사적으로 소유되어야 하며, 다른 사람들이 그 재산을 이용하거나 이득을 얻지 못하도록 배제시키는 개인의 권리가 재산이라고 말하지 않는다. 그러나 이러한 결론에 대해 충분한 반대 논리를 제공하지도 못하면서, 일반적으로 재산은 개인적인 것으로 인식된다. 하지만 Macpherson은 여전히 공유재산의 경우와 같이 재산은 공유할 수 있는 권리로 인식될 수 있다고 주장한다.

협동조합에 있어 공유재산의 개념은 조합원제도, 이익분배 등 협동조합 원칙들과 매우 밀접하게 연관되어 있다. 예를 들어 조합원가입 자유의 원칙은 협동조합이 창출한 이익으로부터 개별 조합원들이 배제되지 않을 권리가 있음을 암시한다. 또한 협동조합이 창출한 이익은 이용고 배당뿐만 아니라 협동조합의 발전에 사용하기 위한 내부유보, 사회와 공동체를 위한 지출 등으로도 사용되고 있다. 이용고 배당을 제외한 나머지 두 가지는 공유재산과 공동이익의 존재에 대한 명백한 단서를 제공하고 있다.

재산이 배제시킬 수 있는 권리라는 개념은 개인주의뿐만 아니라 자본의 소유주가 잔여청구권자가 되는 구조와도 서로 밀접하게 연관된다. 투자자소유기업의 경우 자본의 소유주가 잔여청구권자이고, 사업을 이용하는 사람들에게는 이익이 제공되지 않는다. 더욱 중요한 것은 자본의 소유는 거래될 수 있다는 점이다. 거래가 가능하다는 것은 특정 자산에 대한 어떤 사람의 소유가 다른 사람의 소유를 제한하거나 배제시킬 수 있다는 것을 뜻한다. 이러한 자산의 거래가능성은 협동조합과 같이 조합원에 의해 공동으로 소유되며 거래가 불가능한 자산을 보유한 조직의 장점을 더욱 부각시키기도 한다. 예를 들어 독과점을 방지하는 역할과 일반 기업이 제공하기 어려운 서비스를 제공하는 것과 같은 협동조합의 기능은 협동조합이 조합원 전체에 의해 공동으로 소유되고 있기 때문에 가능한 것이다. 좀 더 구체적으로 협동조합에 유보된 이익은 협동조합의 자본으로 인정되며, 어느 특정 개인의 소유가 아니라 조합원 전체의 공동재산에 속한다고 받아들여진다. 투자자소유기업에는 이러한 공동 소유의 자본이 존재하지 않는다.

만약 개인주의가 협동이나 협동조합에 도움이 되지 않는다는 것을 인정한다면, 개인주의의 확대가 협동조합을 더욱 어렵게 할 것이라고 짐작할 수 있다. Fairbairn (1995)은 협동조합이 협동조합을 필요로 하는 시기나 장소에서 발생한 것은 사실이지만, "성공한 협동조합은 주로 협동조합을 지원할 의무가 있다는 사회적 공감대가 형성된 곳에서 주로 발생하였다"라고 주장한다(p.13). 더욱이 사람들이 점점 더 개인주의화되는 징후는 여러 곳에서 발견된다. 예를 들어 Bellah(외)는 개인주의가 현재 미국의 문화에서 가장 지배적인 요소이기도 하지만, 시간이 지날수록 점차 확대되고 있다고 주장한다. 농업인과 협동조합의 조합원들 역시 점차 개인주의화되는 징후들도 증가하고 있다.

농업인의 개인주의화가 심화되고 있다는 주장에 대한 한 가지 예는 캐나다 내 1인용 책상 판매실적에서 찾아볼 수 있다. 1인용 책상의 판매실적에 대해 우려하는 전망도 있었지만, 대부분의 1인용 책상 판매 대리점들은 경영상 큰 어려움을 겪지 않았다. 오히려 지난 3년 동안 1인용 책상 판매실적은 급증하는 추세를 보였다. 또한 캐나다산 밀의 미국 수출 독점권을 가지고 있는 캐나다 밀위원회(Canadian Wheat Board)의 권위가 도전을 받고 있으며, 사스캐치원산 돼지판매를 독점하고 있던 사스캐치원 돼지고기인터네셔널(Saskatchewan Pork International) 역시 점차 그 통제력을 상실하고 있다.

농업인들이 점차 개인주의화되어 가고 있다는 것에 대한 두 번째 징후는 지난 15~20년 동안의 캐나다 농민단체의 변화에서 살펴볼 수 있다. 이 기간 동안 캐나다 농민단체는 두 가지의 커다란 흐름을 보여 주고 있다. 첫째는 전국농민연맹(National Farmers Union)이나 캐나다농업연합회(Canadian Federation of Agriculture), Uniform (앨버타 주), Keystone Agricultural Producers(마니토바 주) 등과 같이 전국 또는 지역을 기반으로 하면서 해당 범위에 속한 모든 농업인을 회원으로 하는 농민단체의 회비금액이 감소하고 있다는 사실이다. 두 번째는 특정 품목이나 지역에 기반을 둔 그룹들이 이들 단체 내에서 이해의 대립을 보이고 있다는 점이다. 대상 지역의 모든 농업인을 회원으로 하는 농민단체의 회비금액의 감소는 이들 조직의 회원이 감소하고 있다는 사실을 반증한다. 또한 이는 이들 단체가 농산물 품목이나 지역별로 차별화된 문제들에 대해 효과적으로 대응하지 못하고 있다는 것을 의미하는 것이다.

이러한 두 가지 흐름은 농업인들이 좀 더 개인주의화되고 있다는 사실을 보여 주는 것이다. 지역과 생산품목이 서로 다른 농업인들은 이제 더 이상 하나의 조직이 그들의 이익을 대변하도록 하는 것보다는, 품목과 지역별로 나누어서 가장 적합한 해답을 찾으려고 노력한다. 또한 농업인들은 다양한 농업인을 회원으로 하는 농민단체에 회비를 납부하는 것을 원하지 않는다. 농업인들로부터의 자금지원이 부족하기 때문에 이 농업단체들은 하위 조직에 강제적인 회비납부를 강요하기도 한다.

협동조합에 대한 조합원 참여를 조사한 Fulton과 Adamowicz의 연구결과 역시 농업인이 점차 개인주의화되고 있다는 사실을 증명하고 있다. 앨버타밀협동조합(Alberta

Wheat Pool)을 대상으로 한 이 연구결과에 의하면, 조합원들은 개인의 이익과 관련된 분야에 대해서만 협동조합에 적극적으로 참여하고 있는 것으로 나타났다. 따라서 곡물가격 협상과 같이 모든 조합원들에게 영향을 미치는 협동조합의 활동, 모든 농업인의 이익을 대변하는 정책활동, 지역경제 활성화를 위한 협동조합의 역할 등에 대해서는 참여에 소극적인 것으로 나타났다.

조합원이 점차 개인주의화되고 있다는 또 다른 징후는 최근에 투자자소유기업으로 전환하였거나 또는 거래 가능한 주식을 발행하고 있는 협동조합의 사례에서 찾아볼 수 있다. 극단적으로 말하면 현재의 협동조합 조합원들은 협동조합의 조직전환을 통해 금전적인 이익을 얻고자 노력한다(Schrader). 따라서 현재의 협동조합 전환 움직임은 적어도 부분적으로는 현재의 조합원들이 과거 또는 미래 조합원들의 희생을 대가로 자신들에게 주어지는 이익을 극대화시키고자 하는 노력의 과정으로 인식될 필요가 있다.

좀 더 구체적으로 협동조합의 전환이 의미하는 바를 살펴보면, 협동조합이 더 이상 협동조합의 소유주이자 이용자인 조합원들에게 이익을 제공하지 못할 것이라고 조합원들이 믿고 있다는 것을 암시한다. 협동조합의 전환은 또한 조합원들이 협동조합을 투자의 대상으로 파악하고 있으며, 오직 투자자로서의 이익을 협동조합으로부터 획득하기를 기대한다는 것을 암시하기도 한다. Bellah(외)가 지적한 바와 같이, 개인주의란 단어는 배타적이란 의미와 일맥상통한다. 조합원들이 협동조합의 전환에 동의하였다는 것은 협동조합이 창출하는 이익을 향유할 수 있는 자격으로부터 제외된다는 사실을 그들이 받아들이는 것을 의미한다.

협동조합의 전환은 지난 10~15년간 미국과 캐나다에서 자주 발생하였으며, 이는 이 기간 동안 조합원들이 점차 개인주의화되고 있다는 것을 의미한다. 이런 점에서 캐나다 레지나 주의 소비자 협동조합정유회사(CCRL)가 1940년대 오늘날 일부 협동조합이 새로이 도입하고 있는 자본조달 방식을 이용하여 석유 정제시설 건설에 필요한 자금을 조달한 사실은 협동조합의 자본조달 방식에 있어서 여러 가지 시사점을 제공한다. CCRL은 자금을 조달하기 위해 저축채권을 발행했는데, 이 채권의 소유자는 확정금리를 받을 뿐 아니라 정제시설 건설에 기여하였다는 자격이 주어진다(Faribarin, 1984). 따라서 투자자가 CCRL에 대한 투자의 대가로 획득하는 주된 수익은 확정금리가 아니라 석유 정제시설이 제공하는 서비스를 이용하는 것이다. 이에 반해, 오늘날 협동조합들은 외부자본 조달을 포함한 투자를 이끌어 내기 위해서 협동조합이 창출한 이익을 투자자에게 배당으로 지급하여야만 한다고 주장하고 있다.

(5) 요약

농업협동조합의 주변 환경이 급격히 변화하고 있다. 이 내용은 협동조합의 경영에 가장 큰 영향을 미치는 기술과 사회적 가치의 두 가지 요소를 검토하였다. 이 논문의 결론은 기술 및 사회적 가치가 변화함으로써 협동조합이 앞으로 더 큰 어려움에 직면할 가능성이 있다는 점이다.

기술적 측면에서 농업의 산업화는 전통적으로 농업시장에서 중요한 기능을 담당해 온 협동조합의 역할을 없애거나 줄어들게 할 것이다. 협동조합이 비록 시장실패에 대응하여 생성되어 왔다고 하더라도, 협동조합은 결국 시장의 존재에 가장 큰 영향을 받는다. 만약 시장에서 실질적인 가격형성이 이루어지면, 협동조합은 단지 경쟁의 척도 역할만을 수행할 수밖에 없다. 또한 수직적 통합과 계약에 의해 더 이상 전통적인 시장이 불필요하게 되면, 협동조합 역시 사라지기 시작할 것이다. 기술의 발달은 농업생산에서의 예측 불가능성 정도를 감소시켜 왔다. 농업생산에서의 예측 불가능성 감소가 의미하는 것은 농업인을 생산 및 가공, 자재공급 등의 사업에서 잔여청구권자로 만드는 제도적 필요성이 감소하게 된다는 것을 의미한다. 그 결과 가족농에 기초한 농업생산과 협동조합 모두 쇠퇴할 수 있다.

가치의 측면에서 보면, 개인주의가 사회에서 가장 중요한 가치로 등장하고 있다. 개인주의 이외에도 사회에는 많은 가치들이 있지만, 개인주의는 사람의 행동을 정당화시키거나 행위를 해석할 때 가장 지배적으로 쓰이는 단어이다. 협동조합의 근간에는 공유재산권이 존재하는 반면에 개인주의는 사적인 재산권과 밀접히 연관되어 있다. 개인주의가 확산됨에 따라 협동조합이 과연 앞으로도 계속 유지되고 발전할 수 있을까에 대한 의문이 제기되고 있다.

물론 협동조합의 미래는 지금까지 논의한 것 이외의 다른 요인들에 의해서도 영향을 받는다. 이하에서는 이들 중 특히 중요한 몇 가지에 대해서 살펴보고자 한다. 첫째, 캐나다 연방정부와 지방정부 모두 농업 분야에 대한 지원을 줄이고 규제를 제거시켜 나감에 따라 협동조합은 점차 탈규제적인 환경을 맞이하게 될 것이다. 이러한 환경은 협동조합에 여러 가지 새로운 기회를 제공하게 될 것이다. 예를 들면 과거 정부에 의해 제공되었던 서비스를 협동조합이 제공하게 될 수도 있으며, 농업인들이 그들의 대항력을 높이기 위해 협동조합을 통한 협력의 필요성을 더 크게 느낄 수도 있다. 이에 반해 탈규제적인 환경은 협동조합에 불리하게 작용할 수도 있다. 예를 들어 협동조합의 가장 중요한 역량이었던 정치적 힘이 상실될 수도 있으며, 농업을 보호하기 위한 지원이 감소함에 따라 협동조합이 지도사업에 필요한 자금을 조달하기가 어려워질 수도 있다.

둘째, 캐나다와 미국 내 농업협동조합의 미래는 아마도 현재 존재하는 협동조합에 무슨 일이 발생할 것인가라는 측면보다 과연 새로운 협동조합이 생성되고 발전할 수 있는가에 더 많이 의존하게 될 것이다. 협동조합의 생성은 정부나 기존 협동조합으로부터의 제도적인 지원에 크게 의존한다는 주장이 있다(Fairbairn et al.). 결과적으로 협동조합의 미래는 현존하는 협동조합들이 협동조합의 발전을 위해 기꺼이 지원할 용의가 있는가에도 일정 부분 달려 있다.

셋째, 농업을 더 이상 전업으로 하지 않는 농가가 증가하고 있다. 일정 기간만 농업에 종사하는 경우나 비농업 분야에의 취업이 늘어남에 따라 농업인들이 인식하는 협동조합에 참여했을 때의 기회비용이 증가하고 있다. 이러한 농업인들의 인식 변화는 협동조합에 대한 조합원의 참여를 감소시키게 되고, 이에 따라 자격미달의 지도자가 선출되거나 협동조합의 발달이 저해되는 결과를 초래하게 될지도 모른다.

이 논문에서 필자는 오직 협동조합이 미래에 맞이하게 될 장애와 위기에 대해서만 초점을 맞추었다. 필자가 이러한 부분에만 초점을 맞춘 것은 부정적인 측면만을 강조하기 위해서가 아니라, 이러한 위기가 현실로 다가오고 있으며 따라서 이것들을 제대로 이해하는 노력이 필요함을 강조하기 위한 것이다. 협동조합이 이러한 위기를 극복하기 위해서는 더 많은 연구와 토론이 이루어져야 할 것이다.

3) 유럽[16]

(1) 유럽 농업협동조합의 변화

가. 유럽 농업협동조합의 구조조정 실태

EU 국가의 농업협동조합은 품목별 협동조합을 중심으로 발전해 오고 있으며 전

---

16) 농협대학 농협경영연구소, 「구미(歐美)농업협동조합의 조류와 변화」, 『농협경제연구』, 2005. 3.

통적인 농업협동조합의 조직형태는 미국 협동조합의 조직형태와 크게 다를 바가 없다. 유럽 역시 교통·통신의 발달과 중앙집중형 조합의 발전으로 인해 연합형 협동소합의 모델이 점차 약화되고 있으며 연합형 협동소합이 합병을 통해 광역의 중앙집중형 단일협동조합(unitary cooperatives)으로 개편되는 양상이 두드러지고 있다. 이러한 EU 국가의 협동조합에 대한 구조조정 역시 매우 다양한 형태로 전개되어 오고 있으며 그 주요 형태별 특징을 살펴보면 다음과 같다.

첫째, 단위 농협끼리의 인수·합병(M&A: merger and acquisition)이 급속도로 이루어지고 있으며 그 규모도 대형화되고 있다. 경영의 효율성을 추구하기 위해서 지난 수십 년 동안 합병운동이 지속적으로 전개되고 있으며, 덴마크나 네덜란드 등과 같은 작은 나라에서는 동일 품목의 전 협동조합이 1~2개의 단위 협동조합으로 합병되는 경우도 있다. 더욱이 최근에는 국제간의 협동조합 합병도 시도되고 있는바, 덴마크의 MD Foods 협동조합과 스웨덴의 Alra 협동조합이 합병되어 초대규모의 Arla Foods 협동조합으로 새롭게 탄생된 것이 이러한 사례이다. MD Foods 협동조합은 스웨덴의 Arla Foods와 합병하기 이전에 자국의 최대경쟁자였던 Klover Milk와 1차적인 합병을 이룸으로써 MD Foods란 이름으로 덴마크 우유시장의 85%의 점유하였다. 국제간에 새롭게 합병된 Arla Foods 낙농협동조합은 세계에서 그 규모가 가장 큰 낙농협동조합이 되었다.

<표 6-5>와 <표 6-6>은 1980년 이후 각각 덴마크와 네덜란드에 있어 주요 농산물의 품목별 단위 협동조합의 수적 변화를 나타낸 표이다. <표 6-5>를 통해 덴마크의 협동조합 수의 변화추이를 살펴보면 1980년에 낙농협동조합이 147개나 되었으나 1990년에는 26개, 1999년에는 14개로 감소되었으며,[17] 이들 14개 조합의 시장점유율은 97%에 달한다. 도축협동조합의 경우도 1980년에 20개에 달했으나, 1990년에는 8개, 1999년에는 3개로 감소되었으며, 3개의 조합이 94%의 시장점유율을 차지하고 있다. 계란판매협동조합은 1964년에는 1,400개에 달한 적이 있으나 이후 지속적으로 합병되어 1980년에 1개가 된 이후 지금까지 1개의 협동조합으로 존속되고 있으며, 이 1개의 협동조합이 덴마크 계란시장의 60%를 차지하고 있다.

---

17) 덴마크의 낙농협동조합은 낙농산업이 지방단위의 소규모로 성장·발전되기 시작한 1940년경에는 각 지방마다 거의 1개씩 구성되어 총 1,400여 개가 있었다.

<표 6-5> 덴마크 농업협동조합의 구조변화 추이

협동조합	연도	1980	1985	1990	1995	1999
낙 농	조 합 수	147	57	26	20	14
	조합원 수	37,000	28,000	19,750	13,350	10,250
도 축	조 합 수	20	14	8	4	3
	조합원 수	45,000	41,660	33,059	32,485	29,200
계란 판매	조 합 수	1	1	1	1	1
	조합원 수	350	201	160	135	100

자료: 덴마크 협동조합 연합회(The Federation of Danish Co-operative), 2001.

한편 <표 6-6>을 통해 네덜란드의 농업협동조합 수의 추이를 살펴보면, 1980년에 39개에 달했던 낙농협동조합은 1990년에 그 절반인 18개로 감소하였고, 1999년에는 6개로 합병되었으며, 이들 6개 조합이 1999년 현재 네덜란드 우유·유제품시장의 85%를 차지하고 있다. 특히 1990년도에 Campina협동조합과 Melkunie협동조합이 합병되어 만들어진 Campina Melkunie협동조합과 1997년도에 4개의 낙농협동조합(Friesland Dairy Foods, Coberco, Twee Provincien, De Zuid-Oost Hoek)이 합병되어 탄생된 Friesland Coberco Dairy Foods Holdings N.V협동조합은 네덜란드 우유·유제품시장을 주도함은 물론 유럽과 전 세계의 시장을 거의 확보하고 있다.

<표 6-6> 네덜란드 농업협동조합의 구조변화 추이

협동조합	연도	1980	1985	1990	1995	1999
낙 농	조 합 수	39	22	18	10	6
	조합원 수	51,000	43,500	37,500	27,716	22,935
도 축	조 합 수	2	2	2	2	2
	조합원 수	23,000	22,300	21,300	9,500	10,000
계육 가공·판매	조 합 수	2	2	2	3(1)	1
	조합원 수	440	505	465	375(225)	150
채소 및 과일	조 합 수	49	41	28	12	7
	조합원 수	28,000	25,000	21,800	17,500	12,852
계란 판매	조 합 수	4	3	2	2	2
	조합원 수	750	590	500	NA	NA

자료: 네덜란드 농협중앙회(Dutch Co-operative Council for Agriculture and Horticulture), 2001.
주: 1995년의 ( ) 안은 육계판매협동조합이며 ( ) 밖은 도계협동조합을 포함한 수치임.

1999년의 경우 도축조합은 2개가, 계육협동조합은 1개가 있다. 채소 및 과일협동조합도 1980년에 49개가 있었으나, 1990년에는 28개, 1999년에는 불과 7개로 대형화되있다. 네덜란드 과일 및 채소시장의 50%를 점유하고 있는 Greenery International 협동조합도 1998년에 9개의 조합을 합병시켜 탄생시킨 대형 협동조합이다.

이와 같은 협동조합의 합병과 대형화 현상은 기본적으로 독점시장확보, 규모경제의 실현 등을 통해 소비시장에 효과적으로 대응한다는 차원에서 이루어진 의도적인 합병에 기인하지만, 한편으로는 합병이 또 다른 합병을 연쇄적으로 촉진시키는 경우도 없지 않다.

그리고 협동조합의 대규모화는 조합원에 의한 협동조합의 운영(member control)이 자칫 왜곡될 우려가 야기될 것이라는 염려가 있었으나 오히려 대규모조합이 보다 합리적인 행정시스템을 도입함으로써 조합원에게 더 큰 편익과 봉사를 제공하고 있음은 물론 생산물 단위당 가공비용의 절감, 생산물의 품질향상과 전문화 등에 크게 기여하고 있는 것으로 평가되고 있다.

둘째, 협동조합이 관련 업종에 대한 기업인수를 가속화하고 있다. 협동조합이 관련 업종의 타 기업을 사들임으로써 동일업종에서 규모의 경제(economy of scale)를 실현함은 물론 관련 업종의 범위의 경제(economy of scope)를 실현하기도 한다. 최근 네덜란드의 Campina-Melkunie우유협동조합이 벨기에의 Comelco사와 독일의 Sud milch사를 사들여 유럽 전 지역을 대상으로 시장을 확대해 나가는 것이나, 덴마크의 돈육도축·가공협동조합인 Crown협동조합이 우육가공사인 Dane Beef사를 사들여 돈육시장과 우육시장을 동시에 공략해 나가는 사실들이 이에 해당된다.

셋째, 수직통합을 통한 성장과 시장 지향적인 협동조합으로의 전환이 증가하고 있다. 원료의 안정적인 확보와 가공판매망을 유지함으로써 농축산물의 부가가치를 높이기 위해 추진되는 구조조정의 한 형태로서 농축산물의 판매협동조합(marketing cooperatives)에서 주로 이루어지고 있다. 농업협동조합의 수직통합(vertical integration)이 추진되고 시장 지향적인 협동조합(market-oriented cooperatives)으로의 전환이 이루어지고 있는 현저한 동기는 협동조합의 사업이 원료농축산물의 수집과 기초가공에 제한되어 있을 경우, 거기에서 얻어지는 부가가치의 이익이 한정될 수밖에 없기 때문이다. 따라서 협동조합이 수집과 1차 가공을 포함한 2차 가공, 즉 소비자에게 최종적으로 필요한 상품으로서 농축산물을 가공하고 판매하는 사업까지를 함께 수행함으로써 더 많은 부가가치를 기대할 수 있기 때문이다. 유럽 내의 상당수 협동조합이 생산 지향적인 협동조합(production-oriented cooperatives)임은 분명하며, 그러한 생산협동조합이 지금까지는 나름대로 시장에 잘 적응해 온 것도 사실이다. 그러나 최근 생산협동조합들도 협동조합의 규모화를 지향하면서 급속히 시장 지향적인 판매협동조합으로 전환하고 있다.

<표 6-7>은 생산 지향적인 협동조합과 시장 지향적인 협동조합의 차이를 비교한 것이다. <표 6-7>에서 살펴보면 생산협동조합이 전통적인 협동조합주의에 높은 비중을 두고 있다면 시장협동조합은 경영주의에 더욱 높은 비중을 두고 시장 지향적인 공격적 운영관리가 이루어지고 있음을 알 수 있다. 전통적 협동조합인 생산협동조합은 그 운영·관리 및 소유가 철저히 조합원에 의해서 이루어지고, 조합경영의 목표가 출자에 대한 최소 이익과 수취가격의 제고에 있으며, 잉여금은 자기자본으로 환원된다.

생산협동조합의 시장전략은 비용절감에 기초를 두고 조합원에 한하여 거래가 이루어진다. 조합원은 출하 및 수취의무를 갖게 되며, 거래교섭력을 강화하고 규모경제를 실현하기 위해서 타 협동조합과 합병을 하거나 연합회를 구성하게 된다. 반면에 시장 지향적인 판매 협동조합은 그 운영·관리 및 소유가 조합원과 제한된 비조합원에 의해 이루어지고, 경영이익은 투자와 이용고에 따라 배분되며 공정한 가격실현과 투자주식에 대한 경쟁적 이익실현이 경영의 목표이다.

<표 6-7> 생산 지향적인 협동조합과 시장 지향적인 협동조합의 차이

협동조합의 구조	생산 지향적 협동조합	시장 지향적 협동조합
운영·관리	·조합원이 운영 ·민주적 관리 ·이사회는 조합원으로 구성 ·조합원에 의한 의사결정	·조합원과 제한된 비조합원이 함께 운영 ·민주적 관리 ·외부전문가나 소유자의 일부 참여 ·의사결정자는 전문경영인이 함
소 유	·조합원의 소유 ·조합가입의 공개 ·출자의 제한 ·출자에 의한 공유 자본	·조합원과 비조합원의 공동소유 ·조합가입의 제한 ·이용고에 비례한 출자 ·자본(주식)의 양도 가능
이 익	·조합원에 한해 배당 ·균등가격 ·환원에 의한 자본축적	·조합원 및 비조합원에 배당 ·공정가격 ·출자를 반영한 배당
시장전략	·비조합원과의 거래제한 ·한 개의 단순 품목 취급 ·출하 및 수취의무 ·타 협동조합과의 합병 또는 연합회구성을 통한 수평적 확장 ·비용절감 위주의 시장전략	·비조합원의 거래 증대 ·소비시장의 수요에 따른 다양한 제품 취급 ·계약이나 출하권리에 따른 특정 품질과 물량의 요구 ·전략적 연대, R&D 컨소시엄, 시장 및 분배의 합작투자 등을 통한 수직적 확장 ·제품의 차별화 위주의 시장전략

자료: Kyriakopoulos, K., "Agricultural Cooperatives: Organizing for Market-Orientation", IAMA World Congress Ⅷ, "Building Relationships to Feed the World: Firms, Chains, Blocs", Uruguay, Punta Del Este, 29 June~2 July 1998, p.8.

판매협동조합의 시장전략은 제품의 차별화를 통한 시장확보에 있으며, 따라서 소비자의 수요요구에 따라 다양한 제품을 생산·공급하게 된다. 조합의 규모화도 주로 수직적 통합을 통해서 이루어지게 된다. 다만 무리한 수직통합은 자칫 자금부담이 과중해지고 조합원의 협동조합에 대한 영향력이 약해진다는 약점을 가지고 있다.

넷째, 신 협동조합(new cooperative)의 모델이 탄생, 발전되고 있다. 지난 수년간 유럽의 많은 협동조합, 특히 농축산물의 판매협동조합의 경우 조직구조의 개편이 급속히 이루어졌다.

국가에 따라서 협동조합이 사업체를 타 협동조합 및 연합회, 기관 및 개인투자자 등과 같은 외부 주주와 조합원이 공동으로 투자하는 공사(PLC: public limited company) 형태의 협동조합으로 전환하거나, 독립된 자회사(subsidiaries)형태로 전환시키는 등 다양한 형태의 모델을 만들어 나가고 있다. 자회사나 공사형태의 PLCs는 재정 및 경제적 관리가 용이하고 모조합(母組合, mother cooperative)이 직접 또는 지점형태로 운영하면서 발생될 수 있는 위험을 감소시키고 외부 투자의 유치가 용이할 뿐 아니라 비조합원을 자회사의 이사로 영입할 수 있기 때문에 경영 차원에서는 다양한 이점을 가지고 있다.

<표 6-8>은 유럽협동조합의 신 협동조합 모델을 포함한 다양한 조직형태를, 그리고 <표 6-9>는 농업협동조합의 주요 제도적 특성을 나타낸 표이다.

<표 6-8> EU 주요국 농업협동조합의 조직형태

국 가	전통적 협동조합	PLC 협동조합	자회사 협동조합	주식양도가능 협동조합	주식참여 협동조합
덴 마 크	●		●		
독 일	●	●			
프 랑 스	●		●		●
네 덜 란 드	●		●	●	●
스 웨 덴	●		●		
영 국	●	●			●

자료: 전게서, p.170.

<표 6-8>과 <표 6-9>를 통해서 살펴보면 네덜란드에서는 전통적인 협동조합 외에 자회사 형태의 협동조합과 주식의 양도가 가능한 협동조합, 조합원 이외의 외부주식

의 참여를 허용하는 주식참여협동조합 등 다양한 신 협동조합 모델이 출현하고 있다.

PLC협동조합의 경우 투표 및 이익의 환원이 주식을 기준으로 해서 이루어짐으로써 경영 측면에서는 일반 주식회사와 하등에 다를 바가 없다. 자회사 협동조합(cooperative with subsidiary)과 주식참여협동조합(participation shares cooperative)의 경우에는 투표권과 이익환원이 조합원은 이용고, 투자자는 참여주식에 따라 이루어지고 있다.

<표 6-9> EU 농업협동조합의 주요 제도적 특성

조직체계	전통적 협동조합	PLC 협동조합	자회사 협동조합	주식양도가능 협동조합	주식참여 협동조합
가 입	자 유	유동적	유동적	제 한	자 유
개인자본	없 음	있 음	투자자에 한함	있 음	투자자에 한함
투 표	평 등	주식 기준	조합원: 이용고 투자자: 주식기준	이용고 및 주식기준	조합원: 이용고 투자자: 주식기준
다수 의사결정	조합원	투자자	조합원	조합원	조합원
외부참여	없 음	있 음	있 음	제한하거나 투표는 불허	있 음
부가가치 활동	제 한	있 음	있 음	있 음	있 음
조합원의 지분	동일함	주식에 따름	조합을 통해 동일하게 적용	이용고에 따름	동일함
이익환원	이용고 기준	주식 기준	조합원: 이용고 투자자: 주식기준	이용고 및 주식 기준	조합원: 이용고 투자자: 주식기준

자료: 전게서, p.171.

이와 같이 유통이 가능한 주식과 우선주의 발행, 투자에 따른 투표와 배당, 조합원에 대한 출하권리의 부여 등을 포함한 획기적이고 다양한 자본조달 방법을 채택하고 있는 협동조합형태는 일반 기업과 시장경쟁에서 살아남을 수 있는 경쟁력을 자생적으로 키워 나감은 물론 협동조합이 고부부가가치 제품(high value-added products)의 생산을 통해 조합원의 경제력을 개선시키기 위한 협동조합형태, 소위 1990년대 미국에서 발생되었던 신세대협동조합(new generation cooperatives)과 맥을 같이하고 있음은 <표 6-9>를 통해서 구체적으로 이해할 수 있다.

나. 유럽 농업협동조합의 조합원제도

인적 조직이면서 경제조직인 협동조합은 이제 경제조직으로서의 가치가 점차 중요시되어 가고 있다. 이는 협동조합이 본래의 기능을 제대로 수행하기 위해서는 1차적으로 시장에서의 존립 문제가 우선되기 때문이다. 따라서 조합과 조합원의 관계가 점차 사업화(business-like)되어 감으로써 원가봉사의 원칙이 붕괴되고 있는 소합노 많다.

<표 6-10>을 통해서 살펴보면 스웨덴을 제외한 EU 대부분의 국가에서 정관이나 계약에 의해 조합원의 출하의무를 규정하고 있으며, 특히 판매협동조합의 경우 효율적인 가공·판매를 위한 안정적인 물량확보와 계획생산 차원에서 출하의무제도를 채택하고 있다. 덴마크의 낙농협동조합은 정관에 의해 100% 출하의무를 규정하고 있는 반면에 스웨덴 협동조합의 경우에는 경쟁에 관한 법률에서 농업협동조합의 출하의무제도를 금지하고 있다.

<표 6-10> EU 주요국가 협동조합의 조합원 권리·의무

국 가	투표 수	출자	가입탈퇴의 자유	비조합원 거래	출하의무
덴 마 크	단수	보증	있음	제한	낙농, 고기, 계란 조합에 한함(정관)
독 일	복수 < 3	1좌 이상	있음	총 매출액의 50% 이내	정관에 의함
프 랑 스	복수	1좌 이상	없음	총 매출액의 20% 이내	5년계약에 의함
네덜란드	복수 < 4	매출액에 대한 비율(%)	없음	제한 없음	증가되고 있음
스 웨 덴	단수	매출액에 대한 비율(%)	있음	제한 없음	없음
영 국	단복혼합	10,000파운드 이내	있음	총 매출액의 1/3 이내	계약에 의함

자료: 전게서, p.174.

EU의 주요 6개국 가운데 덴마크와 스웨덴을 제외하고는 복수투표를 채택하고 있으며, 프랑스와 네덜란드에서는 조합원의 가입탈퇴도 허용되어 있지 않다. 그리고 비조합의 거래와 사업참여가 전반적으로 증대되고 있다. 덴마크를 제외한 모든 국가에서 비조합원의 거래를 허용하고 있으며, 그 허용범위는 독일의 경우 총 매출액의 50% 이내, 프랑스는 총 매출액의 20%, 영국은 총 매출액의 3분의 1 이내이다.

특히 우유를 비롯한 음료산업 부문에서 비조합원(농민이면서 비조합원인 경우와 비농민조합원을 포함)과의 거래관계가 활발히 전개되고 있다. 이러한 정책은 자기자본의 확대, 규모 및 범위의 경제를 통한 비용절감과 시너지효과 증진, 제품의 다양화 등에 크게 기여하고 있는 것으로 평가되고 있다. 예컨대 우리나라의 서울우유협동조합에서 조합원이 생산한 우유의 가공판매와 더불어 비조합원이 생산한 각종 과일주스나 여타 음료 등을 함께 가공 판매하는 경우와 마찬가지이다. 그러나 비조합원의 확대정책은 조합원의 소속감 결여와 과다한 재정부담을 야기시킬 수 있다는 점에서 주의를 요하는 정책이다.

다. 유럽 농업협동조합의 재정

EU 국가 대부분의 농업협동조합에서도 조합원의 출자금은 자기자본의 중요한 부분임이 분명하다. 그러나 조합원의 출자에 의한 재정은 특히 가공협동조합의 경우 협동조합의 국제화 추세에 대응하기 위해서는 크게 부족할 수밖에 없다. 반면에 급변하는 시장환경과 조건은 사업 규모의 확대, 거대한 투자 및 무형자산에 대한투자 확대를 지속적으로 요구하고 있다. 따라서 많은 협동조합들이 비조합원의 투자를 유치하지 않을 수 없는 상황에 처하게 되었다.

이 같은 비조합원에 의한 자본참여의 증대는 인적 조직체인 협동조합에서 조합원의 조합에 대한 소속감을 감소시키고 조합원관리의 원칙을 상실할 위험이 있다는 등의 문제가 제기되기도 한다. 그러나 궁극적으로 제한된 자본에 의한 조합사업의 비효율성은 조합원의 이익실현에 한계가 있을 수밖에 없기 때문에 많은 협동조합들이 새로운 자본조달의 수단으로 출자이외의 조합원주식에 의한 자본참여와 비조합원의 자본투자를 확대·허용하게 된 것이다. 다만 비조합원의 자본참여를 확대하더라도 대부분의 경우 아직까지는 전체 자본의 2분의 1 이상은 조합원지분이 확보되도록 조정해 나가고 있다.

<표 6-11> EU 주요국의 농업협동조합 자기자본 형성방법

국 가	조합원 출자 및 잉여금 적립	채권/조합원주식	외부 참여주식	합작 주식(외부)
덴 마 크	●			●
독 일	●			
프 랑 스	●	●	●	
네덜란드	●	●		●
스 웨 덴	●			●
영 국	●	●		

자료: 전게서, p.176.

<표 6-11>은 EU 주요국의 농업협동조합의 자기자본 조달 방법을 나타낸 표이다. 위에서 보는 바와 같이 독일을 제외한 모든 국가에서 조합원의 출자와 잉여금적립을 제외한 여타 방법에 의해 자본을 조달하고 있다. 그러나 대부분 유럽 국가들의 많은 협동조합들이 이러한 자본유치 이외에 협동조합의 사업체를 조합으로부터 분리시켜 PLCs 형태의 자회사를 설립하는 경우가 지속적으로 증대되고 있다. 이미 앞에서도 언급한 바와 같이 PLCs 형태의 자회사는 그것이 잘 운영될 경우 농업협동조합의 운영에 있어서 다양한 이점을 가지고 있다. 즉, 투자유치와 재정 및 경제적 관리가 용이하며, 모조합(母組合, mother cooperative)이 직접 또는 지점형태로 운영하면서 발생될 수 있는 위험을 감소시키고 비조합원을 자회사의 이사로 영입할 수 있는 등 협동조합의 경영관리 차원에서는 다양한 이점을 가지고 있다.

그러나 어느 경우라도 비조합원에 대한 자본참여의 확대는 제한을 받고 있으며, 프랑스에서는 협동조합에 대한 특별법(SICA: special legal form for cooperatives)을 제정하여 비조합원의 자본참여가 50%를 초과하지 못하도록 규정하고 있다.

라. 협동조합의 국제화

협동조합의 국제화는 국가 간의 문화적 차이, 서로 다른 협동조합 관련법 등과 같은 장벽이 있음에도 불구하고 타국의 농민을 조합원으로 받아들이는 추세가 급속히 확산되고 있다. 다른 나라의 조합원을 받아들이는 가장 일반적인 동기는 규모경제의 실현을 위한 조치라고 하겠으나, 타국의 농산물을 가지고 자국 내 부족한 부분을 보충하면서 국가 간의 교역기회를 확대하고 타국의 시장개척수단으로 활용하기 위한 것이 그 주요 동기이다.

최근에는 외국 조합원의 영입뿐 아니라 협동조합이 해외의 기업이나 협동조합에 직접 투자하는 경우도 확대되고 있다. 덴마크의 MD foods협동조합은 영국에 유가공공장을 가지고 있으며, 네덜란드의 Campina-Melkunie협동조합은 벨기에와 독일에 유가공공장을 가지고 있다. 스웨덴의 곡물협동조합이 덴마크에 도정공장을 가지고 있는 것은 해외투자의 대표적인 사례이다.

<표 6-12>는 유럽 국가들의 협동조합 국제화 정도를 나타낸 표이다. <표 6-12>에서 살펴보면 특히 국토면적이 적은 나라, 즉 덴마크와 네덜란드는 해외 합작투자와 직접투자를 시도하는 등과 같이 협동조합의 국제화가 매우 활발히 추진되고 있다.

국 가	수 출	해외판매조직	전략적 제휴	해외합작투자	해외직접투자
덴 마 크	●	●	●	●	●
독 일	●	●			
프 랑 스	●	●	●		
네덜란드	●	●	●	●	●
스 웨 덴	●	●		●	
영 국	●		●		

자료: 전게서, p.183.

협동조합의 경영주의는 국가 간의 역사적·문화적 요인까지도 초월하여 나가고 있다는 것이 협동조합의 국제화로 반영되고 있다.

2. 한국 농협운동의 전망과 과제

1) 한국 농협운동의 전망[18]

(1) 미래의 농업협동조합

1988년 조합장 및 중앙회장의 직선에 이어, 2000년에는 농민조합원의 권익신장을 위한 협동조합 개혁 차원에서 통합농협법이 제정 시행되고 있다. 외형상으로 보면 명실상부하게 조합원에 의한 민주적 지배체제가 구축되어 개도국에서 흔히 보는 준정부조직의 정부통제 체제를 벗어나 순수 자조 조직으로서의 협동조합으로 탈바꿈되었다고 볼 수 있다.

그러나 아이러니하게도 이러한 일련의 협동조합의 개혁에도 불구하고 농민조합원들의 '내 조합의식'은 여전히 희박하여 일부 조합원 간에는 조합의 성장은 조합원의 편익증대와는 무관하다는 그릇된 인식이 상존하고 있는 실정이다. 이 결과 일부의 오도된 여론 조작으로 정부의 농정실패도 자조적 단체인 농협의 책임으로 전가되는 현상이 나타나며, 조합과 조합원 간 오해에서 발생할 수 있는 지엽적인 문제조차 농민 권익 옹호를 명분으로 한 제3자인 운동권 농민단체의 개입으로 확대 증폭되는

---

18) 「농업협동조합의 미래와 발전과제」, 김위상 전 농협대 교수, 2004. 2.

일이 역시 다반사로 발생하고 있다. 결국 조합원의 내 조합의식 결여에서 비롯된 이러한 왜곡된 갈등 구조를 청산하고 조합원에 의한 조합의 소유 지배를 정착시키기 위해, 미래의 농협운동은 소합의 경영 성과가 조합원의 경제적 이익 증대로 귀결되는 메커니즘을 구축해야 한다는 과제를 안게 된다.

가. 시장 환경 변화와 농협의 역할

농협운동 초창기에는 독과점적 상인의 횡포, 고리사채 질곡 등의 시장실패(market failure)를 교정하기 위한 방편으로 수도단작 위주의 조합원 간의 동질성을 바탕으로 한 전통적 협동조합 모델이 유효하였다고 볼 수 있다. 이 시대의 조합원의 역할은 투자자로서의 역할보다는 고객으로서의 역할이 중시되어 사업량 확대가 농협운동의 성공 여부의 관건이 되었던 것이다. 이 시기에는 고정금리 체제, 정부의 농산물 가격 지지정책, 농자재시장에서의 수요독과점 등으로 시장가격이 고정되어 있었기 때문에 사업량 확대를 통한 규모의 경제로 원가를 절감하게 되면 원가경영원칙(잉여금 공정분배의 원칙)에 의해 그 절감 폭만큼 조합원의 편익이 증대되는 결과를 가져올 수 있었다.

그러나 '80~90년대를 거쳐 오늘날에는 시장경제 체제의 급속한 진전으로 금융·유통·자재 분야 등에서 타 업체(기관)와의 경쟁이 심화되고 있으며, 이로 인해 시장실패 현상은 농촌시장에서 더 이상 존재하지 않는다고 할 수 있다. 조합의 사업영역도 단순 예대업무, 농산물 및 농자재의 단순 위탁사업에서 전문화된 금융사업 및 고부가가치 사업 등으로 전환되고 있다. 이에 따라 농촌의 도시화와 함께 조합의 고객도 조합원뿐만 아니라 최종 소비자인 비조합원으로 급속히 확산되는 추세이며, 이와 함께 조합의 지속적 성장을 위한 자본(투자재원)조달의 원활화가 조합경영의 주요 관심사로 대두되고 있다. 조합원의 성격 또한 1인1표 투표원칙하에서 조합원 간 이해관계의 상충, 욕구의 다양성 등으로 인해 이질화 경향을 보임으로써 조합원이 조합으로부터 소원해지는 소위 통제문제(control problem)가 야기되고 있다. 이는 결국 조합원의 역할은 전통적 협동조합 모델이 중시하는 조합원 간의 동질성을 바탕으로 한 이용고객으로서의 역할이 퇴색하고 투자자로서의 역할이 더욱 중요하게 부각될 수밖에 없음을 의미한다.

한편, 조합경영 측면을 보면 일부 사업 부문의 경우 수요포화 상태로 공급증가가

가격 하락을 초래함으로써 전통적 협동조합 모델의 주요 전제조건인 고정시장가격 유지가 불가능한 상황이 초래되고 있다. 예컨대, 상호금융의 경우 조합의 사업량 증대(예수금 증대)가 역설적으로 자산운용의 애로와 함께 운용수익률 저하(신용공급가격 하락)를 초래하고 있다. 이는 사업량 확대를 통한 규모의 경제 이점이 수요포화 상태로 인한 단위 사업량당 마케팅비용의 체증으로 상쇄됨을 의미한다.

농촌시장에서의 시장실패 해소, 조합원의 이질화 경향, 조합의 주요 목표시장인 틈새시장(niche market)의 수요포화, 조합사업의 고부가가치사업으로의 전환 및 비조합원과의 거래량 증가 등은 협동조합에 대한 기존의 고루한 인식의 전환을 요구한다. 다시 말해 조합원의 이익 증대를 위해 조합의 사업영역이 농업 부문에 한정되어야 한다는 고정관념을 탈피하여야 하며, 비조합원과의 거래량이 증가할 경우 조합의 이윤 극대화는 투자자로서의 조합원의 이익증대라는 인식전환이 필요한 것이다. 고전적 협동조합원칙인 원가경영원칙에 의한 조합원 이윤 극대화, 즉 이용고객으로서의 소비자잉여(consumer surplus) 극대화는 조합의 거래고객이 조합원에 한정될 때에만 경제적으로 타당한 것이다.

결국 오늘날 한국 농협운동은 고전적 협동조합의 원칙을 준수하는 전통적 협동조합 모델을 탈피, 시장 지향적(기업적) 협동조합 모델을 지향해야 하는 전환기에 처해 있다고 볼 수 있다. 이를 위해 무엇보다도 투자자로서의 조합원의 역할 증대를 통해 조합원들의 내 조합의식을 제고시킬 필요가 있다.

나. 시장 지향적 농업협동조합 모델의 정립

현행의 투자지분의 비양도성 및 지분의 액면가 상환제도는 미래 현금흐름을 가져다주는 장기투자보다는 단기투자를 선호하는 기간문제(horizon problem)와 조합과 조합원이 유리되는 대리문제(agency problem)를 초래하고 있다고 볼 수 있다. 따라서 출자지분의 조합원 간 매매허용은 조합의 경영성과가 출자증권 가격에 즉시 반영되는 시장에 의한 평가 장치가 구축되어 조합의 의사결정 과정이 잔여청구권자(residual claimant)인 조합원의 이익과 일치될 수 있을 것이다. 그리고 조합의 경영성과에 대한 조합원의 관심 증대로 조합과 조합원 간의 괴리에 따른 대리 비용(agency cost)이 감소되는 효과를 볼 수 있다. 이와 함께 사망, 노령으로 인한 은퇴 시 출자지분의 환급을 출자 좌 수당 조합의 순 자산 가치를 기준으로 액면가가 아닌 시가로 하게 되면 조합원의 조합 경영에의 관심은 한층 증대되어 조합원의 내 조합 의식은 가일층 제고될 것이다. 이러한 출자지분의 매매허용과 시가환급 제도하에서는 지속적 경영악화 조합의 경우 투자지분(증권)의 시장가격이 하락할 것이고, 이에 따라 적정 합병비율에 따른 인근조합에 의한 M&A가 용이하여 시장에 의한 지역농협의 규모화가 가능해지는 부수적 효과를 기대해 볼 수 있을 것이다.

이 외에 시장 지향적 협동조합 모델을 정립하기 위해서는 자기자본 조달의 원활화를 위해 외부참여 우선출자제도를 중앙회뿐만 아니라 회원농협으로까지 확대할 필요가 있다. 그리고 1인1표 투표방식은 투자자 및 이용자로서의 조합원의 역할이 중시되는 협동조합 경영체의 의사결정 방식으로는 부적절하므로 구미제국의 이부 협동조합같이 제한적이나마 조합 이용고에 다른 투표권의 차별화도 고려해 볼 수 있을 것이다.

이러한 시장 지향적 협동조합 모델의 지향은 근본적으로 중앙회는 물론 지역농협도 사업성격상 비조합원과의 거래량은 증대되는 반면 농민조합원의 수는 감소하고 있기 때문에 조합의 기업적 경영행동의 추구가 역설적으로 투자자로서의 농민조합원의 이익이 극대화된다는 현실적인 인식에 바탕을 둔 것이다. 경영성과를 중시하는 경영풍토는 필연적으로 고전적 협동조합원칙의 상호책임(mutual responsibility)이 유발하는 도덕적 해이(예컨대, 과잉투자 및 부채과다 등)를 해소하여 책임경영을 구현케 하는 기반을 마련할 수 있을 것이다. 경영부실에 대한 변상을 포함하는 책임경영의 정착은 인력 운용 면에서도 획기적인 변화가 일어나 개인의 충성심이나 활용도보다는 능력을 우선시하는 분위기가 조직 내에 고착되어 조합이 보다 효율적인 경영체로 변모되는 계기가 마련될 것으로 보인다.

시장 지향적 협동조합으로의 패러다임 전환은 조직문화에도 영향을 미치게 된다. 협동조합의 고질적인 병폐라 할 수 있는 조합원에게의 봉사라는 미명하에 수익창출과 무관한 낭비적 업무의 수행, 업무를 빙자한 개인적 편익추구, 업무태만 등 소위 직무상의 소비행위(consumption on the job)를 근절하여 임금에 대한 생산성을 중시하는 분위기를 조성할 수 있을 것이다. 그리고 패러다임의 전환은 자본주의 시장경제 체제하에서 일개 경제주체에 불과한 협동조합을 마치 사회적 불평등을 시정할 수 있는 운동단체인 양 이념화하고 있는 외부의 공상적 사회주의자(ideal socialist)들로부터 우리 농협을 보호하는 길이기도 한 것이다.

조합의 구조	고전적 농협	미래 농협(시장 지향적 농협)
통제 및 지배	○ 조합의 지배권은 조합원에게 전속 ○ 조합원에 의한 민주적 통제 ○ 이사회 구성원은 조합원에 한정 ○ 의사결정권의 조합원 독점	○ 조합의 지배권은 조합원 및 한정된 비조합원에 전속 ○ 조합원에 의한 민주적 통제 ○ 외부 전문가의 이사회 영입(사외이사) ○ 의사결정권의 분할
소유권	○ 조합원에게 조합소유권 전속 ○ 조합원 가입자유와 정치적 중립 ○ 이용고와 무관한 출자 ○ 출자 지분 양도 불가	○ 조합원 및 한정된 비조합원에게 조합소유권 전속 ○ 조합원 가입의 제한(봉쇄주의) ○ 이용고에 따른 출자 ○ 출자지분의 양도 가능
편익	○ 조합원에게 편익 귀속 ○ 조합원에 대한 재화 및 서비스 공급가격의 동등 ○ 잉여의 배당 ○ 출자 배당률 최소화	○ 조합원 및 비조합원에게 편익 귀속 ○ 수혜 정도에 따른 가격차별화 ○ 배당의 회전출자화 ○ 출자배당률의 적정화
시장 전략	○ 비조합원과의 거래 제한 ○ 품질 고려 없는 출하의무 ○ 타 조합과의 합병을 통한 수평적 결합 ○ 비용절감형 시장전략	○ 비조합원과의 거래증대 ○ 조합원과의 계약을 통한 출하 농산물의 품질보증 ○ 전략적 제휴, R&D 컨소시엄, 연합판매사업 등을 통한 수직적 결합 ○ 상품차별화 시장전략

2) 미래 농업협동조합운동의 핵심 과제

21세기 협동조합의 성공전략 구상은 두 가지의 주제가 중심을 이루고 있다. 첫째는 협동조합의 구성원에 대한 교육투자 확대가 필요하다는 것이다. 조합원과 임원, 경영진은 21세기의 과제를 해결하기 위하여 필요한 훈련을 받아야 한다. 그렇지 않으면 이들은 경영전략의 차이점을 완벽하게 이해하지 못할 것이며, 과제분석과 합리적인 결정을 이끌어 낼 수 있는 능력도 갖추지 못하게 될 것이다.

둘째는 실용주의와 수익성에 강조점을 두어야 한다는 것이다. 협동조합은 사업체이며 미래에도 사업에 관한 문제를 해결하고 조합원에게 경제적 실익을 제공하는 데 초점이 모아져야 한다. 그렇지 않으면 조합원들이 조합을 이용하지 않고 이탈하게 될 것이다.

(1) 농업협동조합 지도층의 역량 강화

21세기의 도전과제에 대응할 수 있는 지도자를 보유하지 못하면 협동조합에는 긍정적인 현상이 거의 발생하지 않을 것이다. 협동조합을 이끌어 나가는 데 필요한 기법을 모색하고 이사와 경영진이 계발되어야 한다.

가. 이사회 기능의 활성화

이사회는 협동조합에서 농민조합원의 통제권이 발휘되고 유지되는 핵심 기관이나. 이사들은 조합원에 의해 선출되며, 사업계획을 수립하고 그 시행을 감독하는 역할을 맡게 된다. 오늘날 조합의 이사회는 농업생산에 대한 지식은 많지만 조합의 운영과 관련하여 외부의 사업여건에 대처해 나가는 데 필요한 경험과 기술이 미흡한 노령의 농업인자들로 구성되기 쉽다.

사업환경이 변화됨에 따라 농업인 이사들은 확대된 사업체를 관리하고 시장변화에 적응하는 데 더욱 어려움을 느끼고 있다. 어떤 교육자가 극단적으로 표현했던 것처럼, 이사회 구성원과 연구·개발, 광고, 마케팅, 공급체인관리에 대하여 토론하려고 시도하는 것은 "셰익스피어(Shakespeare)에 대한 시험을 보는 것과 같다"고 할 수 있다. 그들에게는 그러한 내용이 단지 외국어에 불과한 것일 수 있다. 그들은 주로 단기적인 비용에만 주목한다.

㉠ 첫째, 사외이사제도 도입

조합원에 의한 통제를 보장하기 위한 노력의 일환으로, 대부분의 농업협동조합들은 비조합원의 이사회 참여를 엄격히 제한한다. 농업협동조합의 이사회 임원들 역시 협동조합 서비스의 이용자이므로 이들은 소유자로서의 이해관계(owner concerns)와 이용자로서의 이해관계(user concerns)를 함께 갖는다. 소유자로서의 이해관계는 투자 주주의 이윤성에 집중되며, 이용자로서의 이해관계는 상품의 질, 개별이용자의 이윤성에 영향을 미치는 조합원 서비스의 가격설정에 집중된다. 배당금 지불에 대한 제한과 자본이득 획득의 불가능으로 인해, 이사회는 이용자로서의 이해관계에 더 관심을 갖게 된다. 투자주주의 피 신탁인(trustee)으로서 기능하는 IOF(Investor Owned Firm) 이사회와는 달리, 협동조합 이사회는 투자자에 대한 피 신탁인으로서의 기능과 이용자로서의 이해관계를 경영층에 전달하는 협동조합 고객의 대표로서의 기능을 동시에 수행한다.

이사회의 임원은 협동조합 서비스의 이용자이기 때문에, 협동조합의 서비스와 경영에 대해 약간의 기술적 지식을 가질 수 있게 된다. 그러나 만약 협동조합의 경영이 복잡하거나 혹은 영농활동의 범위를 넘어 확장된다면, 농민이사들은 내부 및 외부이사(inside and outside directors)들이 갖는 판매, 제조, 소매 분야에서의 전문성이 결여될 것이다. 이는 농업협동조합에서 다음과 같은 딜레마를 초래한다. 즉, 농민들은 이사회의 지도적 역할에 참여하면 할수록 경영층을 무력화시키게 되고, 반면에 참여를 하지 않게 되면, 소유권은 통제로부터 멀어지게 된다는 것이다.

이사회 임원의 자격을 조합원에 한정시키면, 능력 있는 이사들의 공동화(pool)가 제약을 받게 된다. 만약 임원의 재능이 희소상품이라면, 이사회를 통해 행사되는 조합원에 의한 통제와 협동조합의 조합원 수와의 관계를 나타내는 역 U자형의 곡선을 상정할 수 있게 된다. 소규모 협동조합에서는 임원재능(board member talent)의 공동화는 많은 제약이 뒤따르므로, 경영행동을 효과적으로 감시할 수 있는 이사회를 구성한다는 것은 어려운 일이다. 이러한 소규모 협동조합에서의 경영자들은 전시적인 경영성과를 나타낼 가능성이 있다.

협동조합의 규모가 커짐에 따라 임원재능의 공동화는 확대되고, 이로 인해 협동조합의 의사결정 과정에서 적극적인 역할을 수행할 수 있는 이사회의 선출이 가능해진다. 그러나 특정 시점에서는, 협동조합이 대규모화되고 복잡해짐에 따라 파트타임 이사회로는 경영행동을 충분히 감시할 수 없게 된다. 그러므로 이러한 대규모 협동조합에서의 경영층은 자신의 목표를 추구할 수 있는 여지가 그만큼 크다 할 수 있을 것이다.

협동조합 이사회는 IOF 이사회와는 다른 구조를 갖고 있을 뿐만 아니라, 여러 이유로 인해 의사결정 과정에서 IOF 이사회의 역할보다는 훨씬 적극적인 역할을 수행하게 된다. 먼저 앞에서 논의한 것처럼, 협동조합 조합원들은 IOF에서는 전적으로 경영층에게 일임된 가격설정과 같은 문제에도 깊은 관심을 갖게 된다. 둘째, 경영성과에 관한 지표 선정의 어려움과 출자증권의 매매를 통한 차익실현과 같은 자동적 인센티브체계(automatic incentive systems) 구축의 어려움으로 인해, 이사회에 의한 경영행동의 직접적 감시가 요청된다. 협동조합의 조합원들은 순 마진 이외에 협동조합 성과에도 관심을 갖는다.

경영자를 순 마진에만 근거하여 평가하는 이사회는 경영자에게 다음과 같은 동기를 부여하게 된다. 즉, 조합원 서비스 가격의 인상동기, 협동조합의 경영을 조합원 기업의 경영(예컨대, 영농)과 조화시키려는 노력보다는 별개의 이윤센터로서 협동조합을 운영하고자 하는 동기 등이 그것이다. 조합원 서비스의 현재 가격에만 근거하여 경영자의 성과를 평가하게 되면, 기간문제(horizon problem)가 악화되고 서비스

가격의 할인문제에 대해 조합원 간의 갈등을 유발한다. 이사회는 경영자의 성과 지표에만 매달리기보다는, 조합원 간 권력배분이 변화함에 따라 달라지는 여러 측면을 고려해야만 한다. 이렇게 하기 위해서는 협동조합 이사회는 IOF 이사회보다는 경영업무에 더 종합적으로 간여할 필요가 있다.

협동조합 증권에 대한 유통시장의 부재로 인해, 협동조합에 실질적인 투자를 한 농민들은 조직으로부터의 퇴거(exit)가 어려움을 알게 된다. 설령 이들이 협동조합을 탈퇴한다 하더라도, 이들의 자본은 여전히 조합에 남아 있게 된다. 출자를 많이 한 고객들은 조합의 탈퇴가 현실적으로 어렵기 때문에 이사회에 압력을 가하여 조합의 업무에 직접 간여하고자 하게 된다. 이들 주주는 자본회수의 위협으로는 경영자를 통제할 수 없기 때문에, 그들의 관심사항을 경영층에 전달하기 위해 조합원 여론 (member voice)에 의존하지 않을 수 없다. 이 과정에서 이사회는 이들의 대변자로서 봉사한다. 한편, 협동조합에 단지 소규모 투자를 한 조합원들은 협동조합의 경쟁자들이 존재할 경우에는 훨씬 용이하게 조합을 탈퇴할 수 있다.

ⓛ 둘째, 이사 교육 프로그램

이사의 활동능력을 개선하기 위한 다음 단계의 과제는 이사의 훈련에 관심을 갖는 것이다. 너무나 많은 협동조합 지도자와 조합원들은 교육을 투자가 아닌 비용으로 생각하고 있다. 긴축의 시기가 되면 일선 조합과 중앙회는 교육훈련에 관한 예산을 절감하는 경향이 있다.

교육 프로그램의 개발과 훈련에는 많은 비용이 뒤따른다. 그러나 다양한 전략을 평가하는 데 능력이 부족했던 이사들이 훈련을 통하여 취약한 결정을 내리지 않게 된다면 그 비용 이상의 수익을 거둘 수 있을 것이다.

ⓔ 셋째, 이사 보상 체계 정비

협동조합은 이사에 대하여 상당한 대우도 해야 한다. 모든 협동조합은 최소한 이사들이 정해진 비용 이상으로 비용을 지출한 데 대하여 보상해 주어야 한다. 협동조합이 이사들에게 많은 것을 기대하고 있을 경우, 바람직한 이사라면 더 많은 시간과 전문지식을 취하려고 할 것이다. 그러한 시간과 전문지식에 대한 보상이 이루어진다면, 더욱 많은 조합원들이 이사에 출마하도록 하는 계기가 될 것이고, 이사들이 이사회에 참여하도록 하는 자극제가 될 것이다. 전문가들은 보상 없이 사외이사로 봉사하기를 거절할 것이므로 그에 상응하는 보상금액이 이사회 운영비용에 계상되어야 한다. 교육훈련과 같이 이사에 대한 보상도 비용이 아니라 투자로 취급되어야 한다.

그러나 협동조합은 이사들에 대한 급료 또는 사례금을 너무 높게 책정하지 않도록 주의해야 한다. 소득을 얻기 위해 이사가 되려고 하는 사람은 조합원의 이익보다 자신의 자리를 보전하기 위해 조합의 운영사항을 결정할 것이다.

나. 전문경영인 체제의 도입

훌륭한 경영진은 사업과 협동조합의 특수한 문화를 모두 파악하고 있다. 훌륭한 경영진을 영입하고 보유하는 데는 과학적인 기준은 없으나 협동조합은 경영진의 성과를 개선하기 위하여 다음과 같은 두 가지 사항에 관심을 가져야 한다.

㉠ 첫째, 전문경영인의 영입

경영자는 이사회를 제외하면 협동조합에서 가장 중요한 자리를 차지하고 있다. 협동조합의 이사들은 주어진 임무를 효과적으로 수행할 수 있는 사람을 발굴하여 경영자로 선임하는 것이 당연하다. 여러 협동조합은 새로운 CEO(현행의 상임이사 등)를 외부에서 영입하는 것에 비해 내부에서 인선하여 선임하는 것이 유익한 방법임을 알고 있다. 일부 전문가들은 전문가인 CEO를 탐색하고도 후보자가 일반 사기업체 출신이어서 협동조합의 경영에 대한 경험이 부족할 경우 오히려 내부인을 경영자로 선택하는 것이 낫다고 생각하고 있다.

협동조합의 외부에서 경영자를 영입하여 성공한 사례도 있지만 실패한 사례도 있다. 일반 사기업체의 경영자들은 협동조합과 다른 종류의 사업 관행과 원칙을 추진하려고 하는 경우가 자주 있다. 성공적인 협동조합 경영자라면 협동조합 고유의 원칙과 관행을 이해하고 그러한 틀 안에서 사업을 운영할 수 있을 것이라고 생각된다. 성공을 거둔 운동선수처럼 성공적인 경영자는 천부적인 재능과 훌륭한 지도를 받아 출현하게 된다. 피고용자들이 훌륭한 경영진이 될 수 있는 능력을 보여 준다면, 협동조합은 그들이 책임감을 배양해 나갈 수 있도록 교육훈련과 경험의 기회를 제공해야 한다. 그들에게 기회가 주어진다면, 그들은 새로운 일자리에서 성공을 거둘 수 있고 협동조합의 성공도 지원하게 될 것이다

ⓛ 둘째, 적절한 보상 체계

협동조합은 경영자에 대한 적절한 보상 체계를 마련하기 위해 고심하고 있다. 대부분은 협동조합의 보상 수준이 일반 사기업체에 비해 낮은 수준이라고 믿고 있다. 이는 사기업체의 경영자에게 제공되는 후불성과급이나 스톡옵션을 고려할 때 사실이다.

일부 협동조합의 이사들은 최저 수준의 급료와 최소한의 휴가만을 요구하는 응모자를 경영자로 선임하고자 한다. 성공적인 협동조합에서는 가장 저렴한 사람이 아니라 그 자리의 적임자가 선호하는 보상체계를 개발할 필요가 있음을 알게 될 것이다. 협동조합은 또한 최고경영자를 평가하고 성과에 따라 보상수준을 조정하고자 한다. 이들 협동조합은 성과와 보상수준을 연결시키는 객관적인 기준을 갖추고 있지 않은 경우가 보통이다. 이들 조합에서는 각각의 여건에 부합한 평가체계를 개발할 수 있는 자문가들의 도움을 받으려 할 것이다.

(2) 농업협동조합의 성장과 합병

사회적 관점에서 보았을 때 협동조합 간 경쟁을 규제한 것은 바람직스럽지 못한 행동인가? 협동조합 간 경쟁의 지양 여부에 관한 판단기준으로서 공동이익뿐만 아니라 조합원의 후생도 고려되어야 한다. 농민조합원들이 상호 경쟁적인 2개 이상의 조합에 조합원으로 가입하는 것이 과연 경제적인 행동인가? 대답은 그렇지 않다는 것이다. 조합원들이 요구하는 취급 량의 총비용은 2개 이상의 조합이 분할 취급할 때보다 1개 조합이 전량 취급할 때 낮아진다는 것이다.

따라서 시설, 인력 등의 중복에 따른 비용으로 인해 상호 경쟁적인 협동조합의 존재는 조합원에게 도움이 되지 않을 것이다. 협동조합 간 경쟁이 X효율(X efficiency)을 증진할 것이라는 주장, 즉 협동조합 경영자들의 생산성 향상을 위한 분발을 유도할 것이라는 주장은 기존 기업과의 치열한 경쟁이 기왕에 존재하기 때문에 설득력이 없다. 2개의 협동조합에 가입한 조합원들은 전체 조합원일 수도 있고 일부 조합원일 수도 있다. 협동조합의 이사회조차도 경쟁에서 승리해야 한다는 생각에 빠져 있기 때문에 경쟁적 유치대상이 되는 조합원들은 가격 및 서비스에서 이익을 얻을지 모른다. 그러나 그 이득이 조합 간 경쟁의 희생 대가로 얻어진 것이라면 전체 조합원의 수익은 감소하게 된다.

이러한 협동조합 간 경쟁의 문제는 한국의 경우 지역농협과 전문농협, 지역농협과 지역축협과의 관계 등에서 제기된다. 현재 한국 농촌지역에서는 동일 업무 구역 내에 축협과 농협 간 조합원 고객의 경쟁적 중첩으로 인해 일부에서는 조합재정의 불건전화, 협동조합 정신의 파괴 등을 우려하는 견해가 있다. 만약 협동조합 간 경쟁의 불식을 조합원들이 바란다면 협동조합 간 협동을 위해 협동조합은 어떤 일을 할 수 있는가? 조합사업 규모의 확대로 거래구역의 중첩문제 및 이익 상충 문제를 해결할 수 있을 것이다.

협동조합 간 협동의 구체적 형태는 협동조합의 외연적 확대 및 협동조합 간 연대로 나타난다. 협동조합의 외연적 확대는 합병(merger), 통합(consolidation), 인수(acquisition) 등의 방법에 의해 달성되며, 협동조합 간 연대방식은 연합회(federation)조직, 공동판매기구(marketing agencies in common) 설치, 공동사업(joint venture) 수행, 공동출자의 자회사(subsidiaries) 설립 등을 들 수 있다.

가. 외연적 확대의 효과

합병은 1개 혹은 2개 이상의 조합의 자산을 생존조합(surving cooperative)의 자산과 결합하는 것을 의미한다. 통합은 2개 이상의 조직의 자산을 결합하여 새로운 조직을 결성하는 것이다. 인수는 조합의 자산 전부 또는 일부를 다른 조합이 취득하는 것을 말한다. 인수된 조합은 인수조합에 통합되거나 혹은 새로운 소유권 구조하에서 별도로 운영되기도 한다. 합병이란 용어는 통합, 인수를 포함한 모든 형태의 외연적 성장을 포괄하는 광의의 용어로 자주 쓰인다.

이러한 외연적 성장 방법은 업무구역을 확대함으로써 가능하며, 신규사업의 투자를 통한 내연적 확대보다는 비용과 속도 면에서 훨씬 유리하다. 외연적 확대의 결과로 조합 간 치열한 경쟁을 회피할 수 있게 되며 시장지배를 보다 강화할 수 있다. 그리고 신규사업을 위한 자본 확충 및 운전자본의 추가획득 등 재무구조 개선에도 도움이 된다. 또한 시장의 확대에 따른 규모의 경제(economies of scale) 실현으로 시장영역, 광고, 시설이용 등에서 비용의 절감을 도모할 수 있다. 많은 사람들은 합병을 조합 청산을 회피하기 위한 최후의 수단으로 간주하며, 이로 인해 조합원 농민에게 보다 많은 이득이 돌아갈 것으로 생각한다.

한편, 협동조합의 외연적 확대를 억제하는 장벽이 존재한다. 2개 이상의 조합이 합병하여 조합원, 이사회, 경영진을 통합할 때, 조합 및 조합원들 상호 간의 관계는 이해상충으로 반목과 갈등이 조장될 수 있다. 즉, 조직통합(system integration)이 달성되지 않을 때 합병의 효과는 반감이 될 수 있다.

또한 새로이 탄생한 합병조합은 중복시설의 감축, 사업방식의 변경, 자본가치의 평가, 초과고용 직원의 해고에 따른 어려움에 직면하게 되며, 이를 효과적으로 수행할 수 없을 때 역시 합병의 효과는 반감된다. 이 외에도 합병을 통한 외연적 확대는 농촌지역 공동체의 정체성(community identity)을 약화시킬 우려가 있다.

나. 외연적 확대의 방식

㉠ 첫째, 합병(merge)

합병을 위한 주요 절차는 합병대상 조합과의 접촉, 합병연구 수행, 합병 협상이라 할 수 있다(<그림 6-1>).

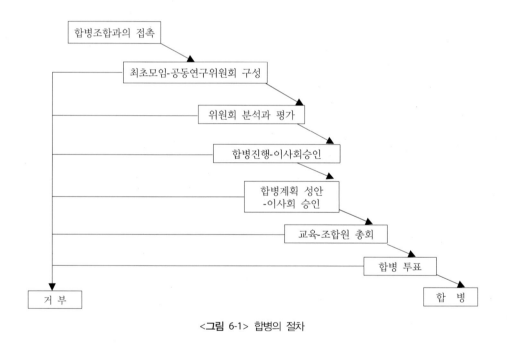

<그림 6-1> 합병의 절차

성공적인 합병을 위해서는 시기선택이 대단히 중요하다. 가끔 이사회는 합병이 필요할 때 이를 추진할 용기나 통찰력이 결여되어 시기를 놓치는 경우가 있다. 합병 이외에는 다른 대안이 없는 막다른 상황에서 합병을 하게 될 경우에는 교섭력의 약

화로 상대적으로 유리한 조건에서 합병을 달성할 수 없게 된다.

선진국에서의 협동조합의 합병과 통합에 관한 법률을 보면 합병과정의 절차가 명시되어 있다. 조합 이사회는 합병 결의 및 합병안을 채택하여야 하고 이 안을 조합원 총회에 제출, 승인을 받아야 하는데 이때 보통 조합원 3분의 2 이상의 동의를 필요로 한다(한국의 경우 조합원 과반수 출석과 출석조합원 과반수의 찬성). 이러한 절차가 끝나면 합병안은 해당 행정관서에 제 합병에 반대하는 조합원들은 조합을 탈퇴할 권리가 주어지며 이 경우에는 해당 조합원의 출자지분이 상환된다.

㉡ 둘째, 통합(consolidation)

이전의 독립적인 협동조합들이 새로운 협동조합으로 태어나는 통합은 이미지, 조합명칭, 지리적 위치, 취급상품, 지향하는 이념 등이 대상 조합들 간에 모순되지 않을 때 설득력이 있다. 완전히 새로운 협동조합으로 태어난다는 것은 기존 통합대상 조합의 법적인 존재, 조합 명칭, 조직구조 등이 소멸되면서 완전히 중립적인 조합이 탄생하는 것을 의미한다.

그러나 통합은 추가적 법률비용 발생과 통합대상 조합들과 관련된 정체성의 상실로 인해 합병보다 더 많은 비용이 초래된다고 볼 수 있다. 협동조합의 통합은 조직 규모가 비슷하며 통합 후의 새로운 조직이 보다 효율성을 증진시켜 개선된 서비스를 제공할 수 있을 때 타당성을 갖는다. 일부 조합원들은 합병이나 인수 시에는 조직의 일부분으로 존립이 불가능하나 통합 시에는 신규조직에서 동등한 파트너로 존재할 수 있기 때문에 합병이나 인수보다 통합을 선호한다.

㉢ 셋째, 인수(acquisition)

초과시설의 처분 애로, 조합직원의 감축 곤란, 지점(지소)에서의 가격차별화 실패 등 합병 후의 사업수행과 관련된 여러 문제는 조합의 규모 확대에 따른 편익을 감소시킨다. 따라서 일부 조합원은 합병이나 통합 대신 인수를 선호하게 된다.

합병 대신에 인수를 통한 조합의 구조조정은 오늘날 선진국 농협에서 많이 사용되는 방법인데, 그것은 조합의 외연적 확대와 관련된 많은 단점들을 인수방식을 통해 최소화시킬 수 있기 때문이다. 인수주체가 되는 조합은 경영층 및 직원들의 인력조정과 이중시설의 처분에 보다 많은 재량권을 갖게 된다. 인수조합은 조합원들의 투자자본이 실질적으로 영향을 받지 않는다면 조합원들의 승인 없이도 인수사업을 수행할 수 있다. 또한 재무구조가 취약한 인근 혹은 경쟁조합을 인수 취득함으로써 협동조합은 새로운 서비스를 선택석으로 소합원에게 제공할 수 있게 된다.

이와 관련하여 최근 한국에서 이루어진 농협중앙회와 축협중앙회의 통합방식이 과연 법률적인 의미에서의 통합(consolidation)인가, 아니면 합병(merger) 혹은 인수 (acquisition)인가에 대해 명확한 개념 정립이 필요할 것이다. 조직규모가 엄청나게 차이 나고 사업영역 및 경영성과 역시 뚜렷하게 차별되는 조직 간에는 통합보다는 오히려 인수·합병(M&A) 혹은 자산부채이전(P&A) 방식이 조합원을 위한 제도 개편이 될 수 있을 것이다.

㉣ 넷째, 자산부채이전(P&A: Purchase & Assumption)

경영건전 조합이 경영부실 조합을 부득이 합병할 경우 동반부실을 막기 위해 자산부채이전 방식을 고려해 볼 수 있다. 자산부채이전은 청산(liquidation)이나 인수합병(M&A) 등과 같은 부실기업정리 방식의 하나로 처음에는 기업을 정리하는 방식으로 이용되었지만 오늘날에는 부실금융기관(insolvent financial institutions)의 정리 방식으로 많이 이용되고 있다. M&A와 다른 점은 고용승계 의무가 없고 인수금융기관이 우량자산과 부채만을 떠안는다는 것이다. 자산과 부채를 넘긴 부실금융기관은 껍데기만 남아 정부 주도로 청산절차를 밟게 된다. 따라서 청산처럼 자산과 부채를 모두 가지고 있는 상태에서 금융기관을 없애는 데 따른 손실과 M&A처럼 금융기관을 통째로 합치는 데 따르는 충격과 부작용을 줄일 수 있다.

M&A는 원칙적으로 양 금융기관과의 계약에 따른 것임에 반해 P&A는 정부 정리기관의 명령과 공적자금 투입에 따라 이루어진다. 한국 농업협동조합의 경우 농협법(제166조, 제167조)에 경영부실 조합에 대한 농림부장관의 경영지도권(임원의 직무정지, 설립인가의 취소, 합병 등을 명할 수 있는 권한)을 명시하고 있으므로 경영부실 조합을 경영건전 조합에 합병시킬 때는 P&A 방식을 이용할 수 있을 것이다.

다. 협동조합 간 연대

지역협동조합은 합병 대신 협동조합 간 연대를 통해 합병이 가져다주는 효과를 거둘 수 있다. 즉, 협동조합은 협동조합 간 연대를 통해 경영상의 효율 증진, 타 사업 분야에의 진출, 재무구조 개선, 시장력 제고, 협동조합 간 경쟁 불식 등을 이룰 수 있는데, 그 구체적인 방법은 공동판매기구(marketing agencies-in-common) 설치, 연합판매사업 수행, 자회사(subsidiaries) 설립 등을 들 수 있다.

협동조합 간의 시장 분할은 공동판매기구의 설치로 극복될 수 있다. 즉, 협동조합이 경영상의 독립을 유지하면서 조합 간에 공동판매기구라는 전문 조직을 결성함으로써 규모의 경제 및 시장력을 제고할 수 있을 것이다. 따라서 한국의 경우 지역농협 간 합병의 주요목적이 조합원을 위한 투자재원 확보(자기자본 증대)에 있다면, 조합과 조합원 간의 공동유대감(common bond)을 훼손하면서까지 합병을 무리하게 추진하는 것보다 조합들의 공동투자로 신규사업을 실시하는 것이 바람직할 수 있을 것이다(예컨대, RPC 공동사업 등).

또한 협동조합은 ① 비조합원과의 거래, ② 특정한 위험사업의 자금 및 자본 조달, ③ 특정 재화의 구입 및 판매, ④ 수출 교역 등의 목적을 위해 자회사를 조직하거나 운영할 수 있다. 자회사는 협동조합처럼 운영되거나 혹은 일반 사기업처럼 운영될 수 있다. 자회사의 사업내용이나 법적인 의무는 모 협동조합(parent cooperative)과는 별개이며 경영상의 손실, 부채 등은 모 협동조합에 직접적인 영향을 미치지 않는다. 그러나 협동조합의 자회사의 설립 목적은 궁극적으로 조합원에의 봉사에 있는 만큼 조합의 경영층이나 이사회에 의해 통제를 받을 수밖에 없다.

(3) 자본금 확충

협동조합이 직면한 도전과제 중 가장 중요한 것이 자본금 확충의 문제일 것이다. 자기자본이 충분하지 않으면 협동조합은 외부의 도전과제에도 대응할 수 없으며, 조합원과 고객이 필요로 하는 서비스도 계속해서 확대하여 제공할 수 없다.

자본금 확충의 문제가 표출되는 정도는 협동조합의 유형에 따라 다르다. 교섭협동조합(bargaining cooperative)은 조합원을 위해 판매 가격과 기타 거래 조건을 교섭하는 역할만을 하기 때문에 자본의 필요성이 가장 적다. 충분한 자본금을 투자하지 않고 소득을 향상시키기 위해 생산자들이 교섭력을 활용할 수 있다는 사실은 교섭조합이 가진 장점 중 하나이다. 그러나 일반적인 농업협동조합이 제조업이나 유통업에 참여하게 되면 자본금의 필요성은 더욱 증대된다.

자본금의 필요성이 증대되면 농업인들은 필요한 자금을 투자하는 데 더욱 꺼리거나 할 수 없을지도 모른다. 협동조합의 지도자들은 조합원에게 투자를 호소하거나 외부의 타인 자본금에 의존할 수밖에 없다. 협동조합은 자본금 관리전략(equity management strategy)을 개선하고 사본금의 원활한 운용을 위하여 조직체계의 변화를 고려해야 할 필요가 있을 것이다.

가. 농업협동조합의 자본조달 방식

㉠ 첫째, 직접투자(direct investment)

직접투자는 보통주 혹은 우선주, 조합원 자격증명서 등의 현금구입을 통해 이루어진다. 조합 설립 시 최초의 자본(납입출자)은 이 방식으로 조합원 고객으로부터 조달된다. 기존 조합도 지속적 자본증대를 위해 이러한 직접 투자방법을 이용하고 있다. 이 방식의 이점은 조합 설립 시 자본 확보를 위해 필요할 뿐만 아니라 조합원의 조합에의 관심 정도를 판별할 수 있는 척도로써 이용될 수 있다는 점이다. 직접투자는 이것이 조합의 이용과 직접적으로 연계되어 있을 때 가장 성공적인 방법이 될 수 있다.

그러나 직접투자는 출자배당 수익이 제한되어 있기 때문에 조합원들은 이를 회피하고자 한다. 더욱이 소유권은 자본가치상승(capital appreciation)의 기회가 거의 없을 뿐만 아니라, 지분의 양도 또한 제한되므로 현금을 크게 필요로 하는 농민들은 이 방식을 외면하게 된다. 따라서 조합이 조합원들로부터 직접투자를 유도하는 것은 '이용고배당 유보방법'이나 '단위이용고당 유보방법'보다 훨씬 어려우며, 직접투자 증대를 위해서는 경영층은 매번 조합원을 설득하는 교육적 노력이 뒤따라야 한다.

㉡ 둘째, 이용고 배당의 유보(retained patronage refunds)

이용고 배당의 유보는 조합원에게 할당된 순 소득의 일정 부분을 조합이 유보하는 것을 말한다. 이용고 배당액의 유보는 오늘날 농업협동조합의 자기자본의 대부분을 차지하고 있다. 이용고 배당 유보방식은 자본증대를 위한 간편하면서도 체계적인 방법이기 때문에 오늘날 보편적으로 많이 이용되고 있다. 이 방식은 '단위 이용고당 자본유보 방식'이 잘 작동되지 않는 서비스협동조합에 대해 적합하다. 배당의 유보는 비조합원 고객을 조합원으로 유치하는 데 효과적으로 이용될 수 있는데, 그 이유는 이들의 조합원 자격 획득을 위한 출자를 이 유보배당액으로 대신할 수 있기 때문이다.

그러나 자본축적 수단으로써의 이용고 배당 유보방식의 문제는 이 유보액의 크기가 조합의 경영성과에 따른 순 소득 수준에 달려 있다는 것이다. 예컨대, 경영손실이 발생하게 되면 이용고 배당을 할 수 없게 되고 따라서 이를 유보시킬 수도 없기 때문이다. 또한 배당액의 유보로 축적된 자본은 조합원에게 오해를 불러일으킬 수 있다. 즉, 조합원들은 이용고 배당의 유보액을 조합에의 투자라기보다 조합이 자신들에게 진 빚으로 간주할 수도 있는데, 만약 이들이 이것을 부채로 간주한다면 이 유보액은 조만간 상환되기를 기대할 것이다. 이러한 이유로 인해 일부 협동조합은 자본축적의 방식으로 이용고 배당의 유보방법과 함께 단위 이용고당 자본유보방법을 병행 사용하고 있다.

㉢ 셋째, 단위 이용고당 자본유보(per-unit capital retains)

이 방식은 각 고객의 거래액에 근거한 고객투자 방식이다. 일반적으로 판매협동조합은 자본축적방식으로 이 방법을 많이 사용하는데 조합원의 판매수익에서 일정액을 공제하는 방식으로 이루어진다. 이 방식의 장점은 조합의 경영성과에 따른 순 소득 수준에 영향을 받지 않고 이용고배당의 유보방식보다 안정적으로 자본을 축적해 나갈 수 있다는 것이다. 그러나 이 방법은 판매조합의 경우 조합원의 실질수취가격을 감소시키며, 구매 및 서비스 조합의 경우에는 가격인상의 결과를 초래하게 되므로 조합원의 반발을 초래할 소지가 있다.

만약 조합이 이 방식을 채택하면 이사회가 유보수준을 결정해야 하는데, 이때 고려해야 할 사항은 유보액의 정도, 지분상환율, 조합의 경쟁적 경영환경, 조합원의 이해 정도 등을 들 수 있을 것이다.

㉣ 넷째, 비배분 자본(unallocated equity)

조합의 자기자본은 조합원에게 출자 지분화되지 않는 비배분(unallocated) 자본으로 축적될 수 있다. 이 자본은 회계상 조합원 자본으로 나타나지만 실제로는 비배분 계정(unallocated account)에 속해 있다. 원래 이것은 비조합원과의 거래로 인한 순소득, 임차료, 지대 등의 비영업소득, 구입가격이 자산의 장부가격보다 낮은 사업 부문 인수 등으로부터 조달된다. 또한 이것은 자산의 시장가격이 장부가격보다 높은 경우 매각 차익으로 조성되기도 한다. 그러나 한국 농협의 경우 비배분 자본은 순익의 원천에 관계없이 총 순익의 일정률 이상을 법정적립금, 법정이월금 등의 이름으로 적립하고 있나.

조합의 재무구조의 건전화를 위해서는 조합원에게 지분화된 자본보다 조합원에게 배분되지 않는 이러한 영구자본의 비중이 높아지는 것이 바람직할 수 있다. 이렇게 되면 출자지분의 상환 압박으로부터 어느 정도 벗어날 수 있기 때문이다. 또한 인플레이션 기간 중에는 현금유출을 방지하기 위해 비배분 유보수익을 증가시킬 필요가 있다. 실제 이 기간에는 재고 및 자본자산의 대체비용(replacement cost)이 과소평가되기 때문에 순 소득은 상대적으로 과대평가된다.

자본축적 방식의 하나로 비배분 자본의 방식은 그것의 간편성과 단순성에도 불구하고 많은 문제점이 있다.

첫째, 조합이 조합원과의 거래로 인한 순 소득을 비배분 잉여로 유보한다면 이것은 원가경영원칙(principle of service at cost)에 위배된다. 더욱이 비배분 유보액에 대한 개별조합원의 소유권은 불분명하기 때문에 조합과 조합원 간의 유대관계도 손상을 입게 된다. 비배분 유보액의 비중이 커지게 되면 조합원들은 조합의 소유권을 상실할지도 모른다(미국의 경우 농협이 정부의 농산물 가격지지프로그램의 혜택을 보기 위해서는 조합 총자본 중 조합원에게 지분화된 자본이 50% 이상이 되어야 함).

둘째, 조합 청산의 경우 비배분 유보액의 공정한 분배가 불가능하다. 일반적으로 조합 청산 시 비배분 유보액을 과거 이용고에 따라 조합원에게 공정 분배하도록 하고 있으나, 과거 기록 등의 보존 미비로 현실적으로 이러한 계산이 불가능하다. 따라서 협동조합은 정관규정에 의거, 잔여 유보액에 대한 청구권을 현재의 조합원에게 배분한다(한국 농협의 경우 조합원의 출자지분에 비례하여 배분).

비배분 유보수익이 커지게 되면 경영층은 조합원에 의한 통제로부터 좀 더 독립적이게 된다. 경영층은 조합원에게의 책임감이 떨어지게 되고 개인별로 지분화된 출자가 적은 조합원들은 조합에 대해 그만큼 관심이 줄게 된다. 결국 조합의 경영은 조용경영층의 통제에 들어가게 되는 것이다. 또한 비배분 유보수익의 비중이 높게 되면 극단적인 경우 이를 취득하기 위해 일부 조합원들은 조합의 청산을 요구할 수도 있으며, 자신들의 몫을 챙기기 위해 신규조합원의 가입을 억제할 수도 있다.

㉤ 다섯째, 비조합원으로부터의 자본조달

상기 여러 문제를 회피하는 한 방법으로 비조합원으로부터 자본을 조달하는 방법이 있다. 이용고배당 및 유보를 비조합원에게도 실시할 경우 비조합원이 조합의 출자지분을 보유하는 결과를 유도할 수 있다. 또한 우선주(협동조합에서는 우선출자증권이라 명명: preferred stock)의 일반인에게의 매각을 고려해 볼 수 있다. 이는 조합에 영구자본(permanent capital)을 제공하는 역할을 한다. 우선주는 투표권이나 조합원으로서의 특권을 부여받지 않으나 조합의 순 소득을 조합원에 우선하여 분배받을 권리가 주어진다. 또한 조합이 청산될 경우 조합재산의 처분에 있어서 보통주 소유자(조합원)보다 우선권이 주어진다. 한국 지역농협의 경우 자기자본 증대를 위하여 우선주(우선출자증권) 발행이 법적으로 허용되면 그 대상은 출향인사나 농협 거래업체가 될 수 있을 것이다. 또한 우선주 발행제도는 조합의 경영이 부실화하여 비조합원인 정부로부터 공적자금을 출자받을 경우 법적인 근거가 된다.

㉥ 여섯째, 지분의 교환(양도매각)

구미의 일부 조합은 조합원 간에 출자지분의 양도매각을 허용하는 곳이 있다(미국, 벨기에, 네덜란드, 핀란드 등의 일부 조합). 이 경우 매매가격은 액면가격, 할인가격, 프리미엄가격 등이 사적 교섭에 의해 결정된다. 거래는 보통 조합 이사회의 동의를 받아야 가능하며 지분의 매각이동 경로는 조합에 의해 기록된다. 이처럼 투표권이 수반되는 보통주 또는 조합원 자격증명서의 양도는 많은 제약이 뒤따른다. 그러나 일반인에게 매각된 우선주는 제약 없이 양도 가능하다. 실제로 구미 조합의 경우 지분의 양도매각은 기본 자본계획(base capital plan)과 회전출자의 지분상환프로그램을 갖는 조합에서 가끔 허용된다. 회전출자상환 방식을 사용하는 조합의 조합원들은 조합이 일관된 회전정책(revolving policy)을 갖는다면 지분가액을 평가하여 양도가액을 결정할 수 있게 된다. 그러나 이러한 지분상환계획이 없는 조합에서는 구매자와 매각자 간에 상호 동의할 수 있는 가액을 결정하기란 쉽지 않다. 설령 동의가 이루어진다 해도 경영환경 변화로 인해 회전정책을 변경할 가능성이 있기 때문에 구매자는 항상 위험을 떠안게 된다.

일반적으로 출자지분을 구입하는 조합원들은 할인가액으로 구입하여 나중에 액면가액으로 이를 상환받을 수 있으며 반면, 지분을 매각하는 조합원은 미래의 액면가

보다 현재 할인된 현금가액을 더 선호할 수도 있기 때문에 지분 교환이 가능해진다. 조합원 간의 지분교환은 과잉투자 조합원으로부터 과소투자 조합원으로 지분을 이동시키기 때문에 조합원 간의 투사형평성 측면에서 오늘날 많은 관심을 끌고 있다.

나. 농업협동조합의 출자 지분 상환모델

협동조합의 출자지분상환 방식에는 유보된 이용고 배당액의 체계적 상환이라 할 수 있는 회전출자상환 방식(revolving fund), 출자지분의 일정률 상환방식(percentage of all equities plan), 출자지분의 일정률 상환방식(percentage of all equities plan), 비체계적(특수) 방식(nonsystematic or adhoc method), 그리고 기본자본 방식(base capital method)이 있다.

㉠ 첫째, 비체계 방식(nonsystematic method)

많은 협동조합은 조합원의 사망, 은퇴 이외의 경우에는 조합원의 유보수익 상환을 위한 체계적 프로그램을 갖고 있지 않다. 이런 경우에 조합원들은 조합을 탈퇴할 때만이 출자지분을 상환받는다. 협동조합의 자산축적 능력은 이러한 형태의 출자 지분 상환계획 아래서 훨씬 제고될 것은 명백하다.

그러나 이 계획이 제대로 시행되기 위해서는 조합원에 대해 조합 탈퇴 시 그동안 계속된 조합이용에 대해 충분한 보상을 받게 될 수 있을 것을 설득할 수 있어야만 한다. 일반적으로 만약 조합의 자산이 조합원의 할인율(members' discount rate)보다 큰 비율로 증가한다면 조합원들은 자신들의 자본이 은퇴할 때까지 조합에 유보되는 것을 선호하게 될 것이다. 그러나 협동조합의 자산이 조합원들의 할인율보다 낮게 증가한다면 조합원들은 조합에의 투자를 외면하게 된다.

그러므로 만약 조합이 경쟁적 성장률을 보일 수 있다면 조합원에 대한 환원수익률은 증가할 것이므로 조합원들은 비체계적 출자 지분 상환계획을 선호할 것이다. 그러나 이 계획의 실시에는 많은 제약요인이 있다.

첫째, 미래의 성장률에 대해 완전한 확실성(perfect certainty)이 존재하지 않는다는 것이다. 불확실하고 가변적인 성장률에 직면하게 되면 조합원들은 자신들의 출자지분의 일부가 주기적으로 일정한 간격으로 상환되기를 원할 것이다. 이를 수행하는 한 방법은 체계적(systematic) 출자지분상환을 통해서만 가능하다.

둘째, 조합원들은 개인적인 현금흐름의 목적상 순수익의 일정 부분이 현금으로 상환되거나 출자지분의 일부가 상환되기를 원한다. 이러한 이유로 조합원들은 체계적 출자 지분 상환방법을 선호하게 된다.

셋째, 조합원의 이용고가 시간에 걸쳐 일정하지 않다는 것이다. 조합원들은 조합을 이용할 때 비로소 조합원으로서의 이득을 얻기 때문에 체계적인 조합원의 출자지분 상환방식만이 조합이용으로 인한 이득을 조합에의 투자(출자)와 연계시킬 수 있다. 그러나 비체계적 계획은 출자지분과 이용고의 균형을 유지할 수 없다. 특히 조합원의 조합 이용고는 은퇴가 가까울수록, 즉 출자지분계정이 극댓값에 도달할수록 감소하는 경향이 있다. 따라서 체계적 출자 지분 상환계획은 조합원 자격보유 기간 중 일정 주기로 지분을 상환함으로써 이용고의 출자지분에 대한 비율을 좀 더 균형 있게 할 수 있다.

ⓛ 둘째, 출자 지분 상환계획(revolving fund plan)

회전출자상환 모델은 가장 일반화된 체계적 출자 지분 상환모델이다. 이 계획하에서는 자본이 일정 수준에 도달한 이후에는 조합에 의해 유보된 순서대로 자본이 상환된다. 즉, 선입선출(FIFO: first-in-first-out) 방식에 의해 상환된다. 예컨대 t년도에 수익을 유보한 조합원은 이 유보수익을 t+n년도에 조합원들의 수익이 유보되기 전에 상환받게 된다.

협동조합이 조합원의 유보수익을 상환해 주는 횟수를 회전 사이클(revolving cycle)이라 부른다. 예컨대, 회전 사이클이 5년이라면 15년 차에 조합에 의해 유보된 수익은 20년 차에 조합원에게 상환될 것이다. 21년 차에 유보된 수익은 26년 차에 조합원에게 상환된다.

회전출자상환제도의 운영방법을 예로 든 것이 <표 6-14>이다. 예컨대, 조합의 목적이 1,500만 원의 조합원 자본을 축적하는 것이라 하면 1차 연도에 500만 원의 유보로 시작하여 3차 연도 말에 목표수준에 도달하게 된다. 조합은 4년 차에 500만 원의 새로운 자본을 유보하기 때문에 1차 연도에 유보되었던 자본 500만 원을 상환하게 된다. 5년 차에는 1,000만 원을 유보함으로써 2년 차 및 3년 차의 500만 원을 각각 상환하게 된다.

<표 6-14> 회전출자상환(revolving fund)제도의 운영(예)

연도	연초자본	이용고배당의 유보액	상환자본액	상환지불연도
조합수준				
1	0	500	0	-
2	500	500	0	-
3	1,000	500	0	-
4	1,500	500	500	1
5	1,500	1,000	1,000	2.3
6	1,500	500	500	4
조합원 A				
1	0	50	0	-
2	50	100	0	-
3	150	150	0	-
4	300	200	50	1
5	450	200	250	2.3
6	400	200	200	4

조합원 A는 조합에의 이용고 정도에 따라 매년 유보 이용액이 달라진다. 4년 차의 초에 A의 출자지분은 300만 원이며 4년 차에 조합이 1년 차에 유보된 자본을 상환하기로 결정할 때 A는 50만 원을 상환받는다. 5년 차에 조합이 2년 차 및 3년 차에 유보된 자본을 상환할 때 A는 250만 원을 상환받는다.

회전 사이클의 정상적 기간이 10년이라고 주장하는 학자도 있지만 일반적으로 서구 협동조합이 채택하고 있는 최적 사이클 기간은 5~7년이다. 5~7년 기간은 조합원의 투자(출자)를 이용고에 비례하여 유지 가능케 하기 때문에 최적기간이라고 일컬어지고 있다. 동시에 이 기간은 은퇴조합원의 대규모 출자 지분 상환문제를 완화시킬 수 있게 된다. 그러나 회전 사이클을 단축시키려면 높은 수익을 위해 조합원에게 높은 가격을 부담시키거나 혹은 고비용의 자금을 조달해야만 할 것이다.

ⓒ 셋째, 기본자본 계획(base capital plan)

협동조합은 조합의 필요 자본량과 조합원의 조합이용에 근거하여 매년 조합원의 출자의무 액을 결정한다. 과소투자 조합원은 과소투자액에 대해 이자를 지불하여야 하며, 과잉투자 조합원은 초과투자액의 일부분을 상환받게 된다. 즉, 조합원 투자필요량을 직접적으로 기본기간(base period) 동안의 이용고와 연계시키는 방법이다.

<표 6-15>에서 6명의 조합원의 초기 총출자액은 18,250천 원이며 5년 후 250천 원의 추가자본이 필요하다고 가정하자. 조합의 총사업량에 대한 개별 조합원의 이용

고 비율에 의해 출자의무액이 결정된다. 표에서 A 조합원은 이용고 비율이 11%이며 조합의 총출자의무액이 18,250천 원이므로 A의 출자의무액은 2,035천 원이 된다. 초기 출자액 1,685천 원에 비해 350천 원이 부족하므로 A는 350천 원을 추가 출자해야 한다. 조합원 C는 215천 원이 과잉되기 때문에 조합으로부터 이를 상환받는다. 이 경우 과소투자 조합원이 출자의무액의 부족분만큼 추가 출자하지 않는다면 과잉투자 조합원이 초과투자액을 상환받지 못하게 된다. 이 방법은 출자자본과 이용고를 직접적으로 연계시키는 방법이다.

<표 6-15> 기본자본계획 운영(예)

조합원	초기자본	5년간 총이용고	이용고 비율	출자의무액	과부족투자액
A	1,685천 원	120,208천 원	11%	2,035천 원	-350천 원
B	3,345	207,631	19%	3,515	-170
C	2,805	152,991	14%	2,590	+215
D	5,515	327,839	30%	5,590	-35
E	4,550	284,127	26%	4,810	-260
F	350	-	-	-	+350
총계	18,250	1,092,796	100%	18,500	-250

이 방식에 의하면 조합이 과소 투자한 조합원들에게 과대투자 조합원들이 보충한 자본의 이자를 지급하도록 요청할 수 있다. 그러나 이 방식은 과소투자 조합원들이 부족분을 즉각 출자하지 않을 가능성이 높다는 단점이 있다. 더욱이 조합 이사회는 조합원에게 부담이 되는 필요자본량 증대 결정을 망설이게 되며, 이를 회전출자상환 제도에서 회전 사이클을 연장하는 것만큼이나 어렵게 생각할 수 있다.

㉣ 넷째, 지분의 일정률 상환모델(percentage equities redemption model)

출자 지분 일정률 상환모델은 조합원들의 조합기여 정도나 조합 가입 시기에 불문하고 출자지분의 일정률을 상환하는 방식이다. 즉, 연초의 조합원의 출자지분 계정의 잔고에 기초하여 유보수익의 일정 비율을 상환하게 된다.

예컨대, <표 6-16>에서 연초에 5명의 조합원의 출자 지분액이 2,000천 원이고 연도 중 이용고 배당의 유보액이 500천 원일 때, 필요자본량이 2,300천 원이라면 상환 가능한 자본액은 200천 원이 된다. 5명의 개별 조합원에게 연초 출자액의 10%(200천 원/2,000천 원)를 상환하게 된다.

<표 6-16> 지분의 일정률 상환모델 운영(예)

조합 수준	
항 목	금 액
연초 조합원 지분출자액	2,000천 원
이용고배당의 유보액	500
연말 이용 가능한 자본	2,500
필요자본량	2,300
상환 가능한 자본	200

조합원 수준			
조합원	연초자본	상환 가능한 자본비율	상환 가능액
A	750	10	75
B	250	10	25
C	250	10	25
D	500	10	50
E	250	10	25
총 계	2,000	10	200

이 방식은 조합원 수와 조합원의 이용고가 안정적인 조합의 경우 효과적으로 작동하며 신규 조합원 고객에게 신속하게 자본을 상환해 줄 수 있다는 장점이 있다. 그러나 이것은 과잉투자 조합원으로부터 현재의 고객에게로 소유권이 이전되는 방식을 취하기 때문에 조합의 지속적 운영이 어려울 수 있다.

다. 자본조달 방식과 출자 지분 상환방식의 합리적 결합

상기 언급한 자본조달방식과 출자 지분 상환방식은 다음과 같은 방법으로 결합 가능하다.

자본조달 방식	출자지분 상환방식
단위 이용고당 자본유보방법	기본자본계획
순이익의 유보	회전출자방법
납입출자(original paid in capital)	비체계적(특수) 방식
외부로부터의 조달	지분의 일정률 상환방식

이러한 결합방식을 고려할 때 유의해야 할 중요사항은 첫째, 조합원의 출자지분은 조합원의 현재의 이용고에 비례하여 증가되도록 해야 한다는 것이다. 둘째, 지분상환계획은 조합원들이 쉽게 이해할 수 있어야 한다는 것이다. 조합원들은 자신들이 이해하기 어렵거나 이익이 없을 것으로 판단하는 프로그램은 열성적으로 지지하지

않는다.

한국 농협의 경우 자본조달 방식은 가입 시 납입자본, 추가출자, 조합 순이익의 유보(법정적립금, 법정이월금 형태의 조합 자체 자본과 사업 준비금 등 조합원에게 지분화된 조합원자본), 단위 이용고당 자본유보 등이 있다. 단위 이용고당 자본유보 방법은 조합원들의 반발로 대부분의 조합에서는 오늘날 실시하지 않고 있다. 이에 반해 지분상환방법은 비체계적 특수방식으로 조합원의 사망 탈퇴 시에만 출자지분이 상환되고 있다. 즉, 자본조달방법은 다양하게 이루어지고 있는 데 반해 출자 지분 상환방식은 비체계적 특수방식을 채택하고 있으므로 조합원의 출자지분과 이용고 실적이 비례하지 않고, 조합원의 조합사업 이용도 적극성을 띠지 않고 있다.

한편, 현금을 필요로 하는 조합원들이 출자지분의 조기상환을 요구할 때 이를 수용한다는 것은 현실적으로 어려운데, 그것은 기존 조합원과의 형평성 문제뿐만 아니라 조합의 재정 부담을 증가시킬지 모르기 때문이다. 그러나 조기상환의 협동조합에 대한 부정적 영향을 극소화하고 조합원을 위해 보다 유연성을 갖기 위한 방안으로 조합원 간의 출자 지분 양도매각, 출자지분의 할인 상환, 출자의 부채 및 우선주 형태로의 전환 등을 강구해 볼 수도 있을 것이다.

라. 잉여 유보방식

협동조합에서는 순이익(혹은 이윤)은 조합원 소유로서 이용고에 따라 배분되며 IOFs에서의 이윤은 주주소유이며 투자 지분에 따라 배분된다. 협동조합원칙은 조합원의 출자지분에 대해 제한적인 고정된 반대급부를 지불하도록 하고 있다. 이처럼 조합원은 출자지분에 대해 이자를 수취하지만 지급된 이자율은 대체로 시간에 걸쳐 일정하며 협동조합의 이윤 정도에 따라 변화하지는 않는다. 그리고 협동조합에서의 출자지분은 유통시장(secondary market)에서 거래되지 않으며 따라서 조합원이 지분가치 상승으로 인한 금전적 이득을 갖는 게 불가능하다.

협동조합의 소유권은 개별조합원에게 거의 경제적 편익을 가져다주지 않는다. 대신 조합원이 갖는 편익은 조합사업의 이용으로부터 발생한다. 이것은 개별조합원은 고객으로서 조직을 이용할 인센티브를 가질 수 있으나 소유자로서 협동조합에 투자할 욕구는 갖지 않을 것이란 것을 의미한다. 특정 개별조합원만이 이러한 행동을 개인적으로 취하게 되면 그 조합원은 편익을 얻을 수 있으나, 전체 조합원이 똑같이 행동하면 조합의 재무구조는 취약하게 되고 결국 모든 조합원의 이득은 감소하게 된다. 즉, 구성의 모순(fallacy of composition)이 발생하게 된다.

이런 문제를 극복하기 위해 협동조합은 매년 발생하는 수익의 일정 부분을 유보하는 방법을 채택하고 있다. 이러한 수익은 조합원 소유이기 때문에 수익의 유보는 모든 조합원으로 하여금 조합에 재투자하도록 하는 것이 된다. 본질적으로 수익을 유보하는 결정은 조합원들로 하여금 현재의 이용고에 비례하여 조합에 재투자하도록 하는, 조합에 의한 집단적 행동이라 볼 수 있다. 결국 이는 조합원 자격 획득을 위한 최소한의 출자만 하고 조합사업의 이용을 통해 이득을 취하려는 무임승차자(free rider) 문제를 극복하는 방법이 될 수 있을 것이다.

물론 협동조합의 장래성과(performance)는 얼마나 많은 수익이 유보되어야 하는가를 결정하는 데 있어서 중요하다. 만약 협동조합이 현명하게 자본을 투자할 수 있다면 조합원은 장래에 많은 이득을 얻을 것이다. 그러나 동시에 이러한 투자는 조합원으로부터 현재의 현금 이용고 배당형태의 편익을 박탈하는 것을 의미한다. 다시 말하면, 협동조합은 조합원의 조합이용에 따른 즉각적 보답(immediate rewards)의 욕구와 장래수익을 증대시키기 위해 순수익의 일정 부분을 유보시킬 필요성 간의 상반관계(trade off relation)에 직면한다. 이것은 조합원에게의 현금배당은 조합의 성장을 지체시킬 것이라는 것을 조합원이 인식하고 있다 하더라도 여전히 즉각적 보답과 미래의 보답(rewards in the future) 간에 갈등이 존재할 수 있음을 의미한다.

그러나 보다 복잡한 문제는 투자를 위해 유보된 이용고 배당액은 종국적으로 조합원에게 환원되어야만 한다는 것이다. 협동조합은 미래에 조합원에게 더 큰 편익을 보장하기 위한 자산에 투자함으로써 수익의 일정 부분을 유보하는 것을 정당화시켜야 하며, 또한 미래의 일정 시점에 유보액을 환원하기 위한 준비를 갖추고 있어야만 한다. 이 결과 조합원의 유보수익은 조합원의 출자라기보다 부채성격을 강하게 띤다.

유보수익과 출자지분이 조합의 자산증가와 개별 조합원에게의 수익환원에 어떻게 영향을 미치는가를 보기 위해 한국 농협의 예를 들어 설명하면 다음과 같다.

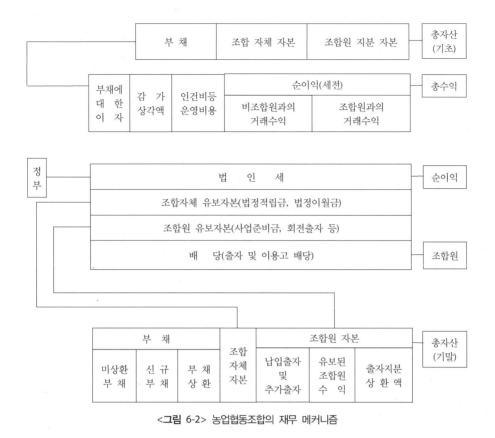

부　채			조합 자체 자본		조합원 지분 자본		총자산 (기초)

부채에 대　한 이　자	감　가 상각액	인건비등 운영비용	순이익(세전)		총수익
			비조합원과의 거래수익	조합원과의 거래수익	

정 부	법　인　세	순이익
	조합자체 유보자본(법정적립금, 법정이월금)	
	조합원 유보자본(사업준비금, 회전출자 등)	
	배　당(출자 및 이용고 배당)	조합원

부　채			조합 자체 자본	조합원 자본			총자산 (기말)
미상환 부　채	신　규 부　채	부　채 상　환		납입출자 및 추가출자	유보된 조합원 수　익	출자지분 상　환액	

<그림 6-2> 농업협동조합의 재무 메커니즘

<그림 6-2>는 조합의 총자산이 회계기간 과정에 어떻게 변화하는가를 나타낸다. 그림을 이해하기 위해 빗금 친 부분은 각종 계정으로부터 공제를 나타낸다. 회계기간 초에 협동조합의 총자산은 조합원 자본(members' equity), 조합 자체 자본(cooperative equity), 그리고 부채로 조달된다. 조합원 자본은 조합 가입 시 납입출자와 조합에 의해 유보된 조합원 소유의 수익, 예컨대 사업준비금, 회전출자액 등으로 구성된다. 조합 자체 자본은 조합원이 아닌 조합 자체의 소유인 유보수익으로서 법정적립금, 법정이월금 등이 이에 포함된다. 부채는 협동조합이 차입한 액수의 현재 잔고를 나타낸다.

조합의 총수익(gross earnings)은 총자산 수준과 직접적으로 관련된 것으로 가정되는데 이는 총자산의 성장은 보다 큰 총수익을 발생시킬 것이란 것을 의미한다. 총수익은 부채에 대한 이자, 자산의 감가상각, 인건비 등 운영비용, 순수익으로 구분된다. 부채에 대한 이자는 부채수준의 함수이며 협동조합의 고정 비용을 나타낸다. 감

가상각액은 총수익을 발생시키는 데 사용된 자산의 대체비용(replacement cost)으로 이것은 그림에서 총자산의 감소라기보다 총수익 수준의 감소를 나타낸다.

순수익은 正의 값이나 負의 값을 가질 수 있으며, 총수익의 상대적 크기, 감가상각액, 인건비 등의 운영비용, 이자의 상대적 크기에 달려 있다. 그림에서 보듯 正의 순수익은 조합과 조합원의 자본을 증가시키며 조합원에게의 현금배당액을 증가시킨다. 負의 순수익은 반대의 효과를 갖는다.

순수익은 조합원 수익(members' earnings)과 비조합원 수익(nonmembers' earnings)으로 나누어 볼 수 있다. 전자는 조합원의 조합이용으로 발생한 수익이며, 후자는 비조합원과의 거래로 인해 발생한 수익으로 정의할 수 있다. 순수익을 이처럼 2개 범주로 구분하는 것은 조합의 성장에 대해 중요한 의미를 갖는다. 앞서 논의한 바와 같이 조합원과의 거래에서 발생한 조합원 수익은 궁극적으로 이용고 배당의 형태로 조합원에게 환원되어야 한다. 조합원 수익 중 일부는 자산 증가를 위한 재원으로 사용하기 위해 조합에 유보할 수 있는데, 이 경우 유보액은 조합원으로부터 차입한 부채성격을 갖는다. 이에 반해 비조합원 수익은 협동조합 조직의 소유로 가정되므로 조합원에게 상환할 필요가 없는 조합 자체 자본으로 유보될 수 있을 것이다.

그러나 그림에서 보듯 한국 농협의 경우 조합의 순익은 그 원천에 관계없이 일정 부분이 법인세로 공제되고 잔여잉여는 조합 자체 자본과 조합원 자본으로 임의 배분되고 있다. 즉, 조합의 당기순익에 대해 일정의 법인세를 납부하고 나머지를 법정적립금, 법정이월금, 사업준비금 등의 이름으로 강제 적립하고 있다. 이러한 강제적립금을 제외한 잔여수익이 조합원에게의 배당(출자배당 및 이용고배당) 자금으로 활용되고 있다.

앞으로 조합이 광역화될 경우 필연적으로 비조합원과의 사업거래 비중이 늘어나게 되고, 이에 따라 법인세 감면 등 정부로부터의 과세 혜택이 크게 축소될 것으로 예상된다. 만약 광역합병 조합에 대해 현재의 최저한 법인세율 대신 상대적으로 고율인 일반 법인세율이 적용되면, 서구의 농협처럼 조합 수익을 비조합원 수익과 조합원 수익으로 회계상 구분해야만 할 것이다. 그리고 비조합원 수익에 대해서만 법인세를 납부하고, 조합원 수익에 대해서는 법인세를 면제하되 현행처럼 일정 조건에 해당하는 조합원 배당액에 대해서만 이자소득세를 납부토록 해야 할 것이다(현행은 출자금이 1,000만 원 미만인 조합원의 출자 배당액 및 이용고 배당액에 대해서는 비과세).

한편, 협동조합과세 문제와는 별도로 현재와 같은 잉여유보 방식은 조합원의 '내 조합' 의식 고양에 부정적 영향을 미치게 된다. 즉, 현행 제도하에서는 조합의 수익이 전적으로 조합원과의 거래로 인한 수익일지라도 이 중 일정 부분은 조합원에게 지분화되지 않은 조합 자체 자본으로 강제적으로 적립할 수밖에 없기 때문에, 조합원의 입장에서는 조합의 순익의 증대가 조합원의 이익증대와는 무관하다는 생각을 갖게 될 수 있을 것이다.

따라서 조합원과의 거래로 인해 발생한 순익을 조합에 유보시키고자 할 때에는 반드시 조합원별로 지분화시켜야만 조합원들의 '내 조합' 의식이 제고될 수 있을 것이다. 이 경우 조합원들은 조합으로부터 재화 및 서비스 구입에 대해 설령 높은 가격을 지불하더라도, 이로 인해 상대적으로 조합의 순익이 증가되고 자신의 배당이익 역시 증가될 것으로 생각하기 때문에 조합의 높은 공급가격에도 불만을 갖지 않게 된다.

참고문헌

송춘호·전성군, 『농업 농협 논리 및 논술론』, 한국학술정보, 2012. 3.

신기엽, "협동조합의 이론과 현실", 『한국농협론』, 농협중앙회, 2001. 9.

신기엽 외, "협동조합길라잡이", 농협경제연구소, 2010. 4.

윤근환 외, 『한국농업협동조합론』, 농업협동조합중앙회, 1986.

이광현, 『핵심역량 경영』, 명진출판, 1995.

이종수, "협동조합의 정체성", 농협중앙교육원, 2002. 6.

이종수, "세계 협동조합의 흐름과 전망", 『CEO Focus』 119, 2003. 7. 30.

이영호, "농업협동조합의 수평적 제휴 연구", 『농협경제연구』 28, 2003, pp.29~47.

이인우, "유럽연합 농협의 변화 추이와 시사점", 『농협조사월보』, 2002.

임영선, 『협동조합의 이론과 현실』, 한국협동조합연구소, 2014. 10.

전성군·배동웅, "미국농협의 편익과 한계", 농협중앙교육원, 2003. 3.

전성군, "이해관계자 협동조합사례", 농협중앙교육원, 2003. 5.

전성군, 『최신 협동조합론』, 한국학술정보, 2008. 8.

전성군 외, 『협동조합 지역경제론』, 한국학술정보, 2012. 12.

전성군 외, 『실전협동조합교육론』, 한국학술정보, 2014. 3.

전성군 외, 『표준협동조합론』, 느티숲, 2015. 8.

전성군 외, 『세계 대표기업들이 협동조합이라고?』, 모아북스, 2015. 9.

진흥복 외 5인, 『협동조합교과서(안)』, 농협대학 부설 농업문제연구소, 1976. 1.

최영조, "협동조합론 문제은행", 협동아카데미, 2007. 10.

최용주, "사회적 경제의 도래와 협동조합운동", 농협경제연구소, 2009.

황영모, "협동조합을 통한 사회적 경제의 준비와 실천", 전북발전연구원, 2012.

농협대학교, "농협대학교 50년사(1962~2013)", 농협대학교, 2013. 3.

한국협동조합연구소, 『한국 협동조합 섹터의 발전방향과 사회적 기업과의 연계가능성』, 2011.

Edwin G. Nourse, "The Place of the Cooperative in our National Economy", Journal of Agricultural Cooperatives, 7, 1992.

Franks, J., A Blueprint for Green Cooperative, Journal of International Farm Management. vol. 4(3), 2008.

Hans-H Münkner, "협동조합의 과거와 현재, 그리고 미래", 농협중앙회 조사부, 1998.

OECD. 2006. The New Rural Paradigm: Policies and Governance.

OECD. 1997. Cooperative Approaches to Sustainable Agriculture.

OECD. 2006. Agriculture and the Environment: Lessons from a Decade of OECD Work.

Renting, H. & J. D. van Ploeg., Reconnecting Nature, Farming and Society: Environmental Cooperatives in the Netherlands as Institutional Arrangements of Creating Coherence, Journal of Environmental Policy & Planning, vol 3: 85-101, 2001.

Rooij, de. S., Environmental Cooperatives: a Farming Strategy with Potential. European Network for Endogenous Development.

Randall E. Togerson 외, "Evolution of Cooperative Thought, Theory and Purpose", 『협동조합 주요 이론』, 농협중앙회 조사부, 2002.

전성군 ————————————————————

전북대학교 대학원에서 경제학 박사 학위를 취득하고 캐나다 빅토리아대학교에서 교육컨퍼런스과정 및 미국 ASTD를 연수했다. 현재 농협경주교육원 연수부장, 전북대 겸임교수, 농진청 녹색기술자문단 자문위원, 마을디자인 자문위원, 한국귀농귀촌진흥원 자문위원 등으로 활동 중이다.
주요 저서로는 『최신 협동조합론』, 『협동조합교육론』, 『농업 농협 논리 및 논술론』, 『협동조합지역경제론』 등 16권의 저서가 있다.

이득우 ————————————————————

경북대학교를 졸업했다. 서울시립대학교 대학원 경영학 석사과정을 마쳤으며, 명지대학교 대학원에서 경영학 박사과정 중이다. 농협인재개발원 교수를 거쳐 현재 농협중앙교육원 교수로 재직하면서 농업, 농촌 및 농업협동조합 교육 전문가로 활동하고 있다.

현대 협동조합운동사

초판인쇄   2016년 12월 9일
초판발행   2016년 12월 9일

지은이   전성군, 이득우
펴낸이   채종준
펴낸곳   한국학술정보㈜
주소   경기도 파주시 회동길 230(문발동)
전화   031) 908-3181(대표)
팩스   031) 908-3189
홈페이지   http://ebook.kstudy.com
전자우편   출판사업부   publish@kstudy.com
등록   제일산-115호(2000. 6. 19)

ISBN   978-89-268-7676-3   03520